Georg Jäger

Der WOLF

als Bauernschreck und Jagdobjekt

Der WOLF als Bauernschreck und Jagdobjekt

Historische Streifzüge durch Österreich

Zusammengestellt und
herausgegeben von
Georg Jäger

KRAL
VERLAG

1. Auflage 2023

J.-F.-Kennedy-Platz 2
A-2560 Berndorf
E-Mail: office@kral-verlag.at

Für den Inhalt verantwortlich: Georg Jäger

Umschlag- und grafische Innengestaltung:
office@xl-graphic.at

Korrektorat: Hanna Burger

Printed in EU
ISBN: 978-3-99103-136-9

Besuchen Sie uns im Internet: www.kral-verlag.at
und auf facebook unter:
www.facebook.com/KralverlagBerndorf

Inhaltsverzeichnis

Ein großes, vierteiliges Leinwandbild aus dem 17. Jahrhundert im Presbyterium der Landecker Stadtpfarrkirche Mariä Himmelfahrt erzählt in Wort und Bild vom legendär gewordenen Kinderraub durch Bär und Wolf auf der Trams, einem Geländevorsprung oberhalb von Angedair. Das erste Leinwandbild illustriert anschaulich die Entführung der Kinder durch Wolf und Bär. Im zweiten Leinwandbild gehen die besorgten Eltern Eva und Heinrich auf die Suche nach ihren vermissten Kindern. Das dritte Leinwandbild mit der Muttergottes zeigt die Rückgabe der Kinder durch Wolf und Bär. Im vierten Leinwandbild wird der Baufortschritt bei der Errichtung des Gotteshauses dargestellt.
(Foto: Egon Wurm, Bildquelle: Stadtbuch Landeck. Landeck 1998: Stadtgemeinde, herausgegeben von Peter Baeck, 500 S., hier: S. 398).

Vorwort

Der international ausgewiesene Alpenforscher Werner Bätzing ist in seinem im Jahr 2015 in der vierten überarbeiteten Auflage erschienenen Standardwerk „Die Alpen. Geschichte und Zukunft einer europäischen Kulturlandschaft“ (München: Verlag C. H. Beck, 484 S.) unter dem gegenwärtigen ökologischen Wandel auch auf jene Tierarten eingegangen, die sich jetzt wieder stark ausbreiten und in den Alpenraum zurückkehren:

„Von Südwesten her kommt der Wolf in die Alpen, der zuvor nur in einem kleinen Gebiet im Apennin überlebt hatte. Seit seiner Unterschutzstellung in den 1970er-Jahren breitet er sich wieder stark aus, erreicht in der Mitte der 1980er-Jahre erstmals die Alpen und hat seit 1989 mit mehreren Rudeln in den französischen Seealpen einen dauerhaften Lebensraum gefunden. Von dort dringen junge Wölfe immer wieder weit in den übrigen Alpenraum vor, und im Jahr 2014 haben sie bereits die bayerischen Alpen erreicht; in absehbarer Zeit dürften sie wieder im gesamten Alpenraum heimisch sein, weil sie durch den Rückzug der menschlichen Nutzung überall sehr gute Lebensbedingungen finden. Während Umweltschützer die Wiederausbreitung der Raubtiere als großen Fortschritt für die Natur feiern, protestieren die Einheimischen verzweifelt dagegen – für sie ist die Rückkehr von Wolf und Bär nur das Symbol dafür, dass ihnen ‚ihre‘ Landschaft, ihre Heimat fremd und bedrohlich wird.“ (S. 268–269)

In der Gegenwart sorgen immer mehr Bilder von gerissenen oder schwer verletzten Schafen für Unmut unter den Bauern im Alpenraum. Die Wölfe kehren seit Beginn des 21. Jahrhunderts nach Österreich zurück bzw. sind schon längst nach Österreich in die freie Wildbahn zurückgekehrt, was von zahlreichen Tierschützern und Naturromantikern vor Ort tatkräftig unterstützt oder begrüßt wurde. Viele Städter denken, dass Wölfe wieder in unserer Natur leben müssen. Ist der Schutz von Wildtieren höher zu bewerten als das Leid von Nutzvieh?

Ein kritischer Blick in die Vergangenheit zeigt uns deutlich, wie schwierig und konflikthaft das Zusammenleben von Mensch und Wolf gewesen ist. Neben der Faszination ist es vor allem die Angst, welche der Wolf sofort als Emotion auslöst. Das war im Vergleich zu heute früher nicht anders. Entgegen dem oft in einzelnen Fernsehdokumentationen vermittelten Eindruck, wonach der Wolf für den Menschen harmlos sei, können in den überlieferten historischen Quellen auch tödlich verlaufende Wolfsangriffe nachgewiesen werden.

Bisher gibt es im einschlägigen Schrifttum nur eine einzige Untersuchung, die dem historisch-volkskundlichen Wolfsthema in Mitteleuropa nachgegangen ist. Dabei handelt es sich um das sehr umfangreiche und tiefschürfende Werk von Rainer G. Schöller aus dem Jahr 2017 mit dem Titel „Eine Kulturgeschichte des Wolfs. Tierisches Beuteverhalten und menschliche Strategien sowie Methoden der Abwehr“ (Freiburg im Breisgau, Berlin und Wien: Rombach Verlag, 683 S.), erschienen unter den „Rombach Wissenschaften. Reihe Ökologie, Band 10“, herausgegeben von Werner Konold. In räumlicher Hinsicht steht Süddeutschland mit dem nordöstlichen Bayern im Fokus dieser für ganz Europa so bemerkenswerten und großartigen wolfsgeschichtlichen Arbeit.

Innerhalb der erschienenen populärwissenschaftlichen Fachliteratur sei vor allem auf die Text-Bild-Dokumentation von Getrud Scherf hingewiesen, die sich schon 2001 mit den „Wolfsspuren in Bayern. Kulturgeschichte eines sagenhaften Tieres" (Amberg: Buch & Kunstverlag Oberpfalz, 126 S.) gründlich auseinandergesetzt hat.

Im Laufe der Geschichte wurde den als Inbegriff oder Inkarnation des Bösen geltenden Wölfen immer wieder viel nachgesagt, nicht nur, dass sie im Mondschein auf kolorierten Darstellungen abgebildet sind. So behauptet das Volk gerne, dass der Wolf der Trommel folge und daher sich die Wolfsplage besonders nach großen Kriegen bemerkbar mache. Doch damit nicht genug. Das Fell eines Wolfes sollte böse Geister (Dämonen) fernhalten, wenn man es zu Hause aufhing oder sich darin einwickelte. Ein Wolfsschädel unter dem Kopfpolster vertrieb angeblich böse Träume. Und Wolfsfett wurde bei verschiedenen Hautkrankheiten verwendet.

Während sich in frühen Zeiten Mensch und Wolf kaum begegneten, kam es seit dem späten Mittelalter zur Konkurrenz um den gemeinsamen Lebensraum. Die gezielte Ausrottung der Wölfe wurde durch Abholzung der Wälder in den entlegensten Landesteilen gefördert, weil so auch die großen Beutegreifer ihre natürlichen Lebensgrundlagen verloren hatten. Wenn wir aufmerksam in Geschichtsbüchern und historischen Zeitungen blättern, dann sind wir heute erstaunt, wie oft der Wolf früher im Alpenraum vorgekommen ist. Vor über 500 Jahren jagte der große Waidmann Kaiser Maximilian I. Wölfe auch außerhalb von Tirol bei Hohenschwangau, wo er gemeinsam mit dem Herzog von Bayern auf Wolfsjagd ging. In der Folgezeit fanden dann einerseits noch unter den adeligen Herren und andererseits auf Initiative betroffener Bezirke oder einzelner Gemeinden große Treibjagden statt, wo massenhaft Schützen und Wolfstreiber aufgeboten wurden.

Was wurde noch alles unternommen, um der Wolfsplage Herr zu werden? Der Mensch kannte beim Fangen und Töten der Wölfe überhaupt keine Gnade. Neben Tellereisen, Wolfsangeln und Giftstoffen hob die betroffene Bevölkerung vor allem Fallgruben aus, die man auf Bodenhöhe mit dünnen Zweigen (Reisig), Moos oder anderem Tarnungsmaterial abdeckte und mit einem geeigneten Ködervieh (Luder) auslegte bzw. versah. Der Wolf wurde durch Treiber auf die Wolfsgruben hingelenkt oder fiel über Nacht in diese mehrere Meter tiefen Gruben, die mit Holzbohlen oder Steinen verkleidet wurden. Nun war es wohl ein Leichtes, den gefangenen Wolf mit Knüppeln totzuschlagen. Solche Wolfsgruben finden wir im ganzen Land: Sie sind gemauert, ihre Durchmesser können bis zu zwei und deren Tiefe drei Meter betragen. Bis heute ist der Name „Wolfsgrube" auch als Flurbezeichnung erhalten geblieben.

Wie aus alten Chroniken hervorgeht, trieben im 16. Jahrhundert überall in den Tiroler Landesteilen die Wölfe ihr Unwesen und bereiteten den Landwirten ganz empfindliche Verluste im Schafbestand. Oft waren sogar Einzelhöfe und Dorfsiedlungen von diesen „wilden Bestien" bedroht. Selbstverständlich fiel ein Großteil des Edelwildes diesen schädlichen Tieren zum Opfer, weshalb ihnen die betroffene Landbevölkerung eifrig nachstellte. Nicht selten liest man von „Wolfsgejaiden" im Inntal oder auf dem Innsbrucker Mittelgebirge, wo neben den Wölfen auch Luchse hausten. Viele Gerichtsbezirke wussten sich damals aufgrund der großen Beutegreifer kaum noch zu helfen. Der Kampf gegen diese gefährlichen Raubtiere wurde tirolweit durch Auszahlung von Schussprämien angefeuert.

Noch zu Beginn des 19. Jahrhunderts wurden überall im „Land im Gebirge" Wölfe erlegt, die u. a. durch die Wälder zogen oder sich auf den Almen aufhielten. Jedenfalls standen bei diesen Räubern im grauen Pelz vor allem die Schafe auf der „Fast Food Speisekarte", wie wir heute sagen würden. Auch für anderes Vieh und verschiedene Wildtiere stellten die Wölfe eine ernsthafte Bedrohung dar. Zu Beginn der 1830er-Jahre war der Standwolf in Westösterreich ausgerottet. Der letzte einheimische Wolf in Vorarlberg (genauer gesagt im Kleinen Walsertal) wurde 1811 erlegt. In Salzburg und Südtirol waren es im Vergleich dazu die Jahre 1830 und 1852. Ganz allgemein verschwanden die Wölfe schon früher als die Bären und Luchse aus den Tiroler, Vorarlberger und Salzburger Waldgebieten.

Wie sah es in Süd- und Ostösterreich aus? Das Hauptverbreitungsgebiet der Wölfe bildeten die drei Bundesländer Kärnten, Steiermark und Niederösterreich, wo Meister Isegrim im Wechselgebiet bis 1882 vorkam. Und genau in diesem Jahr wurde am Wechsel überhaupt der letzte in Österreich heimische Wolf („Standwolf") getötet. Erzherzog Franz Karl von Österreich erlegte 1846 den letzten im Wienerwald lebenden Wolf. Zwischen 1827 und 1839 wurde das Burgenland endgültig „wolfsfrei".

Die in den Folgejahren erschienenen Wölfe auf österreichischem Staatsgebiet gelten als Zuwanderer („Wanderwölfe"). Während der zweiten Hälfte des 19. Jahrhunderts kamen aus angrenzenden Regionen einzelne Wölfe nach Tirol. Hier fanden sie noch ideale Lebens- und Umweltbedingungen. Dazu gehörten der 1864 erlegte „Mareiter Wolf" genauso wie der 1896 geschossene „Villnösser Wolf". Letzterer war mit zwei anderen Wölfen durch das Drautal über das Pustertal ins Eisacktal zugezogen. Die damals so erfolgreichen Wolfsjäger wurden groß gefeiert und erlangten bei den Landbewohnern fast Heldenstatus mit den öffentlich ausgestellten Trophäen.

Es ist noch nicht so lange her, dass der Wolf zum ständigen Besucher oder Dauergast der Kärntner Landstriche gehörte, wo er den Bauern viele Sorgen bereitet hatte. Allein zwischen 1914 und 1938 wurden zwei Mal zugewanderte Wölfe in Kärnten erlegt. Dabei handelte es sich zunächst um den berühmten „Lavanttaler Bauernschreck" von Wolfsberg (Koralpe), eine Wölfin aus dem damaligen Jugoslawien, die in der Zeit vor dem ersten Weltkrieg ihr Unwesen im kärntnerisch-steirischen Grenzgebiet trieb. Das männliche Pendant dazu, der sogenannte „Dobratsch-Wolf" auf der Villacher Alpe, dessen Untaten damals für für viel Aufsehen gesorgt hatten, konnte ebenfalls zur Strecke gebracht werden. Auf alle Fälle waren diese Wölfe Einwanderer aus dem Balkan, die das Almvieh und den Wildbestand in Kärnten dezimierten.

Die genaue Quellenangabe bei den Zitaten folgt zu Beginn der jeweiligen Zeitungsartikel oder entnommenen Buchausschnitte. Kurze Erklärungen des Herausgebers sind in Texten durch Klammersetzung und Verweis (Anm. G. J.) ausgewiesen. Die Transkription der herangezogenen Quellen entspricht der Originalschreibweise. Eigens vom Herausgeber eingefügte Zwischentitel in längeren Textabschnitten ermöglichen eine Strukturierung in überschaubare Unterkapitel.

Abschließend möchte ich mich für die Unterstützung meiner langwierigen Recherchen bei nachfolgenden Personen bedanken: Josef Walser (Landeck), Johann Zauner (Silz), DI Johann Jenewein (Inzing), Dr. Roland Kometer (Axams), Ing. Bernhard Jäger (Innsbruck), Mag. Karin Jäger (Innsbruck), DDr. Roman Spiss (Innsbruck), Mag. Otto Astner (Reith im Alpbachtal), MMag. Thomas Naupp (Steinberg am Rofan), Gertraud Brugger (Matrei in Osttirol), Bernhard Oberschneider (Matrei in Osttirol), Dr. Gebhard Kirchler (Bruneck), Mag. Daniel Strassnig (Wolfsberg), Dr. Josef Hasitschka (Admont) und Mag. Karlheinz Wirnsberger (Stainz).

Sellrain-Arzl bei Innsbruck, im Frühjahr 2023

Heulende Wölfe nähern sich im eiskalten Winter während einer Vollmondnacht der nahegelegenen Dorfsiedlung. Künstlerkarte (Bildarchiv Georg Jäger).

Verbreitung und Vertilgung der Wölfe

Weiße Wölfe bei Vollmond auf einer Künstleransichtskarte (Verlagsgruppe Weltbild GmbH; Bildarchiv Georg Jäger).

Zur „Naturgeschichte des Wolfs" in der Fachliteratur

Schon im Jahr 1783 hat sich der Nürnberger Privatgelehrte Johann Christoph Heppe (1745–1806) in seinem aus insgesamt drei Teilen bestehenden Werk „Die Jagdlust oder die hohe und niedere Jagd nach allen ihren Verschiedenheiten. Erster Theil" (Nürnberg: Gabriel Nikolaus Raspe, 496 S.) unter dem Kapitel „Die Naturgeschichte des Wolfs" (S. 351–381) sehr gründlich mit dem Phänomen Wolf in der zweiten Hälfte des 18. Jahrhunderts beschäftigt. Und nun folgen ein paar Originaltextauszüge, welche die Eigenschaften und Verhaltensweisen von Wölfen aus Sicht der damals lebenden Menschen zum Inhalt haben.

Der Wolf. Darstellung aus der Mitte des 16. Jahrhunderts. Nach dem Schweizer Arzt und Naturforscher Conrad Gessner, (1516–1565). Diese nicht gerade sympathisch wirkende Illustration zeigt neben den Krallen und dem buschigen Schwanz die hungrig heraushängende Zunge und die eingefallenen Flanken von Meister Isegrim. (in: „Historia animalium, Liber primus, de quadrupedibus viviparis". Zürich: Froschauer, 1551, S. 717; Bildarchiv Georg Jäger).

Fleischlust und Raubgier

„Der Wolf gehöret unter die Thiere, deren Begierde nach Fleisch am allerheftigsten ist. Obgleich die Natur ihm auch die Mittel zur Beförderung dieser Begierde verliehen und ihn mit Waffen, List, Behendigkeit und Stärke, kurz, mit allem ausgerüstet, was ihm nöthig war, seinen Raub auszusuchen, anzufallen, zu überwältigen, fest zu halten, und aufzufressen; so befindet er sich doch oft in der äussersten Hungersnoth, weil der Mensch, sein abgesagter Feind, ihn gleichsam in die Acht erkläret, indem er einen Preiß auf seinen Kopf gesetzet, und ihn also zwinget, beständig auf der Flucht zu seyn oder seine Sicherheit in Wäldern zu suchen, wo er keinen andern Raub antrift, als einige wilde Thiere, die sich ihm durch die Schnelligkeit ihres Laufes entziehen, und sich nicht anders, als von ohngefehr, oder durch ein beschwerliches oft vergebliches Auflauern an den Orten, wodurch sie ihren Weg nehmen, überraschen zu lassen." (S. 351–352)

Heißhunger und Raserei

„Von Natur aus ist er plump und schüchtern. Blos die Bedürfnisse machen ihn sinnreich und die Nothwendigkeit verwegen. Der quälende Hunger verleitet ihn, aller Gefahr zu trotzen, und sogar Thiere, die unter menschlicher Obhut stehen, besonders solche anzufallen, die er leicht mit sich fortschleppen kann, als Lämmer, kleine Hunde, junge Ziegen usw. Wenn ihm ein räuberischer Anfall dieser Art gelungen ist, so wiederholt er ihn so oft, bis er endlich von Menschen oder Hunden verwundet, gejaget und übel zugerichtet wird." (S. 352)

„Nach einem solchen mißlungenen Streich bleibt er den ganzen Tag in seinem Lager, kömmt nur des Nachts zum Vorschein, läuft alsdann auf den Fluren umher, schleicht um die Wohnplätze herum, jagt auf unbewachte Thiere, fällt Schäfereyen an, scharret unter den Thüren die Erde hinweg, und gräbt sich ein Loch, dringt wütend in den Schafstall und reißt ohne Unterschied alles nieder, was ihm vorkömme, bevor er den fortzuschleppenden Raub aus der Niederlage wählet." (S. 352–353)

„Wenn seine Streifereyen fruchtlos ablaufen, ziehet er sich wieder in die dicksten Waldungen zurück, leget sich dort aufs Lauern, suchet, wittert und jaget wilde Thiere in der Hoffnung auf, daß ein anderer Wolf sie auf der Flucht anhalten, erhaschen und alsdann seinen Raub mit ihm theilen werde. Nimmt endlich sein Mangel und Heißhunger überhand, so stellt er sich allen Gefahren bloß, fällt Weiber und Kinder, oft gar Männer an, und geräth bey diesen Ausschweifungen in eine Wuth, welche mehrentheils in Raserey übergehet und sich mit dem Tod endigt." (S. 353)

Kriegsheer und Kinderraub

„Er ist mit vorzüglichen Sinnen, Gesicht, Gehör, und besonders guten Geruch, begabet. Seine Nase wittert oft weiter, als die Augen sehen. Durch den Aasgeruch wird er oft über eine Meile weit gelocket. Auch lebendige Thiere spüret er von weiten, und pfleget ihnen lange Zeit auf ihrer Spur nachzujagen. Wenn er sich entschliesset, eine Weile das Gehölz zu verlassen, unterläßt er nie, dem Wind entgegen zu gehen, sich an den Grenzen des Waldes ein wenig zu verweilen, und nach allen Seiten um sich her zu wittern. Dadurch kann er vermittelst des Windes die Ausdünstungen oder Witterung todter und lebendiger Körper von weiten erhalten." (S. 362–363)

Das Fleisch lebendiger Körper ist ihm zwar am liebsten, doch verachtet er im Nothfall auch nicht das stinkende Luder. Menschenfleisch ist für ihn ein Leckerbissen, und er würde, wenn er den Menschen gewachsen wäre, vielleicht kein anderes fressen. Man hat gesehen, daß Wölfe den Kriegsheeren gefolgt und in großer Anzahl auf die Schlachtfelder gekommen sind, wo man die Leichname nur obenhin verscharret hatte, welche sie entdeckten, ausscharrten und mit unersättlicher Begierde verzehrten. Ferner ist bemerket worden, daß eben diese, nun an das Menschenfleisch gewöhnten Wölfe, hernach auf die Menschen losgegangen, den Schäfer eher, als die Heerden angefallen, Weibspersonen zerrissen, Kinder geraubet haben und so weiter." (S. 363)

Der Wolf auf einer Farblithographie, um 1870 (Weimar: Lithographischer Druck und Verlag von H. Hemmleb; Bildarchiv Georg Jäger).

Waren Wölfe früher gefährlich?

Der international anerkannte Wiener Verhaltensforscher Kurt Kotrschal schreibt in seinem 2022 erschienenen einschlägigen Werk „Der Wolf und wir. Wie aus ihm unser erstes Haustier wurde – und warum seine Rückkehr Chancen bietet" (Wien: Brandstätter Verlag, 239 S.) unter dem Kapitel „Waren Wölfe früher gefährlich?" (S. 106–110) diese, bei einer solchen Fragestellung aufschlussreichen, Zeilen:

„Wölfe waren für Menschen nicht immer harmlos; dass sie es heute sind, bedeutet aber nicht, dass sie es für alle Zeiten bleiben müssen. Wölfe haben das Potenzial, Menschen zu töten und sich von ihnen zu ernähren. Das geschah auch in Europa wiederholt im Zusammenhang mit chaotischen Zeiten, wie dem Dreißigjährigen Krieg, und danach gelegentlich bis ins 19. Jahrhundert." (S. 106)

Neue Forschungsergebnisse

Im sogenannten „NINA"-Report, der im Jahr 2003 von John Linnell an der norwegischen Universität für angewandte Wissenschaften veröffentlicht wurde, hat ein Expertenteam fatale Wolfsbegegnungen zusammengetragen, aufgelistet und bewertet.

„Der Bericht macht deutlich, dass es von der frühen Neuzeit bis ins frühe 19. Jahrhundert wahrscheinlich tausende Wolfstote in Europa gab, und er zeigte klare Muster: Ein Gutteil der Leute starb direkt oder zeitverzögert durch Kontakt mit tollwütigen Wölfen. Das traf einen Querschnitt durch die Bevölkerung, vom Kleinkind bis zum Greis. Aber es fielen auch immer wieder Leute beutemotivierten Angriffen zum Opfer. Selten zwar, aber wenn sie auftraten, dann gab es meist ganze Cluster von Opfern. Gehäuft traten sie im Spätsommer auf, wahrscheinlich im Zusammenhang mit Weibchen und kleinen Rudeln, die in Gegenden, wo es kaum noch Wild als natürliche Nahrung gab, abhängige Jungwölfe zu versorgen hatten. Besonders bemerkenswert war, dass sich unter 100 in Beuteabsicht über die Jahrhunderte getöteten Menschen 90 Kinder befanden, acht Frauen und nur zwei Männer." (S. 106–107)

Vorliebe für einfache Beute

In diesen ausgewiesenen Zahlen kommt deutlich die Vorliebe der Wölfe für einfache Beute zum Ausdruck, weshalb Kinder bei weitem als Wolfsopfer an erster Stelle stehen.

„Als Standardszenario fand eine Wölfin, die in einer von Menschen wildleer gejagten Landschaft Junge zu versorgen hatte, dass Kinder leichte Beute sind, auf die sich nach einem ersten Erfolgserlebnis spezialisierte. Solche Serien mit bis zu 50 verschwundenen Kindern gab es in Frankreich, im Baltikum und zuletzt 1800 an der holländischen Küste. Ob für alle diese verschwundenen Kinder Wölfe verantwortlich waren, ist heute nicht mehr eindeutig zu klären. Diese Serien rissen jedenfalls meist mit dem Erlegen eines bestimmten Wolfes ab. Natürlich bleibt trotz des genau recherchierten NINA-Berichts die Datenlage unsicher." (S. 107)

Kurt Kotrschal ergänzt: „Wahrscheinlich wurden immer wieder Opfer streunender Hunde oder sogar von gemeinen Morden den Wölfen in die Schuhe geschoben." (S. 107)

Hungrige Wölfe als Schafdiebe

Der Regionalhistoriker Felix Tobler geht in seinem Fachaufsatz „Wie die letzten Wölfe aus unseren Wäldern verschwanden. Zur Ausrottung des Wolfes im nord- und mittelburgenländischen Raum" (in: „Burgenländische Heimatblätter", 66. Jg., Heft 4, Eisenstadt 2004, S. 210–220) auf das über Jahrhunderte tradierte Wolfsbild ein. Dabei zeigt sich, dass die Wölfe nur in schwierigen Lebenslagen dem Nutzvieh nachstellten. Auf alle Fälle wurden die davon stark betroffenen und geschädigten Landwirte an die Grenze ihres Existenzminimums gebracht, was der Grund für einen beispiellos geführten Kampf gegen den Wolf gewesen ist:

„Ein Wolf kann natürlich nicht zwischen einem wilden Tier und einem Nutztier der Menschen unterscheiden. Begriffe wie ‚Eigentum' existieren in der Natur nicht, sondern sind eine abstrakte Erfindung des Menschen. Für einen hungrigen Wolf ist ein Schaf nur eine leichte Beute. Also begannen die Wölfe – besonders in harten Zeiten – sich an den Tieren der Bauern zu verköstigen und der Hass und die Verfolgung begann." (S. 212)

„Für viele Kleinbauern der Vergangenheit konnte der Verlust einer Kuh, eines Schweins oder einer Ziege das Ende bedeuten, besonders im Winter war die Kleinfamilie auf jedes Nutzvieh angewiesen. Wenn also die Wölfe ein Kalb erlegten, konnte eine kleine Familie in ernsthafte Überlebensschwierigkeiten gelangen und die Bauern versuchten mit allen Mitteln wie Schlingen, Fallgruben, Schusswaffen usw. die Umgebung ihrer Weiden und Ställe ‚wolfsfrei' zu halten. Auch die Herrschenden sahen durch die Verluste der Bauern ihre Steuereinnahmen gefährdet und forcierten die Vernichtung der Wölfe mit allen Mitteln." (S. 212)

Wolfsschäden – Wolfsverfolgung

„Durch Ackerbau und Viehzucht nahm sich also der Mensch praktisch selbst in gewissem Grade aus dem ‚Kreislauf der Natur' und verbreitete sich immer mehr, drängte die Wölfe zurück, rodete Wälder und vertrieb das Wild. Die Wölfe mussten sich zum Überleben nun schon fast zwangsläufig an das Vieh der Menschen halten. Der Hass wuchs, und wie es in einer ‚guten' Propagandaschlacht üblich ist, werden dem ‚Gegner' möglichst schlimme, bestialische und teuflische Eigenschaften und Vorgehensweisen angedichtet. In Stichworten kann man das Hassbild vom Wolf folgendermaßen grob zusammenfassen: Eine feige, blutgierige Bestie, die sich nur in der Gemeinschaft stark fühlt. Frisst mit Vorliebe kleine Kinder und alte Großmütterchen. Wird als Inkarnation des Teufels verstanden. Tötet gerne aus reiner Mordlust." (S. 212–213)

Mit allen zur Verfügung stehenden Mitteln wurde der Wolf von Großgrundbesitzern, Jägern und Viehzüchtern verfolgt, sodass er bis zur Mitte des 19. Jahrhunderts in Mitteleuropa weitgehend ausgerottet war. „Ein Faktor des Jagd- und Beuteverhaltens des Wolfes, der stark zur Ausbildung des Feindbildes vom ‚blutgierigen Raubtier' beitrug, ist die übermäßige Tötung (Surplus killing) von Beutetieren z. B. bei einem Angriff auf eine Schafherde, wobei weit mehr Tiere getötet werden, als zur Ernährung des Rudels nötig ist. Mit ‚Blutgier' oder ‚Mordlust' hat dieses Verhalten aber offensichtlich nichts zu tun. Die Forscher gehen davon aus, dass sich die Wölfe in einer Art ‚Endlosschleife' verfangen. Eine ‚Endlosschleife' ist ein Vorgang, bei dem sich zwei oder mehrere Faktoren jeweils aufeinander beziehen." (S. 213–214)

Das „Jagdprogramm" der Wölfe

„Das Jagdprogramm der Wölfe scheint in mehrere Unterprogramme gegliedert zu sein, wie Suchen, Belauern/Anpirschen, Jagen, Stellen, Töten und Fressen. Offensichtlich wird das ‚Unterprogramm Fressen' erst aktiviert, nachdem das ‚Unterprogramm Töten' abgeschlossen ist. Sehr wahrscheinlich wird das ,Unterprogramm Töten' erst dann beendet, wenn sich die Beute nicht mehr bewegt. In einer Schafherde, wo die Schafe allerdings nicht oder nur sehr halbherzig fliehen, ist noch ,Bewegung' ganz in der Nähe der jagenden Wölfe vorhanden." (S. 214)

„Statt also zum ,Unterprogramm Fressen' überzugehen, springt das Verhalten der Wölfe wieder auf ,Unterprogramm Töten' und das nächste Schaf wird attackiert. Das geht so lange weiter, bis die noch lebenden Schafe weit genug geflohen, alle Schafe getötet oder die Wölfe erschöpft sind. Erst dann gelingt es den Wölfen, aus der ,Endlosschleife' auszubrechen. Das gleiche Verhalten ist auch bei einem Fuchs zu beobachten, der in einen Hühnerstall eingedrungen ist und so lange alles totbeisst, bis sich nichts mehr bewegt." (S. 214)

Der Wolf als „Geißel für Hirten"

Noch im ausgehenden 19. Jahrhundert gab es immer wieder zahlreiche Hinweise und Erinnerungen an die Wolfsplagen der Vergangenheit, weshalb die damaligen Lexika besonders interessante Details angeben – so beispielsweise „Meyers Konversations-Lexikon. Ein Nachschlagewerk des allgemeinen Wissens" (Leipzig und Wien: Bibliographisches Institut, 5. gänzlich neubearbeitete Auflage, 17. Band: Turkos bis Zz, 1.138 S., hier: S. 840–841 unter „Wolf"):

„Gegen früher weit zurückgedrängt, findet sich der Wolf noch in fast ganz Europa, ist aber in Nord- und Mitteldeutschland und in England gänzlich ausgerottet, dagegen in Ungarn, Galizien, Kroatien, Krain, Serbien, Bosnien, Rumänien, Polen, Rußland, Skandinavien noch häufig. Einzelne Wölfe verlaufen sich jährlich aus Rußland, Frankreich und Belgien nach Ost- und Westpreußen, Posen, den Rheinlanden und Oberschlesien. Der Wolf bewohnt namentlich dichte Wälder, in Mitteleuropa nur die Hochgebirge, im Süden die Steppe, in Spanien auch Getreidefelder, schweift weit umher, oft 50–70 km in einer Nacht, lebt im Frühjahr und Sommer einzeln, zu zweien oder dreien, im Herbst in Familien, im Winter in mehr oder minder zahlreichen Meuten. Nur in einsamen Wäldern zeigt er sich bei Tage, in bevölkerten Gegenden wird er meist erst in der Dämmerung rege. Er ist ungemein blutdürstig, jagt Säugetiere, Vögel und allerlei Kleingetier, frißt aber auch Aas und Pflanzenstoffe, namentlich Obst. Im Herbst und Winter nähert er sich den Ortschaften, durchläuft Dörfer und selbst Städte, überfällt das weidende Vieh, jagt namentlich auch Hunde und wagt sich in Meuten selbst an Pferde und Rinder. Dabei würgt er viel mehr, als er fressen kann, und wird dadurch, namentlich im Winter, wo ihm der Wald weniger bietet, zur Geißel für Hirten und Jagdbesitzer. Er frißt auch seinesgleichen. Den Menschen vermeidet er soviel wie möglich; ein Weib oder Kind greift er wohl an, aber an den Mann gehen in der Regel nur vom Hunger gepeinigte Meuten, nicht leicht einzelne Wölfe. Solange er nicht Hunger fühlt, ist er feig und furchtsam; vom Hunger gestachelt, wird er aber mutig, tollkühn und trotzt dann jedem Schreckmittel. In Rußland werden von Wölfen jährlich mindestens 180.000 Stück Großvieh und 560.000 Stück Kleinvieh (ohne Federvieh) vernichtet." (S. 840)

„Man jagt den Wolf überall, um ihn zu vertilgen, aber auch des Pelzes halber. Die meisten Wölfe werden gegenwärtig mit Strychnin getötet, indem man ein getötetes Schaf damit imprägniert und auf die bekannten Wechselstellen der Wölfe wirft. Die schönsten Felle kommen aus Schweden, Rußland, Polen, Frankreich und gelten um so mehr, je weißer sie sind. Die Haut wird auch gegerbt und zu Handschuhen, Pauken- und Trommelfellen benutzt." (S. 841)

Der Wolf auf einem Originalholzstich (in: Meyers Konversations-Lexikon. Ein Nachschlagewerk des allgemeinen Wissens. Leipzig und Wien: Bibliographisches Institut, 5. gänzlich neubearbeitete Auflage 1874, 14. Band: Politik bis Russisches Reich, 1.074 S., hier: Raubtiere III. – Wolf).

Rangordnung im Wolfsrudel

Das gewöhnlich gut als einheitlicher Familienverband organisierte Wolfsrudel setzt sich aus dem Leitpaar und fünf oder sechs erwachsenen Tieren zusammen. Das Rudel bildet eine Fressgemeinschaft und ist eine Gruppe von Wölfen, die aus ernährungstechnischen Motiven zusammenhält. Jaroslav Vogeltanz und Paolo Molinari bringen es in ihrem sehr gelungenen Buch „Wölfe – Jäger der Nacht" (Wien: Österreichischer Jagd- und Fischerei-Verlag, 125 S.) so auf den Punkt: „Die

Sozialstruktur des Rudels ist hierarchisch. Auf dem Gipfel der Pyramide stehen die Leittiere, das sogenannte Alpha-Paar. Danach kommt bei größeren Rudeln ein Beta-Paar, die weiteren ausgewachsenen Tiere des Clans, danach die Unterworfenen und zuletzt die Jungen." (S. 41)

Diese strenge Rangordnung innerhalb eines Rudels hatte sich über Jahrhunderte in allen Lebenslagen bewährt. Im einschlägigen Werk zur „Wolfsjagd in Russland. Über Wölfe, Wolfsjagd und Erzählungen zum Wolf" (Wien 2015: Österreichischer Jagd- und Fischerei-Verlag, 159 S.), aus dem Russischen übersetzt und herausgegeben von Ingolf Natmessning, stehen über die Wolfsrudel folgende Zeilen:

„Die Rudel können bestehen aus: den erwachsenen Tieren – der Wölfin und dem Wolfsrüden; den Pribyloi, also den Jungen im ersten Lebensjahr; und schließlich den Perejarok (oder Peretok), also den Einjährigen und somit im zweiten Lebensjahr stehenden Wölfen. In so einem Fall kann das Rudel aus acht bis vierzehn Köpfen bestehen. Es kommt vor, dass im Wolfsrudel die Perejarki fehlen. Das bedeutet, dass die Jungtiere des Vorjahres ausgefallen sind, was gerade bei einer noch unerfahrenen, jungen Wölfin passieren kann. Unter diesen Bedingungen zählt das Rudel dann sechs bis acht Köpfe." (S. 51)

In der „Innsbrucker Zeitung" (1. Jg., Nr. 1, Samstag, 2. Jänner 1937: Wolfsmärchen! Wie der Steppenräuber wirklich lebt) steht bei Fred Rodon über diese Rudelbildung: „Und nun noch ein Wort über die Wolfsrudel. Die gibt es. Aber nicht in einer Stärke von zwanzig, dreißig oder gar fünfzig und mehr dieser Lustmörder – solche Angaben sind glatter Unsinn. Ein Wolfsrudel zählt höchstens sieben bis neun Köpfe: Vater, Mutter und Kinder. Wenn jemand größere Wolfsrudel gesehen hat, so wohl nur, weil ihn die Angst vervielfacht sehen ließ." (S. 7)

Greift der Wolf den Menschen an? Diese Frage ist das A und O des ganzen Problems „Wolf" überhaupt. Und hier ist die Antwort aus dem Mund von unserem vorhin angeführten Wolfsexperten und Zeitzeugen Fred Rodon: „Ich bin verschiedentlich einzelnen Wölfen begegnet und auch Rudeln, und zwar allein und unbewaffnet, und in keinem Falle bin ich angegriffen worden. Wohl ist der Wolf ein gefährlicher Lustmörder, der nicht nur aus Hunger tötet, sondern der aus wilder Blutgier mordet. Aber er ist auf der anderen Seite der größte Feigling, den es überhaupt gibt, und, solange sich die kleinste Lücke für eine Flucht bietet, denkt er gar nicht daran, einen Menschen anzugreifen!" (S. 7)

Fred Rodon erzählt, dass er in der Wildnis schon öfters einzelnen Wölfen und auch Rudeln begegnet war, und zwar allein und unbewaffnet. In keinem Fall wurde er angegriffen. Dazu ein Beispiel: An einem Wintertag bei Einbruch der Dämmerung war Rodon in den nördlichen Buschgebieten der kanadischen Provinz Manitoba und befand sich zwölf Kilometer von der sicheren Blockhütte entfernt, als plötzlich die grauen Schatten von fünf Buschwölfen auftauchten. Die „geduckt anschleichenden Mordgesellen" heulten zum nächtlichen Himmel und waren hungrig. „Denn am anderen Morgen gelang es uns, zwei der Bestien abzuschießen. Als wir die Mägen aufschnitten, zeigte sich, daß sie vollständig leer waren. Das aber bedeutet: Hunger! Die Erfahrung, daß der Wolf den Menschen nicht anfällt (Angriffe auf Kinder sind ganz seltene Ausnahmen bei schlimmstem Hunger!), ja, daß er sogar widerstandslos seine zur Strecke gebrachte Beute im Stiche läßt, habe ich nicht nur selber erfahren, wird von allen Trappern und Jägern bestätigt." (S. 7)

Der Wolf – Ein Steckbrief

1.
Länge: 100 bis 150 cm; Schulterhöhe: 50 bis 100 cm; Gewicht eines ausgewachsenen Männchens: 50 kg; Gewicht eines ausgewachsenen Weibchens: 35 bis 40 kg.

2.
Komplexer Familienverband (Rudel) mit ganz bestimmten Aufgaben für jedes Mitglied. Es gibt eine festgelegte Hierarchie oder Rangfolge. Ein Rudel umfasst bis zu 12 Tiere.

3.
Der bei uns heimische sogenannte eurasische Wolf hat ein dunkelgraues Fell.

4.
Die Brunstzeit der Wölfe ist Ende Dezember bis April.
In der Regel pflanzt sich nur das „Alpha-Paar" eines Rudels fort.

5.
Nach der Tragzeit von etwa neun Wochen bringt das Weibchen in einem selbst gegrabenen Bau fünf bis sieben Junge zur Welt.

6.
Wölfe sind Hetztiere, die ihre Beutetiere im Verband des Rudels bejagen.

7.
Zu ihren Beutetieren zählten in unserem Gebiet hauptsächlich Hirsche, Rehe, Hasen, Enten, Gänse u. a. und im Notfall selbst Mäuse.

8.
Wenn es kaum etwas zu fressen gibt, dann kann sich der Wolf auch mit Beeren, Wurzeln und anderer pflanzlicher Kost lange Zeit über Wasser halten.

9.
Bei den Attacken auf weidende Schafherden werden viel mehr Wolltiere getötet, als für die Ernährung des Rudels nötig sind, was beim Jagd- und Beuteverhalten des Wolfes stark zur Ausbildung des Feindbildes vom „blutgierigen Raubtier" beitrug.

Quelle:
Felix Tobler (2004): Wie die letzten Wölfe aus unseren Wäldern verschwanden. Zur Ausrottung des Wolfes im nord- und mittelburgenländischen Raum, in: „Burgenländische Heimatblätter", 66. Jg., Heft 4, Eisenstadt, S. 210–220, hier: S. 214.

Heulende Wölfe auf einer Künstleransichtskarte. Aquarell der deutschen Malerin und Illustratorin Rita Mühlbauer (Bildarchiv Georg Jäger). Seit jeher wurde der Wolf als Konkurrent des Menschen bei der Jagd und als Bedrohung für das Weidevieh angesehen.

Der Wolf in der Donaumonarchie im 19. Jahrhundert

Im einschlägigen Buch von Heinrich Volkmann über „Das Weidwerk in Österreich mit besonderer Berücksichtigung des Hochgebirges. Ein Hand- und Lehrbuch für Jagdherren und Jäger; zugleich ein Leitfaden zur Vorbereitung für die mit Verordnung des k. k. Ackerbau-Ministeriums vom 14. Juni 1889, RGB. Nr. 100, vorgeschriebenen Prüfung für den Jagd- und Jagdschutzdienst“ (Wien 1902: Verlag von Szelinski & Comp., 3. Auflage, 447 S., hier: S. 191–192) können wir über das Auftreten der Wölfe in Europa bzw. in der Donaumonarchie am Ende des 19. Jahrhunderts u. a. diese Zeilen nachlesen:

Verbreitung, Gestalt und Nahrung

„Die Verbreitung des Wolfes ist eine viel ausgedehntere als jene des Luchses; er kommt in Spanien und Frankreich nicht selten, im Norden Europas aber noch häufiger vor. Ebenso ist er noch in Ungarn, Kroatien, Slavonien, Bosnien und der Herzegowina vertreten. In Oesterreich selbst ist er nur mehr in der Bukowina und in Galizien anzutreffen.“ (S. 191)

„Der Wolf zählt zu den schädlichsten Raubthieren und gleicht einem großen, hochstämmigen, schlecht genährten Hunde am meisten. Im Schritt und Trab zieht der Wolf den hinteren Theil seines Körpers etwas bei, wodurch eine eigenthümliche Bewegung entsteht. Er vermag nicht lange sehr flüchtig zu sein, legt aber trabend in einer Nacht unglaublich große Strecken zurück. Durchwegs mit sehr scharfen Sinnen begabt und von großer Beweglichkeit, ist er doch gewöhnlich feige, und nur der Hunger treibt ihn zum Raube. In tiefen Wintern zu ‚Rotten‘ (Rotte = Rudel, Anm. G. J.) vereinigt, wird er aber unter Umständen frech und selbst dem Menschen gefährlich. Seine Stimme ist ein rauhes, heiseres Geheul und Gebell.“ (S. 191)

„Obwohl im Ganzen ein Räuber nimmt er doch Aas sehr gerne an, und da ihm die Erbeutung zahmer Thiere leicht gelingt, so wird er den Ziegen und Schafen, jungem Rindvieh und den Fohlen sehr gefährlich. Unter Umständen und im Nothfalle nimmt er auch mit Mäusen, Vögel ec. Vorlieb. Der Wolf sucht sein Opfer zu beschleichen und es dann durch plötzliche rasche Sprünge zu erreichen; gelingt dies nicht, so verfolgt er dasselbe, so lange er kann. Anderenfalls liegt er stundenlang im Hinterhalte, um meuchlings zu erbeuten.“ (S. 191)

„Seine Ranzzeit fällt in die ersten Monate des Jahres. Wolf und Wölfin hängen nach der Begattung gleich den Hunden zusammen. Nach zehn bis elf Wochen wölft die Wölfin vier bis acht Junge, die neun Tage blind sind und von der Mutter fünf bis sechs Wochen lang gesäugt werden. Der Tritt des Wolfes hat große Aehnlichkeit mit der Spur eines großen Hundes, doch ‚schnürt‘ er, wie der Fuchs genau hintereinander und die Schrittweite ist größer.“ (S. 191–192)

Treibjagden, Ansitze und Wolfsgruben

„Zur Erlegung der Wölfe dienen die Treib- und Kesseljagden, das Raitzen und der Ansitz. Die Treibjagd auf Wölfe wird in der Regel nur dann mit Aussicht auf Erfolg unternommen, wenn bei Neuen von Wölfen besuchte Walddistricte sorgfältig eingekreist, und die Jagdstände von den Schützen lautlos besetzt werden; denn der Wolf vernimmt sehr scharf, und schlägt sich eventuell gern in die Büsche. Aus diesem Grunde haben große Treibjagden, wozu oft ganze Gemeinden aufgeboten werden, verhältnismäßig geringen Erfolg. In neu eingenommenen Standorten wittert der Wolf mit verdoppelter Vorsicht und schleicht stets möglichst gegen den Wind. Vor den Treibern drückt er sich hin und her, bricht aber endlich bei der Schützenlinie schnell durch. Wird er gefehlt, so trabt er meilenweit fort, ohne sich zu verstecken." (S. 192)

„Ueberdies werden in fernen Landen, wo Meister Isegrim noch häufiger vorkommt, verschiedenartige Jagden ausgeübt, um seiner habhaft zu werden. In den nördlichen Ländern bedient man sich des Schlittens bei mondhellen Nächten, um den Räuber zu reizen und zu Schusse zu bringen. Der Ansitz auf Wölfe kann vortheilhaft nur beim Luder erfolgen, wobei der Hochstand absolute Bedingung ist. Das Luder muß auf einer Blöße liegen, wenn es der Wolf annehmen soll; er umkreist es zuerst in der Ferne, und für den Fall, daß er keine Gefahr wittert, immer enger. Selbstverständlich muß das Luder ein begehrenswerter Bissen für den Wolf sein und zu einer Zeit gelegt werden, da man Ursache hat zu glauben, der letztere habe Hunger. Erst nachdem man sich überzeugt hat, daß das Luder wiederholt, d. i. nachhaltig frequentirt wird, beziehe man den Hochstand zu geeigneter Tages- oder mondheller Nachtzeit." (S. 192)

„Die ‚Wolfsgruben' werden in geeigneten Waldörtlichkeiten angelegt, um die Wölfe darin zu fangen. Eine derartige Grube muß 3 bis 4 Meter tief, dessen Wände müssen senkrecht und glatt sein. In der Mitte der Grube wird eine ebenfalls glatte Stange in die Erde gesenkt, die über die Grube hinausragt und zu oberst eine Kirrung für den Wolf birgt. Die Grube wird sodann mit zwei hölzernen Fallthüren und diese wieder mit Moos, Laub ec. bedeckt. Nachdem die letzteren fängisch gestellt sind, sucht man die Wölfe durch ‚Geschleppe' aus verschiedenen Richtungen herbeizulocken, damit dieselben die Kirrung wahrnehmen und letztere angehend, in die Grube hineinfallen." (S. 192)

Die Wolfsnetze als Jagdmethode

Unter „Wie man den Wolf mit Netzen fängt" (S. 46) oder „Wie der Wolff mit Netzen zu fangen" (S. 47) findet sich im Werk „Die edle Jagdbarkeit. 18 Kupferstiche von Johann Elias Ridinger aus dem Jahre 1729" (Gütersloh: Praesentverlag Heinz Peter, 51 S.) folgender zutreffender Begleittext, der beim Kupferstich mit der angeführten Nummer 17 steht:

„Um diesem schädlichen Raubtier genügend Abbruch zu tun, sind die Wolfsnetze erfunden worden; um so mehr, als die Wolfsgruben nicht überall erlaubt oder anwendbar sind. Wird die Fährte des Wolfes entdeckt, so ist es das erste, daß man ihn einkreist und mit den Netzen möglichst still umstellt. Sind die Netze entsprechend gerichtet und auch genügend Leute zum Treiben da, so werden zwei bis drei mit Trommeln unter sie verteilt, und dann wird vom rechten Flügel gegen den linken zu mit lautem Geschrei, Schlagen der Trommeln und anderem Lärm der Anfang gemacht. Es geht dann immer auf die Netze zu, an welchen wieder Jäger und Bauern mit Fangeisen, Äxten und Keulen aufgestellt sind, um den eingefallenen Wolf zu erlegen oder totzuschlagen.“ (S. 46)

„Ein Wolffs Spur“ nach dem Holzschnitt von Jost Amman, 1592. Der dazugehörige Vierzeiler lautet: „Der Wolff der ist ein geitzig Fraß / Man fengt in auff seim eigen Aaß. Wer also schindt die armen Leut / Der wirdt zu letzt deß Teuffels Beut.“ (in: Künstliche Wolgerissene Neu Figuren von allerlai Jagt und Weidwerck. Allen Liebhabern der Maler Kunst, auch Goltschmieden, Bildthauern ec. Zu Ehren und Wolgefallen zugericht und an tag geben. Durch den Kunstreichen und Weitberhümbten Jost Ammon. Darzu mit Artlichen Lateinischen Versen und Wolgestellten Teutschen Reimen erkläret und gezieret. Gedruckt zu Franckfurt am Mayn 1592. Privatdruck. Hoppenstedts Wirtschafts-Archiv GmbH Darmstadt, 1959).

„Wenn nun auch dieses böse Tier ziemlich an Mut verliert, so muß doch mancher tapfere Bauernrüde dessen Bosheit noch spüren, weshalb auch die Leute sich gut vorzusehen haben. Die Netze sollen doppelt oder gar dreifach gestellt werden, denn wo zwei, drei oder mehrere Wölfe vorhanden, sind sie wohl so verschlagen, daß sie nicht einfallen wollen. Sie flüchten von den Netzen weg und wenn einer einfällt, suchen die anderen auszureißen. Dies kann auf die beschriebene Weise verhindert werden. Es kann sogar eine ganze Rotte auf diese Art ausgetilgt werden. Von den Wölfen wird gesagt: ‚sie würgen sich‘, die ‚Wölfin trabt‘, und Wölfe werden im ‚Garn‘ oder in ‚Netzen‘ gefangen, ‚erwürgt‘ und ‚zerschlagen‘.“ (S. 46)

Wolfsjagd mit Garn bzw. Netz: „Wie man die Wolff im Garn soll fangen". Holzschnitt von Jost Amman, 1592. Der dazugehörige Vierzeiler lautet: „Wer einem Wolff trauwt auff der Heidt / Und einem Juden auff sein Eidt: Und einem Pfaffen auff sein Gwissen / Der wirdt von allen dreyen beschissen." (in: Künstliche Wolgerissene Neu Figuren von allerlai Jagt und Weidwerck. Allen Liebhabern der Maler Kunst, auch Goltschmieden, Bildthauern ec. Zu Ehren und Wolgefallen zugericht und an tag geben. Durch den Kunstreichen und Weitberhümbten Jost Ammon. Darzu mit Artlichen Lateinischen Versen und Wolgestellten Teutschen Reimen erkläret und gezieret. Gedruckt zu Franckfurt am Mayn 1592. Privatdruck. Hoppenstedts Wirtschafts-Archiv GmbH Darmstadt, 1959).

Von Bauern verfolgte Wölfe: „Ein ander Wolffs gejägt". Holzschnitt von Jost Amman, 1592. Der dazugehörige Vierzeiler lautet: „Das Wolff Geschlecht ist mancher art / Das ein ist wildt, das ander zart: Doch gleich und gleich gesellt sich gern / Ein Wolff zum Wolff, ein Bär zum Bärn." (in: Künstliche Wolgerissene Neu Figuren von allerlai Jagt und Weidwerck. Allen Liebhabern der Maler Kunst, auch Goltschmieden, Bildthauern ec. Zu Ehren und Wolgefallen zugericht und an tag geben. Durch den Kunstreichen und Weitberhümbten Jost Ammon. Darzu mit Artlichen Lateinischen Versen und Wolgestellten Teutschen Reimen erkläret und gezieret. Gedruckt zu Franckfurt am Mayn 1592. Privatdruck. Hoppenstedts Wirtschafts-Archiv GmbH Darmstadt, 1959).

Durchführung und Verlauf einer Wolfsjagd

Gerald Majcen befasst sich in seiner wissenschaftlichen Publikation über „Luchs (Lynx lynx, L.) und Wolf (Canis lupus, L.) in der Steiermark“ (Graz 1998: Naturwissenschaftlicher Verein für Steiermark, 63 S.) ausführlich mit organisatorischen Fragen bei den Wolfsjagden im 18. und 19. Jahrhundert. So mancher vorausschauend denkender Adeliger erwies sich bei Anwesenheit von Wölfen schon im Jahr 1757 als Gegner großer Treibjagden und bevorzugte deshalb eine kleine, schnell durchgeführte Jagd mit wenigen Leuten, um die Wölfe überhaupt noch vor Ort erwischen zu können, an deren gänzliche Ausrottung dieser aber selbst nicht mehr glaubte. Dagegen hielten die Behörden bis zuletzt am „Konzept der Wolfstreibjagden mit Massenaufgebot“ (S. 25) fest und ließen sich davon nicht abbringen.

Eine von oben behördlich angeordnete Wolfsjagd begann zunächst mit der Anzeige bzw. Beschwerde der Landbevölkerung bei den zuständigen Bezirksbehörden, dass Wölfe ein Nutztier gerissen hatten, was vor allem im Sommer das Weidevieh auf den Almen betraf. Danach folgte auf Bezirksebene ein Bittschreiben an das Kreisamt, wobei auch um Unterstützung benachbarter Bezirke ersucht wurde. In weiterer Folge wurde der Termin für die im Idealfall bei Schönwetter durchzuführenden Treibjagd von der Bezirksbehörde fixiert. Oft dauerte der geführte Schriftverkehr vom Eintreffen der ersten Meldung wegen der auch nicht zu unterschätzenden Bürokratie zwei bis drei Wochen lang. Und die Wölfe hatten inzwischen schon längst neue Gebiete aufgesucht.

Zahlreiche Treibjagden auf Wölfe wurden zu Massenveranstaltungen, weil die jeweilige Bezirksbehörde nach Terminfestlegung auch die Gemeinden informieren musste. Letztere hatten eine bestimmte Zahl an Schützen und Treibern zu stellen. Die Gemeindeführung achtete bei der Auswahl der bei einer Wolfsjagd vorgesehenen Personen darauf, vorerst nur jene betroffenen Bauern heranzuziehen, welche in der durchzutreibenden Gegend ihr Weidevieh hielten und daraus einen großen Nutzen hatten. Die Besprechung der letzten Details gab es mindestens zwei Tage vor der Treibjagd zwischen dem Gemeindevorstand und den Jägern, wobei letztere für die fachliche Durchführung des Vorhabens beauftragt wurden und auch den Schützen die Stände zuzuteilen hatten.

Der eigentliche Jagdbeginn war zeitig in der Früh. Dabei musste sich jeder Teilnehmer an einem bestimmten Ort einfinden. Erst nach Erhebung der Vollständigkeit durch einen Vertreter der Bezirksbehörde konnte die Treibjagd erfolgen. Nachdem die Schützen ihre Plätze zugewiesen bekamen, wurden die Treiber in drei Gruppen aufgeteilt, die sich jeweils in einer Linie aufzustellen hatten. Anschließend gingen die Treiberketten in gerader Richtung langsam vor. Zur Aufscheuchung der noch im Gebüsch versteckten Wölfe wurde mit Hilfe von verschiedenen Lärmgeräten Krach gemacht. Es war üblich, die Wölfe auf eine markante Höhe hinaufzutreiben. Daher waren auch die Schützen oben anzutreffen, was für die Treiber bedeutete, wieder „kräfteraubend bergwärts“ (S. 26) zu treiben.

Abschuss-Statistiken in Zisleithanien

Wie sah es in räumlicher Hinsicht mit der Erlegung von Wölfen in den Ostalpen aus? Der Direktor der mährisch-schlesischen Forstschule Joseph Wessely vermerkt in seinem 1853 veröffentlichten Werk „Die oesterreichischen Alpenländer und ihre Forste. Erster Theil: Die Natur, das Volk, seine Wirthschaft und die Forste der oesterreichischen Alpenländer“ (Wien: Wilhelm Braumüller, 618 S.) die jährlich in der Mitte des 19. Jahrhunderts geschossenen Raubtiere: „In neuester Zeit sind in den Alpen im Mittel jährlich 23 Bären, 28 Wölfe und 6 Luchse erlegt worden.“ (S. 521–522)

Nach einer Statistik aus dem Jahr 1865 wurden im Habsburgerreich (ohne dem Königreich Ungarn im weiteren Sinn) insgesamt 224 Wölfe erlegt, davon allein 198 in Galizien und 23 in der Krain. Je ein Wolf entfiel auf die Steiermark, auf Triest und die Bukowina. Das „Statistische Jahrbuch des k. k. Ackerbauministeriums“ (seit dem Jahr 1874 überhaupt die einzige aussagekräftige Jagdstatistik der damaligen Zeit) verzeichnet in den Jahren 1874 und 1877 unter dem zum Abschuss gelangten schädlichen Haarwild für Zisleithanien 165 bzw. 186 erlegte Wölfe. Dabei entfallen 1874 allein 139 Wolfsabschüsse auf Galizien. 1877 sind es in Galizien 112 Wolfsabschüsse, in der Bukowina 43 und in der Krain 30 Wolfsabschüsse. Im Erhebungsjahr 1881 ist von 123 erlegten Wölfen die Rede, wobei die meisten Wölfe in Galizien (94) und in der Bukowina (25) zur Strecke gebracht werden konnten.

Die „Klagenfurter Zeitung“ (102. Jg., Nr. 112, Dienstag, 19. Mai 1885, S. 2: Bären und Wölfe in Krain) weist folgende interessante Abschussstatistik für die Krain aus: Zwischen 1875 und 1884 wurden dort nicht weniger als 147 Wölfe erlegt, im Jahr 1878 waren es 26 Wölfe. Vom damaligen Krainer Landtag wurden hohe Abschussprämien für die Erlegung des Schadwilds ausbezahlt.

Die „Wiener Allgemeine Zeitung“ (9. Jg., Nr. 3.044, Mittagblatt, Donnerstag, 16. August 1888, S. 2: Österreich als Jagdgebiet) notiert für 1887 genau 113 Wolfsabschüsse. Das „Grazer Tagblatt“ (2. Jg., Nr. 326, Donnerstag, 24. November 1892, S. 3: Jagd-Statistik) verzeichnet für das Jahr 1890 noch 136 Wolfsabschüsse. Ein halbes Jahrzehnt später, nämlich 1895, sind es 49 erlegte Wölfe gewesen, wie der „Oesterreichischen Forst- und Jagd-Zeitung“ (15. Jg., Nr. 10, Freitag, 5. März 1897, S. 74: Oesterreichische Forst-, Jagd- und Torf-Statistik) entnommen werden kann.

Zu Beginn des 20. Jahrhunderts scheinen in Zisleithanien nur mehr 84 erlegte Wölfe auf, die sich vor allem auf Galizien (38) und die Bukowina (37) verteilen. Die Steiermark ist inzwischen schon längst „wolfsfrei“ geworden. Zwischen 1900 und 1912 halbierte sich die Zahl der jährlich geschossenen Wölfe von 84 auf 43 Stück mit den zwei Schwerpunkten Galizien und Bukowina. Das ausgewertete Datenmaterial zeigt deutlich, dass es im Untersuchungsraum von 1865 bis 1912 in knapp 50 Jahren zu einer starken Dezimierung mit fast gänzlicher Ausrottung des Wolfsbestandes gekommen ist.

Erlegte Wölfe in Zisleithanien, 1865–1912

Länder, Region	1865	1874	1877	1881	1890	1895	1900	1905	1908	1912
Steiermark	1	-	-	-	-	-	-	-		
Krain	23	16	30	4	-	6	8	1	2	3
Mähren, Böhmen	-	1	-	-	-	-	-	-	1	-
Triest, Küstenland	1	1	1	-	-	-	1	-	-	4
Galizien	198	139	112	94	89	29	38	35	44	32
Bukowina	1	8	43	25	47	14	37	22	15	4
insgesamt	**224**	**165**	**186**	**123**	**136**	**49**	**84**	**58**	**62**	**43**

Quellen:
Hugo Forcher (1910): Beiträge zur Statistik der Jagd, in: Statistische Monatsschrift. Hauptteil (898 S.). Wien 1910, herausgegeben von der k. k. Statistischen Zentral-Kommission, Neue Folge, 15. Jg., S. 201–413, hier: S. 239–241: Zahl der gefällten Stücke. B. Schädliches Wild 1900, 1905 und 1908.
Innsbrucker Nachrichten, 14. Jg., Nr. 110, Dienstag, 14. Mai 1867, S. 1.024: Für Jäger.
Innsbrucker Nachrichten, 63. Jg., Nr. 559, Samstag, 2. Dezember 1916, Mittag-Ausgabe, S. 19–20: Die Jagd im Kriege / Von E. Hollstein, hier: S. 20: Abschuß des Raubzeuges.
Oesterreichische Forst- und Jagd-Zeitung, 2. Jg., Nr. 72, Freitag, 16. Mai 1884, Wien, S. 148: Die Jagd in Österreich im Jahre 1881.
Statistisches Jahrbuch des k. k. Ackerbau-Ministeriums für 1874. Zweites Heft: Forst- und Jagd-Statistik. Wien 1875: Verlag von Faesy & Frick, 114 S., hier: S. 110–111: Tabelle XI. Ueber das im Jahre 1874 zum Abschusse gelangte Wild / Schädliches Haarwild.
Statistisches Jahrbuch des k. k. Ackerbau-Ministeriums für 1877. Zweites Heft: Forst- und Jagd-Statistik nebst einem Anhange über Torf-Statistik. Wien 1878: Verlag von Faesy & Frick, 185 S., hier: S. 164–165: Tabelle XV. Ausweis über das im Jahre 1874 zum Abschusse gelangte Wild / Schädliches Haarwild.
Statistisches Jahrbuch des k. k. Ackerbau-Ministeriums für 1890. Zweites Heft: Forst- und Jagd-Statistik nebst einem Anhange über Torf-Statistik. Wien 1892: Druck und Verlag der k. k. Hof- und Staatsdruckerei, 267 S., hier: S. 260: Tabelle XXI. Ausweis über das im Jahre 1890 zum Abschusse gelangte Wild / Raubwild.
Statistisches Jahrbuch des k. k. Ackerbau-Ministeriums für 1895. Drittes Heft: Forst- und Jagd-Statistik nebst einem Anhange über Torf-Statistik. Wien 1896: Druck und Verlag der k. k. Hof- und Staatsdruckerei, 291 S., hier: S. 284: Tabelle XXI. Ausweis über das im Jahre 1895 zum Abschusse gelangte Wild / Raubwild.
Tagespost, 12. Jg., Nr. 109, Sonntag, 12. Mai 1867, Graz, S. 3: Für Jäger.

Ein Blick nach Transleithanien

Wie sah es mit den Wolfsabschüssen im benachbarten Ungarn bzw. in der ungarischen Reichshälfte der Doppelmonarchie aus? Und hier ist sofort die Antwort, welche uns die in Wien erschienene „Allgemeine Sport-Zeitung“ (32. Jg., Nr. 116, Sonntag, 24. Dezember 1911, S. 1.746: Jagd) in Kurzform gibt: „Im Jahre 1910 wurden in Ungarn laut der offiziellen Berichte der Komitatsbehörden an das

Ackerbauministerium 113 Wölfe und 23 Luchse vernichtet, wofür an Prämien 3850 Kronen ausbezahlt wurden. Die meisten Wölfe wurden in Marmaros erlegt, 29 an der Zahl." In der Zeitung „Neues Wiener Tagblatt" (46. Jg., Nr. 54, Sonntag, 25. Februar 1912, S. 44: Ein Raubtiervertilger) wird ein damals bei den Abschüssen besonders rekordverdächtiger Wolfsjäger in Transleithanien geehrt, als es heißt: „Der Jagdschutzverein von Ungarn zeichnete den Heger von Madéfalva (= Siculeni, veraltet: Madefalău und Ciceău; Gemeinde im Kreis Harghita in der Region Siebenbürgen im heutigen Rumänien) Dvonis Bodo durch eine Prämie von 100 Kronen und die große silberne Medaille des Vereines aus. Im Vorjahr hatte der Heger vom Ackerbauministerium 300 Kronen erhalten. Bodo hat bisher 207 Wölfe und 31 Luchse erlegt."

Das „Welt-Neuigkeits-Blatt" (24. Jg., Nr. 205, Wien, S. 14) bringt am Mittwoch, 8. und Donnerstag, 9. September 1897 unter „Raubwild in Bosnien und der Herzegowina" folgende aufschlussreiche Zahlen: „In Bosnien und der Herzegowina wurden in den Jahren 1880 bis 1896, also seit der Okkupation durch Oesterreich-Ungarn, 1.532 Bären und 12.165 Wölfe erlegt, wofür 58.967 fl. Schußprämien gezahlt wurden. – An Hausthieren sind im Jahre 1896 gerissen worden: 205 Pferde, 525 Rinder, 2658 Schafe und Ziegen und 326 Schweine. Diese Zahlen dürften aber zu niedrig gegriffen sein, da aus einzelnen Bezirken keine genauen Angaben vorliegen. – Im Kreise Sarajevo rechnet man noch auf einen Stand von 80 bis 100 Bären und 150 bis 200 Wölfen. – Im Jahre 1896 streckte Forstwart Franz Behr im Bezirke Prozor 3 Bären und 7 Wölfe; Forstaufseher Mako Penava 5 Wölfe; Forstaufseher Dragic 7 Wölfe. – Im Kreise Travnik erlegte Oberförster Emil Hoffmann 3 Bären; Forstaufseher Marco Pescha 3 Bären; Forstausseher Franz Krallert 1 Bären; Forstaufseher Thomas Mozal 3 Wölfe."

Wolfswinter in den Dinariden und Bosnien

Entscheidend für das im 16. und 17. Jahrhundert häufige Vorkommen des Wolfs war neben den damaligen Kriegsereignissen und strengen Schusswaffenverboten das von der Aristokratie beschränkte Jagdrecht, welches die Wolfsausbreitung begünstigte, zumal die Adeligen viel lieber das lukrativere und weniger Aufwand erforderliche Wild zur Strecke brachten. Dazu kamen noch vorteilhafte klimatische Bedingungen für den Wolf. Vor allem in Kältejahren waren die Wölfe rudelweise im Dinarischen Gebirge (einschließlich Bosnien) aufgetreten und hatten dort die Haushunde bedroht. Und so beschreibt der französische Naturforscher und Chirurg Belsazar Hacquet (1739–1815) in seinem Werk „Physisch-Politische Reise aus den Dinarischen durch die Julischen, Carnischen, Rhätischen in die Norischen Alpen, im Jahre 1781 und 1783 unternommen. Erster Theil" (Leipzig 1785: Verlag Adam Friedrich Böhme, 156 S.) die zur kalten Jahreszeit in die Dörfer vordringenden Wölfe:

„Es sey mir erlaubt, hier eine Merkwürdigkeit, welche in der Lyka unter den Wölfen herrscht, anzuführen, die gemein ist. Wenn diese Thiere im Winter durch den großen Schnee gezwungen werden bey den Häusern ihren Fraß zu suchen, so gehen sie gemeiniglich auf die Stallhunde los. Die Wölfe sind bey einem solchen Fang selten weniger als vier. Einer davon geht zur Thür, wo Vieh und Hunde sind, macht Lärmen mit Kratzen u. d. gl. wo währender Zeit die andern sich im Schnee eingraben, um nicht gesehen zu werden; da nun der Hund begierig auf den Ruhestörer losgeht, welcher zu entfliehen sucht, so springen die versteckten Mitkammeraden mit aller Heftigkeit aus dem Schnee, und überfallen den Verfolger von Rückwärts, wo sie dann insgesammt ihre Beute zerreissen und verzehren; und so ist noch viel verschlagner der Hund, der von einem Wolf und einer Hündin gezeugt worden." (S. 42)

Wölfe in Ungarn und Tschechien

Der „Bothe von Tyrol" (6. Jg., Nr. 8, Innsbruck, S. 29: Oesterreich) meldet sich am Donnerstag, 27. Jänner 1820 mit einem Bericht der Zeitung aus Brünn vom 18. Januar zu Wort: „Die eingetretene Kälte drängt aus noch kältern Gegenden mehrere Wölfe in die Wälder dieser Provinz, welche sich seit Jahren dieser höchst schädlichen Thiere beinahe ganz befreyt hielt, und das Erscheinen eines oder des andern nur mehr unter die besonders seltenen Fälle zählte. Nach eingegangenen offiziellen Berichten sind in diesem Monathe vom 2. bis 8. auf der gräflichen Magnischen Herrschaft Straßnitz, Hradischer Kreises, vier Wölfe erlegt worden, und in den Waldungen der königl. Kreisstadt Ungarisch-Hradisch haben sich auch einige gezeigt. Von Seite der Behörden sind die wirksamsten Maaßregeln getroffen worden, diese Raubthiere aufzusuchen, und in der ganzen Umgegend zu vertilgen." (S. 29) In seinem inzwischen zum Klassiker gewordenen Werk „Das europäische Jahrhundert. Ein Kontinent im Umbruch 1815–1914" („The Pursuit of Power. Europe, 1815–1914." Toronto 2016: Allen Lane. Übersetzung aus dem Englischen von Richard Barth, München 2020: Pantheon Verlag, 1.022 S.) befasst sich der britische Historiker Richard J. Evans u. a. auch mit der damaligen Wolfsproblematik während des 19. Jahrhunderts.

Dabei wirft Evans den Blick auf den schon längst in Vergessenheit geratenen ungarischen Politiker und Juristen Bertalan Szemere (1812–1869), der ein sprachbegabter liberaler Adliger war und seit 1835 vier Jahre lang durch Europa reiste. Über diese Reise verfasste Szemere bei seiner Rückkehr 1840 ein lesenswertes Tagebuch mit dem Titel „Utazás Külföldön (hung.). 1: Németföld, Franczország" (Budapest: Magy. Kir. Egy. Betüivel), in dem dieses etwas übertrieben klingende Zitat eines tschechischen Polizeibeamten enthalten ist: „Und dann die Gefahren, die dort im Winter auf Reisende lauern! Überall begegnet man wilden Tieren. Und Wölfe! Manchmal sind dem armen Soldaten, der die Post austrägt, nicht weniger als zwölf von ihnen auf den Fersen. Bestimmt geschieht es nicht wenigen, dass die Wölfe ihr Pferd zerfleischen, und am nächsten Tag findet man von den Unglücklichen nur noch die Stiefel." (S. 489)

„Einmal war ich mit dem Schlitten auf dem Rückweg aus Galizien, und sie haben mich verfolgt. Das Einzige, was mir blieb, um sie abzuschütteln, war, meinen Seesack aufzuschneiden und ihnen den Inhalt scheibchenweise zum Fraß vorzuwerfen. Im Winter ist es bitterkalt und es gibt furchtbar viel Schnee. Die Berge und Wälder, alles ist weiß, und in den Dörfern kann man die Häuser gar nicht mehr sehen – die armen Bewohner sind alle eingeschneit und können ihre Türen nicht mehr öffnen." (S. 490)

Wölfe in der Westukraine bei Lemberg

Der „Bothe von Tyrol“ (6. Jg., Nr. 8, Innsbruck, S. 29: Oesterreich) übernimmt am Donnerstag, 27. Jänner 1820 folgende Meldung, die von der „Lemberger Zeitung“ am 14. Jänner geschrieben wird: „Der Winter, welcher sich in unserem Norden der österreichischen Monarchie um die gewöhnliche Zeit, Mitte Novembers, mit einer mäßigen Kälte eingefunden, zeichnet sich jetzt durch eine ungewöhnlich große Menge Schnee‘s und Fröste aus, wie sie seit 1812 nicht waren. Lemberg, wo bei der Volksmenge und Lebhaftigkeit des Verkehrs sich nur selten eine Schlittenbahn zu erhalten pflegt, liegt seit mehreren Wochen ganz verschneit. Die angestrengtesten Bemühungen von Seite der Stadt reichen, bei dem steten Zuwachse von oben, nicht hin, der, südlichen Bewohnern so tollbaren Masse mächtig zu werden.“ (S. 29)

„Auswärtig Ankommende, denen es gelungen ist, vom Lande in die Stadt zu gelangen, berichten, daß dort der Schnee noch tiefer liege, und die Landstraße, wo sie kennbar ist, zwischen Bergen von Eismassen, wie in einem tiefen Hohlwege, gehe. Viele Häuser, besonders die landesüblichen Wirthshäuser, sollen, bei der leichten Bauart von dem auf den Dächern liegenden Schnee eingedrückt worden seyn. Es ist zu besorgen, daß bei dieser Strenge des Winters sich die in den waldigen Gegenden befindenden Raubthiere über das Land zerstreuen und dem Landvolke gefährlich werben, noch mehr aber, daß bei einem plötzlich eintretenden Thauwetter Ueberschwemmungen entstehen.“ (S. 29)

Die „Wiener Zeitung“ (152. Jg., Nr. 104, S. 1.206: Nikola Rawluk) bringt am Mittwoch, 2. Mai 1855 diese Kurzmeldung über einen erfolgreichen Wolfsjäger in der Westukraine, das bis zum Jahr 1918 zum österreichischen Kronland Galizien gehörte: „Nikola Rawluk aus dem Gebirgsdorfe Prokurawa (Kameral-Dominium Kossiw) erhielt am 22. vorigen Monats (April 1855, Anm. G. J.) die Prämie für sechs lebend zur Kreisbehörde gebrachte junge Wölfe. Kaum hatte er, nach seiner Erzählung, die Jungen aus dem Nest, welches er zufällig beim Holzfällen fand, herausgenommen, so wurde er von der rückkehrenden Wölfin angefallen, gegen welche er sich mit der Holzhacke vertheidigte, bis es ihm gelang, sie in Gemeinschaft mit den auf seinen Hilferuf herbeigeeilten Holzhauern zu verscheuchen.“

Die Zähmung der Wolfswildnis

In dem schon zitierten Werk von Richard J. Evans über „Das europäische Jahrhundert. Ein Kontinent im Umbruch 1815–1914“ (München 2020: Pantheon Verlag, 1.022 S.) wird im fünften Kapitel unter „Die Eroberung der Natur“ auf den Lebensraum gefährlicher Tiere eingegangen, von denen die Wölfe am meisten gefürchtet waren, wie wir aus den Ausführungen des tschechischen Gesprächspartners von Bertalan Szemere wissen:

„Normalerweise mieden sie Menschen, doch wenn Hunger oder Verzweiflung sie trieb, kam es immer wieder zu Angriffen. Offiziellen Statistiken zufolge wurden in Russland über weite Strecken des 19. Jahrhunderts jedes Jahr etwa 200 Menschen von Wölfen gefressen; zwischen 1870 und 1887 waren es insgesamt fast 1.500. Im ungarischen Komitat Temes wurde Anfang der 1890er-Jahre von

Wölfen berichtet, die sich auf die Bauernhöfe vorwagten, um Schafe zu reißen. In Schweden war die Wolfsjagd bis 1900 und darüber hinaus per Gesetz vorgeschrieben. Wolfsrudel durchstreiften Teile Spaniens, Italiens, Portugals, Frankreichs und des Balkans, vor allem bergige Regionen wie die Pyrenäen oder den Apennin; im Chaos der Revolutions- und Napoleonischen Kriege hatte ihre Zahl vielerorts zugenommen." (S. 493–494)

„Ein Wolf in Polen, so ein Bericht aus dem Jahr 1817, hatte sich ‚im Zuge der Feldzüge der vergangenen Jahre daran gewöhnt, von Soldatenleichen zu leben' und so einen Geschmack für Menschenfleisch entwickelt; schließlich gelang es einem Förster, den Wolf zu erschießen, als er sich näherte, um sein zweijähriges Kind zu fressen, das er als Köder an einen Baum angebunden hatte. Als in Frankreich nach den Kriegen die Ordnung wiederhergestellt war, wurde die Jagd wieder aufgenommen; in den 1820er-Jahren wurden jährlich 1.500 Wölfe getötet. Im Morvan, den Vogesen, der Bretagne und anderen Teilen Frankreichs wurde auch in den 1890er-Jahren noch Jagd auf Wölfe gemacht. Doch zur Zeit der Jahrhundertwende waren die Wölfe fast überall in West- und Mitteleuropa in kleine, abgelegene Wildnisgebiete zurückgedrängt und nahezu ausgerottet. Anders als Füchse passten sie sich nicht an das Leben in Städten an, und so gab es Populationen nur noch in Russland und im hohen Norden." (S. 494)

Über die europaweit herrschende Wirtschaftskrise zu Beginn der 1870er-Jahre, gekennzeichnet durch starke Ernteausfälle nach der Dürrekatastrophe von 1872 und mitverursacht durch eingefallene Heuschreckenschwärme (auf Zypern), schreibt Richard J. Evans u. a. diese erwähnenswerte Zeile: „In Konstantinopel lagen Leichen auf den Straßen, und in den Vorstädten wurden Menschen von Wolfsrudeln angegriffen." (S. 905)

Peter Brandt spricht „Klartext über Wölfe in Europa" (in: „Der Alm- und Bergbauer", 69. Jg., Folge 4, April 2019, Innsbruck, S. 29–32), wenn er sich zu den Wolfsangriffen in der Geschichte Europas äußert und einen Gegenwartsbezug herstellt:

„Besonders zu Zeiten der Waldhutung des Viehs durch Kinder gab es unter ihnen viele Opfer. Heute wird den Kindern in den Waldkindergärten verboten in den Wald zu gehen, ihr Gelände wird durch extrem hohe Zäune gesichert. Als die meisten Menschen bis weit in das 19. Jahrhundert hinein auch über Land noch zu Fuß gingen, mussten sie sich stets vor Wölfen vorsehen. Seit jeher boten die Schlachtfelder ungezählter Kriege auf europäischem Boden ein Festessen für Wölfe. Eine große Schlemmerei boten auch die Toten der Pestepidemien, wenn niemand mehr da war, sie zu begraben. Bei ihren Hygienemaßnahmen bevorzugten die Wölfe allerdings Menschen, die sich noch bewegten." (S. 29–30)

Und was geschah früher bei Nichterlegung bzw. Schonung der Wölfe? „Das schlimmste historische Beispiel für eine Vernachlässigung der Wolfsjagd mit großen Problemen für Mensch und Vieh war der Dreißigjährige Krieg. Es dauerte danach noch ca. 100 Jahre, bis die Wolfsflut wieder den Vorkriegsstand erreicht hatte. Dieses Desaster war eine Zäsur, die vor allem im 18. und 19. Jahrhundert eine intensive Bejagung bis zur lokalen Ausrottung der Wölfe brachte." (S. 30)

Die Ausrottung der Wölfe in Mitteleuropa

Klaus Hackländer ist als Lehrstuhlinhaber der Wildtierbiologie und Jagdwirtschaft im Jahr 2020 in seiner Monographie „Er ist da. Der Wolf kehrt zurück" (Salzburg: Ecowin Verlag, 224 S.) im besonders lesenswerten Kapitel zehn („Warum und wie wurden die Wölfe in Europa ausgerottet?", S. 66–71) der Wolfsgeschichte in Deutschland, Schweiz und Österreich nachgegangen. Bei der Ausrottung der Wölfe spielten neben der Landwirtschaft auch politische Gründe eine wichtige Rolle, wobei die Viehzüchter früherer Generationen durchwegs in Notwehr handelten. „Der Verlust von Nutztieren konnte in kargen Zeiten über nicht weniger als Gedeih und Verderb von Familien oder Sippen entscheiden." (S. 66)

Agrarische und politische Gründe

Für die Bewohner am Land wurden die Wolfsübergriffe seit dem Hoch- und Spätmittelalter zu einem großen Problem. „In dieser Zeit kam es zu einer starken Ausweitung der Landwirtschaft mit der Folge, dass Waldflächen für Ackerland gerodet und ehemals geschlossene Forste in einzelne Waldstücke zerlegt wurden. Das Wild in den Wäldern diente dem Jagdvergnügen hochvermögender Herrschaften, unterlag also einem besonderen Schutz und vermehrte sich prächtig. Für Wölfe war das allerdings keine gute Nachricht, denn sie wurden von diesem reich gedeckten Tisch durch die Bediensteten des Adels ferngehalten, mussten sich also in entlegenere Gebiete zurückziehen, wo Bauern nur über bescheidene Mittel zur Verfolgung von Wölfen verfügten. Übergriffe der Wölfe auf Haustiere waren die logische Folge." (S. 66–67)

Als Draufgabe kam es aufgrund der politisch instabilen Verhältnisse während des 14. und 15. Jahrhunderts zu einem Anwachsen der Wolfspopulationen. So bekämpften sich zwischen 1337 und 1453 England und Frankreich im Hundertjährigen Krieg. Auf den Schlachtfeldern gab es unzählige Tote. Die Kriegswirren hatten gewaltige Hungersnöte zur Folge. Und in der Mitte des 14. Jahrhunderts herrschte die Pest. „Wo unbeerdigte oder nur notdürftig verscharrte Leichen lagen, fanden Wölfe reichlich Nahrung. In diesen Zeiten entstanden die Schauergeschichten über menschenfressende Wölfe. Obwohl die allermeisten von Wölfen konsumierten Menschen nicht von den grauen Jägern umgebracht wurden, sondern zuvor bereits tot waren, hatte auch die Furcht vor Wolfsattacken auf Menschen zur rigorosen Verfolgung der Wölfe beigetragen." (S. 67)

„Die Wolfsfalle“ als spätmittelalterliches Bildmotiv im Jagdbuch des Grafen Gaston III. Fébus (1331–1391), der sich selbst Phoebus nannte, weil er als Fürst der Pyrenäen in seinem äußeren Erscheinungsbild dem griechischen Sonnengott Phoibos Apollon glich (Foto: Verlag A. Egger, Köln; Bildarchiv Georg Jäger).

„Loups“ – Wölfe im Winter, um 1910. Künstlerkarte, signiert von Georges Federic Rötig (1873–1961), (Éditeurs Braun & Clie, Salons de Paris; Bildarchiv Georg Jäger).

Zur Bekämpfung der Wolfsplagen

Bei der Bekämpfung auftretender Wolfsplagen gab es verschiedene Maßnahmen. Die oft nur mit schlechten Waffen ausgerüsteten Viehzüchter griffen auf archaische Methoden zurück. „Verbreitet nutzte man Gruben mit Klappmechanismen, um darin Wölfe zu fangen, mit Lanzen zu erstechen oder mit Steinen zu erschlagen. Der im deutschen Sprachraum häufige Ortsname ‚Wolfsgrube' zeugt von dieser Praxis. Man tötete Wölfe auch durch das Auslegen sogenannter Wolfsangeln, die heute noch in einigen Stadtwappen abgebildet sind. Es handelte sich dabei um scharfe Eisenteile, die mit Ködern versehen so aufgehängt wurden, dass Wölfe sie nur im Sprung erreichen konnten. Schnappten sie nach dem Köder, gerieten sie an die Angel. Auch mit Schlingen wurden Wölfe (und nebenher zahlreiche weitere Tiere) gefangen." (S. 67)

Eine besonders grausame Tötungsart: Wolfsangeln. Kupferstich, 1811 (Bildquelle: Gertrud Scherf, Wolfsspuren in Bayern. Kulturgeschichte eines sagenhaften Tieres. Amberg 2001: Buch & Kunstverlag Oberpfalz, S. 36).

Zur Barockzeit kam Arsen als Giftstoff gegen Wölfe auf, was ähnliche Folgen wie das Schlingenauslegen hatte. Allerdings wurden auf diese Weise nicht nur Wölfe getötet, sondern auch viele andere Tiere, die sich für die vergifteten Köder interessierten. Während des 19. Jahrhunderts wurden gezielt Totschlagfallen eingesetzt, die aus halbkreisförmigen Eisenbügeln bestanden. Diese „Schwanenhälse" schnappten sofort bei Berührung zu, wodurch die betroffenen Wölfe gleich getötet oder schwer verletzt wurden. „Schusswaffen kamen bei der Bekämpfung der Wölfe erst relativ spät ins Spiel, denn Gewehre standen nur wenigen begüterten und berechtigten Personen zur Verfügung und waren eher untaugliche Geräte, um überwiegend nachtaktive Tiere wie Wölfe zu bejagen." (S. 67–68)

Der Adel als einzig jagdberechtigter Stand hatte lange Zeit überhaupt kein Interesse an den Wolfsjagden, überließ diese unattraktive Verfolgung der Beutegreifer den bäuerlichen Untertanen und verpflichtete sogar die gemeine Bevölkerung zur Dezimierung der Wölfe. Der Reformkaiser Joseph II. verabschiedete ein eigenes Gesetz zur Ausrottung der Wölfe. „Mit Belohnungen, deren Höhe für manche Bauern ein kleines Vermögen darstellte, wurde die Landbevölkerung zur Ausrottung der Wölfe animiert. Häufig machte sich auch die Kirche um die Organisation von Wolfsjagden verdienstvoll. Dass die Gläubigen den Aufrufen der geistlichen Herren bereitwillig folgten, zeigt ein Beispiel aus Westfalen, wo sich 1623 nach entsprechender Mobilisierung nicht weniger als 825 Männer an einer Wolfsjagd beteiligten. Der letzte Wolf wurde in Westfalen 1835 erlegt." (S. 68)

Wolfsfalle. Englische Holzstichvignette aus dem 18. Jahrhundert. Die Plattform, an der das „Wolfsluder" (Köder) befestigt war, bestand aus einem Wagenrad (Quelle: Erich Hobusch, Von der Kunst des Jagens. Eine Kulturgeschichte der Jagd und der Hege der Tierwelt. Innsbruck 1983: Pinguin-Verlag, 288 S., hier: S. 167 – Abbildung 33).

In einer verdeckten Wolfsgrube befindet sich auf einer starken Stange ein Wagenrad mit einem angebundenen Schaf als Ködertier, welches durch sein Schreien bereits vier Wölfe herbeigelockt hat. Ein Wolf stürzt soeben in die Grube, die drei anderen Raubtiere heulen um dieselbe herum. „Der Wolff in der Grube zu fangen mit Lamm oder Schaff." Künstlerkarte nach dem Kupferstich von Johann Elias Ridinger, 1728 (Tiefdruck von O. Felsing, Charlottenburg; Bildarchiv Georg Jäger).

Martin Elias Ridinger: „Wie der Wolff mit der Enten auf die Scheiben gebracht und in der Grube gefangen wird." Kupferstich nach einer Zeichnung von Johann Elias Ridinger. Blatt 16 aus der 1750 verlegten Folge: „Nach der Natur entworffene Vorstellungen Wie alles Hoch- und Niedere Wild mit Vernunfft, List und Gewalt lebendig oder tod gefangen wird". (Bildquelle: Wolf Stubbe, Johann Elias Ridinger. Die Jagd in der Kunst. Hamburg und Berlin 1966: Verlag Paul Parey, 56 S. – Tafel 14, Beschriftung auf S. 49).

In einem Wald befindet sich ein Palisadenzaun mit hohem Absatz. Darunter ist ein totes Schaf, auf dem ein Wolf steht, der sich nach einem anderen umsieht, der gerade einspringen und das Aas verzehren will. „Der Einsprung eines Wolffs Garten". Künstlerkarte nach dem Kupferstich von Johann Elias Ridinger, 1728 (Tiefdruck von O. Felsing, Charlottenburg; Bildarchiv Georg Jäger).

Drei Wölfe versuchen im Wald an einen aufgehängten Pferdeschenkel zu kommen. Dabei schießen die im Hinterhalt lauernden Jäger die Wölfe bei ihrem Versuch ab. „Wie der Wolff auf das Luder gebracht wird". Künstlerkarte nach dem Kupferstich von Johann Elias Ridinger, 1728 (Tiefdruck von O. Felsing, Charlottenburg; Bildarchiv Georg Jäger).

Die Alpenländer Schweiz und Österreich

Ein Blick in die einschlägigen Chroniken zeigt, dass die Wölfe in der Schweiz schon in der Mitte des 17. Jahrhunderts aus dem Mittelland verschwunden und nur mehr im alpinen Raum anzutreffen waren. Besonders intensiv wurde die Wolfsjagd nach dem Einmarsch der Franzosen (1798) und ab 1815 im „Jahr ohne Sommer" ausgeübt, als mehrere Missernten und Hungersnöte auftraten. „In Folge von Jagd und Wilderei wurden nicht nur die Wölfe drastisch reduziert, sondern auch deren Beutetiere." (S. 68)

Neben der Verfolgung gerieten die Wölfe in der Schweiz auch durch den Mangel an entsprechender Beute (zum Beispiel Rehe, Rothirsche) gehörig unter Druck. „Die Übergriffe von Wölfen auf Nutztiere stiegen, was die Viehhalter zu einer noch heftigeren Verfolgung der großen Beutegreifer veranlasste. 1870 war das Wallis wolfsfreie Zone, 1872 das Tessin, 1874 Solothurn. Nur im äußersten Norden des Jura konnten noch bis 1890 Wölfe beobachtet werden." (S. 70)

Wie erging es den Wölfen in Österreich bzw. in den Ostalpen? „Mit der Fragmentierung der Wälder und der Intensivierung des Jagdbetriebs verschwand der Wolf schon in den 1830er-Jahren aus den westlichen Bundesländern des heutigen Österreich. In seinem Hauptverbreitungsgebiet, der Steiermark, wurde er zur Mitte des 19. Jahrhunderts ausgerottet. Den letzten im Wienerwald lebenden Wolf durfte Erzherzog Franz Karl von Österreich 1846 erlegen." (S. 70–71)

„Im Hausruckviertel konnten sich die Wölfe noch bis etwa 1870 halten, und aus dem Salzkammergut wurde eine letzte Wolfssichtung im Jahr 1881 gemeldet. Danach traten Wölfe in Österreich nur noch gelegentlich auf, was sie allerdings vor schlechter Behandlung durch den Menschen nicht bewahrte. 1903 wurden aus Slowenien eingewanderte Wölfe bei Ratschendorf und Mureck erschossen, ein durch das Wechselgebiet streifender Wolf wurde 1936 mit Strychnin vergiftet. (S. 71)

Historische Wolfsjagden in Deutschland

Im Vergleich zu der Schweiz und Österreich wurde den Wölfen in Deutschland der kürzeste oder schnellste Prozess gemacht. Dort begann die systematisch durchgeführte Wolfsbekämpfung bereits im 15. und 16. Jahrhundert, wobei neben den angeführten Geräten und Fangtechniken auch die sogenannten „Lappjagden" zum Erfolg führten: „Dabei wurden Wolfsgebiete mit Lappenzäunen (= Konstruktionen, bei denen bunte Bänder an einem Spanndraht flatterten, was die Wölfe als unheimlich empfanden und sie davon abhielt, ein Areal zu betreten; Anm. G. J.) eingegrenzt, die darin festgesetzten Tiere zusammengetrieben und mit Knüppeln erschlagen." (S. 71)

Schon in der Mitte des 17. Jahrhunderts setzte der Erzbischof von Köln, der zugleich Jagdherr im Arnsheimer Wald war, im Kampf gegen die Wölfe hohe Fangprämien aus und beorderte 1641 seine Schäfchen von der Kirchenkanzel aus zur Wolfsjagd. „Besonders hervortun konnten sich die Wolfsjäger in Preußen, die im Jahr 1700 nicht weniger als 4.300 Wölfe zur Strecke brachten. Bereits um das Jahr 1750 waren Wölfe auf dem Gebiet des heutigen Deutschlands faktisch ausgerottet." (S. 71)

Erich Hobusch schreibt in seinem umfassenden Werk „Von der Kunst des Jagens. Eine Kulturgeschichte der Jagd und der Hege der Tierwelt“ (Innsbruck 1983: Pinguin-Verlag, 288 S.) unter dem Kapitel „Das Jagen grausamer Thiere ist großer Herren eigen“ (S. 167–168) zur Einleitung folgende zutreffende Zeilen, die aus einer Verordnung zur Ausübung von Wolfsjagden in Thüringen aus dem Jahr 1642 entnommen sind: „Mit allerhand Mitteln die schädlichen, verrucheten und grimmigen Raubthiere, vornehmlich die Wolfen und auch die Luchsen auszurotten, sonderlich auch ihnen mit Netzen und Garnen nachzustellen und die Jagd nach äußersten Möglichkeiten fortzusetzen.“ (S. 167)

Die „Alpenländische Rundschau“ (21. Jg., Folge 30, S. 6: Eine alte Wolfsgeschichte aus Klagenfurt. Sechs Wölfe rotteten eine Familie aus. Ein altes Zeitungsblatt erzählt von einer Schauergeschichte von Wölfen, Kindern und „manhafftigen“ Leuten) schreibt am Samstag, 24. Juli 1943 über die Verbreitung und Verfolgung der Wölfe in Deutschland, dass der Wolf noch bis ins 18. Jahrhundert Standwild in Deutschland gewesen ist.

Während des Dreißigjährigen Krieges dürfte der Wolf sich noch einmal sehr stark vermehrt haben. Das mag davon herrühren, dass er in Kriegszeiten nicht so stark verfolgt wurde als sonst. Bekannt ist, dass der Wolf, der nicht nur als „Räuber im grauen Pelz“, sondern auch wegen der gefürchteten Tollwut, die immer wieder unter den Horden ausbrach, verfolgt wurde, seinerzeit so manchem Jäger eine schöne Fang- oder Abschussprämie eingebracht hatte, die von einzelnen Länderregierungen zur Verminderung der Raubwildplage ausgesetzt wurde. „So soll die preußische Regierung während der Jahre 1723 bis 1737 Prämien für 4.300 Wölfe ausgezahlt haben.“ (S. 6)

Zur Ausrottung der Wölfe in Deutschland

Gerade die im 18. Jahrhundert erlassenen Jagdedikte sahen das „Auslöschen“ des heimischen Raubwildes vor. So führte dies in verschiedenen deutschen Landesteilen und Territorien fast zur völligen Ausrottung der Wölfe und Luchse. Heinrich Wilhelm Döbel stellt in seinem 1746 erschienenen Standardwerk über „Neueröffnete Jägerpractica Oder der wohlgeübte und erfahrne Jäger, darinnen eine vollständige Anweisung zur ganzen Hohen und Niedern Jagd-Wissenschaft in vier Theilen“ (Leipzig: Neudamm, Erster Theil: 148 S., Zweyter Theil: 264 S., Dritter Theil: 184 S., Vierter Theil: 108 S.; Neuauflage 1912) Folgendes fest:

„Seitdem das Pulver und Blei und das Laufen (eingestellte Jagen) sowie das Flugschießen aufgekommen ist, ist die Raubwildbekämpfung stark zurückgegangen, da ich im allgemeinen mehr Freude habe, wenn ich was schieße, als wenn ich es in den Fängen tot finde.“ (zitiert nach Hobusch, S. 167)

Heinrich Wilhelm Döbel setzte sich dafür ein, wieder mehr mit Eisen und Fallen zu arbeiten. Nicht umsonst beschreibt er damals genau 53 verschiedene Methoden, um Raubwild zu fangen. Um eine „völlige Ausrottung, Tilgung und Wegräumung aller Raubthiere“ (S. 167) zu bewerkstelligen, wurden an die Jagd- und Fronbediensteten gewisse Fang- und Schussgelder ausgezahlt. Ein relativ hohes Schussgeld bekamen die erfolgreichen Jäger „zur Ergötzlichkeit“ für einen Wolfsbalg, nämlich zwei Taler und zwölf Groschen.

Zahlen über Wolfsjagden in Deutschland

Gleichzeitig wollte man mit der harten Raubtierbekämpfung den Groll und Unwillen der Jagdbediensteten und vor allem der Landbevölkerung gegen die feudalen Jagdrechte beschwichtigen, weshalb jeder bei der Raubwildbekämpfung mithelfen sollte. Nicht umsonst kam es überall in Deutschland zu einer raschen Abnahme der Raubwildbestände, wie u. a. folgende zwei regionale Beispiele bei Hobusch (S. 167) anschaulich zeigen:

So wurden allein zwischen 1611 und 1717 in Sachsen 6.937 Wölfe erlegt, und in Thüringen waren es im kurzen Zeitraum von 1643 bis 1651 genau 80 Wölfe. Der „Bothe von Tirol" (15. Jg., Nr. 24, Montag, 23. März 1829, S. 96: Verschiedenes) enthält eine Aufzeichnung, die besagt, dass unter den Kurfürsten von Sachsen und Burggrafen zu Magdeburg von 1611 bis 1655 in 44 Jahren 3.872 Wölfe getötet worden sind, was von den nächsten statistischen Angaben bestätigt wird.

Wolfsjagden am Beispiel von Bayern

Franz von Kobell ist im Jahr 1859 in seinem Werk „Wildanger. Skizzen aus dem Gebiete der Jagd und ihrer Geschichte mit besonderer Rücksicht auf Bayern" (Stuttgart: J. G. Cotta'scher Verlag, 491 S.) unter dem Kapitel „Der Wolf" (S. 226–239) den Wölfen vor allem im benachbarten Bayern nachgegangen, wo sie ebenfalls „ihr Unwesen" trieben und zahlreiche Verordnungen „ihre Vertilgung" betreffen. „Besonders in der Oberpfalz, Ober- und Mittelfranken war es arg mit diesen Räubern." (S. 227)

Es liegt entsprechendes Zahlenmaterial aus dem ehemaligen oberpfälzischen Forstamt Rötz vor, um sich eine Vorstellung über die im 17. Jahrhundert durchgeführten Wolfsjagden zu machen. Allein zwischen 1643 und 1645 wurden 45 Wölfe abgeliefert. Von 1646 bis 1651 wurden 55 Wölfe geschossen und gefangen. Und im Zeitraum von 1660 bis 1668 sind es genau 160 Wölfe gewesen. Und jetzt noch als Draufgabe: „In diesem einzigen Forstdistrikt sind in 97 Jahren zwischen 1631–1728 gegen 890 Wölfe erlegt worden." (S. 227)

Nicht viel besser sah es in Franken aus. „Der Markgraf Albrecht V. (1639–1667) that was möglich war zur Vertilgung dieser Würger, die öfters rudelweise in die Ortschaften eindrangen, bei Tag wie bei Nacht, und Menschen und Vieh zerrissen und fortschleppten. Es wurden Wolfsgruben angelegt, Fallen gerichtet und Luderplätze, für welche man eine Menge alter Pferde kaufen und stechen ließ. Die Jäger hatten Tag und Nacht Arbeit und waren streng in Dienst gehalten." (S. 228)

Wie funktionierten diese vorhin erwähnten Wolfsgruben? „Diese Gruben war 10–12 Fuß tief und weit, mit Stangen und Aesten ec. bedeckt und in der Mitte ein Lamm oder dergleichen auf einer Stange auf ein kleines Rad gebunden; manche Gruben hatten einen beweglichen um eine Achse sich drehenden Deckel und waren mit einem geflochtenen Zaun umgeben, der nur einen Eingang hatte. Jenseits desselben war eine Gans oder anderer Köder und mußte der Wolf, um dahin zu gelangen, über den Deckel, der sich dann drehte, so daß der Wolf in die Grube fiel." (S. 227 – Fußnote 2)

Nach diesem Abstecher zu den Wolfsgruben begeben wir uns wieder zurück nach Franken, wo schon in der zweiten Hälfte des 13. Jahrhunderts eine Wolfsplage nachweisbar ist: „Aber auch früher war manchmal große Noth mit den Wölfen. So haben sie in dem harten Winter 1271 gräulich in Franken gehaust und in wenigen Tagen um Würzburg bei 30 Menschen zerrissen. Große Jagden wurden unter Markgraf Georg Friedrich (1557–1603) gehalten, zu Berneck, Bayreuth, Kulmbach, Bischoffsgrün ec. und 1592 wurden sie vom 5. Februar bis zum 11. April fortgesetzt, 1602 von Martini bis 18. März 1603, also vier Monate hindurch." (S. 228)

Die Kosten von solchen Wolfsjagden waren oft beträchtlich. „So betrugen die Ausgaben für eine Wolfsjagd, welche 1691 in dem sogenannten Bezirk Rötz 19 Tage hindurch gehalten wurde, 269 fl. 20 kr. (fl. = Gulden, kr. = Kreuzer, Anm. G. J.) und für das Luder (Pferde à 1 fl. 15 kr. und gefallene Ochsen à 44 kr.) 10 fl. 43 kr. und 4 fl. 40 kr. Botenlohn. Die am Zeug stehenden Leute, die das Fangen überwachten, erhielten jeder 10 kr. von jedem Wolf, und diejenigen, welche den Wölfen den Fang gaben, wo übrigens nur ein einziger Wolf gefangen wurde, verbrauchte man 4 Pfund Pulver zu Schreckschüssen. Die Jagden waren um so beschwerlicher, als sie wegen des Einspürens gewöhnlich nur im Winter mit Vortheil angestellt werden konnten." (S. 235–236)

Von Wölfen, Schafen und Kindern

Um sich die damaligen Verhältnisse besser vorstellen zu können, sei erwähnt, dass die Wölfe sehr unstet sind und weit wechseln. „Wenn man daher glaubte eine Gegend gereiniget zu haben, so waren plötzlich wieder Schaaren von Wölfen da, als wüchsen sie aus dem Boden. Eine Wölfin setzt oder wölft 3–9 Junge und trotz aller Verfolgung weiß man aus neuerer Zeit 1815, daß ein Wolf in der Gegend von Schliersee, Tegernsee ec. sich neun Jahre herumgetrieben hat, bis er erlegt wurde. Er hat nach amtlichen Erhebungen in dieser Zeit gegen 1.000 Schafe gerissen und viel Wildpret, so daß der Schaden auf 8.000–10.000 fl. veranschlagt wurde." (S. 230)

„Ein Wolf frisst ein ganzes Schaf als Mahlzeit, auch zwei, wenn er hungrig ist, außerdem frisst er von einem Stück nur die Weichen, das Netz oder dergleichen und macht wieder auf ein anderes Jagd. In Tegernsee riß einer ober der Roßsteinwand 4 Stück Wild, alt und jung in einer Nacht, und fraß nur die Weichen. Bei Fischhausen am Schliersee riß ein Wolf Nachts zwischen 10 und 11 Uhr vier Schafe und des andern Morgens früh 6 Uhr ward er am Isarfall gesehen. Man sieht heraus, wie weit ein Wolf in einem Zuge wechselt, denn in gerader Linie ohne Berg beträgt die Entfernung 8 Stunden. Man wußte gewiß, daß nur ein Wolf damals in der Gegend war." (S. 230)

Es überrascht daher überhaupt nicht, dass die Wolfsjagden so manchen Jäger oft zur Verzweiflung gebracht haben. Mancher glaubte sogar, es würde nicht mit natürlichen Dingen zugehen. „So berichtet 1677 der Oberforstmeister von Leubelfing zu Amberg, welcher auf einen Wolf, der um Schönsee einige Kinder angefallen und zum Theil zerrissen, vergebens mit seinen Förstern Jagd machte, daß dieses ‚khain Nathürlicher, sondern ein gezauberter Wolff' sey und erhielt, nachdem das Thier zu Treswitz wieder einen Hütbuben getödtet, von der Regierung neuen Befehl zum Streifen, mit der Aeußerung ‚dabei auch die Hüt- und andere Leuth, so uffm Feld zu schaffen haben, sich mit Geistlichen mitln versehen zu lassen.'" (S. 230–231)

Wolfsbesuche in europäischen Städten

Bereits im Hoch- und Spätmittelalter wurden Städte in Europa von Wölfen aufgesucht, wie die folgenden Beispiele aus Italien und Frankreich zeigen. So bringt der Tiroler Philologe und Volkskundler Christian Schneller (1831–1908), der u. a. Gymnasialprofessor in Rovereto war und 1863 die Venezianerin Maria Canestrini heiratete, in seinem Buch „Aus alter und neuer Zeit. Geschichten und Erzählungen" (Innsbruck 1902: Verlag der Wagner'schen Universitäts-Buchhandlung, 348 S.) folgende Wolfsgeschichte aus Italien, die sich auf den furchtbaren Winter im Jahr 1234 bezieht:

„Es lag dort eine große Menge von Schnee und Eis und es herrschte eine so grimmige Kälte, daß Menschen, Vögel und Haustiere erfroren und die Weinreben, Ölbäume und andere Fruchtbäume sich von oben bis unten spalteten und ausdorrten, ja in Reggio, wie eine Chronik berichtet, die Wölfe bei Nacht in die Stadt eindrangen und Menschen anfielen, bis sie erschlagen und auf dem Platze der Stadt zur Schau gehängt worden." (S. 311–312)

Wolfsjagd. Darstellung einer Treibjagd auf Wölfe in den Vogesen. Mehrere Männer treiben die Wölfe auf eine Lichtung, die Jäger legen zum Schuss an. Holzstich nach Georg Ludwig Wilhelm Arnould und Friedrich Specht, 1873 (Bildarchiv Georg Jäger).

Das „Memoriale Potestatum Regiensium“ enthält dazu den entsprechenden Originaltext in lateinischer Sprache: „Et eo anno (1234) nives et glacies fuerunt magnae per totum mensem Januarii, ita quod vineae et omnes arbores fructiferae gelaverunt. Volucres etiam et bestiae silvestres mortuae fuerunt, et lupi intrabant civitatem de nocte et capti fuerunt de die et suspensi in platea Communis Regii. Et arbores scindebantur per gelum a summo usque deorsum, et multae exsiccaverunt propter dietum gelum.“ (S. 347 – Anmerkung bzw. Endnote 12) Ähnliches berichten auch andere italienische Chronisten.

Robert Delort geht in seinem aus dem Französischen von Josef Winiger übersetzten Werk „Der Elefant, die Biene und der heilige Wolf. Die wahre Geschichte der Tiere“ (München 1987: Carl Hanser Verlag, 400 S.) unter „Der Wolf“ (S. 254–281) ebenfalls auf solche spätmittelalterliche Wolfsbesuche ein:

„Ein Bürger von Paris beschreibt in seinem Tagebuch sehr genau die Wölfe, die im Sommer 1421 in die Städte eindrangen, Leichen ausgruben und Hunde, Katzen, sogar Frauen und Kinder rissen. Dasselbe im Juli 1423, und nochmals im Winter 1438/39: Die Wölfe drangen in Paris ein; unter ihnen befand sich – leicht zu erkennen, denn ein schlecht gezielter Schuß hat ihn den Schwanz gekostet – der schreckliche Courtaut, der Angst und Schrecken unter der Bevölkerung verbreitete. Achtig Personen sollen damals gerissen worden sein, und im Dezember 1439 nochmals über ein Dutzend.“ (S. 263)

Wolfsjagd. Winteransicht bei Mondschein in einer Dorfsiedlung in den Vogesen. Der Wolf, angelockt von der an einem Pfahl gebundenen Ziege, wird durch eine Zaunöffnung hindurch erschossen. Holzstich nach K. Bodner, 1894 (Bildarchiv Georg Jäger).

Wolfszunahme in sechs Perioden

Christoph Gasser ist in seinem bemerkenswerten historischen Beitrag „Wilde Tiere unterm Schlern“ (in: „Der Schlern“, 77. Jg., Heft 2, Februar 2003, S. 5–23) den Wölfen und Bären in Südtirol nachgegangen. Es ist sogar möglich, eine zeitliche Schichtung mit Häufung der Wolfsvorkommen vorzunehmen. Und über die Zunahme der Wölfe im Laufe der Geschichte stehen bei ihm folgende zutreffende Zeilen:

„Mehrfach lässt sich ein rapider Anstieg der Wolfspopulationen nachweisen. Dieses Phänomen war vor allem in großen Krisenzeiten sehr ausgeprägt und nimmt zum Teil Züge europäischen Ausmaßes an, zum Teil hat es auch nur lokales Gepräge. Ausgeprägte Wirtschaftskrisen führten vielfach zu einer Verringerung der Nachhaltigkeit in der Raubtierverfolgung und somit zu einer Lockerung des Jagddrucks. Untersuchungen für den französischen Raum haben gezeigt, dass die Hauptursache in den verheerenden Auswirkungen der großen kriegerischen Auseinandersetzungen zu suchen ist, die mit einer Unzahl von tierischen und menschlichen Kadavern ein gefundenes Fressen im wahrsten Sinne des Wortes boten.“ (S. 8–9)

Nach dem Fachaufsatz von Alain Molinier und Nicole Molinier-Meyer über „Environnement et histoire: les loups et l’homme en France“ (in: „Revue d’histoire moderne et contemporaine“, volume 28, Paris 1981, S. 225–245) lassen sich in Frankreich folgende sechs kritischen Perioden ausmachen: „1390–1440, 1580–1600, 1690–1710, 1764–1771, 1790–1801 und 1809–1818.“ (S. 22 - Endnote 43)

Zusammenfassende Schlussbemerkungen

Der Wolf, scherzhaft auch Isegrim bezeichnet, lebt als großer Beutegreifer in Rudeln, die bis zu zwölf Tiere umfassen können. Bei ihren ausgedehnten Beutezügen legen Wölfe in einer Nacht oft mehr als 100 Kilometer zurück. Die Wolfsangriffe auf Schafe führen dazu, dass mehr Wolltiere gerissen werden, als für die Ernährung notwendig sind. Gerade dadurch ist der Wolf zu seinem schlechten Ruf gekommen, wenn vom „blutgierigen“ Raubtier in Vergangenheit und Gegenwart die Rede ist.

In einer im Jahr 1783 erschienenen wissenschaftlichen Abhandlung zur „Naturgeschichte des Wolfs“ wird darauf hingewiesen, dass beim Wolf die „Begierde nach Fleisch“ besonders groß gewesen ist. Dazu kam noch der „quälende Hunger“, weshalb als leichte Beute vor allem die Lämmer und jungen Ziegen von Wölfen angefallen, gerissen und sozusagen im „Fast-Food“-Modus verspeist wurden. Die Wölfe machten auch Schäfereien und Schafställe unsicher. Bei auftretendem Heißhunger kam es auch zu Attacken auf Kinder und Frauen. Kriegerische Ereignisse, so etwa der Dreißigjährige Krieg oder die Napoleonischen Kriege, waren mit ihren Schlachtfeldern der ideale Nährboden für die starke Vermehrung und Zunahme von Wolfspopulationen.

Während der zweiten Hälfte des 19. Jahrhunderts waren die sogenannten Standwölfe in Alt-Österreich, im Unterschied zu Ungarn, Kroatien, Slowenien, Bosnien-Herzegowina und Rumänien, schon größtenteils ausgerottet bzw. verschwunden, wenn man von den östlichen Randgebieten des Habsburgerreichs (Bukowina und Galizien) und mit Einschränkungen noch von der Krain absieht. Allein 1865 wurden in Zisleithanien 224 Wölfe erlegt. Im Jahr 1900 waren es statistisch gesehen nur mehr 84 Wölfe, bevor sich 1912 bei den ausgewiesenen Abschüssen eine Halbierung auf 43 Stück nachweisen lässt. Fast zur selben Zeit (1910) wurden in Transleithanien 113 Wölfe geschossen. Bei den durchgeführten Wolfsjagden gab es vor allem Massenaufgebote.

Zur Ausrottung der Wölfe in Mitteleuropa hat neben politischen Motiven vor allem die Landwirtschaft beigetragen. Am raschesten schritt die systematische Wolfsbekämpfung in Deutschland voran. Allein im Jahr 1700 wurden in Preußen 4.300 Wölfe getötet, sodass in der Mitte des 18. Jahrhunderts die Wölfe auf deutschem Territorium größtenteils ausgerottet waren. Die früher in besonderem Maße von der Viehhaltung abhängige Landbevölkerung brachte aus Notwehr den Wolf zur Strecke.

Wölfe im Winter. Künstlerkarte, 1914 (Bildarchiv Georg Jäger).

Sprachliche Spuren und literarische Zeugnisse

Rotkäppchen und der böse Wolf als Postkartenmotiv. Eine Illustration aus den 1920er-Jahren von Otto Kubel, (1868–1951). Die Textzeilen auf der Kartenrückseite lauten: „Wie nun Rotkäppchen durch den Wald kam, begegnete ihm der Wolf. Durch Fragen erfuhr er, wohin Rotkäppchen wollte und dachte bei sich: Das zarte Mädchen ist ein fetter Bissen, du mußt es listig anfangen, damit du beide, die Großmutter und Rotkäppchen erschnappst". (Bildarchiv Georg Jäger).

Wolfsspuren in der österreichischen Namenlandschaft

Die Wölfe waren früher auch überall in Österreich bzw. den Ostalpen heimisch. Auf ihre weite Verbreitung im „Land im Gebirge“ weisen einzelne Hof-, Flur- und Familiennamen (z. B. Wolfsgrube, Wolfsanger, Wolfsboden, Wolfshag, Wolfspeunte bzw. Wolfspointe, Wolfschlueg, Wolfenschwoaf; Wolfsgruber, Wolfsegger, Wolf) hin. Ein sicherer Hinweis für die Existenz von Wölfen im Karwendel bzw. Unterinntal ist die „Wolfsklamm“ in Stans bei Schwaz (= Schlucht des Staner Baches am Rand des Karwendelgebirges). Dasselbe gilt auch für die „Wolfsschlucht“ im Schlerngebiet (Jungschlern) in Südtirol, wo ebenfalls der Wolf als sogenanntes Therionym (= Tiername, Anm. G. J.) fortlebt. Gerade der Anblick von solch grauenhaften Wolfsschluchten könnte sofort in Anspielung auf den tiefen Abgrund einen Schrei des Entsetzens hervorrufen.

Stans bei Schwaz mit der Wolfsklamm, 1950er-Jahre (Foto: Hager-Foto, Schwaz; Bildarchiv Georg Jäger).

Der Hofname „Wolfsgrube" in Tirol

Nach einem Hinweis des Südtiroler Volkskundlers Hans Fink (1912–2003) in seinem 1957 erschienenen Werk „Eisacktaler Sagen, Bräuche und Ausdrücke" (Schlern-Schriften, Band 164, Innsbruck: Universitätsverlag Wagner, 386 S.) gibt es in Spinges den Hofnamen „Wolf", zu dem es folgendermaßen gekommen ist: „Beim Untererschbaumer in Spinges soll einst ein Wolf eingedrungen sein und ein kleines Kind vertragen haben. Dasselbe wurde nie mehr gefunden. Seither heißt man den Hof beim Wolf." (S. 115)

Das von Eduard Widmoser zusammengestellte Nachschlagewerk „Tirol A bis Z" (Innsbruck 1970: Südtirol-Verlag, 1.131 S., hier: S. 1.103) enthält die Ortsnamen „Wolfen" (= Einschicht in der Gemeinde Flirsch), „Wolfgrube" (= Hof in der Gemeinde Flirsch), „Wolfkehr" (= Hof in der Ortschaft Feichten der Gemeinde Kaunertal) und „Wolfsgruben" (Nordtirol: Einzelhof in der Oberinntaler Gemeinde Silz; Südtirol: Ortschaftsbestandteil der Fraktion Oberbozen der Gemeinde Ritten).

Der Silzer Bergbauernhof „Wolf(s)grube" scheint erstmals im meinhardinischen Urbar von 1288 unter den Schwaighöfen als „datz Wolfgrube" auf und zinst jährlich 300 Stück Käse an den Tiroler Landesfürsten. In der im Jahr 1325 entstandenen Steuerliste des Gerichtes Petersberg ist nochmals von dieser Hofstelle die Rede, die unter „Der Wolfgrueber" bzw. „Der Wolfgruber" erwähnt wird, wie den von mehreren Innsbrucker Historikern bearbeiteten „Quellen zur Steuer-, Bevölkerungs- und Sippengeschichte des Landes Tirol im 13., 14. und 15. Jahrhundert" (311 S., hier: S. 89 und S. 90) zu entnehmen ist.

Nach Eduard Widmoser kommt der Hof „Wolfsgruben" auf Silzer Boden im Spätmittelalter in einer Grenzbeschreibung von 1438 vor, denn östlich vom Gerichtsbezirk Petersberg verlief die Grenze des Hofgerichtes Stams. Laut Karl Finsterwalder wird der Wolfsgruben-Hof in Silz nochmals im Jahr 1459 genannt. Und von einem Wolfsgrubenhof ist auch in Flirsch im Stanzertal die Rede, worauf der Silzer Chronist und Heimatforscher Johann Zauner in seiner Datensammlung zur Chronik von Wolfsgruben (Stand 2021) ausdrücklich hinweist.

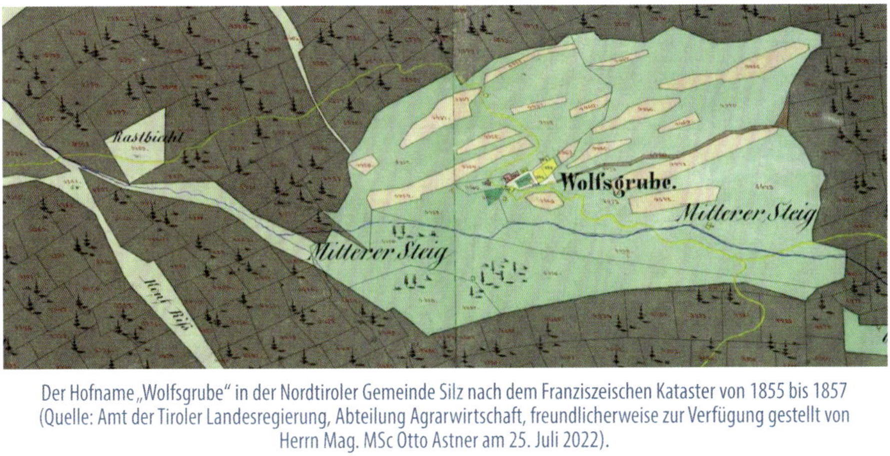

Der Hofname „Wolfsgrube" in der Nordtiroler Gemeinde Silz nach dem Franziszeischen Kataster von 1855 bis 1857 (Quelle: Amt der Tiroler Landesregierung, Abteilung Agrarwirtschaft, freundlicherweise zur Verfügung gestellt von Herrn Mag. MSc Otto Astner am 25. Juli 2022).

Die sehr bergbäuerlich geprägte Höhensiedlung „Wolfsgruben" befindet sich oberhalb von Silz und geht auf einen im Jahr 1288 unter Meinhard II. gegründeten Schwaighof zurück. Blick ins Oberinntal mit dem dort aufragenden Tschirgant (Foto: Karin Jäger, 10. August 2022).

Einzelne Familiennamen mit „-wolf" in Tirol

In Erinnerung an die Forschungen von Karl Finsterwalder wurde im Jahr 1994 das umfangreiche Werk „Tiroler Familiennamenkunde. Sprach- und Kulturgeschichte von Personen-, Familien- und Hofnamen" herausgebracht. In diesem Buch werden auch einzelne Familiennamen mit „-wolf" in Tirol angeführt, wie die nachfolgende Tabelle zeigt.

Familienname	Räumliche Verbreitung	Bedeutung, Herleitung
Niederwolfsgruber	Elmen, Fließ, Pustertal	Fanggrube für Wölfe
Wohlfahrter	Landeck, Sölden, Arzl	benannt nach Wolfhart
Wolfgruber	Silz, Naturns, Staben	Grube für den Wolf
Wolfsegger	Kufstein, St. Johann	benannt nach dem Wolf
Wolfsgruber	Tauferer Tal, Bruneck	Fallgrube zum Wolfsfang

Quelle:
Karl Finsterwalder (1994): Tiroler Familiennamenkunde. Sprach- und Kulturgeschichte von Personen-, Familien- und Hofnamen (Schlern-Schriften, Band 284). Innsbruck: Universitätsverlag Wagner, 567 S., hier: S. 413 und S. 534.

Ein Gehöft bzw. Weiler in der Fraktion Brenner der Gemeinde Brenner heißt „Brennerwolf" (1612: Wolf, 1738: Wolf, um 1840: am Wolf, 1910: Wolfen, 1923: Wolfen, 1940: Al Lupo del Brennero, seit 1950: Brennero Lupo). Die einheimische Bevölkerung sagt einfach kurz „Wolfen" oder mundartlich „Wolfn" dazu. Der im Wipptal weit verbreitete Name „Wolf" („Lupus de Wibetal", 1237) ist eine Koseform zu Wolfgang, Wolfhard und ähnlichen Personennamen. So steht es bei Egon Kühebacher in seinem Werk „Die Ortsnamen Südtirols und ihre Geschichte" (= Veröffentlichungen des Südtiroler Landesarchivs, Band 1. Bozen: Verlagsanstalt Athesia, zweite, überarbeitete Auflage 1995, 552 S., hier: S. 64).

Männliche Vornamen auf „-wolf"

Wolf, Kurzform für mit Wolf gebildete männliche Vornamen; Nebenform: Wulf; skandinavisch: Ulf; Verkleinerungsformen: Wölfel, Wölflin, Wolfilo.
Wolfbald, althochdeutsch: wolf = Wolf; bald = kühn.
Wolfbert, althochdeutsch: wolf = Wolf; beraht = glänzend.
Wolfdietrich = Doppelname aus Wolf(gang) und Dietrich; Nebenformen: Wolfdieter, Wulfdietrich.
Wolfer, althochdeutsch: wolf = Wolf; hari = Heer; ältere Form: Wolfhari.
Wolfgang, althochdeutsch: wolf = Wolf; ganc = Waffengang, Angriff, Streit; Kurz- und Koseformen: Wolflein, Wölflein, Wölfle, Wülfke, Wülfken, Wilfling, Wolf, Wulf, Gangel.
Wolfger, althochdeutsch: wolf; ger = Speer.
Wolfgerd = Doppelname aus Wolf und Gerhard.
Wolfgisbert = Doppelname aus Wolf und Gisbert.
Wolfgünter = Doppelname aus Wolf und Günter.
Wolfhard, althochdeutsch: wolf = Wolf; harti = hart, stark; Nebenformen: Wolfhart, Welfhard, Wulfhard, Gualfard; friesische Formen: Ulfart, Ulferd, Ulfert, Olfert.
Wolfheinrich = Doppelname aus Wolf und Heinrich.
Wolfhelm, althochdeutsch: wolf = Wolf; helm = Helm, Schutz.
Wolfhold, althochdeutsch: wolf = Wolf; waltan = walten, gebieten.
Wolfhorst = Doppelname aus Wolf und Horst.
Wolfrad, althochdeutsch: wolf = Wolf; rat = Rat, Ratgeber, Ratschlag, Beratung; Nebenform: Wolfrat.
Wolfram, althochdeutsch: wolf = Wolf; hraban = Rabe.
Wolfrid, althochdeutsch: wolf = Wolf; fridu = Friede, Schutz vor Waffengewalt; Nebenform: Wolfried.

Weibliche Vornamen auf „-wolf"

Wolfgund, althochdeutsch: wolf = Wolf, gund = Kampf; Nebenform: Wolfgunde.
Wolfhild, althochdeutsch: wolf; hiltja = Kampf; Nebenformen: Wolfhilde, Wulfhild, Wulfhilde; Kurz- und Koseformen: Wolfa, Wulfa; schwedische Form: Ulfhild.
Wolfrun, althochdeutsch: wolf = Wolf; runa = Geheimnis, Zauber.
Wolfsind, althochdeutsch: wolf = Wolf; sint = gewaltig.
Wolftrud, althochdeutsch: wolf = Wolf; trud = Kraft, Stärke; Nebenformen: Wolftrude, Wolftraud, Wulftrud.

Quellen:
Burkhart Walter (1990): Neues Lexikon der Vornamen. Über 10.000 Namen. Herkunft, Bedeutung, Kurz- und Koseformen (Bastei-Lübbe-Taschenbuch, Band 60.343). Köln: Naumann & Göbel Verlagsgesellschaft, 494 S., hier: S. 427–429.
Drosdowski Günther (1974): Duden. Lexikon der Vornamen. Herkunft, Bedeutung und Gebrauch von mehreren tausend Vornamen. Zweite neu bearbeitete und erweiterte Auflage. Mannheim – Leipzig – Wien – Zürich: Dudenverlag, 237 S., hier: S. 220–221.
Kohlheim Rosa und Volker (2003): Duden. Das große Vornamen-Lexikon. Herkunft und Bedeutung von über 6000 Vornamen. zweite völlig neu bearbeitete Auflage. Mannheim – Leipzig – Wien – Zürich: Dudenverlag, 437 S., hier: S. 353–354.
Kohlheim Rosa und Volker (2004): Duden. Lexikon der Vornamen. Herkunft, Bedeutung und Gebrauch von über 6000 Vornamen. vierte völlig neu bearbeitete Auflage. Mannheim – Leipzig – Wien – Zürich: Dudenverlag, 396 S., hier: S. 312–313.

Der Orts- und Flurname „Wolfsgrube" in Tirol

Wer im „Land im Gebirge" unterwegs ist, der wird auch an einer „Wolfsgruaba" (auch: „Wolfsgruba") oder „Wolfsgrube(n)" vorbeikommen, wobei solche „Wolfsgruben" in Welschtirol und im Ladinischen „lovare" heißen. So wird ein erstmals im Jahr 1317 erwähnter Hof in der Gemeinde St. Martin in Thurn „Lovaragut" genannt, was der Publikation von Berta Richter-Santifaller über „Die Ortsnamen von Ladinien" (Schlern-Schriften, Band 36, Innsbruck 1937: Universitätsverlag Wagner, 291 S., hier: S. 134 – Nr. 18) entnommen werden kann.

Zahlreiche Flurnamen spiegeln noch heute die frühere Verbreitung des großen Beutegreifers im Alpenraum wider und beschreiben damit auch zutreffend diese einst praktizierte Fangtechnik. Allein zur Wolfsgrube mit der Schreibweise „s" gibt es im Bundesland Tirol 36 Karteneinträge, wozu auch Ableitungen wie „Wolfsgrubenbach" („Wolfsgruababach"), „Wolfsgrubenbrugga", „Wolfsgrubenwald" und „Wolfsgrubenweg" gezählt werden. Zu diesem Thema schreibt die Tiroler Journalistin Sabine Strobl in ihrem Zeitungsartikel „Auf dem Weg zur Wolfsgrube" (in: „Tiroler Tageszeitung – Magazin", Sonntag, 30. Jänner 2022, S. 12–13, hier S. 12). Darüber hinaus haben noch andere Fangmethoden in den Flurnamen ihren sprachgeographischen Niederschlag gefunden. So gibt es auch Namen wie „Wolfsgarten" und „Wolfsgatter". Hier wurden die Wölfe nicht in einer Grube gefangen, sondern in einem Zaunverschlag. Es finden sich in dieser Kategorie die Flurnamen „Wolfsfalle“ und „Wolfsgalgen“.

Nach eigenen Erhebungen gibt es insgesamt 22 Gemeinden im Bundesland Tirol (also jede 13. Gemeinde) mit dem Flurnamen „Wolfsgrube“ bzw. „Wolfgrube“. Innerhalb der einzelnen Bezirke ist Osttirol (Bezirk Lienz) mit sieben Gemeinden der Spitzenreiter, während in den zwei Unterinntaler Bezirken Kufstein und Kitzbühel entsprechende Flurnamen fehlen bzw. nicht mehr überliefert sind:

- Bezirk Lienz (sieben Gemeinden) – Gaimberg, Kals am Großglockner, Nikolsdorf, Nußdorf-Debant mit drei Nennungen, Oberlienz, Schlaiten und Thurn;
- Bezirk Landeck (vier Gemeinden) – Kappl, Pfunds, Pians und St. Anton am Arlberg (Flurname „Wolfgrube“);
- Bezirk Innsbruck-Land: vier Gemeinden – Absam, Baumkirchen, Mutters (obere und untere Wolfsgrube, noch im Jahr 1889 eine Bezeichnung für zwei Galtmähder in Kreith) und Telfes im Stubai; Bezirk Imst – drei Gemeinden (Imst, Mötz und Obsteig);
- Bezirk Reutte (Außerfern) – zwei Gemeinden: Bach im Lechtal und Breitenwang;
- Bezirk Schwaz – Gemeinde Ried im Zillertal. Der Flurname „Wolfsgrube“ bei der bis zum Jahr 1940 selbständigen Gemeinde Arzl (Bezirk Innsbruck-Land), welche damals der Tiroler Landeshauptstadt Innsbruck eingemeindet wurde, wird erstmals im Urbar der Herrschaft Thaur aus dem Jahr 1555 genannt.

Und hier sind nochmals die entsprechenden „Wolfsgruben“-Gemeinden im Bundesland Tirol in alphabetischer Abfolge: Absam, Bach im Lechtal, Baumkirchen, Breitenwang, Gaimberg, Imst, Innsbruck-Stadt (heutiger Stadtteil Arzl), Kals am Großglockner, Kappl, Mötz, Mutters (obere und untere Wolfsgrube), Nikolsdorf, Nußdorf-Debant (drei „Wolfsgruben“-Nennungen), Oberlienz, Obsteig, Pfunds, Pians, Ried im Zillertal, St. Anton am Arlberg, Schlaiten, Telfes im Stubai und Thurn.

Die zum Innsbrucker Stadtteil Arzl gehörende „Wolfsgrube“ (Foto: Bernhard Jäger, 21. Juni 2021).

Der zur Gemeinde Steinach am Brenner gehörende Ortsteil „Wolf“ (Foto: Karin Jäger, 2. August 2022).

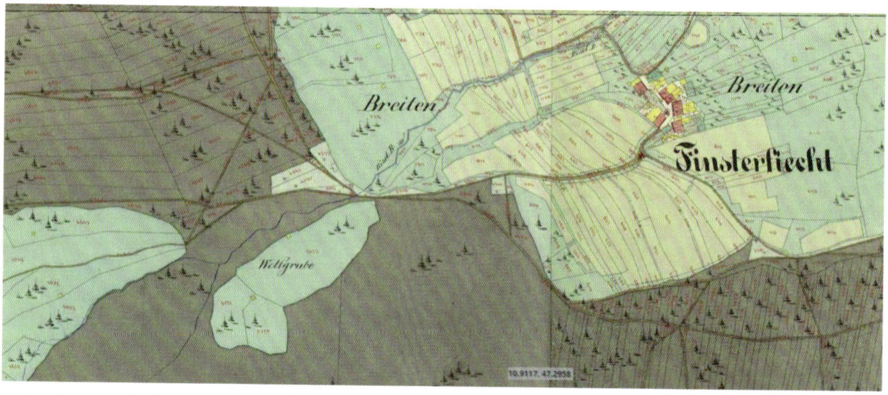

Der Flurname „Wolfgrube" in der Nordtiroler Gemeinde Obsteig nach dem Franziszeischen Kataster von 1855 bis 1857 (Quelle: Amt der Tiroler Landesregierung, Abteilung Agrarwirtschaft, freundlicherweise zur Verfügung gestellt von Herrn Mag. MSc Otto Astner am 25. Juli 2022).

Der Flurname „Wolfgrube" in der Nordtiroler Gemeinde Pians nach dem Franziszeischen Kataster von 1855 bis 1857 (Quelle: Amt der Tiroler Landesregierung, Abteilung Agrarwirtschaft, freundlicherweise zur Verfügung gestellt von Herrn Mag. MSc Otto Astner am 25. Juli 2022).

Den Personen-, Flur- und Hausnamen in Südtirol auf „-wolf" hat schon Karl Meusburger in seinem Fachaufsatz „Die Wölfe in unserem Heimatland" (in: „Der Schlern", 11. Jg., Heft 10, Bozen 1930, S. 399–409) nachgespürt:

„Als Hofname kommt ‚Wolf' ohne weitere Zusammensetzung im Rittnergebiet (Wangen), am Brenner und in Pflersch vor sowie als Bezeichnung für ein Gebiet in der Valsugana. Viel häufiger als das einfache Wort gibt es die Zusammensetzungen. Der Wolfendorn (benannt nach dem Gehöft Wolfen oder Wolfn am Brenner, Anm. G. J.) ist ein Berg im Brennergebiet. Dabei handelt es sich um einen 2774 m hohen Gipfel in den südlichen Ausläufern der Tuxer Voralpen, der hoch über dem Weiler Brennerwolf an der Grenze zwischen dem südlichen und nördlichen Wipptal aufragt. Eine Erhebung südlich von St. Ulrich in Gröden heißt Wolfenbüchl. Nördlich von Luttach erhebt sich der Wolfskofel, und in Mareit steht das Schloß Wolfsthurn. „Wenn man von Tesselberg über die Winnewarter Höfe ins Oberwielenbacher Tal geht, kommt man an zwei hochgelegenen Einzelhöfen vorbei, der Ober- und Niederwolfsgrube. Der gleiche Hofname findet sich auch im Ahrntale." (S. 400)

In der Gemeinde Ritten liegt der Weiler Wolfsgruben und daneben der gleichnamige See. Ein Hof oberhalb des Brixner Bahnhofes heißt „zum Ofenwolf", und in Feldthurns treibt der Schnaudererbach die Ofenwolfmühle. „Der höchste Bauer im Schaldertale ist der Wolfegger. Ein Hof in Völs am Schlern heißt Wolfram- oder Wolfrumhof, usw." (S. 401)

„Selbstverständlich gibt es auch die diesen Hofbezeichnungen entsprechenden Familiennamen: Wolf, Wolfsgruber ist wahrscheinlich durch Erweichung aus Wolfsegger entstanden; ebenso dürften die Schreibnamen Wolfarter und Wohlfahrt fast sicher auf Wolfhart zurückzuführen, also eine Parallelbildung sein zum bekannten Namen Eberhart. In seiner Schrift ‚Zur Namenskunde' führt Josef Tarneller außerdem noch an: Wolfsberger, Wolfkehr, Wolfrain und Wolfwarte." (S. 401)

Kolorierte Darstellung der sogenannten Wolfsgruben bei Oberbozen am Ritten mit dem gleichnamigen See, aufgenommen im Jahr 1907 (Verlag O. Blaschke, kgl. bayr. Hoflieferant, Prien am Chiemsee; Bildarchiv Georg Jäger).

Der Wolfsgrubensee am Ritten mit Schlern. Künstleransichtskarte von Rudolf Alfred Höger, um 1910 (Bildarchiv Georg Jäger).

Romanische Spuren im Oberinntal und Osttirol

Das genaue Alter mit der schriftlichen Erstnennung solcher im Volksmund zur Orientierung entstandener Flurnamen zu bestimmen, ist ein sehr schwieriges Unterfangen. Bereits die Nachfahren der Römer hatten und kannten die Wolfsgruben. Die beiden Weiler- und Hofnamen „Lafairs" in Pfunds und „Lawoaras" (auch „Labores" und „Loweraze" oder „Laiwore" geschrieben) in Kals kommen aus dem romanischen „Luparia" bzw. „Luparias", was „Wolfsgrube(n)" bedeutet. Darauf weist Sabine Strobl am Ende ihres vorhin zitierten Artikels (S. 13) hin und beruft sich auf den Innsbrucker Sprachwissenschaftler Gerhard Rampl.

Der Pfundser Flurname „Lafairs" (1288: Lafairs, 1427: Laueis) lässt sich ohne Zweifel auf „Luvairas" in der Bedeutung von „Wolfsgruben" zurückführen (romanisch „luvu" = „Wolf", bündnerromanisch „luf" = „Wolf"). Und auf dem Gemeindegebiet von Fiss darf der romanische Flurname „Lafaira" (1379: Lavairs, 1483: Lavairs, 1592: Lafäyr, 1775: in Lafairen) nicht vergessen werden, der sich ebenfalls von einer „Wolfsgrube" („Luvaira" bzw. „Luparia") ableitet. Diese detaillierten Informationen können dem Werk von Peter Anreiter, Christian Chapman und Gerhard Rampl über „Die Gemeindenamen Tirols. Herkunft und Bedeutung" (Veröffentlichungen des Tiroler Landesarchivs, Band 17, Innsbruck 2009: Universitätsverlag Wagner, 650 S., hier: S. 341 und S. 371) entnommen werden.

Ortsnamensgebung auf „-wolf" in Oberösterreich

Die mit den früheren Wolfsvorkommen verbundenen Ortsnamen sind außerhalb von Tirol auch in sämtlichen Landesteilen von Oberösterreich weit verbreitet, wie ein Durchblättern des umfangreichen und nach Kreisen oder Vierteln gegliederten fünfbändigen Werks von Benedikt Pillwein (1779–1847) zwischen 1827 und 1832 zeigt: Wölfling (Mühlkreis), Wolfau (Innkreis), Wolfeck (Innkreis), Wolfern (Traunkreis), Wolfersberg (Innkreis), Wolfeswang (Traunkreis), Wolfing (Innkreis), Wolfsdoppl (Hausruckkreis), Wolfsed (Innkreis), Wolfseck oder Wolfsegg (Hausruckkreis – Wappentier: Wolf im roten Feld), Wolfsfurth (Hausruckkreis), Wolfsgrub (Hausruckkreis, Mühlkreis, Traunkreis), Wolfshütten (Hausruckkreis), Wolfsöd (Innkreis), Wolfstein (Hausruckkreis, Traunkreis) und Wolfstraß (Innkreis).

Bei Kurt Kriso finden sich in seinem umfangreichen Fachaufsatz „Der Kobernaußerwald unter dem Einfluß des Menschen. Eine waldgeschichtliche Studie" (in: „Jahrbuch des Oberösterreichen Museumsvereins", Band 106, Linz 1961, S. 269–338) zwei sichere ortkskundliche Hinweise („Wolfsgeräumbt" – „Wolfsgrube") über frühere Wolfsvorkommen in dem zwischen Flachgau und Innviertel gelegenen Kobernaußerwald. So wird in einem Kommissionsprotokoll am 25. Oktober 1728 über den Zustand des Forstes in der Hut Stixeck geschrieben: „Beim Wolfsgeräumbt gegen die Nagelschmied-Kohlstatt und den anstoßenden Huten muß viel Holz verfaulen." (S. 294) Und in einem Rechtsstreit mit Vergleich der zwei Pechler Ortner (Katztal) und Blasi (Ried) wird im Jahr 1788 eine „Wolfsgrube" (S. 309) ausdrücklich erwähnt.

Ortsnamensgebung auf „-wolf" in Niederösterreich

Bereits 1924 ist der bekannte niederösterreichische Forstwissenschaftler Karl Leeder (1864–1945) unter „Bär, Luchs und Wolf in Niederösterreich" in der Fachzeitschrift „Blätter für Naturkunde und Naturschutz" (11. Jg., Heft 9, Wien, S. 125–131) den Wolfsspuren in der vielschichtigen niederösterreichischen Namenlandschaft nachgegangen. Der beste Beweis für das frühere Vorkommen der Wölfe ist die große Zahl der dazugehörigen Orts- und Flurnamen, wovon es sicherlich Hunderte geben dürfte:

„Sehr häufig kehrt die Bezeichnung Wolfsberg wieder. Einer davon befindet sich in der nächsten Nähe Wiens, der Wolfersberg bei Hütteldorf, an dessen Fuß das alte Wirtshaus ‚zum Wolfen in der Au' liegt. Auch Wolfstal und Wolfsgraben findet sich sehr häufig. Wolfsbach, Wolfsbiegl, Wolfsboden und Wolfsgrub kehren oft wieder. Es findet sich aber auch – neben vielen anderen Zusammensetzungen – ein Wolfssohl und sogar ein Wolfsgeist." (S. 126)

Nach dem heimatkundlichen Artikel von Karl Höfer über „Bär und Wolf im Waldviertel von einstmals" (in: „Das Waldviertel", 10. Jg., Folge 6, 1. Juni 1937, S. 90–93, hier: S. 92) erinnern an das frühere Wolfsvorkommen im Waldviertel u. a. nachfolgende Ortsnamen: Wolfenstein (Eschenbach), Wolfsbach (Drosendorf-Zissersdorf), Wolfsegg (Pfaffenschlag bei Waidhofen an der Thaya) und „Wolfshof" (Gars am Kamp). Dazu kommen noch der Bachname „Wölflbach" bei St. Martin und der Riedname „Wolfsau" bei Gutenbrunn. Der letzte Wolf im Waldviertel wurde 1854 bei Groß Gerungs erlegt.

Ortsnamensgebung auf „-wolf" in der Steiermark

Ähnliches gilt auch für das an Niederösterreich grenzende Bundesland Steiermark mit der vom Einzelhof Wolf über den Wolfsgraben (Gemeinde Ketten) bis zu den Bergen Wolfeck und Wolfstein vorkommenden Namensgebung. Unter den Gemeindenamen auf „-wolf" findet sich u. a. Wolfsbachau an der Enns.

Der Schriftsteller und Volkskundler Julius Max Schottky notiert in seinem Buch „Bilder aus der süddeutschen Alpenwelt" (Innsbruck: Wagner'sche Buchhandlung 1834, 275 S.): „In Steiermark gibt es ein Wolfau, Wolfeck, Wolfgraben, Wolflauf, Wolfsbach, Wolfberg, Wolfsdorf, Wolfsgruben und Wolfsthal." (S. 227)

Gemeinden und Orte mit „-wolf" in Österreich

In Österreich (ohne Wien; ohne Westösterreich mit Tirol, Vorarlberg und Salzburg) gibt es insgesamt 60 Nennungen von Gemeinden und Orten, die das Wort „Wolf" enthalten. Die in der entsprechenden Namensgebung „wolfsreichsten" Bundesländer sind zusammen mit 48 Nennungen die Bundesländer Niederösterreich (25 Nennungen) und Oberösterreich (23 Nennungen), gefolgt von 12 Nennungen, die sich auf die Steiermark (7 Nennungen), auf Kärnten (4 Nennungen) und auf das Burgenland (1 Nennung) verteilen:

Ortsnamen mit „-wolf“ in Ost- und Südösterreich

Niederösterreich:
Wolfenberg (Ort), Bezirk St. Pölten, St. Pölten
Wolfenreith (Ort), Bezirk Krems-Land, Weinzierl am Walde
Wolfersberg (Ort), Bezirk St. Pölten-Land, Wilhelmsburg
Wolfersdorf (Ort), Bezirk St. Pölten-Land, Neulengbach
Wolfpassing (Ort), Bezirk Tulln, Zeiselmauer-Wolfpassing
Wolfpassing (Ort), Bezirk Scheibbs, Wolfpassing
Wolfpassing (Gemeinde), Bezirk Scheibbs
Wolfpassing an der Hochleithen (Ort), Bezirk Mistelbach, Hochleithen
Wolfring (Ort), Bezirk Melk, Erlauf
Wolfsbach (Ort), Bezirk Amstetten, Wolfsbach
Wolfsbach (Ort), Bezirk Horn, Drosendorf-Zissersdorf
Wolfsbach (Ort), Bezirk Melk, Kirnberg an der Mank
Wolfsbach (Gemeinde), Bezirk Amstetten
Wolfsberg (Ort), Bezirk Zwettl, Zwettl-Niederösterreich
Wolfsbrunn (Ort), Bezirk Hollabrunn, Hollabrunn
Wolfsegg (Ort), Bezirk Gmünd, Heidenreichstein
Wolfsgraben (Ort), Bezirk St. Pölten-Land, Wolfsgraben
Wolfsgraben (Gemeinde), Bezirk St. Pölten-Land
Wolfshof (Ort), Bezirk Horn, Gars am Kamp
Wolfshoferamt (Ort), Bezirk Krems-Land, St. Leonhard am Hornerwald
Wolfsmath (Ort), Bezirk Melk, Kirnberg an der Mank
Wolfsohl (Ort), Bezirk Neunkirchen, Würflach
Wolfstein (Ort), Bezirk Melk, Schönbühel-Aggsbach
Wolfsthal (Ort), Bezirk Bruck an der Leitha, Wolfsthal
Wolfsthal (Gemeinde), Bezirk Bruck an der Leitha

Oberösterreich:
Wölflhof (Ort), Bezirk Eferding, Stroheim
Wolf (Ort), Bezirk Rohrbach, Sarleinsbach
Wolfau (Ort), Bezirk Ried im Innkreis, Senftenbach
Wolfegg (Ort), Bezirk Braunau am Inn, Altheim
Wolfern (Ort), Bezirk Steyr-Land, Wolfern
Wolfgrub (Ort), Bezirk Freistadt, Schönau im Mühlkreis
Wolfgrub (Ort), Bezirk Grieskirchen, Natternbach
Wolfharting (Ort), Bezirk Ried im Innkreis, Eberschwang

Wolfing (Ort), Bezirk Braunau am Inn, Tarsdorf
Wolfing (Ort), Bezirk Urfahr-Umgebung, Engerwitzdorf
Wolfsdoppl (Ort), Bezirk Vöcklabruck, Zell am Pettenfirst
Wolfseck (Ort), Bezirk Braunau am Inn, Roßbach
Wolfsedt (Ort), Bezirk Ried im Innkreis, Taiskirchen im Innkreis
Wolfsedt (Ort), Bezirk Schärding, Taufkirchen an der Prem
Wolfsegg (Ort), Bezirk Freistadt, Warthberg ob der Aist
Wolfsegg (Ort), Bezirk Gmünd, Heidenreichstein
Wolfsegg am Hausruck (Ort), Bezirk Vöcklabruck, Wolfsegg
Wolfsegg am Hausruck (Gemeinde), Bezirk Vöcklabruck
Wolfsfurth (Ort), Bezirk Eferding, Hartkirchen
Wolfsgrub (Ort), Bezirk Wels-Land, Buchkirchen
Wolfsgrub (Ort), Bezirk Gmunden, Pinsdorf
Wolfshütte (Ort), Bezirk Vöcklabruck, Manning
Wolfstraß (Ort), Bezirk Ried im Innkreis, Utzenaich

Burgenland:
Wolfau (Gemeinde), Bezirk Oberwart

Steiermark:
Wölferberg (Ort), Bezirk Leibnitz, Schwarzautal
Wolfgrub (Ort), Bezirk Hartberg-Fürstenfeld, Greinbach
Wolfgruben (Ort), Bezirk Leoben, Kammern im Liesingtal
Wolfgruben bei Gleisdorf (Ort), Bezirk Weiz, Ilztal
Wolfgruben bei St. Ruprecht an der Raab (Ort), Bezirk Weiz, St. Ruprecht
Wolfsbachau (Ort), Bezirk Liezen, St. Gallus
Wolfsberg im Schwarzautal (Ort), Bezirk Leibnitz, Schwarzautal

Kärnten:
Wölfnitz (Ort), Bezirk Klagenfurt-Land, Grafenstein
Wölfnitz (Ort), Bezirk Völkermarkt, Griffen
Wolfsberg (Ort), Bezirk Wolfsberg, Wolfsberg
Wolfsberg (Gemeinde), Bezirk Wolfsberg

Internetquelle:
https://www.orte-in-oesterreich.de/orte-in-oesterreich-mit-wo.html (eigener Zugriff am 8. Juli 2022): Orte und Städte in Österreich mit -wolf (eigene Zusammenstellung).

Wolfsbach im Bezirk Amstetten, Niederösterreich

In einem von Gold auf Blau durch einen silbernen geästeten Balken geteilten Schild ist ein auf der Schildesteilung nach links laufender roter Wolf zu sehen. Das redende Wappen zeigt den über ein Gewässer laufenden Wolf mit Herstellung des Bezugs zum Ortsnamen „Wolfs-Bach").
Der als Brücke geästete Balken ist dem Astkreuz im Wappen des Benediktinerinnenstiftes Seitenstetten nachempfunden, welches die Herrschaft über diese im Mostviertel gelegene Siedlung (823 erste urkundliche Nennung als „Woluesbach") bis zur Grundentlastung (1848) ausgeübt hat.

Das von einem Wolf gezierte Wappen der Marktgemeinde Wolfsbach im Bezirk Amstetten in Niederösterreich (Internetquelle: http://de.wikipedia.org/wiki/Wolfsbach_(Nieder%C3%B6sterreich); eigener Zugriff am 6. August 2022).

Das von einem Wolf gezierte Wappen der Marktgemeinde Wolfsegg am Hausruck in Oberösterreich (Internetquelle: https://de.wikipedia.org/wiki/Wolfsegg_am_Hausruck; eigener Zugriff am 3. Juli 2022). Die offizielle Beschreibung des Wappens lautet: In Rot ein silberner, rechtshin gewendeter, aufrechtstehender Wolf. Das Wappen symbolisiert als redendes Wappen den Ortsnamen.

Schloss und Markt Wolfsegg in der Topographia Provinciarum Austriacarum von Matthäus Merian. Auf diesem Kupferstich „Wolffs Egg" von 1649 findet sich die älteste bekannte bildliche Darstellung des vorhin angeführten Wappens (Internetquelle: https://www2.land-oberoesterreich.gv.at/internetgeschichte/Interne; eigener Zugriff am 3. Juli 2022).

Wolfsberg in Kärnten – Wolf als Wappentier

Im goldenen Dreiecksschild ist ein rot bezungter, steigender schwarzer Wolf mit Löwenzagel (Schweif), der von einem silbernen Schrägrechtsfaden überlegt wird.
Wolfsberg führte ursprünglich seit dem Ende des 13. Jahrhunderts das Wappen des Erzstifts Bamberg, einen mit Schrägrechtsfaden belegten steigenden Löwen, was durch die Kopie einer Urkunde vom 14. Juli 1295 belegt ist.
Im ausgehenden Mittelalter wandelte sich das Wappentier, offenbar in Anspielung auf den Ortsnamen, in einen Wolf. Später wurde noch – im Sinne eines „redenden" Wappens – ein grüner Berg beigefügt; diese Variante wurde von der Stadtgemeinde noch 1968 im Briefkopf verwendet.
Anlässlich der Ausstellung einer Wappenbescheinigung (am 12. August 1969) wurde der Berg aufgrund fehlender historischer Berechtigung weggelassen und die Figur des Wolfs mit einem Löwenzagel (Schweif) versehen, um die älteste bambergische Komponente zu berücksichtigen.

Das von einem Wolf gezierte Wappen der Stadtgemeinde Wolfsberg in Kärnten (Internetquelle: https://de.wikipedia.org/wiki/Wolfsberg_K%C3%A4rnten#Wappen; eigener Zugriff am 3. Juli 2022).

Der Wolf und die Bauerstochter

Georg Graber erzählt im Jahr 1944 in seinem Werk „Sagen und Märchen aus Kärnten" (Graz: Leykam-Verlag, 424 S.) unter „Der Wolf kommt" eine nachdenklich stimmende kurze Sage aus Niedergail im Lesachtal, bei der eine Bauerstochter von einem Wolf im Vorhaus des elterlichen Anwesens entführt und danach über das angrenzende Feld in den Wald gezerrt wurde:
„Vor wilden Tieren war man in alter Zeit niemals sicher. Eines Abends saß ein Bauer in Niedergail mit den Seinen bei Spanlicht in der Stube. Da der Span schon herabgebrannt war, schickte er sein jüngstes Töchterlein hinaus in die Küche, um einen neuen zu holen. Das Kind eilte hinaus und wollte eben in die Stube zurückkehren, als ein Wolf in das Vorhaus brach, das Kind erfaßte und es samt dem brennenden Span über das Feld hinunterschleppte. Wohl lief der entsetzte Vater dem reißenden Tier sofort nach, um ihm seine kostbare Beute zu entreißen, aber er konnte es nicht mehr einholen. Mit bebendem Herzen hörte er das ängstliche Schreien des Kindes in der finsteren Ferne verhallen." (S. 311)

Der Wolf in Fabel, Literatur und Volksmedizin

Im einschlägigen Buch von Dagmar Langwald „Faszination Wolf. Erlebnisse, Geschichten und Sagen aus aller Welt“ (Graz 2002: V. F. Sammler im Leopold Stocker Verlag, 239 S., hier: S. 42) und in der Publikation „Mythos Wolf. Der Wolf in Sagen und Geschichten“ (Wolf Magazin, Ausgabe 2/2013, herausgegeben von Elli H. Radinger. Berlin: Edition Tieger im Autorenhaus Verlag, 128 S.) können wir unter dem Fachartikel „Gestatten, mein Name ist Wolf“ (S. 44–53) viel kultur- und sprachgeschichtlich Interessantes über den Wolf nachlesen, wobei die wissenschaftliche Bezeichnung „Canis lupus“ (S. 46) im Jahr 1758 beim schwedischen Naturforscher Carl von Linné (1707–1778) vorkommt.

Der Name „Wolf“ in unserem Sprachgebrauch

Zum ersten Mal wurde der Wolf als „Isegrim“ in einem lateinischen Gedicht beim Geschichtsschreiber und Theologen Guibert von Nogent (1055–1125) so bezeichnet. Über den französischen „Roman de Renart“ fand er ab 1170 Eingang ins niederdeutsche Tierepos. Es gibt mehrere Tabunamen für den Wolf wie „Gottes Jagdhund“, „Untier“, „Räuber“ oder „Dieb“. Ein diesbezüglicher Hinweis ist auch der Brauch, den Namen Wolf während der zwölf heiligen Nächte zwischen dem 24. Dezember und 6. Jänner nicht auszusprechen.

Bei den Germanen wurde der Wolf idealisiert, was aus zahlreichen Vornamen hervorgeht, die man Kindern gab: Rudolf (Ruhmwolf), Wolfram (Wolfrabe) und Wolfgang (Leisetreter). Vor allem in Familien- und Ortsnamen ist „Wolf“ häufig anzutreffen. „Dies weist auf die Bedeutung hin, die der Wolf früher hatte. Die Namen haben sogar seine Ausrottung überdauert!“ (S. 46)

Selbst den weißen Atemhauch im Winter oder die in die warme Stube hereinziehende Kälte nennt man „Wolf“. Die aus dem Ofen herausschlagenden Flammen heißen „Feuerwolf“, bei großer Kälte spricht man von „Wolfskälte“, und verspäteter Schneefall heißt ebenfalls „Wolf“. Die vier Monate November, Dezember, Jänner und Februar werden in manchen Gegenden „Wolfsmonate“ genannt. Warum? „Vielleicht, weil es die Ranzzeit der Wölfe ist oder weil die Tiere in diesen Monaten in kalten Wolfsgegenden näher an die Dörfer kommen.“ (S. 46)

Der Wolf und das Lamm (in: Andreas Simon. Der Wolf und das Lamm. Die schönsten Fabeln. Herausgegeben von Andreas Simon. München 1976: Verlag Die Bibliothek, 399 S., hier: Titelbild und S. 49).

Der „Wolf" als Fabeltier bei Franz Grillparzer

Seit Jahrhunderten kommt der Wolf als Isegrim in einer Reihe von Fabeln vor. Dabei handelt es sich um eine Literaturgattung, bei der mit Tieren und Pflanzen gearbeitet wird, die wie Menschen auftreten, handeln, denken und sprechen. Das Ziel einer Fabel ist neben der Unterhaltung vor allem die Belehrung.

Viele Menschen verbinden menschliche Eigenschaften mit bestimmten Tierarten, wofür sich etwa die Eule (Weisheit und Klugheit), der Fuchs (Listigkeit und Schlauheit) oder nicht zuletzt auch der Wolf (Bösartigkeit, Gier, Grimmigkeit und Rücksichtslosigkeit) vorzüglich eignen.

Der in Wien geborene österreichische Dramatiker und Nationaldichter Franz Grillparzer (1791–1872) hinterließ der Nachwelt sogar eine am 16. November 1805 geschriebene Fabel über den reißenden Wolf, wenn es im entsprechenden Sechzehnzeiler über diesen Dieb oder Räuber im grauen Pelz heißt:

Der Räuber und der Wolf

Franz Grillparzer, 1805

Ein Wolf, ein grauses Scheusal der Natur,
Das Schrecken aller Schäfer auf der Flur,
Hielt, hingestreckt auf grüne Matte,
Ein Lamm, das er zerrissen hatte,
Und, ungerührt von herben Klagen,
Der Mutter, er davongetragen,
In seiner Klau und fraß. Ein Räuber sah
Das blutge Paar. Raubgierig schrie er, ha!
Schmeckts, guter Freund? – Mit seinem Schwerte
Bohrt er den Wolfen hin zur Erde.
Da stöhnt der matt: Du bist so bös wie ich,
Und doch, du Brudermörder, tötest mich!
Der nimmt das Lamm. Mein Bruder, höre,
Spricht er, zu spät nun diese Lehre.
Kein arger Bösewicht ist des andern Freund,
Und selbst, Freund, merke dirs, sein ärgster Feind.

Quelle:
Franz Grillparzer, Sämtliche Werke. Ausgewählte Briefe, Gespräche, Berichte. Band 1: Gedichte – Epigramme – Dramen. Herausgegeben von Peter Frank. München 1960: Carl Hanser Verlag, 1.355 S., hier: S. 11.

Der „Wolf" als Erzählmotiv bei Peter Rosegger

Im bekanntesten Werk des aus Krieglach in der Obersteiermark (Gerichtsbezirk Mürzzuschlag) stammenden Heimatschriftstellers Peter Rosegger (1843–1918) mit dem Titel „Als ich noch der Waldbauernbub war. Eine Auswahl aus den Schriften. Neue Ausgabe in einem Bande" (Wien 1952: Verlag Emil Albrecht, 271 S.), das erstmals im Jahr 1877 unter dem Buchtitel „Waldheimat" abgedruckt wurde, findet sich im ersten Teil die äußerst spannende Kurzerzählung „Vom Urgroßvater, der auf der Tanne saß" (S. 7–16). Eine hier auszugsweise wiedergegebene Textstelle befasst sich mit den, zur Zeit von Josef Rosegger in der zweiten Hälfte des 18. Jahrhunderts, noch als Rudel herumstreifenden Wölfen („Bestien"), welche damals die waldreichen Gebiete unsicher machten:

„‚Es ist schon länger als achtig Jahre', begann mein Vater (= Lorenz Rosegger, 1814–1896, Anm. G. J.), ‚seitdem dein Urgroßvater meine Großmutter geheiratet hat. Er war sehr reich und schön, und er hätte die Tochter des angesehensten Bauers zum Weib bekommen. Er nahm aber ein armes Mädchen aus der Waldhütten herab, das gar gut und seltsam gewesen ist. Von heute in zwei Tagen ist der Vorabend des Festes Mariä Himmelfahrt; das ist der Jahrestag, an welchem dein Urgroßvater zur Werbung in die Waldhütten ging. Es mag wohl auch im Kornschneiden gewesen sein; er machte frühzeitig Feierabend, weil durch den Ebenwald hinein und bis zur Waldhütten hinauf ein weiter Weg ist. Er brachte viel Bewegung mit in die kleine Wohnung.'" (S. 11)

„Der alte Waldhütter, der für die Köhler und Holzleute die Schuhe flickte, ihnen zuzeiten die Sägen und die Beile schärfte und nebenbei Fangschlingen für Raubtiere machte – weil es zur selben Zeit in der Gegend noch viele Wölfe gab –, der Waldhütter nun ließ seine Arbeit aus der Hand fallen und sagte zu deinem Urgroßvater: ‚Aber, Josef, das kann doch nicht dein Ernst sein, daß du mein Lenerl zum Weib haben willst, das wär' ja gar aus der Weis'!' Dein Urgroßvater sagte: ‚Ja, deswegen bin ich heraufgegangen den weiten Weg, und wenn mich das Lenerl mag und es ist sein und Euer redlicher Will', daß wir zusammen in den heiligen Ehestand treten, so machen wir's heut' richtig, und wir gehen morgen zum Richter und Pfarrer, und ich laß dem Lenerl mein Haus und Hof verschreiben, wie's Recht und Sitte ist.' – Und das Mädchen hatte deinen Urgroßvater lieb, und es sagte, es wolle seine Hausfrau werden. Dann verzehrten sie zusammen ein kleines Mahl, und endlich, als es schon zu dunkeln begann, brach der Bräutigam auf zum Heimweg." (S. 11)

„Er ging über die kleine Wiese, die vor der Waldhütten lag, auf der aber jetzt schon die großen Bäume stehen, und er ging über das Geschläge und abwärts durch den Wald, und er war gar freudigen Gemütes. Er achtete nicht darauf, daß es bereits finster geworden war, und er achtete nicht auf das Wetterleuchten, das zur Abendzeit nach einem schwülen Sommertag nichts Ungewöhnliches ist." (S. 11–12)

„Auf eines aber wurde er aufmerksam, er hörte von den gegenüberliegenden Waldungen ein heulendes Gebelle. Er dachte an Wölfe, die nicht selten in größeren Rudeln die Wälder durchzogen; er faßte seinen Knotenstock fester und nahm einen schnelleren Schritt. Dann hörte er wieder nichts als zeitweilig das Kreischen eines Nachtvogels, und sah nichts als die dunklen Stämme, zwischen welche der Fußsteig führte und durch welche von Zeit zu Zeit das Leuchten zuckte. Plötzlich vernahm er wieder das Heulen, aber nun viel näher als das erste Mal. Er fing zu laufen an. Er lief, was er konnte; er hörte keinen Vogel mehr, er hörte nur immer das entsetzliche Heulen, das ihm auf dem Fuße folgte. Als er hierauf einmal umsah, bemerkte er hinter sich durch das Geäst funkelnde Lichter.“ (S. 12)

„Schon hört er das Schnaufen und Lechzen der Raubtiere, die ihn verfolgen, schon denkt er bei sich: ’s mag sein, daß morgen keine Verlobung ist! – Da kommt er heraus zur Türkentanne. Kein anderes Entkommen mehr möglich – rasch faßt er den Gedanken, und durch einen kühnen Sprung schwingt er sich auf den untersten Ast des Baumes. Die Bestien sind schon da; einen Augenblick stehen sie bewegungslos und lauern; sie gewahren ihn auf dem Baum, sie schnaufen und mehrere setzen die Pfoten an die rauhe Rinde des Stammes. Dein Urgroßvater klettert weiter hinauf und setzt sich auf einen dicken Ast. Nun ist er wohl sicher. Unten heulen sie und scharren an der Rinde; – es sind ihrer viele, ein ganzes Rudel.“ (S. 12)

„Zur Sommerszeit war es doch selten geschehen, daß Wölfe einen Menschen anfielen, sie mußten gereizt oder von irgendeiner anderen Beute verjagt worden sein. Dein Urgroßvater saß lange auf dem Ast, er hoffte, die Tiere würden davonziehen und sich zerstreuen. Aber sie umringten die Tanne und schnüffelten und heulten. Es war längst schon finstere Nacht; gegen Mittag und Morgen hin leuchteten alle Sterne, gegen Abend hin aber war es grau, und durch dieses Grau schossen dann und wann Blitzscheine. Sonst war es still, und es regte sich im Walde kein Ästchen.“ (S. 12)

„Dein Urgroßvater wußte nun wohl, daß er die ganze Nacht in dieser Lage würde zubringen müssen; er besann sich aber doch, ob er nicht Lärm machen und um Hilfe rufen sollte. Er tat es, aber die Bestien ließen sich nicht verscheuchen; kein Mensch war in der Nähe, das Haus zu weit entfernt.“ (S. 12)

„Unten ist’s nach und nach ruhiger, aber das Wetterleuchten wird stärker, und an der Abendseite ist dann und wann ein fernes Donnern zu vernehmen. – Wenn ich einen tüchtigen Ast bräche und hinabstiege und einen vollen Lärm machte und gewaltig um mich schlüge, man meint, ich müßt den Rabenäsern entkommen! So denkt der Urgroßvater – tut’s aber nicht; er weiß zu viele Geschichten, wie Wölfe trotz alledem Menschen zerrissen haben. Das Donnern kommt näher, alle Sterne sind verloschen – ’s ist finster wie in einem Ofen; nur unten am Fuße des Baumes funkeln die Augensterne der Raubtiere.“ (S. 13)

Der Heimatschriftsteller Peter Rosegger (1843–1918) im Porträt (in: „Die Gartenlaube“, 38. Jg., Heft 22, Leipzig 1888: Ernst Keil’s Nachfolger, S. 357). In der spannenden Erzählung „Vom Urgroßvater, der auf der Tanne saß“ sind auch die während des 18. Jahrhunderts noch häufig in der Obersteiermark vorkommenden Wölfe vertreten.

„Jetzt ist es still, still in den Wolken, still auf der Erde – nur um einen gegenüberliegenden Wipfel flattert ein Nachtvogel. Aber bald erhebt sich der Sturm, es rauscht in den Bäumen, es tost durch die Äste, eiskalt ist der Wind. Dein Urgroßvater klammert sich fest an das Geäste. Jetzt flammt wieder ein Blitz, gelblich-grün erleuchtet ist der Wald; alle Wipfel neigen sich, biegen sich tief; die nächst stehenden Bäume schlagen, es ist, als fielen sie heran. Aber die Tanne steht starr und ragt hoch auf über dem Walde. Unten rennen die Raubtiere wild durcheinander und heulen." (S. 12)

„Die Donner wurden seltener und dumpfer und zogen sich gegen Mittag und Morgen hin; aber die Blitze leuchteten noch ununterbrochen. Am Fuße des Baumes war kein Heulen und kein Augenfunkeln mehr. Die Raubtiere waren durch das wilde Wetter verscheucht worden. Stieg dann dein Urgroßvater nieder von Ast zu Ast bis zum Boden. Und er ging heraus durch den Wald über die Felder gegen das Haus. Es war nach Mitternacht." (S. 14)

„Als der Bräutigam zum Hause kommt und kein Licht in der Stube sieht, wundert er sich, daß in einer solchen Nacht die Leute so ruhig schlafen können. Haben aber nicht geschlafen, waren zusammengewesen in der Stube um ein Kerzenlicht. Sie hatten nur die Fenster mit Brettern verlehnt, weil der Hagel alle Scheiben eingeschlagen hatte." (S. 14)

„‚Bist in der Waldhütten blieben, Sepp?' sagte deine Ururgroßmutter. Dein Urgroßvater aber antwortete: ‚Nein, Mutter, in der Waldhütten nicht.'" (S. 14–15)

„Es war an dem darauffolgenden Morgen ein frischer Harzduft gewesen im Walde – die Bäume haben geblutet aus unzähligen Wunden. Und es war ein beschwerliches Gehen gewesen über die Eiskörner, und es war eine sehr kalte Luft." (S. 15)

„Und als am Frauentag die Leute über die Verheerung und Zerstörung hin zur Kirche gingen, fanden sie im Walde unter dem herabgeschlagenen Reisig und Moos manchen toten Vogel und manch anderes Tier; unter einem geknickten Wipfel lag ein toter Wolf." (S. 15)

„Das ist die Geschichte, wie sie mir mein Vater eines Abends beim Kornschöbern erzählt hat und wie ich sie später aus meiner Erinnerung niedergeschrieben. Als wir dann nach Hause gingen zur Abendsuppe und zur Nachtruhe, blickte ich noch mehrere Male hin auf den Baum, der hoch über dem Wald in den dunklen Abendhimmel hineinstand." (S. 15)

Der „Wolf" in einem Gedicht der Volksmedizin

In einem alten Buch, dessen genauer Titel mit dem dazugehörigen Erscheinungsjahr nicht mehr lesbar war, hat Nenna von Merhart für ihr Werk „Bauerndökter und Heiler in Tirol" (Innsbruck, Wien 1988: Tyrolia-Verlag, 119 S.) ein Gedicht entdeckt, das inhaltlich fast gleich in der geschichtlich-volkskundlichen Zeitschrift „Tiroler Heimatblätter" (10. Jg., Heft 1, Jänner 1932, Innsbruck, S. 32–33: Aus der alten Volksmedizin. Wolf, Bär und Fuchs in der Volksmedizin) veröffentlicht wurde. „Es ist selten ein Schaden, wo nicht auch ein Nutzen ist", sagt ein altes Sprichwort. Wie wahr das ist, zeigt uns das nun folgende originelle Gedicht. Dabei wird auf verschiedene Körperteile des Wolfs eingegangen, die Meister Isegrim zum Wohl der Menschen als Arznei bzw. Heilmittel hergeben musste:

Die Heilkraft der Wölfe

1.
Das fräßige wilde Thier, der Wolff, kommt auch herbey,
gibt siben und ein Stuck zur Apothekerey,
die Zähn, die Därm, das Hertz, die Leber, Koth und Bein,
die Haut, wie auch das Fett, das pfleget gut zu sein.

2.
Den Wolfszahn pfleget man in Sillber einzufassen,
den Kindern angehengt, die Forcht sie fahren lassen.
Wolffs-Därm gedörret thut zum zarten Pulver reiben,
nehmt den Drachmam ein, die Kolik thuts vertreiben.

3.
Wolffs-Hertz getrücknet und zum Pulver wohl bereit,
ein Drachmam dessen braucht, es stille das böse Leid.
Wolffs-Leber trocknet erst, thuts dann zum Pulver machen,
sie dient der Wassersucht und dergleichen Sachen.

4
Wolffs-Koth der wird auch in Wasser eingenommen,
ein Drachmam hilft, die colicam bekommen.
Ein Bein von einem Wolff, die thut zum Pulver machen,
in Wunden streuet mans, und in dergleichen Sachen.

5.
Man thut aus Wolffs-Haut ein breiten Gürtel schneiden,
und tragt ihn umb den Leib, keinen Grimmen thut er leiden.
Wolffs-Fett das thut in Krafft dem Hundsfett nicht viel weichen,
ist gut in Glieder-Weh und in dergleichen Seuchen.

Baron Reinhart Bachofen von Echt und Wilhelm Hoffer gehen in ihrem Sammelwerk „Jagdstatistik und Geschichte des steirischen Wildes“ (Jagdgeschichte Steiermarks, III. Band, Graz 1930: Leykam-Verlag, 328 S., hier: S. 249–252) ebenfalls auf diese vorhin in Versform zum Ausdruck gekommene volksmedizinische Bedeutung des Wolfs ein und schreiben dazu im Kapitel XI. über die Raubtiere folgende erläuternde Zeilen:

Der „Wolf" und die Heilkraft seines Körpers

„Daß ein die Phantasie des Volkes so anregendes Tier wie der Wolf auch in der Volksmedizin eine bedeutende Rolle spielte, ist nicht verwunderlich. Am wirksamsten waren die von ihm gewonnenen Heilmittel dann, wenn er im Wolfsmonate, d. i. im Jänner, erlegt worden war. Wie weit verbreitet der Glaube an die Heilkraft gewisser Teile des Wolfskörpers war, geht auch daraus hervor, daß die Jäger der Herrschaft Schwanberg neben den ‚Fangzent' auch die Luftröhren, Lunge, Herz, Leber und Hinterdarm abliefern mußten. Galten doch die Fangzähne als Heilmittel gegen die Mondsucht; aus den Luftröhren wurde, wie auch aus den Röhrenknochen getrunken, um geschwollene Mandeln zu heilen." S. 251–252)

„Das getrocknete und zerriebene Herz wirkte, gemischt mit dem ebenso zubereiteten Herzen eines Kolkraben, gegen Epilepsie. Und die pulverisierte Leber half gegen Husten. Ferner verwendete man ein ungegerbtes Wolfsfell, als Gürtel getragen, in doppelter Weise, und zwar mit den Haaren nach innen gegen Epilepsie, mit der Haut nach innen gegen Kolik. Wolfsbraten half gegen Wahnsinn, pulverisierte Wolfsknochen gegen Seitenstechen. Wolfsfett machte erstarrte Sehnen wieder gelenkig. Schließlich verwendete man das gedörrte rechte Auge des Wolfes als Amulett, das man den Kindern um den Hals hing, damit sie die Furcht vor der Finsternis verloren." (S. 252)

Der französische Historiker Robert Delort schreibt in seinem 1987 aus dem Französischen von Josef Winiger übersetzten Buch „Der Elefant, die Biene und der heilige Wolf. Die wahre Geschichte der Tiere" (München: Carl Hanser Verlag, 400 S.) u. a. über die Zauberkraft besitzenden Körperteile des Wolfs: „Ein Eckzahn als Amulett hilft den Kindern beim Zahnen. Seine zu Pulver gestoßenen Knochen heilen Brüche, härten die Wirbel und machen die Muskeln weich. In Pfoten, Schwanz, Haaren, Fett, Kopf, Kot und Blut stecken ebenfalls Kräfte, besonders aber in der Leber, die nach entsprechender Bearbeitung bei Brand, Syphilis, Herzjagen, Wassersucht, Tobsucht, Leberleiden, Schwindel, Migräne und sogar Warzen helfen soll." (S. 279)

Von einem Wolf (in: Andreas Simon, Der Wolf und das Lamm. Die schönsten Fabeln. Herausgegeben von Andreas Simon. München 1976: Verlag Die Bibliothek, 399 S., hier: S. 84).

Redewendungen und sprichwörtliche Ausdrücke

Es gibt unzählige Redewendungen und Sprichwörter, in denen der Wolf seine sprachlichen Spuren hinterlassen hat. Frei nach dem Motto „Wer vor dem Wolf flieht, dem begegnet der Bär“ werden an dieser Stelle exemplarisch sprichwörtliche Ausdrücke wiedergegeben.

Ausgewählte Sprichwörter

„Bei Wölfen und Eulen lernt man heulen.“
(Deutsches Sprichwort)

„Das freie Schaf frisst den Wolf.“
(Deutsches Sprichwort)

„Ein Wolf im Schlaf fing nie ein Schaf.“
(Deutsches Sprichwort)

„Es muss ein kalter Winter sein, wo ein Wolf den andern frisst.“
(Deutsches Sprichwort)

„Geschrei macht den Wolf größer, als er ist.“
(Deutsches Sprichwort)

„Wenn man unter den Wölfen ist, muss man mit ihnen heulen.“
(Deutsches Sprichwort)

„Wenn man vom Wolf spricht, ist er nicht weit.“
(Deutsches Sprichwort)

„Wer des Wolfes schont, der gefährdet die Schafe.“
(Deutsches Sprichwort)

„Wer mit den Wölfen essen will, muss mit den Wölfen heulen.“
(Deutsches Sprichwort)

„Wo der Wolf weidet die Herde, sind die Schäflein bald verzehrt.“
(Deutsches Sprichwort)

„Die Lämmer laufen nicht in das Maul des schlafenden Wolfes.“
(Dänisches Sprichwort)

„Der Wolf kennt nur ein einziges Lied.“
(Russisches Sprichwort)

„Mit Wölfen leben heißt mit ihnen heulen.“
(Russisches Sprichwort)

„Wer Wölfe fürchtet, gehe nicht in den Wald."
(Russisches Sprichwort)

„Ein satter Wolf ist friedfertiger als ein unersättlicher Mensch."
(Russisches Sprichwort)

„Der Feigling hält alles, was grau ist, für einen Wolf."
(Russisches Sprichwort)

„Das Glück und der Wolf hintergehen dich und verschwinden im Wald."
(Russisches Sprichwort)

„Nicht Kraft fängt den Wolf, sondern List."
(Russisches Sprichwort)

„Die einträchtige Herde fürchtet nicht den Wolf."
(Russisches Sprichwort)

„Ein alter Wolf weiß, wo's langgeht."
(Russisches Sprichwort)

„Den Wolf ernähren seine Beine."
(Russisches Sprichwort)

„Ein Wolf denkt bis zuletzt an die Schafe."
(Chinesisches Sprichwort)

„Der Wolf ist ein großer Übeltäter, doch er lehrt die Hirten, auf der Hut zu sein."
(Chinesisches Sprichwort)

„Wer einen Wolf anstelle eines Hundes füttert, hat Not, das Haus zu behüten."
(Chinesisches Sprichwort)

Quellen:
Harenberg Bodo (1997, Hrsg.): Harenberg Lexikon der Sprichwörter & Zitate. Mit 50.000 Einträgen das umfassendste Werk in deutscher Sprache. Dortmund: Harenberg, 1.600 S., hier: S. 1.402 – Wolf.
John Johannes (1992): Reclams Zitaten-Lexikon. Stuttgart: Philipp Reclam jun., 581 S., hier: S. 523 – Wolf.
Natmessning Ingolf (2015, Hrsg.): Wolfsjagd in Russland. Über Wölfe, Wolfsjagd und Erzählungen zum Wolf. Aus dem Russischen übersetzt. Wien: Österreichischer Jagd- und Fischerei-Verlag, 159 S., hier: S. 5 – Russisches Sprichwort.
Nitsche Karl-Andreas (2014): Der Wolf. Fabeln, Märchen, Geschichten und Gedichte aus aller Welt – ein Lesebuch. Dessau 2014: JUFF multimedia, 318 S., S. 299–309: Sprichwörter, Redewendungen und anderes, hier: S: 308–309 – Russische Sprichwörter und Redensarten.
https://www.xn--gedichteundzitatefralle-tpc.de/2019/05/gedichte-zum-thema-wolf
(eigener Zugriff am 19. September 2022).

Der Wolf als Schäfer oder „Le loup devenu berger". Postkarte, um 1900. Bildmotiv aus dem 18. Jahrhundert (Bildarchiv Georg Jäger). Der französische Begleittext lautet: „Toujours par quelque endroit fourbe se laisse prendre. Quiconque est loup agisse en loup: C'est le plus certain de beaucoup."
„Ein Betrüger lässt sich irgendwo erwischen. Wer ein Wolf ist, soll als Wolf handeln (oder: bleibt ein Wolf.): Das ist absolut sicher / Darauf kann man sich verlassen. (Übersetzung von em. Univ.-Prof. Dr. Wolfgang Pöckl).

„Auch dem besten Hirten frisst der Wolf ein Schaf." (Illustration aus: Horst und Annelies Beyer, Sprichwörterlexikon. Sprichwörter und sprichwörtliche Ausdrücke aus deutschen Sammlungen vom 16. Jahrhundert bis zur Gegenwart. München 1985: Verlag C. H. Beck, 712 S., hier: S., 680 – Wolf).

Der Schäfer beim Mittagsschlaf mit dem unerwarteten Wolfsbesuch. Künstlerkarte, um 1900 (Bildarchiv Georg Jäger). Das Einschlafen oder Dösen gehörte zu den unverzeihlichen Fehlern oder Untugenden der Schafhirten bzw. Schäfer, wie dieser Sechszeiler aus dem von Karl Joseph Somrock (1802–1876) im Jahr 1848 herausgegebenen Werk „Das deutsche Kinderbuch. Altherkömmliche Reime, Lieder, Erzählungen, Übungen, Räthsel und Scherze für Kinder" (Frankfurt am Main, Brönner, 248 S.) zeigt: „Es war ein fauler Schäfer, / ein rechter Siebenschläfer, / den kümmerte kein Schaf. / Da ist der Wolf gekommen / und hat ihm weggenommen / die Schaf und auch den Schlaf." (S. 64)

Zahlreiche Redewendungen

„Man muss zuvor eine Grube machen, wenn man den Wolf fangen will."

„Was dem Wolf in die Kehle kommt, ist alles verloren."

„Auch dem besten Hirten frisst der Wolf ein Schaf."

„Aus einem Wolf wird kein Lamm."

„Den Wölfen soll man kein Schaf anvertrauen."

„Der Hunger treibt den Wolf ins Dorf."

„Der Wölfe Tod ist der Schafe Leben."

„Der Wolf frisst die Schafe, wenn der Hirt nicht dabei ist."

„Ein hungriger Wolf hat scharfe Zähne."

„Ein träger Wolf hat nicht viel zu beißen."

„Je mehr Wölfe, desto weniger Schafe."

„Mancher heißt Wolf und ist ein Schaf."

„Man muss den Wolf erst fangen, ehe man ihm das Fell abziehen kann."

„Mit den Wölfen muss man heulen."

„Was der Wolf tut, gefällt der Wölfin."

„Wenn der Wolf begraben wird, tanzen die Schafe."

„Wenn der Wolf Hunger hat, darf das Schaf nicht blöken."

„Wenn der Wolf im Dorfe ist, ist keine Zeit Hunde zu füttern."

„Wenn die Beute verzehrt ist, frisst ein Wolf den andern."

„Wenn man den Wolf zum Hirten macht, ist die Herde in Gefahr."

„Wenn die Hirten sich zanken, hat der Wolf gewonnenes Spiel."

„Wenn man den Wolf nennt, so kommt er gerennt."

„Wer den Wolf schont, der gefährdet die Schafe."

„Wer einen Wolf großzieht, wird zum Dank von ihm gefressen."

„Wer einen Wolf zum Freund hat, braucht einen Hund zum Wächter."

„Wer sich zum Lamm macht, den jagen (fressen) die Wölfe."

„Wo Schafe sind, da sind auch Wölfe."

„Der März soll kommen wie ein Wolf und gehen wie ein Lamm."

„Im Januar sieht man lieber einen Wolf als den Bauern ohne Jacke."

„Im Januar ist's besser, einen Wolf als einen Pflug im Feld zu sehen."

„Zu Lichtmessen hat der Schäfer lieber den Wolf als die Sonne im Stall."

„Der Wolf frisst auch die gezählten (gezeichneten) Schafe."

„Es muss ein kalter Winter sein, wo ein Wolf den andern frisst."

„Wenn ein Wolf den andern frisst, ist Hungersnot im Walde."

„Der Hunger treibt den Wolf über Schnee und Eis."

„Der Hunger treibt den Wolf aus dem Busch."

„Der Wolf findet leicht eine Ursache, wenn er das Schaf fressen will."

„Wenn das Schaf gestohlen ist, so sagt der Schäfer: der Wolf hat's getan."

„Wenn die Hunde schlafen, hat der Wolf gut Schafe stehlen."

„Wo der Wolf wird der Hirt, da sind die Schafe verirrt."

„Wo der Wolf weidet die Herde, sind die Schäflein bald verzehrt."

„Wo der Wolf ein Schaf findet, da sucht er auch das andere."

„Wenn man vom Wolfe spricht, ist er nicht weit."

„Wo die Wölfe einander gute Nacht sagen."

Quellen:
Beyer Horst und Annelies (1985): Sprichwörterlexikon. Sprichwörter und sprichwörtliche Ausdrucke aus deutschen Sammlungen vom 16. Jahrhundert bis zur Gegenwart. München: Verlag C. H. Beck, 712 S, hier: S. 681–682 – Wolf.
John Johannes (1992): Reclams Zitaten Lexikon. Stuttgart: Philipp Reclam jun., 581 S., hier: S. 42 – Wolf.
Internetquelle: https://www.sprichwoerter.net/index.php?searchword=wolf – Sprichwörter und Redewendungen (eigener Zugriff am 23. September 2021).
Internetquelle: https://www.sprichworte-der-welt.de/kategorien/tiere/woelfe.html (eigener Zugriff am 29. Juni 2022).

Das Motiv von Rotkäppchen und dem Wolf (Bildquelle: Deutsche Märchen, gesammelt durch die Brüder Grimm, herausgegeben von M. Thilo-Luyken. Mit vielen Bildern von Dora Polster. Ebenhausen bei München 1911: Wilhelm Langewiesche-Brandt, 457 S., hier: S. 313: Rotkäppchen, S. 313–316).

Das Motiv von Jäger und Wolf (Bildquelle: Deutsche Märchen, gesammelt durch die Brüder Grimm, herausgegeben von M. Thilo-Luyken. Mit vielen Bildern von Dora Polster. Ebenhausen bei München 1911: Wilhelm Langewiesche-Brandt, 457 S., hier: S. 380: Der Wolf und der Mensch, S. 380–381).

Die schlaue kleine Ziege versteckt sich im dunklen tiefen Wald vor dem herumstreifenden Wolf. Diese hier wiedergegebene Postkarte mit dem Wolfsmotiv wurde am 11. März 1948 verschickt. Von den Wölfen wurden vor allem die Jungtiere der Geißen erbeutet, weil diese weniger wehrhaft waren und ein geringeres Körpergewicht hatten. (Bildarchiv Georg Jäger).

Zusammenfassende Schlussbemerkungen

Der Wolf hat zahlreiche Spuren im Ostalpenraum hinterlassen. Vor allem der Flurname „Wolfsgrube" ist überall in Österreich verbreitet. Allein für 22 Nord- und Osttiroler Gemeinden lässt sich eine solche Namensgebung belegen. Als Besonderheit gibt es sogar Örtlichkeiten mit einer oberen und unteren Wolfsgrube, was den hohen Stellenwert von Wolfsjagden in der Vergangenheit widerspiegelt.

Selbst das literarische Schaffen des österreichischen Nationaldichters Franz Grillparzer blieb von Meister Isegrim nicht unberührt, wie die am 16. November 1805 entstandene Fabel „Der Räuber und der Wolf" zeigt. Als Draufgabe gibt es die noch heute in unserem Sprachgebrauch oft verwendeten Redewendungen und Sprichwörter.

Der obersteirische Heimatschriftsteller Peter Rosegger erzählt in seinem Werk „Als ich noch der Waldbauernbub war" die Kurzgeschichte „Vom Urgroßvater, der auf der Tanne saß", welche sich in der zweiten Hälfte des 18. Jahrhunderts ereignet hat. Sein Vorfahre Josef Rosegger musste mit einem kühnen Sprung vor den Wölfen auf die Türkentanne flüchten, bevor ein Gewitter die unter dem Baum wartenden Raubtiere vertrieb.

Sogar in einem Gedicht der Volksmedizin kommt der ungeliebte Wolf vor: „Das fräßig wilde Thier, der Wolff, kommt auch herbey, / Gibt siben und ein Stuck zur Apotheckerey. / Die Zähn, die Därm, das Hertz, die Leber, Koth und Bein, / Die Haut, wie auch das Fett, pfleget gut zu sein. / Den Wolffzahn pfleget man in Silber einzufassen, / Den Kindern angehengt, die Forcht sie fahren lassen."

Eine alte Frau im Wald begegnet zwei Wölfen, die bei sibirischer Kälte Gute Nacht sagen. Lithographie, 1912 (Verlag Eugen Jänz, Arys; Bildarchiv Georg Jäger).

Wolfsjagden im „Land im Gebirge“

Wolfsjagd am Ritten in Südtirol zu Beginn des 18. Jahrhunderts. Bauern verfolgen zwei Wölfe. Deckenmalerei im Sommerfrischhaus Amonn. (Bildquelle: Christoph Gasser und Helmut Stampfer, Die Jagd in der Kunst Alttirols. Bozen 1994).

Der „Wölfe Heimath“ zwischen Ischgl und Matsch

Schon während des 18. Jahrhunderts gibt es beim damaligen k. k. Zolleinnehmer, Gemeinderichter und Chronisten Johann Christian Zangerl (1759–1842) in seiner 1842 handschriftlich hinterlassenen Chronik vom „Thale Patznaun in Tyrol“ zwei interessante Hinweise über Raubtiere auf Ischgler Gemeindegebiet: „Ein Bär tötete im August 1724 ‚auf Fid‘ (Idalp) zwei Pferde und einige Stück Galtvieh. Auf derselben Alp riss im Sommer 1784 ein Wolf etliche Kälber, Schafe und Ziegen. Mehrmalige Verfolgungsjagden blieben ohne Erfolg. Erst am 7. Jänner 1785 wurde der Wolf zwischen den Weilern Ebene und Ulmich (= Grenze zwischen den Gemeinden Ischgl und Kappl) erschossen.“ (freundliche Mitteilung von Josef Walser, Landeck am 23. Februar 2021).

Blick zum Ortsteil Ulmich in der Gemeinde Kappl im Unterpaznaun, 1950er-Jahre. In dieser Gegend wurde im besonders kalten Winter von 1784/85 ein Wolf erlegt. (Foto: Photographische Anstalt Rudolf Mathis, Landeck; Bildarchiv Georg Jäger).

Auf nach Sulden ins „Sibirien“ Südtirols

Im „Innsbrucker Wochenblatt“ (4. Jg., Nr. 2, Montag, 11. Jänner 1802, S. 5) wird noch im Jahr 1802 unter dem „Auszug der merkwürdigen Begebenheiten der gegenwärtigen Zeit-Geschichte“ das „Suldner Thal“ als „Sibirien von Vinschgau“ bezeichnet: „Dieses Suldner Thal ist 5 Stunden lang, gränzt nahe gegen den Nonsberg hin, und ist sehr rauh und wild. Es ist daher auch von diesem Thale das Sprichwort entstanden, daß im Sulden die Kinder auf den Wölfen reiten, und die Bären mit den Bauern aus einer Schüssel essen.“

Noch im Jahr 1802 wird Sulden als das „Sibirien Tirols" bezeichnet, wo die „Bauern mit den Bären aus einer Schüssel essen und die Kinder auf Wölfen reiten" (in: Josef Hurton, Sulden. Geschichte, Land, Leute und Berge. Bozen 1990: Athesiadruck, 143 S., hier: S. 11 – Skizzen von Wilh. Humer).

Der namhafte Südtiroler Volkskundler Karl Felix Wolff (1879–1966) schreibt im Jahr 1908 in seiner „Monographie der Dolomitenstraße und des von ihr durchzogenen Gebiets. Ein Handbuch für Dolomitenfahrer mit touristischen, geschichtlichen und wissenschaftlichen Erläuterungen" (Bozen: Verlag der Franz Moser'schen Buchhandlung, 395 S.) über die zu Beginn des 19. Jahrhunderts noch nachweisbaren Wolfvorkommen: „Im Jahre 1817 sollen plötzlich viele Wölfe in starken Rudeln erschienen sein, so daß man förmliche Treibjagden veranstalten mußte, um die Bestien unschädlich zu machen. Seitdem hat niemand mehr in Fassa einen Wolf gesehen." (S. 213)

Joseph Thomas Haller (1781–1853), k. k. Stadt- und Landrechtsrat zu Salzburg und ehemaliger Landrichter in Enneberg hat im Jahr 1831 einen umfangreichen Fachaufsatz unter „Beiträge zur Geschichte, Statistik, Naturkunde und Kunst von Tirol und Vorarlberg" („Zeitschrift des Ferdinandeums", Band 6, Innsbruck: Tiroler Landesmuseum, 284 S.) über „Das k. k. Landgericht Enneberg in Tirol. Ein historisch-statistisch-topographischer Abriß" (S. 1–88) veröffentlicht. Die damals noch vorhandenen Raubtiere verteilten sich auf folgende sechs Örtlichkeiten: „Wölfe und Bären, jetzt seltener, hausen im Rautthale (= richtig: Rautal, Anm. G. J.), in den Hochalpen Pfannes, Senes und Fodaravedla (Fodara Vedla), in Campill und in Wälschellen." (S. 39)

Dasselbe schreibt der deutsche Ethnologe, Journalist und Geschichtsforscher Julius Max Schottky (1797–1849) in seinem 1834 erschienenen Buch „Bilder aus der süddeutschen Alpenwelt" (Innsbruck: Wagner'sche Buchhandlung, 275 S.) und ergänzt noch über die weiteren Wolfsvorkommen: „Im Laufe des Monates December 1830 wurde bei Ala und bei Marling ein Wolf erlegt, und wenige Tage später tödtete man zu Obergaden im Landgerichtsbezirke von Schlanders ebenfalls eine Wölfin." (S. 227)

Der „Bothe von Tirol" (17. Jg., Nr. 8, S. 32–Verschiedenes) bringt am Donnerstag, 27. Jänner 1831 nochmals genauer diese vorherigen Kurzmeldungen von

Wolfserlegungen in Welsch- und Südtirol: „Im Laufe des verflossenen Monats (Dezember 1830) wurde von Luigi Leonandi bei Ala, und von Joseph Gamper bei Marling ein Wolf erlegt. Am 6. des Monats (Jänner 1831) gelang es dem Peter Tscholl vom Obergaden im Landgerichtsbezirke von Schlanders eine Wölfin zu erlegen." 1835 wird ein erlegter männlicher Wolf im Landgericht Schlanders ausgewiesen. Und der „Bothe von Tirol" (22. Jg., Nr. 19, S. 76–Statistik) erwähnt am Montag, 6. März 1837 für das Jahr 1836 im Gerichtsbezirk Schlanders noch fünf erlegte Wölfe. In den darauffolgenden Jahren fehlen derartige Meldungen.

Hinweise zu Wölfen bei Beda Weber

Der Geistliche Beda Weber (1798–1858) berichtet im Jahr 1838 in seinem Werk „Das Land Tirol. Ein Handbuch für Reisende. Band 3: Die vorzüglichsten Nebenthäler von Nord- und Südtirol" (Innsbruck: Wagner'sche Buchhandlung, 600 S.) von Wölfen im Matscher Tal: „Häufiger als die Lämmergeier richten die Wölfe Unheil an. Bei strengem Winter besuchen sie zur Nachtszeit sogar das Dorf und schonen das einsame Menschenleben kaum. Daher das Sprüchwort: Matsch der Wölfe Heimath." (S. 202)

Diesem Werk können über das inzwischen selten gewordene Raubwild in den Südtiroler Nebentälern außerhalb von Matsch noch weitere Hinweise entnommen werden. So heißt es über Schnals: „Von Raubthieren sieht man bisweilen Wölfe, Bären keine." (S. 382)

Wie sah es mit den Wolfsvorkommen im Pustertal aus? Dazu äußert sich Beda Weber in seinen Ausführungen über das „Thal von Taufers" so: „Raubthiere, Bären und Wölfe, sind fast ganz ausgerottet, so dass man von denselben wenig oder gar nichts zu fürchten hat, obwohl sie früher vielfaches Unglück anrichteten." (S. 428–429)

Matsch im Matscher Tal in den 1930er-Jahren. Diese Ortschaft war rund hundert Jahre früher zur Zeit von Beda Weber und Johann Jakob Staffler die „Heimath der Wölfe" im Vinschgau (Foto: Verlag Lorenz Fränzl, Bozen; Bildarchiv Georg Jäger).

Ähnliches erfahren wir über das Tal Vals bei Mühlbach: „Wölfe und Bären richteten früher grossen Schaden an, wurden aber im Winter 1833 fast ganz ausgerottet.“ (S. 468)

Besonders treffsichere Wolfsjäger dürfte es in den 1830er-Jahren am Nonsberg gegeben haben, als Beda Weber feststellt: „Bären und Wölfe erscheinen selten, und nie ungestraft vor der Unzahl schussfester Scharfschützen.“ (S. 257)

Über die damals noch häufigen Raubtierbesuche auf den Almen der Welschtiroler Gemeinde Torcegno (Valsugana) notiert Beda Weber im Jahr 1838 in seinem Werk „Das Land Tirol. Ein Handbuch für Reisende. Band 2: Südtirol. Etsch-, Drau-, Brenta-, Sarkaregion. Innsbruck: Wagner'sche Buchhandlung, 616 S.): „Auf diesen Alpen erscheinen Bären und Wölfe, Gefahr drohend den Herden, aber bald erlegt durch zielsichere Schützen.“ (S. 545)

Der Geistliche, Landeskundler und Schriftsteller Beda Weber (1798–1858) auf einer Lithographie von Adolf Dauthage, 1853. Dieser Gelehrte berichtet als Zeitzeuge in seinen Werken aus den Jahren 1838 und 1852 u. a. noch von Wölfen in Matsch und Passeier (Originallithographie der Albertina, Wien; Bildarchiv Georg Jäger).

Wolf und Luchs bei Johann Jakob Staffler

Der Landeskundler Johann Jakob Staffler (1783–1868) gibt im Jahr 1839 in seinem Werk „Tirol und Vorarlberg, statistisch und topographisch, mit geschichtlichen Bemerkungen in zwei Theilen. I. Theil. Heft 1: Allgemeines“ (Innsbruck: Felician Rauch, S. 312–313 und S. 315) über die damalige Verbreitung der Wölfe und Luchse folgende wichtige Zeilen von sich:

„Der Wolf (Canis lupus), noch schädlicher und grausamer als der Bär, da er sich nur vom Fleische nährt, hat, wie dieser, seinen Aufenthalt in den nördlichen und südlichen Schluchten, und vorzüglich im Thale Matsch, die Heimath der Wölfe genannt, in Valsugana und auf dem Nonsberge. Im strengen Winter kommen diese heißhungrigen Thiere nicht selten auf einen überraschenden Besuch bis an die Wohnungen der Menschen, und würgen den Haushund oder ein anderes unverwahrtes Stück Vieh. Doch zum Glück erscheinen sie in Tirol fast nie in größerer Gesellschaft.“ (S. 312)

„Der Luchs (Felis lynx), der gefährliche Feind der Schafe, der Rehe und selbst der Hirsche, erscheint nicht überall und nicht so oft, als die Bären und die Wölfe. Er zieht weit über Berg und Thal, und deßwegen hält es sehr schwer, seiner habhaft zu werden. Luchse finden sich nicht ungern in den Gebirgen des Wippthales ein, in den Gehegen von Kastelbell, im Achenthale, im Martinswand-Gebirge und im Bezirke von Feldkirch.“ (S. 312–313)

Johann Jakob Staffler geht auch noch auf die Höhe der in Gulden (fl.) ausbezahlten Schussgelder bzw. Prämien (Erhebungsjahr 1836) ein: „Für die Erlegung der Raubthiere werden aus dem Staatsschatze Taglien bezahlt, und zwar für einen Bären männlichen Geschlechts 30 fl.; für einen weiblichen Bären 40 fl.; für einen Wolf 25 fl.; für eine Wölfin 30 fl.; für einen männlichen Luchs 20 fl.; für einen weiblichen 25 fl. – Da im Durchschnitte 20 Bären, 12 Wölfe und 2 Luchse jährlich getötet werden, so zahlt die Regierung hiefür ungefähr 1000 fl. an Taglien.“ (S. 315)

Die damals in den 1830er-Jahren für den Abschuss eines Wolfs ausgewiesene Prämie von 25 Gulden war ein vergleichsweiser hoher Geldbetrag, dessen Wert man sich nach Karl Meusburger (in: „Der Schlern“, 11. Jg., Heft 10, Bozen 1930, S. 399–409: Die Wölfe in unserem Heimatland) am besten durch folgende Angabe vorstellen kann: „Ein Beamter mit 25 fl. Monatsgehalt konnte auf diesen seinen Gehalt hin heiraten, und das Mädchen, das er heiratete, galt als recht gut versorgt.“ (S. 407)

Die Höhe der im Jahr 1818 in Tirol ausbezahlten Abschussprämien für Wölfe kann auch recht gut mit den damals üblichen Gehältern und Löhnen verglichen werden. So beträgt zu dieser Zeit der Jahreslohn einer Magd sechs Gulden, sodass die Schussgelder von 20 bis 25 Gulden für einen Wolf bzw. eine Wölfin dieses jährlich bescheidene Einkommen um das Drei- bis Vierfache übertroffen haben.

Wölfe bis zur Hausnähe unterwegs

Gerade bei eisiger Kälte heulten Stürme und Wölfe in schauerlichen Winternächten um die Wette. So gab es im Südtiroler Hochtal Matsch, wie bereits erwähnt, in strengen Wintern zahlreiche Wölfe, die zur Nachtzeit bis in die Gehöfte und Gasthäuser vordrangen. In den Sommermonaten schnalzten die Schafhirten wachsam mit den Peitschen, um die Wölfe zu vertreiben, deren unheimliches Geheule zur nächtlichen Stunde zu hören war. Nicht selten brachen um Mitternacht Wölfe in die Herde ein und zerrissen oder verscheuchten die Schafe.

Hinsichtlich der Aufenthaltsgebiete von Wolf und Luchs lassen sich zu Beginn des 19. Jahrhunderts große regionale Unterschiede erkennen. Während sich die Wölfe in Süd- und Welschtirol vor allem im Obervinschgau (Matscher Tal) und am Nonsberg häuften, kamen die Luchse durchwegs in Nordtirol im Achen- und Wipptal vor.

Über das Auftreten der Wölfe während der 1840er-Jahre äußert sich Beda Weber nochmals, als er in seinem 1852 erschienenen Werk „Das Thal Passeier und seine Bewohner“ (Innsbruck: Verlag der Wagner’schen Buchhandlung, 531 S.) diese Zeilen schreibt: „Raubthiere erscheinen nur äußerst selten, Bären oft viele Jahre nicht, öfter Wölfe, jedoch nur in kalten Wintern, wo sie den Häusern näher rücken, und dem Viehe gefährlich werden. Da aber im Passeier die Winter selten strenge sind, so schaden im gleichen Maße die Raubthiere weniger.“ (S. 199)

Noch im Jahr 1896 machten drei Wölfe einen Abstecher ins Villnösser Tal, sodass dort am 26. November dieses genannten Jahres noch eine richtige Wolfsjagd veranstaltet wurde. Der letzte Standwolf in Südtirol wurde allerdings schon 1852 im Vinschgau geschossen. Bereits in der zweiten Hälfte des 16. Jahrhunderts gab es im Sarntal einen äußerst erfolgreichen Wolfsjäger, der ein besonders großes Ansehen in der Dorfgemeinschaft von Sarnthein genoss, worüber gleich zu Beginn nachfolgender Ausführungen erinnert werden soll.

Ein Lob dem tüchtigen Wolfsgrueber im Sarntal!

Unter dieser Überschrift findet sich bei Bruno Mahlknecht in seinem beeindruckenden Werk „Von großen und kleinen Übeltätern. Hundert ‚Fälle' und ‚Geschichten' aus Südtiroler Gerichtsakten des 16. Jahrhunderts" (Schlern-Schriften, Band 327, Innsbruck 2005: Universitätsverlag Wagner, 432 S., hier: S. 313–314) eine interessante Alltagsgeschichte aus dem Sarntal. Dort wurde nämlich in der jährlich öffentlich abgehaltenen Gemeindeversammlung („Ehehafttading") am 17. Juni 1560 sogar ein eigener Wolfsjäger für die Gerichtsgemeinde Sarnthein in der Person von Martin Öbrist mit der Jagd („Gejaid") betraut, was in der damaligen Zeit einer zunehmenden Klimaverschlechterung auf größere Wolfsrudel schließen lässt. Und jetzt lassen wir die entsprechende Textstelle mit den Worten von Bruno Mahlknecht sprechen:

„Martin Öbrist war kein Neuling in der Verfolgung von Raubtieren. Denn er hatte schon im letztvergangenen Winter 1559/1560 im Auftrag der Gerichtsgemeinde größte Mühe und Fleiß angewendet, um den schädlichen Tieren – gemeint ist: den Wölfen – ihr blutgieriges Handwerk zu legen. Er hatte ihre Wechsel ausgespäht und Gruben angelegt, in denen dann auch wirklich mehrere dieser Räuber gefangen und erlegt werden konnten. Und er war so fleißig bei dieser Arbeit, dass er sogar oft ganze Nächte und halbe Tage daran verwendete und ungegessen und ungetrunken – ohne sich zum Essen heimzubegeben – den Wölfen nachgezogen ist und sie ausgespäht hat, weshalb dann auch, wie schon erwähnt und allseits bewisst (allgemein bekannt), etliche dieser Tiere erlegt werden konnten. Die Häute oder Pelze der erlegten Tiere wurden, wie in diesem Akt vermerkt, aber nicht ihm überlassen, sondern fielen den Nachbarn (Gemeindeeinwohnern) zu, die sie dann auch selber verkauften und dafür etwas lösten (Geld erhielten). So sollte es auch im kommenden Winter wieder gehalten werden. Da man mit dem Öbrist als Wolfsgrueber allgemein zufrieden war und ihn wegen seiner Mühewaltung lobte, so bat er – da er so viel Zeit auf die Verfolgung dieser Tiere verwendet hatte –, von der Gerichtsgemeinde mit einem einmaligen Zuschuss bedacht zu werden. Tatsächlich wurden ihm dann von der Gemeindeversammlung für seine gehabte Mühe und seinen Fleiß noch zehn Pfund Berner (zwei Gulden) bewilligt – zusätzlich zu den ihm von jeder Feuerstatt (bäuerlichen Anwesen) für diese Mühewaltung zu gebenden sechs Kreuzern Lohn." (S. 314)

Wolfsgruben im Sarntal

„Im näheren Umkreis von Sarnthein befinden sich einige Vertiefungen im Boden, vom Volke ‚Wolfsgruben' genannt. Manche davon liegen im Walde, einige auf freier Wiese. Es sind dies kreisrunde Vertiefungen von etwa 4–5 Meter Durchmesser und 3–4 Meter Tiefe, die zum Teile noch deutliche Spuren von Ausmauerungen zeigen." (S. 17)

„Das Volk erzählt sich darüber folgendes: Als noch viele Wölfe im Tale, die Feuerwaffen aber noch nicht eingeführt waren, vermochte man sich nicht anders zu helfen, als dass man solche Gruben anlegte, dieselben mit dünnen Hölzern überdeckte, und darüber Erde und Moos legte. In die Mitte dieser dünnen Decke legte man einen stark riechenden Köder. Des Nachts kam nun der Wolf, stürzte sich hastig auf den Leckerbissen, brach aber ein und kam nicht mehr aus, so dass er leicht getötet werden konnte." (S. 17)

„In einem so abgeschlossenen Tale, wie es das Sarntal war, werden die Feuerwaffen auch dementsprechend spät Eingang gefunden haben, so dass solche Gruben lange Zeit das beste Schutzmittel bildeten gegen Raubtiere, wohl bis ins 16. Jahrhundert, dann gerieten sie allerdings in Vergessenheit. Als aber 1805–1806 das Waffentragen verboten wurde, musste man, um dem überhandnehmenden Raubgetier zu steuern, zu den alten Hilfsmitteln zurückgreifen; man besserte die Ueberreste aus, woraus erklärlich ist, dass einige dieser Wolfsgruben noch so gut erhalten sind. Mitgeteilt von E. P. in Innsbruck." (S. 17–18)

Quelle:
„Der Sammler. Beiträge zur tirolischen Heimatkunde" (1. Jg. 1906–1907, Heft 6, Untermais: Verlag von F. Pleticha, 24 S., hier: S. 17–18: Wolfsgruben im Sarntale).

„Wolf, Fuchs und Lamm" auf einem Gemälde von Franz Roesel von Rosenhof, 1666 (Bildquelle: Gertrud Scherf, Wolfsspuren in Bayern. Kulturgeschichte eines sagenhaften Tieres. Amberg 2001: Buch & Kunstverlag Oberpfalz, S. 47).

Wolfsjagd am Ritten in Südtirol zu Beginn des 18. Jahrhunderts. Bauern verfolgen zwei Wölfe. Deckenmalerei im Sommerfrischhaus Amonn (Bildquelle: Christoph Gasser und Helmut Stampfer, Die Jagd in der Kunst Alttirols. Bozen 1994).

„Wolfsjagen" mit Netzen: Die Wölfe wurden einfach erschlagen oder lebendig gefangen. Die dem Trommler zugeteilten Wolfsfröner treiben die Wölfe ins Netz. Ein Tier verfängt sich, ein anderes flieht. Künstlerkarte. Nach dem Kupferstich von Johann Elias Ridinger, 1728 (Tiefdruck von O. Felsing, Charlottenburg; Bildarchiv Georg Jäger).

Wölfe von drei bis vier Jahren und im ausgewachsenen Alter haben acht bis neun Junge. Künstlerkarte. Nach dem Kupferstich von Johann Elias Ridinger, 1729 (Tiefdruck von O. Felsing, Charlottenburg; Bildarchiv Georg Jäger).

Ein heftiger Streit um einen Wolfsbalg in Osttirol

Während des 17. Jahrhunderts hat es viele Wölfe in Osttirol zwischen Heinfels und Anras gegeben. Die „Osttiroler Heimatblätter" (12. Jg., Heft 7, Lienz 1935, S. 25–26) enthalten einen Beitrag von Karl Maister mit dem Titel „Zur Geschichte der Jagd mit Beziehung auf Anras", wo auf eine interessante Wolfsgeschichte eingegangen wird, die sich im Winter des Jahres 1614 abgespielt hatte. Dabei wird in aller Deutlichkeit ein damals schwelender Konflikt zwischen zwei betroffenen Gemeinden (Anras, Heinfels) aufgezeigt, der wegen eines herumgetragenen Wolfsbalgs entstanden war. Lassen wir nun das entsprechende historische Schriftstück zu diesem nicht geklärten Streitfall sprechen:

„Eine Wolfsjagd ist uns überliefert, weil sich daran ein ‚Kompetenzstreit' zwischen Heinfels und Anras knüpft. Karl Tagger von Abfaltersbach hat im Feber 1614 zu Fanell (Fontnell an der heutigen Straße Mittewald–Abfaltersbach) des nachts ‚bei einem mit Fleiß gehegtem Lueder den Wölfen aufgewartet, auf einen geschossen, denselben getroffen, aber er ist ihm desselben nachts entgangen'; am nächsten Tage haben ‚Eigenführleute' ihn angetroffen, ‚vollständig getötet' und nach Mittewald mitgenommen, wo ihnen der nachgeeilte Jäger eine Zeche zahlte." (S. 26)

„Als dann wie ‚gebräuchig‘ zwei Mann mit dem Wolfsbalg sammeln gingen, wurde ihnen in Ried, Gemeinde Anras, vom Pfleger das Fell abgefordert. Der Pfleger von Heinfels, Daniel Troyer von Aufkirchen, verlangte unter 14. II. (= 14. Februar 1614, Anm. G. J.) Aufklärung, mit welchem Rechte dies geschehen sei, da doch der Wolf von Heinfelsischen Untertanen erlegt worden sei und zwar ‚herdieshalber des Kristeinerbaches‘. Wie dieser Streitfall gelöst wurde, ist nicht ersichtlich; das eine geht aus dem Akte hervor, daß jedenfalls an Stelle der früher geleisteten Jägerrechte – nach Erlegung eines Schadentieres der Jäger das Recht hatte, bei den benachbarten Bauern zu sammeln, wobei der Balg als Beweis der wirklichen Vertilgung des Raubtieres mitgetragen wurde.“ (S. 26)

Eine historische Zeitreise zu den Wolfsjagden

Der Buchherausgeber Georg Jäger ist schon in der populären Fachzeitschrift „Der Alm- und Bergbauer“ (67. Jg., Folge 10, Innsbruck 2017, S. 9–14) unter dem Kurzartikel „Wölfe und Wolfsjagden in Tirol. Ein historischer Streifzug“ dem Phänomen Wolf nachgegangen, wobei ihm in dankenswerter Art und Weise von P. Thomas Naupp weitere Unterlagen zur Verfügung gestellt wurden.

Zuletzt erschien von Georg Jäger der Beitrag „Geschichte der Wolfsplagen und Wolfsjagden in Tirol. Eine Spurensuche im „Land im Gebirge“ im „Tiroler Bauernkalender“ (110. Jg., Innsbruck 2023, S. 193–202). Besonders hilfreich ist der im Jahr 1940 verfasste Beitrag von Hugo Neugebauer über das „Tiroler Raubwild“ (in: „Jahrbuch des Vereins zum Schutze der Alpenpflanzen und Tiere“, Band 12, Innsbruck, S. 50–59) gewesen, der zahlreiche wertvolle Geschichtsquellen zu dieser Thematik enthält. Dazu sind im Laufe der Zeit noch ein paar Ergänzungen bzw. Nachträge gekommen.

Wie heißt es in einem überlieferten Marterlspruch aus Südtirol? „O lieber Gott behüte und bewahre uns in allen Nöten, besonders von den Wölfen, welche Seelen töten.“ Die Wölfe richteten ihre Lebensgewohnheiten in starkem Maße auf die herrschenden Umwelt- und Klimabedingungen aus. Vom sogenannten Heißhunger getrieben, wurden sie bei tiefen Wintertemperaturen zu reißenden Beutehetzern.

Spätmittelalterliche Spurensuche nach Wölfen

In dem von Rudolf Kink herausgegebenen „Codex Wangianus. Urkundenbuch des Hochstiftes Trient“ („Fontes rerum Austriacarum“, Band 5, Wien 1852: k. k. Hof- und Staatsdruckerei, 560 S., hier: S. 177–178–Urkunde Nr. 78) wird aus Welschtirol eine in wolfsgeschichtlicher Hinsicht besonders interessante hochmittelalterliche Urkunde vom 18. Dezember 1208 angeführt. Die Bewohner der Gemeinde

Vezzano hatten damals den nutzungsberechtigten Bauern aus Vigolo und Baselga am Berg Arano nach Zerstörung des Almweges und „die Hirten und Hunde weggetrieben, so dass dann die Wölfe gekommen sind und mehrere Ziegen aufgefressen haben." (S. 177–178)

Die Wolfsplage dürfte im Spätmittelalter schon weit verbreitet gewesen sein. Bereits zu Beginn des 14. Jahrhunderts findet sich diesbezüglich ein Hinweis aus der Gemeinde Neumarkt an der Etsch im Südtiroler Unterland. Georg Tengler schreibt in seinem Beitrag über die „Geschichte des Mittelalters und der frühen Neuzeit" (S. 73–212) in dem vom Verein für die Ortspflege herausgegebenen Heimatbuch „Neumarkt an der Etsch" (Bozen: Athesia, 782 S.) über die damaligen Wolfsangriffe auf Nutztiere: „So beklagt der Richter, daß 1319 die Wölfe 37 Schafe zerrissen haben." (S. 167)

Außerhalb der Tiroler Landesgrenze werden schon früh in den stark betroffenen wolfsreichen Gebieten rechtliche Gegenmaßnahmen zur Abwehr der Wölfe getroffen. Das Statut von Cadore (Talschaft in der Provinz Belluno, die von den Dolomiten umrahmt wird) aus dem Jahr 1338 enthält bereits eine eigene Wolfsverordnung mit der Bezeichnung „il capitolo dei lovi" (*lovi* = Wölfe), worauf Heinrich Oberrauch in seinem Buch „Tirols Wald und Waidwerk. Ein Beitrag zur Forst- und Jagdgeschichte" (Schlern-Schriften, Band 88, Innsbruck 1952: Universitätsverlag Wagner, 328 S., hier: S. 194) ausdrücklich hinweist.

Zur Zeit von Rudolf IV. (1339–1365), der u. a. über die Herzogtümer Österreich, Kärnten und Steiermark sowie über die Grafschaft Tirol regierte, war der Wolf überall im „Land im Gebirge" anzutreffen. Das nachfolgende epische Gedicht von Engelbert Winder („Die Huldigung" – Teil XII., S. 132–143) bezieht sich rückschauend auf die damals im 14. Jahrhundert nachweisbaren Wolfsvorkommen, wobei sogar ein Rudel („Die Rotte dringt auf Rudolf ein", S. 140) den Herrscher bedroht hatte.

Hungrige Wölfe

Doch Wölfe lassen schwer sich scheuchen,
Wenn sie, die hungrigen Gesellen,
Mit offnen Rachen, schlappen Bäuchen
Ein edles Thier umkreisend stellen. –
Die Augen funkeln, es lechzt die Zunge;
So stehen sie, mit jähem Sprunge
Dem Ross sich aufs Genick zu schnellen,
Und rauscht bereits die Jagd herbei,
Noch geben sie den Raub nicht frei

Quelle:
Engelbert Winder (1889): Rudolf der Stifter in Tirol.
Ein episches Gedicht. Innsbruck: Verlag der Wagner'schen Universitätsbuchhandlung, 144 S., hier: S. 139–140.

Bereits im Rattenberger und Kitzbüheler Salbuch von 1416 wird der „Wolff" als „schedliches tier" bezeichnet, weshalb damals die „Wolfgejaid" (= Wolfjagd) im Tiroler Unterland gang und gäbe war. Obrigkeitlich eingesetzte und besoldete „Land-Jäger" (= Landjäger) mussten sich um diese lebensgefährliche Aufgabe kümmern. Im Unterschied zum Bären, der nach einer entsprechenden Quellenangabe aus dem Spätmittelalter zwischen November und Februar seinen Winterschlaf hielt, spielte während der kalten Jahreszeit (also in den drei Kalendermonaten Dezember, Jänner und Februar) ausschließlich die Jagd auf Wölfe eine zentrale Rolle.

Vermehrtes Wolfsaufkommen in strengen Wintern

Im Jahr 1432 erwähnt Ulrich Putsch in seinem Tagebuch die damals tirolweit herrschende Wolfsplage infolge strenger Kälte: „1432 fuit hiems validissimus et tantus frigor, quod vis algoris infinitos homines extinxit et lupi plurimos devoraverunt." (Übersetzung von DDr. Roman Spiss: „1432 war ein starker und kalter Winter, weshalb aufgrund der niedrigen Temperaturen zahlreiche Menschen erfroren und die Wölfe viele gefressen haben.") Beim Historiker, Pädagogen und Priester Franz Anton Sinnacher (1772–1836) heißt es in seinem mehrbändigen Sammelwerk „Beyträge zur Geschichte der bischöflichen Kirche Säben und Brixen in Tyrol" (Brixen 1828: gedruckt mit Aloys Weger'schen Schriften, Band VI.) dazu wortwörtlich so: „Der Winter dieses Jahrs (1432, Anm. G. J.) war sehr heftig, und eine so eindringende Kälte, daß unzählbare Menschen erfroren, und die Wölfe sehr viele Leute aufgefressen haben." (S. 134)

In dem von Alois Vittur zusammengestellten Buch „Enneberg in Geschichte und Sage" (Lana: Buchhandlung Karl Riedmann; Meran-Mais: Druck von F. Pleticha, 328 S. und S. CXXVIII) stehen über das Kältejahr 1432 folgende Zeilen: „1430 war große Hitze und Trockenheit während des Sommers, daß eine allgemeine Hungersnot in Tirol entstand. Zwei Jahre darauf (1432) herrschte große Kälte, daß viele Leute erfroren und ganze Herden wilder Tiere, besonders Wölfe, von Hunger und Kälte getrieben in die menschlichen Wohnungen und Ställe einbrachen und großen Schaden anrichteten." (S. XXXVI – Fußnote 92)

In dem von Josef C. Rief veröffentlichten Werk „Beiträge zur Geschichte des ehemaligen Kartäuserklosters Allerengelberg in Schnals" (Bozen 1903: Alois Auer & Comp., 418 S.) findet sich eine Urkunde vom 26. Juni 1477, bei der sich der namentlich angeführte Schnalser Bergbauer Hainz Kurz auf „Panthayr" über das zunehmende Wolfsaufkommen auf der oberhalb von Karthaus gelegenen Penauder Alm (Penaudalm) beschwert, dass „er das Vieh nicht nach Penaud treiben könne wegen der vielen bösen Wölfe daselbst, es sei ja selbst in Mitterhof einer gefangen worden." (S. 160)

Die langen Winter reichten in Tirol bzw. überhaupt im gesamten Alpenraum oft bis ins Frühjahr hinein. So wurden am 9. Juni 1484 auf dem Zirler Berg Reisende von heulenden Wölfen erschreckt, worüber die Chronik des Haller Bürgers Peter Heuberger erzählt, der in Hall seit 1465 Weinhändler war und 1469 auch Stadtrichter wurde. Doch auch in anderen Gegenden gab es das Wolfsproblem. So bewilligte die Gemeinde Bormio im Jahr 1492 vier Männern 20 Lire für die Erlegung schädlicher Wölfe, welche am Umbrail Rinder- und Schafherden angegriffen bzw. belästigt hatten. Was unternahm die betroffene Bevölkerung gegen die Wolfsplage? Und hier ist die Anwort des schon vorhin zitierten Alois Vittur für das Hochtal Enneberg: „Zur Abhaltung von wilden Tieren, besonders von Wölfen und Hunden, zündete man während der Nacht Lichter an.“ (S. 283)

P. Justinian Ladurner befasst sich in seiner wissenschaftlichen Abhandlung über die „Veste und Herrschaft Ernberg“ (S. 5–208) in der „Zeitschrift des Ferdinandeums für Tirol und Vorarlberg“ (Dritte Folge, 15. Heft, Innsbruck 1870, S. 5–208) auch mit den Raubtierjagden im Außerfern in der Gegend von Reutte (Plansee, Heiterwanger See), wo der spätere Kaiser Maximilian I. (seit 1508) am 10. April 1494 noch als römisch-deutscher König (ab 1486) dem edlen Waidwerk frönt und an Erzherzog Sigmund u. a. wegen der nicht gerade beliebten Wölfe folgende Zeilen schreibt:

„Er möchte ihm wo möglich heute noch den Conrad Steck nach Schwangau schicken, wo er sich mit dem Herzog Wilhelm von Baiern zu Schwangau befinde ‚vnd in der Pernbrunfft am Khaiserbrun hie am Plansee (genannt Aytterwangersee, wie es dann viel von diesen wilden Tieren (da gibt), auf die wir grossen Hass und Verlangen tragen. Ist auch Gejaide mit Gemsen vnd grossen Schweinen‘. Der Steck soll ihm aufzeichnen, wo überall der beste Lauf an jedem Gejaid sei und Selbstgeschosse den Wölfen aufrichten und dann das Lechthaler Gejaid abstellen.“ (S. 108)

Privilegierte Raubwildjagd und Wolfsausbreitung

Im ausgehenden 15. Jahrhundert häuften sich die Klagen der Bauern zu den Übergriffen durch Wölfe, weil dadurch das Vieh auf der Weide bedroht wurde. Nicht umsonst bestellte (der ab 1508 regierende) Kaiser Maximilan I. im Jahr 1497 eigene Landwolfsjäger – eine Maßnahme, die jedoch nicht ausreichend war. In der Waldbereitung von 1504 vernehmen wir Beschwerden aus dem Schmirn und Valser Tal, dass die Wölfe neben den Bären in großer Anzahl Schaden tun und die Bauern keine Hunde halten dürfen. Erst mit dem zehn Jahre später erlassenen Mandat aus 1507 wurde den Untertanen das Recht zugesprochen, Wölfen mittels Fallgruben und Selbstgeschossen nachzustellen.

In dem von Georg Mutschlechner und Otto Kostenzer in den „Veröffentlichungen des Tiroler Landesmuseum Ferdinandeum“ (Band 53. Innsbruck 1973: Eigenverlag des Tiroler Landesmuseum) publizierten Fachaufsatz „Zur Natur- und Kulturgeschichte der Eibe in Nordtirol“ (S. 245–287) findet sich eine Belegstelle über unerwünschte Grenzgänger im Karwendel aus dem Jahr 1516: „Cristian Träxl zu Schwaz berichtete Kaiser Maximilian I., daß er auf kaiserlichen Befehl vor einiger Zeit in der Riss (Riß) dem Wild schädliche Luchse, Wölfe und Bären mit Selbstgeschossen erlegt habe.“ (S. 262)

1525 mehrten sich die Beschwerden der Gerichtsleute von Villanders und Gufidaun, dass ihre Gebirge neben den Bären („vil Pern“) auch viele Wölfe („vil Wölf“) und Luchse („vil Lux“) haben, die ihnen am Vieh („Vich“), in den Weingärten, Wiesen und Äckern großen Schaden anrichten würden. Bereits im Jahr 1532 wurde der Bevölkerung (also nach einem Vierteljahrhundert) wieder verboten, Wölfe über die Grenze ihrer Bauerngüter oder Hofstellen zu verfolgen; dieses Recht war nur mehr den landesfürstlichen Jägern vorbehalten. In den fürstbischöflichen Brixner Gerichten war der jeweilige Pflegsverwalter verpflichtet, die Bauern vor den Wölfen zu schützen. Die Folge dieser Einschränkung der bäuerlichen Jagdfreiheit war eine enorme Zunahme des Raubwilds. Schon 1529 beschwerte sich die Nachbarschaft im Achental über das „merkliche Verderben", das ihr durch die Bären und Wölfe täglich begegne. Ähnlich lauteten die Klagen 1539 in der Herrschaft Rattenberg, besonders in Alpbach und im Zillertal.

1543 ist die Rede davon, dass auch die Gerichtsleute in Schwoich als „Beschwerung" oder Belastung mehrere Wölfe haben. Im Jahr 1555 wird ein Gesuch der Untertanen der drei Herrschaften Imst, Landeck und Laudegg erwähnt, worin sie sich „ob den Woelfen, so inen in irem Vich in den Alben und Puergen bisher großen Schaden zuegefuegt und noch zuefuegen mochten", beschweren.

Die Landesordnungen von 1525 und 1532

Zwischen 1519 und 1524, also gleich nach dem Tod von Kaiser Maximilian I., wurden die Klagen über Wildschäden unüberhörbar, die im Wortlaut zwar verschieden, aber inhaltlich überall dieselben waren. Vor allem das große Raubwild (Bären, Wölfe und Luchse) richteten große Schäden an.

Die Tiroler Landesordnung von 1525 erlaubte zwar den Bauern, schädliche Tiere wie Bären, Wölfe und Luchse zu erlegen, falls der gemeine Mann solcher Raubtiere auf seinem Gut gewahr wurde. Aber schon sieben Jahre später erfolgte in der Tiroler Landesordnung von 1532 eine starke rechtliche Einschränkung, indem das Erlegen des angeführten Raubwildes nur auf eigenem Grund und Boden gestattet wurde. Wenn dies nicht möglich war, dann sollte das Auftreten dieser schädlichen Raubtiere den vom Forstmeister für jeden Gerichtsbezirk unterstellten und vereideten Männern angezeigt werden. Die landesfürstlichen Untertanen selbst sollten aber das Töten der Wölfe bei Strafe des Meineids nicht tun.

Damit das ständig von Wölfen bedrohte Wild noch vor diesen Raubtieren fliehen konnte, mussten nach der Tiroler Landesordnung von 1532 in der Zeit zwischen Michaelis und Georgi die Zäune mit Öffnungen versehen sein, was Emil Werunsky in seinem Werk „Österreichische Reichs- und Rechtsgeschichte. Ein Lehr- und Handbuch" (Wien 1894: Manz'sche k. u. k. Hof-Verlags- und Universitäts-Buchhandlung, 1.188 S., hier: S. 998) feststellt.

Weil es den Bauern verboten war, mit „selbstfeuerschlagenden Gewehren" oder mit „Pulverpüxen" ins Gebirge auf die Wolfsjagd zu gehen, so mussten sie versuchen, Bären und Wölfe mit verschiedenen Fallen zu fangen. Selbst die Wolfsgruben reichten zur Vertilgung der Wölfe nicht aus.

Die großen Wolfsplagen zwischen 1560 und 1599

Die Wolfsplage war in der zweiten Hälfte des 16. Jahrhunderts überall im Ostalpenraum ein großes Problem. Nicht umsonst schreibt Joseph Baader in der „Chronik des Marktes Mittenwald, seiner Kirchen, Stiftungen und Umgegend" (Nördlingen

1880: C. H. Beck'sche Buchhandlung, 405 S.), dass die Mitterwalder Untertanen im Jahr 1555 die Erlaubnis erhielten, auf Raubtierjagd zu gehen und das Raubwild „allenthalben zu schießen", weil „die Wölfe so stark überhand genommen" hatten. „Weil sie aber dieselbe mißbrauchten, wurde die Erlaubnis wieder zurückgenommen und wurden ihnen die Büchsen abgefordert. Im Jahr 1562 aber wurde ihnen das Waidwerk gänzlich verboten." (S. 41)

Während der immer kälter und rauer werdenden 1550er-Jahre hatten sich die Raubtiere auch in Südtirol im Sarntal stark vermehrt („fast ziegelt"), was dem Protokoll des Ehehafttaidings von 1560 entnommen werden kann. Die Wölfe richteten in dieser Gegend von Jahr zu Jahr empfindliche Schäden an, indem sie vor allem auf das Vieh losgingen. Im kalten Winter von 1559/60 legte der eigens beauftragte Wolfsjäger Martin Obrist im Auftrag der Gerichtsgemeinde Sarnthein den Wölfen ihr Handwerk. Im kühlen Sommer 1573 fraßen plötzlich auftauchende Wölfe zwei Ziegen auf der Seiser Alm, wie aus einer Eintragung des Verfachbuches von Kastelruth hervorgeht. Allein 1597 hatten sich die Wölfe im Gericht Rettenberg (Wattens und Umgebung mit dem Wattental) besonders stark vermehrt, dass der gesamte Viehbestand bedroht war.

Über den in allen Tiroler Landesteilen herrschenden Extremwinter von 1597/98 steht in einer Chronik die Zeile: „Viele Menschen erfroren und etliche wurden von Wölfen angegriffen und zerfleischt". Zwischen Dezember 1597 und Februar 1598 wurden mehrere, meist schon erfrorene Personen von Hunger leidenden Wölfen aufgefressen. 1599 riss im äußeren Stubaital ein Wolfsrudel 15 Pferde und Rinder, was einer Beschwerde der Nachbarschaft aus dem Gereit (Kreith) zu entnehmen ist. Die Leute beklagten sich darüber, dass „im Gericht Stubai bei 4 oder 5 Wölfen unter dem Rinder- und Roßvieh Schaden gethan und schon unsers Wissens über die 15 Stück niedergerissen haben und durch sie gefressen sind worden", wie es wortwörtlich in der entsprechenden Textstelle lautet.

In seiner aus mehreren Teilen bestehenden „Innsbrucker Chronik" (Innsbruck 1930: Verlag der Vereinsbuchhandlung) setzt sich Konrad Fischnaler im dritten Band der „Wissenschafts- und Literatur-Chronik" (140 S.) kurz mit den während des 16. und 17. Jahrhunderts durchgeführten Wolfsjagden auseinander. Am 4. Juni 1599 findet sich folgender Hinweis aus dem Stubaital: „Zwei Jäger bringen zwei Wölfe ‚so sy im Stubai gefällt' in die Ratsstube und erhalten als Anerkennung 2 Pfund 6 Kreuzer." – „1655 zahlt der Kämmerer den sieben Schützen, ‚die ich aufs Wolfsgejaid hab schicken müssen' Pulver und Blei". (S. 217)

Der um 1600 entstandenen Südtiroler Landesbeschreibung des Chronisten Marx Sittich von Wolkenstein (1563–1619) kann entnommen werden, dass bei zwanzig Herrschaften oder Gerichten (mit dem Landgericht Lienz in Osttirol) in der kalten Jahreszeit Wölfe auftraten, zu den Dörfern in die Niederungen kamen und sich sogar unter die Haushunde mischten, wie unser adeliger Zeitzeuge schreibt:

Wölfe, Bären und Luchse im südlichen Tirol anno 1600

„Von allerlei vierfüßigen wilden Tieren"

„Bären hat dieses Land (deren man wohl entraten könnte) viel. Diese sind bisweilen so heimlich, daß sie auf den Alpen sich gar zu den Häusern lassen, gleicherweisen tun die Wölf auch nit allein in hohen Gebirgen, sondern begeben sich, doch nit alle, sondern allein in kalten Jahren in die Nider, daß sie sich salvo pudore mit den Hunden vermischen. Luchsen sind nit seltsam in dieser Landesart."

Fleimstal: „Und hat das gebürg von pern, welf, lux guter menge."
Nonsberg: „Daselb findt man auch von wildbret als pern, wölff."
Val Tobel: „In disen tal findt man auch pern, lux, wolf."
Rovereto, Romallo: „Volgen die wilden tier: peren, wölf."
Gericht Tiers: „Und vil peren, welf und schedliche dier."
Primör: „Man find in dieser herrschaft lixs, auch vil pern, wolf."
Telvana: „Von allerley gejaden hat es auch pern, wolf."
Königsberg: „Von wilbret hat diese herrschaft lux, wolf, pern."
Eggental: „Geiagten zu perg und tal, als wolf, pern."
Gericht Altenburg und Hocheppan: „Hat wolff, lix, pern."
Gericht Tisens: „Von gejatern und wilt hat es welf, pern, lux."
Gericht Vorst: „Halten sich auch bisweil da wolf und pern."
Gericht Passeier: „Von geiadern hat es aber vil wolf, pern, ligs."
Gericht Sarntal: „Von wilt hat es ser vil, als pern, wolf, lux."
Gericht Wangen: „Bisweil lux, wolf und pern da gesechen."
Ritten: „Von geiadten hat dis gericht als pern, wolf, lixs."
Völs am Schlern. „Von geiadten hat es was von pern, wolf."
Kastelruth: „Von wilbredt hat es in disen gericht luxs, wolf, pern."
Gericht Wolkenstein: „Von wilbredt hat es zue wolf, pern."
Lienz: „Von geiadern hat es auch da, als luchs, wolf und pern."

Quelle:
Marx Sittich von Wolkenstein. Landesbeschreibung von Südtirol. Verfaßt um 1600, erstmals aus den Handschriften herausgegeben von einer Arbeitsgemeinschaft von Innsbrucker Historikern. Festgabe zum 60. Lebensjahr von Hermann Wopfner (Schlern-Schriften, Band 34, Innsbruck 1936: Universitätsverlag Wagner, 328 S., hier: S. 45, S. 88, S. 113, S. 126, S. 132, S. 148, S. 186, S. 190, S. 208, S. 215, S. 234, S. 236, S. 243, S. 245, S. 251, S. 253, S. 257. S. 259 und S. 282 – Geiader, Geiadten, Geiadern, Gejaden, Gejatern = Gejaid, Jagd; Wilbredt, Wilbret = Wildbret).

Mehrere Wolfsjagden zwischen 1600 und 1642

Seit Ende des 16. und zu Beginn des 17. Jahrhunderts lässt sich eine neuerliche Vermehrung der Wölfe nachweisen, was zur Anlage von zusätzlichen Fallgruben führte. Die Wölfe waren damals im Inntal eine häufige Erscheinung; sie wechselten beim Tiergarten. Nicht selten gelang es diesen Räubern, ins Gehege einzubrechen. Gerade während der sogenannten „Kleinen Eiszeit“ häuften sich die Überfälle der reißenden Wölfe. 1602 richteten Wölfe unter dem Kleinvieh im Gericht Rettenberg (Kolsass, Wattens usw.) großen Schaden an, „daß die Wölf, Lüx und Pern den Underthanen an irem clainen Vichle als Kelbern, Schafen und andern großen Schaden thuen“. Im selben Jahr beschwerten sich die Bauern im Gericht Rattenberg wiederholt, durch Wölfe und andere Raubtiere große Schäden erlitten zu haben, weshalb eine Treibjagd abgehalten wurde.

Schon immer war das Schaf für den Wolf eine äußerst begehrte und leicht zu reißende Beute. Es wurde vom Wolf deshalb so geschätzt, weil er es haufen- oder herdenweise vorfinden konnte. Nicht umsonst spielen die Wölfe und Schafe in einzelnen Südtiroler Dorfordnungen eine zentrale Rolle, wie die Latscher Gemeindeordnung aus dem Jahr 1607 zeigt: „Das Weistum von Latsch scheint mit den geraubten Lämmern noch wie mit einer wirtschaftlichen Notwendigkeit zu rechnen“. So steht es wortwörtlich bei Franz Arens in seinem Werk „Das Tiroler Volk in seinen Weistümern. Ein Beitrag zur deutschen Kulturgeschichte. Geschichtliche Untersuchungen, Drittes Heft“ (Gotha 1904: Friedrich Andreas Perthes, 436 S., hier: S. 126).

Die hohe Zahl von Wölfen gerissener Schafe war für die Bergbauern ein herber Verlust. So zerriss 1610 ein Wolf im Sellraintal und auf der Fotscher Alm Schafe, Ziegen und zehn Stück Jungvieh. In der entsprechenden Textstelle heißt es wortwörtlich, dass ein „schadhaft Wolfstier“ das Tal Sellrain heimsuchte, „so daselbst und in der Axamer Alm Albpfatsch genannt nit allein viel schaf und gais, sondern bis in die 10 Stück klein Rindvieh erlegt“.

Während des Dreißigjährigen Krieges (1618–1648) kam es nicht nur in Tirol, sondern in ganz Mitteleuropa zu einem gewaltigen Anstieg der Wolfspopulationen. Aus diesem Grund mussten sämtliche Tiroler Gerichtsbezirke an geeigneten Stellen Wolfsgruben errichten. Alle und auch abgekommene Gruben sollten ausgebessert werden und die Fangstellen auf den Kanzeln verkündet werden. Für manche Bauern bestand auch der Jagdfrondienst, das Luder für die Wolfsgruben zu stellen.

Im Jahr 1618 hatten im Gericht Hörtenberg (Telfs und Umgebung) die Wölfe dermaßen zugenommen, dass die Bauern es kaum mehr wagten, ihr Vieh auszutreiben. 1619 richteten zwei Wölfe unter den Schafen und Geißen am Riedberg im Zillertal großen Schaden an. Außerdem wüteten 1619 und 1620 Wölfe in Sellrain, Grinzens, Axams, Götzens, Mutters, im Stubai sowie in Völs, Afling und Kematen. Außer drei Fohlen wurde ein vierjähriger Hengst von den Wölfen übel zugerichtet. Der damalige Axamer Schafhirt hält im Jahr 1619 fest: „Es hab ihm ein großer Wolf neun Schaf nach und nach zerrissen, der komm gleichsam alle Abend oder unter Lichtzeit, deme doch gar wohl aufzuwarten wär“.

Zur Abwehr der in einer Kältephase stark zunehmenden Wolfsplage wurde am 21. November 1621 das sogenannten „Wolfsgruben-Mandat“ erlassen und allen Tiroler Gerichtsbezirken aufgetragen, Wolfsgruben zu errichten. Im Jahr 1622 klagte man im Inntal, noch niemals hätten sich Wölfe in solcher Zahl bemerkbar gemacht. Die Wölfe richteten bei Vieh und Wild große Schäden an. Darauf reagierte der Oberstjägermeister in Tirol, Fortunat Freiherr zu Wolkenstein und Rodenegg. Er riet nochmals den Obrigkeiten aller Gerichte des Landes Tirol, dass die Forstknechte an geeigneten Plätzen Wolfsgruben errichten sollten, was bis zum 22. Oktober 1622 auch geschah. Im Winter 1627 wurde am großen Kolberg im Gericht Ehrenberg (Reutte und Umgebung) eine Wolfsjagd veranstaltet, an der sich 1.200 Treiber beteiligten. Im selben Jahr wird wiederum über den Schaden geklagt, den die Wölfe an der Etsch und im Vinschgau am Vieh und Wildbret anrichteten.

Am 18. Februar 1629 stießen zwei namentlich angeführte Bauern aus Deutschnofen und Leifers (Krein Kofler, Aspmerbauer; Erhart Titsch von Leifers) beim Heimweg durch das Brantental am Wasserfall oberhalb der Mühle des Leonhart Egger auf vier Wölfe, die einen Hirschen „niedergelegt“ und fast schon aufgefressen hatten. 1631 wurden in den Forsten des Etschtales 22 Wölfe gefangen.

1641 dürfte die Wolfsplage in Tirol ihren Höhepunkt erreicht haben. Vor allem in den drei Oberinntaler Gerichten Landeck, Laudegg und Pfunds machten die Wölfe in ganzen Rudeln von fünf bis elf Stück Jagd auf Rotwild. Auch im Gericht Ehrenberg wurden die „Räuber im grauen Pelz“ dem Rotwild gefährlich. Zwischen Kaltenbrunn und Schloss Bernegg bei Prutz jagten neun Wölfe einen Spießhirsch über eine Wand hinab und zerrissen bzw. verzehrten dann ihre Beute. 1642 beklagte sich der Forstmeister im Pustertal über das starke Überhandnehmen der Wölfe, die auch im östlichen Südtirol in Rudeln dem Rotwild nachstellten.

Zunahme der Wölfe zwischen 1648 und 1690

Während der kalten Winter zwischen 1648 und 1650 bekamen die Gemeinden des Gerichtsbezirkes Steinach aufgrund der herrschenden Wolfsplage die obrigkeitliche Erlaubnis, das Raubwild selbst abzuschießen. Die Bejagung von Wölfen stand etwa im Landgericht Sterzing in erster Linie den Forstknechten zu, worüber das Oberstjägermeisteramt in seinen Aufzeichnungen von 1652 bis 1668 berichtet. Bei der Auslegung von Ködern für die grassierenden Raubtiere dachte man weniger an die Gefahr der Erlegung von Nutzvieh, sondern vor allem daran, dass durch die Wölfe „bey ermanglender Abwendung die schönen Först (= Forste, Wälder) ausgeoedet“ werden.

1655 zeigten sich Wölfe in den Gerichten Ehrenberg und Sonnenburg, 1656 im Gericht Gufidaun, 1656 wieder im Gericht Ehrenberg und im Gschnitztal, wo sie sich wie die Bären „gleichsam täglich“ sehen ließen und dem Vieh auf der Weide nachstellten. 1659 ging man in Eyrs bei Schlanders auf Wolfsjagd. 1660, 1662 und 1663 wurden in der Gegend von Reutte Treibjagden auf Wölfe organisiert. 1664 erschienen bei Imst die Wölfe in so großer Zahl, dass sie unter dem Weidevieh viel Schaden anrichteten und eine oberhalb des Marktes gelegene Herbstweide nicht mehr genutzt werden konnte. 1669 wurde der Rotwild- und Viehbestand der Meraner Forste und Wälder durch rudelweise auftretende Wölfe aufs Schwerste bedroht. 1670 schädigten neben den Bären und Luchsen auch Wölfe von Scharnitz bis zum Schwazer Gericht Freundsberg Vieh und Wild.

Nicht nur die Wälder am Brenner oder jene in der Sterzinger und Meraner Gegend, sondern auch das Weinbaugebiet im Südtiroler Unterland wurde von Wölfen heimgesucht, wie die Protokollbücher der Gemeinde Kaltern aus dem Jahr 1670 zeigen. Zur selben Zeit wurden Wolfsgruben zwischen Altenburg und St. Anton angelegt. Ebenfalls 1670 scheinen im Gerichtsbezirk Matrei in Osttirol (Windisch-Matrei) bei einer Schussgelderaufzählung die Gelder für sämtliche Wildtiere auf, worunter sich neben Bär und Luchs auch der Wolf befindet.

Wolfsalarm in Kaltern anno 1670

In zwei Ratsprotokollbüchern der Marktgemeinde Kaltern finden sich im Jahr 1670 Eintragungen über die damalige Wolfsplage mit den vorgesehenen Schussgeldern:

15. April 1670
„Das schädliche Ungeziefer der Wölf zu vertreiben, soll man auf Mittel gedenken und sich diesfalls, wie es zu halten, gehörigen Ortes erkundigen."

14. Juni 1670:
„Es soll die Berufung ergehen, dass so oft einer einen Bären oder Wolf erschiesst, oder sonsten ermordet und derwegen die Zeichen bringt, demselben für einen Bären 5 Gulden und für einen Wolf 3 Gulden bezahlt werden."

Quelle:
„Der Sammler. Organ für tirolische Heimatkunde und Heimatschutz" (5. Jg. 1911, Untermais: Verlag von F. Pleticha, 284 S., hier: S. 64: Aus alter Zeit und S. 163: Aus vergilbten Blättern).

Auch in den Gerichten Rattenberg und Kufstein richteten Wölfe 1675 und 1676 unter dem Rotwild großen Schaden an, desgleichen 1678 am Sistranserberg, wo ihnen auch Schafe und Ziegen zum Opfer fielen. Im Wattental zerrissen im selben Jahr die Wölfe und andere Raubtiere 16 Stück Kleinvieh. 1682 ließen sie sich auf Höttinger Boden und in den Gebirgen und Wäldern des Gerichtsbezirks Hörtenberg (Telfs und Umgebung) spüren. 1689 litten im Pustertal die Hirsche gleichermaßen unter starkem Schneefall und der Wut hungriger Wölfe in einer Zeit der Klimaverschlechterung, ebenso das Rotwild im Vinschgau. 1692 wurden in den Gerichten Schlanders und Kastelbell 30 Stück Rotwild von Wölfen und anderen schädlichen Tieren zerrissen.

Neben den Wölfen wurden auch in der damaligen Zeit die Luchse dem Rotwild gefährlich. So würgte 1623 ein Luchs im Gericht Ehrenberg drei Wildkälber, desgleichen im Jahr 1624 ein alter Luchs ein Hirschkalb. 1664 wurde im Gschnitztal ein Luchs geschossen und ein anderer gefangen, 1681 und 1684 wurden zwei

Luchse bei Seefeld mit Selbstgeschossen erlegt. Als Draufgabe legten 1689 in der Pfarre Breitenwang etliche Luchse elf Stück Wildbret nieder; drei solche Raubtiere wurden in Fallen gefangen. Im gleichen Jahr übergab der Forstüberreiter zu Reutte dem Oberstjägermeister die Bälge und Köpfe von zehn Luchsen, die mit Fallen und Selbstgeschossen erbeutet worden waren. Drei andere Luchse streiften noch in jener Gegend umher und hatten drei Wildkälber geschlagen.

Wolfsplage in der Sterzinger Gegend

„1622 erging ein Mandat für das Inn- und Wipptal, vorhandene Wolfsgruben wieder instand zu setzen und eventuell neue anzulegen, um der seit einigen Jahren steigenden Wolfsplage wiederum Herr zu werden. Wolfsgruben soll es im behandelten Gebiet auf dem Hühnerspiel bei Gossensaß gegeben haben." (S. 216)
„Die 1651 von Erzherzog Ferdinand Carl getroffene Bestimmung, wonach die Bejagung der schädlichen Tiere in erster Linie den Forstknechten zustand, scheint sich nicht bewährt zu haben, da 1664 die Obrigkeit des Landgerichtes aufgefordert wurde, Personen zur Auslegung von Ködern zu stellen, damit die in den Wäldern grassierenden schädlichen Tiere und besonders die Wölfe von den Forstknechten oder durch Selbstgeschosse erlegt werden könnten. Dabei dachte man jedoch weniger an die Gefahr der Erlegung von Nutztieren, sondern vielmehr daran, daß durch die Wölfe ‚bey ermangelnder Abwendung die schönen först ausgeedet werden'. Genauere Angaben über ihre Anzahl liegen auch in diesem Fall nicht vor." (S. 216)
„Ein Beispiel aus dem nördlichen Nachbargericht Steinach mag jedoch zur Erläuterung dienen. Um 1650 ersuchte die dortige Bevölkerung die Regierung, Wölfe und Bären, deren Zahl mit 40 bis 50 angegeben wird, selbst erlegen zu dürfen." (S. 216–217)

Quelle:
Dietrich Thaler (1998): Beiträge zur Geschichte der Jagd und Fischerei im „Landgericht Sterzing", in: „Der Schlern", 72. Jg., Heft 4, April 1998, Bozen, S. 203–234, hier: S. 216–217: Wildbestand und Jagdbezirke.

Bekämpfung der Wölfe – Schussgelder und Fangprämien

Zwischen 1700 und 1800 gab es überall in Tirol immer wieder Hetz- oder Treibjagden auf Großraubwild unter Verwendung von Schusswaffen, wenn sich auch eine weitere Zunahme der Wolfspopulation gegen Ende des 18. Jahrhunderts anbahnte. In einem kleinen Südtiroler Bergdorf sollen 1720 ein Rudel von Wölfen 16 weidende Pferde und sogar zwei Menschen gerissen haben! 1721 schlugen die Wölfe im Gerichte Rasen und Welsberg 18 bis 20 Stück Rotwild. Im Jänner 1755 herrschte wieder eine außerordentliche Kälte, die im Februar 1755 mit sehr großem Schneefall verbunden war. Wild und Wölfe liefen damals in die Dörfer. Die Tiroler Freiheitskämpfe hatten ab 1796/97 angeblich zur Folge, dass zumindest „zwischen Töll und dem Reschner Scheideck“ die Wölfe stark dezimiert wurden, weil viel mehr Waffen im Umlauf waren.

Der Geistliche P. Alexio Maria Planch schreibt im Jahr 1754 in seinem Werk „Dissertatio physico-historica de montibus una cum conclusionibus ex universa philosophia selectis“ (Augsburg und Innsbruck: Joseph Wolff, 224 S.) über die Wölfe in den Tiroler Bergen, dass sie dort das Vieh und die Menschen besuchen: „Lupus animal in Montibus Tyroleos frequens pecoribus, jumentis, & hominibus insidiatur, si tamen, capiantur juvenes, innatae feritatis obliti hominibus canibusque, imo, quod est mirabilius, etiam ovibus assuescunt“. (S. 62–63)

Und hier ist Übersetzung von DDr. Roman Spiss: „Das in den Bergen Tirols sich aufhaltende Wolfstier belauert Rinder, Tiere und Menschen, wenn doch Junge gefangen werden, die angeborene Wildheit vor Menschen und Hunden zu vergessen, nein, was verwunderlich ist, sie sind auch an Schafe gewöhnt“. Anders ausgedrückt: Wenn die Bewohner am Land junge Wölfe fangen, dann lassen solche Jungwölfe nicht nur die Bauern mit ihren bellenden Vierbeinern, sondern auch die Wolltiere auf der Schafweide in Ruhe. Feststeht: Kleine Hunde passten ideal ins Beuteschema der Wölfe. Größere Hunde waren stets Nahrungskonkurrenten.

Während des 18. Jahrhunderts wurden den Jägern im Gericht Kastelruth folgende Abschuss- bzw. Fangprämien oder Schussgelder für erlegte Wölfe ausbezahlt: 1709 dem Freiding im Tal „von ain geschossenen Wolf“ fünf Gulden; 1714 dem Forstknecht und Reißjäger (Niederwildjäger, Anm. G. J.) Balthasar Planetsch für eine „geschossene Wölfin“ zehn Gulden und dem Balthasar Planer für einen „ermorten“ Wolf fünf Gulden; 1717 für „gefangene zwei Wölfe und drei Luchse“ insgesamt 26 Gulden; 1722 dem Georg Torggler für einen Luchs vier Gulden und dem Pfleger Engelhart Prugger für vier gefangene Wölfe 16 Gulden sowie 1747 dem Balthasar Planetscher für einen „Wolfs Prankhen“ vier Gulden. 1796 erhielt Alois Hochgruber „wegen erschossene zwei Wölfinnen“ eine Belohnung von vier Kronen Taler per neun Gulden 36 Kreuzer.

Nicht nur im „Land an Etsch, Eisack und Rienz“, sondern auch in vielen anderen Gebieten des Alpenraums hatte jedermann das Recht und oft sogar die Pflicht, herumstreifende Wölfe zu erlegen. Abschussprämien lockten, die für manchen Bergbewohner ein halbes Vermögen bedeuteten. Im frühen 19. Jahrhundert kamen zudem Gewehre auf, die auch bei Regenwetter funktionierten und auf hundert Meter Distanz trafen – fünfmal weiter als die älteren Modelle. Treibjagden wurden damals wesentlich erfolgreicher. Die Entwicklung zuverlässigerer Schlagfallen und die Verbreitung von Strychnin gaben den Wölfen den Rest.

Gerade in schlechten Zeiten mit Kältewintern, als sich die Menschen selbst kaum durchbringen konnten, gab es für viele Hunde kein geeignetes Futter mehr. Die einfachste Lösung war das Freilassen, denn verhungert wären sie so oder so, außer sie schafften es, sich wildernd selbst zu versorgen. Den Wölfen in Osteuropa ging es vorübergehend dermaßen schlecht, dass sie dort Pferdeschlittengespanne angriffen, was die russische Genremalerei in zahlreichen Bildern zeigt. „Die extrem kalten und langen Winter hatten die Wölfe zum Auswandern gezwungen.“ Sie flohen aus ihrer Heimat nach Südwesten und erreichten auch den Alpenraum (Mitteleuropa).

Wolfsabwehr – Vom Wolfssegen bei der Weihnachtsmette

Die Axamer Pfarrchronik berichtet, dass im Zuge der josephinischen Verordnung (unter dem damals zwischen 1780 und 1790 regierenden Kaiser Joseph II.) das sogenannte „Wolfsjagen" verboten wurde, welches in der „Abhaltung von Prozessionen um den Gottesacker zur Abwendung der Wolfsplage" bestand. Darauf weist das vom Chronisten Hans Leitner zusammengestellte „Heimatbuch der Gemeinde Axams" (Axams 1984: Im Selbstverlag der Gemeinde Axams, 168 S., hier: S. 33) hin.

Oft sollen Hirten bei Wolfsgefahr in Südtirol ihre Holzschuhe zusammengeschlagen haben, um so die Raubtiere mit Lärm zu verscheuchen.

Um sich etwa im Pustertal gegen die Wolfsplage zu wehren, bediente man sich einst neben Feuer und Geschrei auch verschiedener Bannsprüche, ja sogar des kirchlichen Wolfssegens, der beispielsweise in Luttach bis 1900 vor der Weihnachtsmette außerhalb des Gotteshauses mit dem höchsten Gut erteilt wurde. Der Priester ging vor die Kirche hinaus, sang die vier Evangelien und erteilte nach jedem Evangelium mit der Monstranz den Segen in alle vier Himmelsrichtungen.

Der Wolfssegen im Pustertal, 1823 und 1875

Das sogenannte Brixner Brevier, das im Jahr 1489 in Augsburg gedruckt wurde, verlangt nach dem ersten Amt um Mitternacht die Lesung des Evangeliums *Liber generationis Jesu Christi*, die sich u. a. auch in mehreren Kirchenkalendern findet.

„Und ein alter Kalender von Toblach bemerkt, dieß werde der Wolfssegen genannt; ja ein solcher Kalender von Ahrn, der sich durch hohes Alter auszeichnet, schreibt nach der Ablesung des besagten Evangeliums noch ferner eine Prozession mit dem hochwürdigsten Sakrament um die Kirche herum vor, bei welcher die Anfänge der vier heiligen Evangelien gesungen werden sollen. Die gutmüthigen Voreltern sahen diese Andacht in der hl. Christnacht als einen sehr kräftigen Segen wider die schädlichen Raubthiere an, gleich als ob Christus durch seine Geburt auch die natürlichen Schaafe aus dem Rachen der Wölfe zu retten gekommen wäre. Heut zu Tage ist es von dieser Andacht beinahe überall abgekommen; doch höre ich, sie werde an sehr wenigen Orten, die allzu große Anhänglichkeit des Volke an dergleichen Gebräuche zu befriedigen, noch immer fortgesetzt." (S. 416)

„In der Christnacht nach der vormitternächtlichen Christmetten wird zu Luttach im Ahrnthale der Wolfssegen noch heutigen Tages (im Jahr 1875, Anm. G. J.) gehalten und ursprungt sich derselbe, daß vor Zeiten die Besucher dieses nächtlichen Gottesdienstes in großer Gefahr von den zur selben Zeit noch in Massen gewesenen Wölfen waren, daß man sogar durch kirchlichen Segen den Schutz des Höchsten anflehte." (S. 27)

Quellen:
Der Bothe von Tirol, 9. Jg., Montag, 29. Dezember 1823, Innsbruck, S. 416: Das heilige Weihnachtsfest (Beschluß). Pusterthaler Bote, 25. Jg., Nr. 7, Freitag, 12. Februar 1875, Bruneck, S. 27: Der Wolfssegen.

Regionale Verbreitung der Wolfsgruben

Obwohl tirolweit in nahezu jeder Gemeinde eine oder mehrere Fallgruben bestanden, waren es erstens das verstärkte Vordringen der Schusswaffen, zweitens eine relative Liberalisierung des Jagdrechts und drittens vor allem die ansehnlichen Schussgelder oder Fangprämien, welche die Bestände des Raubwildes rasch verminderten.

Für die Brixner Gegend liegen aus Gereit und Schalders Meldungen vor, dass sogar Hirsche von Wölfen zerrissen worden seien. Nicht umsonst gab es dort mehrere Wolfsgruben in den angrenzenden Dörfern von Feldthurns, so in Tils, Villnöß, Afers, Gufidaun, Schalders und im Sarntal; man kannte sie auch am Weg von Schnauders nach Gereit.

In Nordtirol lässt sich der Einzelhof bzw. Siedlungsname „Wolfsgruben" in der Oberinntaler Gemeinde Silz („Wolfsgrube" im Sinne einer Fallgrube zum Wolfsfang und „Wolfsgruber" als Vulgoname für die dortigen Bewohner) weit oben am Silzer Berg in abgeschiedener Südlage bereits im Hochmittelalter am Ende des 13. Jahrhunderts nachweisen.

Definition und Funktionsweise der Wolfsgruben

Die Wolfsgrube ist eine rund vier Meter tiefe Grube mit steilen, glatten Wänden, in die der Wolf gelockt (z. B. Tierlaute) oder mit viel Lärm getrieben wurde. Die Fanggrube wurde mit dünnen Ästen, Reisig, Zweigen oder Stroh überdeckt (verblendet). Großer Aufwand wurde nicht nur für die Abdeckung betrieben. Um etwa den Gruben den Menschengeruch zu nehmen, wurden sie nach Fertigstellung gerne mit Schafmist ausgeräuchert. Es konnte aber auch eine Schafherde rundherum weiden.

Die Wolfsgruben wurden entweder mit oder ohne Schnappdeckel, mit oder ohne Köder und Eisen errichtet. In der Grubenmitte wurde z. B. an einem Pfahl ein lebender Köder angebunden, der mit seinem Klagelaut die Wölfe anlocken sollte. Bei dieser Fangmethode wurde also ein Beutetier als Köder („Luder") benutzt. Dieses wurde auf eine lose Abdeckung über der Grube gebunden, sodass der Wolf bei der Annäherung in die Tiefe stürzen würde. Gruben, in die der Wolf mit viel Lärm getrieben wurde, wurden mit keinem Köder versehen!

Mancherorts wurde in die Grube ein lebender Köder gelegt, etwa ein Lamm oder Schaf, bevorzugt wurden aber Enten, weil diese im Winter nicht so leicht erfroren. Auch verendete Haustiere, Fleischstücke, Schlachtviehabfälle (minderwertige Teile von Schlachttieren), Nahrungsbrocken oder Knochen konnten in die Grube gebracht werden.

Die aus Bildnachweisen bekannten Wolfsgruben sind rechteckig, was sie vom sogenannten Wolfsfang unterscheidet, dessen Form als rund dokumentiert wird. In den Ecken angebrachte Steinplatten verhinderten, dass ein gefangener Wolf aus der Grube entkommen konnte.

Je nach den Gegebenheiten vor Ort waren die Wolfsgruben mit Stein ausgemauert, mit Brettern verschalt oder sogar in den steinernen Untergrund gehauen. Aus den vollständig mit Natursteinen ausgemauerten Wolfsgruben kann man schließen, dass die Grube zum einen auf lange Haltbarkeit angelegt war und dass die Wolfsjagd einst eine so wichtige Rolle im Leben spielten, dass die Bewohner dafür auch große Anstrengungen nicht scheuten.

Bei der im Jahr 2017 sanierten alten Wolfsgrube unweit der Gemeinde Gaimberg in Osttirol (Seehöhe: 1.450 Meter, gelegen im Kollnig-Wald) handelte es sich um einen senkrechten Schacht, der 3,20 Meter tief in den Boden gegraben ist und etwa zwei Meter Durchmesser hat. Der letzte Wolf wurde hier im Jahr 1750 gefangen. Bereits im Jahr 1742 verlangten die Gerichtspfleger in Osttirol, dass „die Wolfsgruben fleißig ausgeräumt werden sollen".

Modell einer Wolfsgrube mit Köder und Falldeckel. Holzschnitt, um 1590 (Bildquelle: Gertrud Scherf, Wolfsspuren in Bayern. Kulturgeschichte eines sagenhaften Tieres. Amberg 2001: Buch & Kunstverlag Oberpfalz, S. 14). Der deutsche Universalgelehrte Johann Joachim Becher (1635–1682) hat auch in seiner im Jahr 1665 erschienenen gleichen Darstellung „Figuren und Abbildungen Etlicher Jagdbahren Tieren" dem Wolf eine Falle gestellt. In einem dazugehörigen Begleittext mit der Überschrift „Eine Wolfsgrube, V-förmig umzäunt und mit einer flatternden Ente als Köder (1715)" stehen folgende Zeilen: „Man soll eine größere Grube machen, die zugedeckt sei mit einem eingezäunten Deckel, der leichtlich schnappt. Auf der anderen Seite des Deckels muß man eine Gans, Ente, Lämmlein oder dergleichen Thierlein anmachen, damit, wenn der Wolf denselben zueilen und ergreifen will, der Deckel sich drehe, schnappe und der Wolf in die Grube falle." (zitiert nach Rainer G. Schöller, Eine Kulturgeschichte des Wolfs. Tierisches Beuteverhalten und menschliche Strategien sowie Methoden der Abwehr. Freiburg im Breisgau, Berlin und Wien: Rombach Verlag, 683 S., hier: S. 159: Abb. 11).

Ein geschichtlicher Abriss über die Fallgruben

Unter dem von Christoph Gasser im Jahr 1989 verfassten Fachaufsatz „Trappln, Gschuicher und andere Fourtl. Zur Geschichte, Entwicklung und Ergologie von Abwehrmaßnahmen und Fanggeräten aus dem Raum Tirol“ (Schriften des Landwirtschaftlichen Museums Brunnenburg, Nr. 2, Begleitschrift zur Sonderausstellung 1988/89. Dorf Tirol 1989, S. 33–34) können wir über die hauptsächlich dem Fang größerer Raubtiere wie Wölfe, Bären, Luchse und Füchse dienenden Fallgruben u. a. diese bemerkenswerten Zeilen nachlesen:

Der Bau gemauerter Fallgruben

Die Situation im Tirol des 15. Jahrhunderts war durch das landesfürstliche Bestreben geprägt, alle bäuerlichen Jagdgerechtsame aufzulösen. Den ersten Schritt hierzu bildet das älteste bekannte Jagdmandat Tirols vom 10. September 1414, das u. a. bereits allen nichtadeligen Untertanen die Jagd auf den Bären verbietet. Neben den weiteren Jagdverboten der nachfolgenden Jahrzehnte ragt allein das landesfürstliche Mandat von 1507 heraus, welches ein gewisses Zugeständnis an die Bevölkerung darstellt. In diesem Mandat wird bestimmt, dass die Untertanen den Bären, Wölfen und Füchsen nur durch die Anlegung von Fallgruben und ‚Selbstgeschossen‘ nachstellen dürfen.

Diese Einschränkung der Jagdmittel dürfte eine längerfristige Verwendungszeit erfordert haben, weshalb wohl eher gemauerte Fallgruben entstanden sein mögen als einfache Erdgruben mit Holzverschalung.

Unabhängig vom Erfolg dieser Maßnahmen müssen aber die Klagen der Stände auf dem Landtag vom 9. Februar 1519 gesehen werden, die die Forderungen vom Generallandtag in Innsbruck vom Jahre 1518 wiederholten. Der Forderung, schädliche Tiere ‚als pern, wölf und luchs‘ wie von altersher fangen und jagen zu dürfen, also auch mit Treibjagden, wurde zwar in der Landesordnung vom Jahre 1525 entsprochen, wozu die Regierung wohl durch die unruhige Lage nach dem Tod des Kaisers und den Ausbruch der bäuerlichen Revolten von 1515 bewogen wurde. Jedoch schränkte bereits die Landesordnung von 1532 dieses Jagdrecht wiederum drastisch ein.

Die Ausbesserung alter Fallgruben

Als es gegen Ende des 16. Jahrhunderts zu einer außerordentlichen Vermehrung der Wölfe kam und im 17. Jahrhundert die Überfälle durch reißende Tiere immer mehr zunahmen, wurde am 21. November 1621 ein eigenes Wolfsgrubenmandat für das Ober- und Unterinntal und für das Wipptal erlassen. Alle Gerichtsbezirke mussten demzufolge Wolfsgruben errichten, weshalb die Forstknechte zur Besprechung vorgeladen wurden.

Die für die Herstellung benötigten Materialien wurden auf Kosten der Kammer besorgt und die Bevölkerung musste mittels Robotschichten (= von Untertanen zu leistende Herrendienste, vor allem schwere körperliche Arbeiten), das Baumaterial herbeiführen und die Arbeit leisten. Weiters wurde angeordnet, die alten Fallgruben neu auszubessern und die Fangstellen auf der Kanzel zu verkünden. Für die Bauern bestand auch der Jagdfrondienst, das Luder für die Wolfsgrube zu stellen.

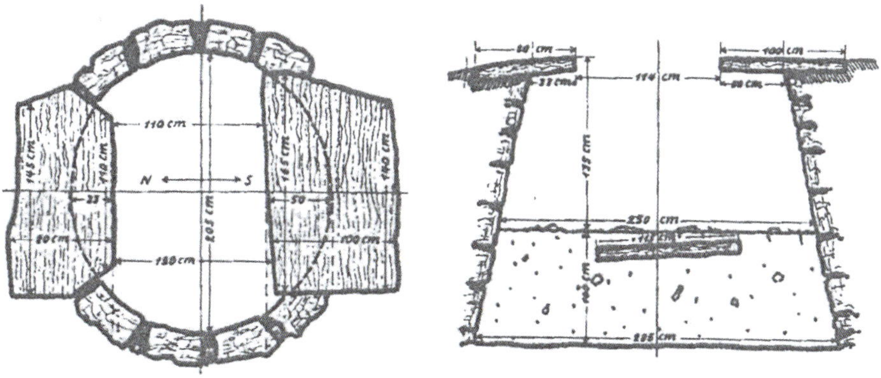

Die einzige im Jahr 1940 noch erhalten gebliebene Wolfsgrube im Bündner Hochtal Madris. Ansicht von oben und Aufriss (in: Bündnerisches Monatsblatt. Zeitschrift für Bündner. Geschichte, Landes- und Volkskunde, Jg. 1940, Nr. 11, November 1940, Chur, S. 327: Der Wolf und sein Vernichtungskampf in Graubünden / Johann Niederer).

Die Wolfsgrube in Unterstein, ein Weiler in der Fraktion Gfrill, Gemeinde Salurn, 2016 (Foto: Bildarchiv Redaktion Zeitschrift „Südtirol in Wort und Bild").

Das Wolfsgrubenmandat vom 21. November 1621

Das Obristjägermeisteramt hatte das Recht zur Verleihung von Wolfsgruben. Das Mandat stellt sich als eine Erneuerung schon bestehender Anordnung dar; es müssen daher Wolfsgruben schon früher in Übung gestanden haben.
Die alten Wolfsgruben können an manchen Plätzen noch heute gesehen werden, sei es, dass sich Überreste derselben als Mauern erhalten haben, sei es, dass Örtlichkeiten diesen Namen weiterführen, wie z. B. Wolfsgrubensee am Ritten oder die Höfe Wolfsgruben bei Silz. Wolfsgruben bestanden damals in der Brixner Gegend bei Natz, zwischen Sarns und Albeins, bei Schnauders und Feldthurns.
Bei Bruneck wurden drei Wolfsgruben genannt, weitere bei Prags und Antholz, in Innichen, im Sarntal, im Vinschgau, zwischen Rein bei Taufers und Defereggen, in Tiers und Perdonig (= Fraktion der Gemeinde Eppan, Anm. G. J.). Bei Vilpian wurde ein Wolfskasten 1683 erwähnt.
In Außervillgraten gab es unter der St. Gertraudihütte zwei Wolfsgruben (1609 und 1663). Im Vinschgau lässt sich in der Gemeinde Laas im Ortsteil Eiers (= Eyrs, Anm. G. J.) eine Wolfsstube nachweisen.

Quelle:
Heinrich Oberrauch (1952): Tirols Wald und Waidwerk. Ein Beitrag zur Forst- und Jagdgeschichte (Schlern-Schriften, Band 88). Innsbruck: Universitätsverlag Wagner, 328 S., hier: S. 94 und S. 194.

Die Errichtung neuer Fallgruben

Um die Wolfsplage, die bis ins 18. Jahrhundert andauerte, einigermaßen einzudämmen, veranstaltete man aber vielmehr Treib- und Hetzjagden, wobei die Bevölkerung zu Treiberdiensten verpflichtet wurde. Seit dem Jahr 1641 wurde dem Obristjägermeister erneut das alleinige Recht zugesprochen, Wolfsgruben zu verleihen. Zu einer neuerlichen ernsthaften Vermehrung der Wölfe kam es offenbar erst wieder zur Zeit der Napoleonischen Kriege. Die von bayerischer Seite erlassenen Verbote, Waffen zu tragen, dürften auch dazu geführt haben, dass neue Fallgruben angelegt bzw. wieder instandgesetzt wurden.

Es waren aber das zunehmende Aufkommen der Schusswaffen und die relativ hohen Schussgelder und Fangprämien, welche die Wolfsbestände rasch dezimierten bis zur gänzlichen Ausrottung um die Wende des 19. Jahrhunderts. Einzelne Fallgruben blieben aber dennoch bis in die zweite Hälfte des 19. Jahrhunderts besonders in bäuerlichem Kreis in Verwendung. Die Mehrzahl der Fanggruben für den Raubwildfang wurde im Laufe der Zeit aufgegeben und sie verfielen oder wurden zugeschüttet, da sie eine große Gefahr für Mensch und Tier bildeten.

Wolf an der verblendeten Fallgrube mit Lockgans. „Wie der Wolff mit der Gantz zu fangen ist" von Jost Amman, 1592. Der dazugehörige Vierzeiler lautet: „Ein Gantz allhie an diesem Tantz / Dem diebschen Wolff wart auff die schantz: Die man für schlecht und alber helt / Betriegen offt die gantze Welt." (in: Künstliche Wolgerissene Neu Figuren von allerlai Jagt und Weidwerck. Allen Liebhabern der Maler Kunst, auch Goltschmieden, Bildthauern ec. Zu Ehren und Wolgefallen zugericht und an tag geben. Durch den Kunstreichen und Weitberhümbten Jost Ammon. Darzu mit Artlichen Lateinischen Versen und Wolgestellten Teutschen Reimen erkläret und gezieret. Gedruckt zu Franckfurt am Mayn 1592. Privatdruck. Hoppenstedts Wirtschafts-Archiv GmbH Darmstadt, 1959).

Sturz in die Wolfsgrube. Holzschnitt aus dem 17. Jahrhundert (Bildarchiv Franz Koller, 2018).

Die Wolfsgruben rund um Sterzing

Der Heimatforscher Werner Fuchs hat im Jahr 2004 die „Wolfsgruben rund um Sterzing“ (in: „Der Schlern“, 78. Jg., Heft 9, September 2004, Bozen, S. 15–21) genau beschrieben und davon sechs fotografiert: Die Wolfsgrube auf Innergigglberg, Wolfsgrube am Schleyerberg, Wolfsgrube am Thumburger Hügel, Wolfsgrube in Villwank, Wolfsgrube am „Kanzele“ und Wolfsgrube am „Bürstling“.

Wie überall in den Alpen, war auch der Wolf im oberen Eisacktal für die Bewohner und Haustiere eine ständige Gefahr, weshalb er mehr als alle anderen Tiere gehasst und gefürchtet wurde. Gerade aus diesem Grund wurden die Wölfe verfolgt und bekämpft.

„Als seit dem ausgehenden Mittelalter der Landesfürst und der Adel das Jagdrecht für sich beanspruchten, durfte die übrige Bevölkerung auch das Raubwild nur noch mit Bewilligung der Obrigkeit mit Schießgewehren jagen. Die strenge Durchsetzung der Jagdgesetze konnte bei der hohen Fruchtbarkeit der Wölfe – eine Wölfin kann bei jedem Wurf vier bis acht Junge auf die Welt bringen – bald zu einer echten Wolfsplage führen.“ (S. 15)

Im Jahr 1651 richtete der Pflegsverwalter des Stadt- und Landgerichts Sterzing ein Ansuchen an die „Tyrolische Landtschaft“ zur Bekämpfung der „schedlichen Thiren Wolf, Pern und dergleichen“ (S. 15). Zudem steht wortwörtlich: „sintemalen schon an unterschiedlichen Orthen im Landtgericht Sterzing und sonderlich im Jaufenthal allwo in die etlich 50 Stuck zuschweigen andern Orthen klain Vich durch die schedlichen Thieren zu grundt gelegt worden“ (S. 15).

Nicht weniger als 50 Stück Kleinvieh, vor allem Schafe, sind also in der Mitte des 17. Jahrhunderts von Wölfen gerissen worden. Besonders bedroht gefühlt haben sich damals als Berufsgruppen anscheinend auch die „Tagwercher und Kraxentrager“. (S. 15)

Wolfserzählungen und Wolfsgruben

Die Wölfe stießen hungerbedingt in kalten Wintern bis zu den Dauersiedlungen im Raum Sterzing und Umgebung vor, wo sie eine große Gefahr für Mensch und Vieh waren. Es wird erzählt, dass früher besonders in Pfitsch viele Wölfe gewesen sind. Der im Jahr 1996 verstorbene 89-jährige Zeitzeuge Basil Volgger (vulgo „Panser“) aus Innerpfitsch wusste noch von einem Bericht seiner Eltern zu erzählen, dass „eine Frau neben einem ‚Blasiger‘-Zuhäusl von Wölfen angefallen und schwer verletzt worden“ (S. 15) war.

Wenn die Wolfsplage besonders arg gewesen ist, dann wurden von den Behörden eigene Wolfsjäger bestellt oder Treibjagden (mit Ausbezahlung von Fangprämien) durchgeführt. Dabei wurde die betroffene Bevölkerung aufgefordert, Fallen aufzustellen und Fallgruben zu errichten oder bereits vorhandene Gruben wieder instandzusetzen. „Da die Wölfe äußerst scheue und misstrauische Tiere sind, mussten die Fallgruben, wenn sie den Erwartungen entsprechen sollten, sorgfältig und unter Anleitung von erfahrenen Forstleuten angelegt werden. Um ein baldiges Einfallen der Gruben zu verhindern, wurden sie ausgemauert oder zumindest mit Holz verkleidet. Die Grubenabdeckung durfte sich von der Umgebung nicht unterscheiden. Ein angebundenes lebendes Kleintier oder ein Aas dienten als Köder zum Anlocken der Raubtiere.“ (S. 15)

Der richtige Standort für Fanggruben war sehr wichtig. Deshalb wurden sie „an häufig benutzten Wildwechselstellen wie Übergängen und Hangverflachungen“ (S. 15) errichtet, fast immer in der Nähe von Wohnstätten. So verhinderten die Gruben am Schleyerberg (Pflersch) das „Herüberwechseln von Wölfen aus Ladurns in das Almdorf Vallming“ (S. 15).

Nach Ausrottung der Wölfe wurden die Wolfsgruben nicht mehr gebraucht, weshalb man diese Anlagen verfallen ließ oder einebnete bzw. zuschüttete, sofern sie eine Gefahr für die Haustiere bildeten. „Heute sind viele ehemalige Wolfsgruben noch als trichterförmige Vertiefungen im Gelände zu erkennen. Manchmal befinden sich zwei oder drei verfallene Fallgruben nahe beisammen. Vielleicht konnte man eine Grube wegen der Bodenbeschaffung nicht vollenden und hat dann daneben nochmals gegraben. Denkbar wäre auch, dass man aus jagdtechnischen Gründen mehrere Gruben nebeneinander angelegt hat.“ (S. 16)

Wolfschronik im bayerisch-tirolischen Raum

Unser Chronist und Historiker Andreas Liebl hält in der lesenswerten Festschrift „100 Jahre Weide- und Bullenhaltungsgenossenschaft Farchant e.G.“ (Farchant 2019, 90 S.) unter „Raubtiere und Wildschäden“ (S. 46–48) über die oberbayerischen Wolfsjagden fest, dass sich in den Rechnungsbüchern des Marktes Partenkirchen in der alten Werdenfelser Zeit immer wieder Ausgaben für Abschussprämien finden, wenn der Herrschaft Luchs- oder Wolfsbälge vorgelegt wurden. Während des Dreißigjährigen Krieges berichtet der Abt von Andechs in seinem Tagebuch von großen Wolfsplagen. „Die Flurbezeichnung ‚Woifzeiner‘ erinnert noch an die undurchdringliche Hecke, die vor Wölfen und anderen Beutegreifern schützen sollte.“ (S. 46)

Wolfsgeschichte(n) aus Bayern

Unter „Die Säugethierfauna von Tirol und Vorarlberg“ ist der Innsbrucker Zoologe Karl Wilhelm von Dalla Torre (1850–1928) in der Zeitung „Bote für Tirol“ (73. Jg., Nr. 240, S. 2003–2004) am Freitag, 21. Oktober 1887 u. a. auch den Wölfen in der Vergangenheit im bayerisch-tirolischen Raum nachgegangen.

Zunächst können wir über die Wolfsgeschichte und das Wolfsvorkommen in Bayern beim deutschen Zoologen Andreas Johannes Jäckel (1822–1885) im „Korrespondenz-Blatt des zoologisch-mineralogischen Vereines in Regensburg“ (3. Jg., Nr. 2, Februar 1849) diese erwähnenswerten Zeilen unter den „Wissenschaftlichen Mittheilungen. Einzelne Beiträge zur bayerischen Fauna“ (S. 21–25) nachlesen:

„Canis lupus L. Vor Jahrhunderten waren die Wölfe in bedenklicher Anzahl in allen großen Waldungen Baierns vorhanden, aus denen sie in harten Wintern, wie diess z. B. 1271, 1491 und 1572 im Bodenseebecken, im Herzogthum Sulzbach und in Franken der Fall war, durch Kälte und Hunger getrieben in grossen Schaaren hervorbrachen und Thiere und viele Menschen zerrissen. 1271 haben die Wölfe in Franken gräulich gewüthet; die Leute auf dem Felde und die Hirten bei den Heerden wurden zerfleischt, so dass in wenig Tagen allein um Würzburg bei 30 Menschen durch Wölfe um das Leben kamen. Zur Zeit des unglückseligen 30jährigen Krieges nahmen sie wie überall in Deutschland so auch in Bayern und Franken in erschreckender Weise überhand.“ (S. 23–24)

„Nicht nur die Wildbahnen wurden durch sie sehr ruinirt, sondern allerwärts wurde auch das wenige Vieh auf den Weiden zahlreich niedergerissen, ja es kamen die Wölfe selbst bei Tage in die Dörfer und Flecken und raubten Thiere und Kinder. So frass einer, welcher – beiläufig gesagt – den Ansbachern zum Spottnamen ‚Wolfshenker‘ verholfen hat, in der Gegend von Ansbach vom Ende Juli bis zum 10. Oktober 1685 drei Kinder auf. Um diess ‚höchst schädliche Wolfziefer‘ auszurotten, ergingen im Markgrafthum Ansbach mehrere landesherrliche Reskripte, die nicht selten durch die Pfarrer von den Kanzeln herab verkündigt werden mussten.“ (S. 24)

„Durch Verordnung von 1643 wurde Jedem, der einen Wolf erlegen würde, ein Reichsthaler und die Haut oder statt dieser ein gleicher Geldbetrag versprochen und noch 1689 wurde das zur Anluderung der Wölfe nöthige Luder, bestehend in alten und nicht viel nützigen Pferden, gegen Bezahlung zu liefern geboten. Im Jahre 1809 wurde ein Wolf bei Erlangen geschossen.“ (S. 24)

Wie ein Blick in die 1880 von Joseph Baader verfasste „Chronik des Marktes Mittenwald, seiner Kirchen, Stiftungen und Umgegend“ (Nördlingen: C. H. Beck'sche Buchhandlung, 405 S.) zeigt, erfreuten sich die Erleger der Raubtiere genau festgelegter Belohnungen. So wurden im Jahr 1638 in der Marktgemeinde Mittenwald Geldbeträge von „2 fl. für einen geschossenen Bären“ und „4 fl. für einen geschossenen Wolf“ (S. 59–60) bezahlt. Solche Prämien für erlegte Wölfe bekamen während des 18. Jahrhunderts nicht nur die Jäger von Mittenwald, sondern auch jene aus den benachbarten Ortschaften in Bayern und Tirol.

Wolfsjahre in Bayern im Zeitraffer

Die folgenden Ausführungen stammen alle aus der Feder von Karl Wilhelm von Dalla Torre. So jagte im Jahr 1494 Kaiser Maximilian I. mit Herzog Wilhelm von Schwangau und verschrieb sich vom Erzherzog Sigmund von Tirol einen gewissen Conrad Steck zur Aufrichtung von Selbstgeschossen auf Wölfe. Zu Conrad Gessners (1516–1565) Zeiten hausten die Wölfe noch im Rheintal, wo es neben der gewöhnlichen Art noch eine „schwärzliche, die stärker und größer als die gewöhnliche“ war, gegeben haben soll. 1548 erschienen Wölfe beim Tegernsee, und 1572/73 kamen Wölfe über den zugefrorenen Bodensee. 1629 zeigten sich Wölfe bei Hohenschwangau. „Im Jahre 1697 wurde von zwölf Jägern ein Wolf erlegt in Schwand ob dem Höfle, Gemeinde Mittelberg. Und noch 1798 kamen aus Tirol zuweilen auch Wölfe nach Baiern.“ (S. 2003)

„Ja noch im März 1813 befanden sich im Amtsbezirke Mittenwald zwei Wölfe, welche auch im Blomberg, Brandenberg und Steinberg streiften. Dieselben richteten in verschiedenen Orten in Baiern großen Schaden an, hatten bis zum 22. Mai 1813 nicht weniger als 42 Schafe und zwei Geiße, 20 Rehe, fünf Stück Wild und zwei Hirsche zerrissen, und seit der Charwoche noch weit größeren Unfug in Brandenberg und Steinberg angerichtet. Erst im Jahre 1815, nachdem der eine dieser Wölfe in voriger Gegend sich schon seit acht Jahren aufgehalten hatte, gelang es dem Forstgehilfen Mathias Bauer, denselben im Revier Schliersee zu erlegen. Dem Schützen wurde von Sr. Majestät dem Könige Max durch Verordnung vom 19. Mai 1815 eine Gratification von 75 fl. (= Gulden, Anm. G. J.) verwilligt. Diese Wölfe hatten ihre Wechsel mit Tirol über den Schiltenstein und die baierische Windalm." (S. 2003)

„Auch im Winter 1826 wechselte ein starker Wolf aus Tirol über die baierische Grenze nach der Benedictenwand über den Kleinweilberg nach dem Hohenpeissenberg, wobei die Wölfe in früherer Zeit gerne diesen Wechsel einhielten, so dass nach der Sage alte Leute in Benedictbeuern regelmäßig in jedem siebenten Winter ein Wolf in diesen Gegenden beobachtet wurde. Im Jahre 1826 wurde er von einem alten Jäger Math. Neuhauser, der sich zur Frühpirsche auf einem Baume befand, im Revier Reit im Winkel auf dem Lemberg an der Winklmoos-Hochalpe bei Verfolgung einer Anzahl Schafe gesehen und geschossen. Anfang der Dreißiger Jahre (1830er-Jahre, Anm. G. J.) wurde ein Wolf unfern Bludenz beim ‚hängenden Stein' erlegt, weiters im Jahre 1837 einer bei Kreuth." (S. 2003)

Wolfsgeschichte(n) aus dem Land Tirol

Karl Wilhelm Dalla Torre zitiert nicht nur das 1839 erschienene Werk von Johann Jakob Staffler, sondern bringt auch andere interessante Begebenheiten und Geschichten mit Wölfen in Tirol aus der ersten Hälfte des 19. Jahrhunderts:

„Im Wielenbacherthal (Pusterthal) schützte man über Nacht die Schafe dadurch, dass man sie auf einer einziehbaren Brücke auf einen großen flachen Felsen trieb, auf welchem ein Angriff seitens dieser Thiere unmöglich war; der Felsen wird heute (1887, Anm. G. J.) noch gezeigt und dessen Benützung überall herumerzählt. Nach der von Herrn Graf Enzenberg mir zur Verfügung gestellter Notiz wurde in Enneberg der letzte Wolf Mitte der Vierziger Jahre (1840er-Jahre, Anm. G. J.) in einem Ziegenstall erschlagen; im Vintschgau wurde noch in diesem Jahrhunderte (19. Jahrhundert, Anm. G. J.) eine Magd des Polsterhofes bei Marienberg (oberhalb von Schleis an der Südseite des Schlinigertales gelegen, Anm. G. J.), als sie in der Dunkelheit zum Brunnen gieng, zerrissen." (S. 2003)

Die Gefahr eines Überfalles durch Wölfe war nicht zu unterschätzen und wurde schon von der Landbevölkerung im Spätmittelalter als drohend empfunden, wenn Priester bei ihren Versehgängen durch Waldgebiete zu abgelegenen Einzelhöfen gingen. Der Fürstbischof von Brixen, Kardinal Nicolaus Cusanus (1401–1464), fühlte sich im Jahr 1455 sogar veranlasst, eine althergebrachte Bittprozession der Gemeinde Albeins zu einer Kapelle des hl. Chrysant in der Pfarre Völs am Schlern um Abwendung der Wolfsplage als abergläubisch zu verbieten. (freundliche Mitteilung von Johann Zauner, Silz am 9. März 2023)

Wolf zerreißt drei Schafe im Arztal anno 1811

In den Akten der k. k. Statthalterei Registratur findet sich folgender Auftrag an das königliche Salinen-Waldamt in Hall:
„Gemäß der vom königl. Waldamt Mattrey gestern erhaltenen Anzeige hat den 30. vorigen Monats (= 30. September, Anm. G. J.) früh im Mittelbergl im Arzthal ein Wolf drei Schafe zerrissen; da nun dieses Schadenthier sich bald da bald dort aufhält, so wird das k. Waldamt Hall angewiesen, die Gemeinden Volders und Wattenthal, dem das k. Forstpersonale hierüber aufmerksam zu machen und zur nöthigen Nachspürung anzuhalten."
(Hall den 2. October 1811. Ign. R. Müller, Forstinspector)

Quelle:
Bote für Tirol, 73. Jg., Nr. 240, Freitag, 21. Oktober 1887, S. 2003–2004: Die Säugethierfauna von Tirol und Vorarlberg / Karl Wilhelm von Dalla Torre, hier: S. 2203.

Nach einer Mitteilung aus Hinterhornbach hielt sich dort in den 1830er-Jahren über den Winter ein Wolf auf. 1852 wurde von einem gewissen Josef Steck bei Tschengels (Vintschgau, Eyrs) ein Wolf geschossen. „Im Jahre 1833 wurden in Tirol sechs, im Jahre 1834 fünf und im Jahre 1835 zehn Stück erlegt, zwischen 1837 und 1852 achtzehn Stück, von denen vier auf Brixen, 13 auf Trient und einer auf Vorarlberg entfällt." (S. 2003)

Statistik der Wölfe und Luchse im 19. Jahrhundert

Der Wolf verschwand in unseren geographischen Breiten viel früher als die Luchse und Bären. In den Tages- und Wochenblättern gibt es erst wieder nach 1800 Notizen über das Vorkommen von Wölfen und die Jagd auf solche. So drang im Jahr 1811 ein Wolf bis in die Nähe von Innsbruck vor, und 1813 wird erzählt, dass zwei gesichtete Wölfe, welche das Rofan- und Karwendelgebirge heimsuchten, in kurzer Zeit 42 Schafe, zwei Ziegen, 20 Rehe und sieben Hirsche zerrissen hätten. Einer der Wölfe konnte zwei Jahre später erlegt werden. Höchstwahrscheinlich waren sie aus dem Oberinntal gekommen, wo schon 1812 über die Vermehrung der Wölfe entlang der Schweizer Grenze geklagt wurde. Im Fassatal kamen 1817 nach dem Hungerjahr von 1816 sogar Wolfsrudel in der Größenordung von bis zu 17 gefräßigen Raubtieren vor.

Aus den Akten des Gemeindearchivs von Taufers (im Münstertal) im oberen Vinschgau geht hervor, dass allein im Zeitraum zwischen 1668 und 1783 genau 23 Wölfe erlegt wurden. Zwischen 1837 und 1852 wurden in ganz Tirol 18 Wölfe und zwei Luchse abgeschossen, wie der „Volks- und Schützen-Zeitung“ (18. Jg., Nr. 72, 17. Juni, Innsbruck, S. 407) am Mittwoch, 17. Juni 1863 entnommen werden kann. Ein einziger Luchs (ein Luchsweibchen) scheint tirolweit in der Abschussstatistik von 1838 auf.

Der „Bothe von Tirol“ (18. Jg., Nr. 4, S. 15: Miszelle; 22. Jg., Nr. 8, S. 32: Notiz) veröffentlichte am Donnerstag, 12. Jänner 1832 und am Donnerstag, 28. Jänner 1836 diese aufschlussreichen Zahlen über die abgeschossenen Wölfe im „Land im Gebirge“: 1831 waren es sieben erlegte Wölfe und vier erlegte Luchse. 1833 wurden sechs Wölfe und zwei Luchse, 1834: fünf Wölfe und ein Luchs, 1835: Zehn Wölfe (darunter neun männlichen Geschlechts) erlegt. Wie sah es im Erhebungsjahr 1835 mit der Verteilung dieser zehn ausgewiesenen Wölfe nach Kreisen und Landgerichten zwischen Kufstein und Ala aus? Und hier die regionale Verteilung: Allein im Kreis Imst und hier im Landgericht Glurns wurden vier Wölfe erlegt (eine Wölfin und drei Wölfe männlichen Geschlechts), gefolgt vom Kreis Trient mit drei Wölfen (männlichen Geschlechts) im Landgericht Malé. Danach kommen noch der Kreis Rovereto mit zwei Wölfen (männlichen Geschlechts) im Landgericht Val di Ledro und der Kreis Bozen mit einem erlegten Wolf (männlichen Geschlechts) im Landgericht Schlanders.

Der „Bothe von Tirol“ (23. Jg., Nr. 19, S. 76: Statistik) schreibt am Montag, 6. März 1837 über die im verflossenen Jahr 1836 erlegten 37 Raubtiere, dass sich darunter zwölf Wölfe befunden haben (Kreis Trient – Malé: ein Wolf; Kreis Rovereto, Bezirk Condino: ein Wolf; Bezirk Ala: drei Wölfe; Kreis Pustertal, Gerichtsbezirk Welsberg: ein Wolf; Kreis Oberinntal, Gerichtsbezirk Schlanders: sechs Wölfe). Sämtliche Wölfe wurden in Welschtirol (fünf Stück) und Südtirol (sieben Stück, darunter sechs Exemplare im Vinschgau) erlegt. Dazu kam 1836 noch ein erlegter Luchs im Kreis Unterinntal im Gerichtsbezirk Schwaz. Von 1852 bis 1863 wurde nur mehr ein Wolf im „Land im Gebirge“ geschossen, jener in der Gegend von Brixen in Südtirol. Der „Bote für Tirol“ (55. Jg., Nr. 103, Innsbruck, 7. Mai, S. 535) stellt am Samstag, 8. Mai 1869 nach den erlegten Bären fest: „Andere wilde Thiere, wie der Wolf und der Luchs, scheinen aus dem Lande gänzlich verschwunden zu sein“.

Erlegte Wölfe in Tirol nach den Landesteilen, 1834–1836

Landesteil	1834	1835	1836
Nord- und Osttirol	-	-	-
Südtirol	2	5	7
Welschtirol	3	5	5
Tirol	**5**	**10**	**12**

Quellen:
Bothe von Tirol, 21. Jg., Nr. 8, Montag, 26. Jänner 1835, S. 32: Notiz.
Bothe von Tirol, 22. Jg., Nr. 8, Donnerstag, 28. Jänner 1836, S. 32: Notiz.
Bothe von Tirol, 23. Jg., Nr. 19, Montag, 6. März 1837, S. 76: Statistik.

Das Land Tirol von Kufstein bis Ala wurde immer wieder von Raubwild besucht, vor allem der südliche Landesteil war davon am stärksten betroffen. Im Erhebungszeitraum zwischen 1831 und 1837 wurden insgesamt 174 Raubtiere erlegt: 47 Wölfe, 118 Bären und neun Luchse. Die Zahl der geschossenen Wölfe wurde von jener bei den damals noch viel öfter vorkommenden Bären um das Zweieinhalbfache übertroffen. Als finanzielle Anreize für die Erlegung von Raubtieren wurden jährlich von der Landesregierung Belohnungen (= Taglien, Schussgelder oder Prämien) in der Höhe von rund 350 bis 1.200 Gulden an die erfolgreichen Jäger bzw. Schützen ausbezahlt:

Erlegte Raubtiere und ausbezahlte Schussprämien im Kronland Tirol, 1831–1837

Jahr	Wölfe	Bären	Luchse	Summe	Abschussgeld
1831	7	4	4	15	365 Gulden
1832	1	10	1	12	350 Gulden
1833	6	27	2	35	1176 Gulden
1834	5	16	1	22	655 Gulden
1835	10	23	-	33	945 Gulden
1836	12	24	1	37	keine Angabe
1837	6	14	-	20	keine Angabe
1831–1837	**47**	**118**	**9**	**174**	

Quellen:
Bothe von Tirol, 18. Jg., Nr. 4, Donnerstag, 12. Jänner 1832, S. 15: Miszelle.
Bothe von Tirol, 19. Jg., Nr. 7, Donnerstag, 24. Jänner 1833, S. 27: Miszellen.
Bothe von Tirol, 20. Jg., Nr. 16, Montag, 24. Februar 1834, S. 64: Notiz.
Bothe von Tirol, 21. Jg., Nr. 8, Montag, 26. Jänner 1835, S. 32: Notiz.
Bothe von Tirol, 22. Jg., Nr. 8, Donnerstag, 28. Jänner 1836, S. 32: Notiz.
Bothe von Tirol, 23. Jg., Nr. 19, Montag, 6. März 1837, S. 76: Statistik.
Bothe von Tirol, 24. Jg., Nr. 32, Donnerstag, 19. April 1838, S. 128: Notiz.

Ausbreitung der Wölfe in Kriegs- und Krisenzeiten

Karl Meusburger hat sich in seinem vorzüglichen Beitrag über „Die Wölfe in unserem Heimatland" (in: „Der Schlern", 11. Jg., Heft 10, Bozen 1930, S. 399–409) mit der Verbreitung der Wölfe in Südtirol auseinandergesetzt. Bereits im Verkündbuch der Pfarre Tisens bei Lana wird am 20. Juli 1770 „zur Abwendung der Wölfe und anderer schädlicher Tiere" (S. 401) ein Kreuzgang nach St. Gertraud in Ulten angesetzt. Diese Prozession ist ein Indiz dafür, dass die Wölfe damals in der Meraner Gegend (Burggrafenamt) und im Vinschgau durchaus nicht selten waren – ja dass sie fast zu einer Landplage wurden. Im Kältejahr 1773 hielt man im Gericht Altenburg bei Eppan wenig Schafe, weil die Wolltiere „von denen in diesen Gerichtsgegenden sich vielfältig aufhaltenden Wölfen niemals sicher“ waren. Die Napoleonischen Kriege und Feldzüge führten zu einer raschen Vermehrung der Wölfe, was besonders im Winter und Frühjahr 1813 der Fall war. Diese „allzeit hungrigen Raubtiere“ folgten „der aus Rußland zurückflutenden französischen Armee in ganzen Rudeln“ (S. 404) und kamen dabei auch in die Gegend nach Südtirol. „Aber schon vor diesem Zuzug aus Rußland waren die Wölfe bei uns wieder häufiger und frecher geworden“, worauf Meusburger hinweist. Das damalige königlich-bayerische Landgericht Lana hat nämlich mit Erlass vom 18. Dezember 1811 angeordnet, dass am Stefanitag (26. Dezember) eine große Wolfsjagd stattzufinden habe. Dazu hätten von der Gemeinde wenigstens sechs Scharfschützen und einige Treiber zu erscheinen. „Um die Sache gründlich zu machen, sollte auch noch an den zwei darauffolgenden Tagen gejagt und dabei die ganze Gegend durchstreift werden. Begründet wird dieser Erlaß dadurch, daß die Wölfe in letzter Zeit überhandgenommen und nicht bloß Vieh, sondern auch Menschen überfallen hätten.“ (S. 404)

„Einer der Gründe, warum die Wölfe um diese Zeit wieder mehr überhandnahmen, mag das von der kgl. bayerischen Regierung erlassene Waffenverbot gewesen sein. Um sich der Wölfe trotzdem zu erwehren, blieb nichts übrig, als die Wolfsgruben, die infolge der Verbesserung der Schußwaffen etwa seit 1600 außer Gebrauch gekommen waren, wieder auszubessern und instand zu setzen. Diese etwa 3 Meter tiefen, oft sogar ausgemauerten Gruben hatten einen Durchmesser von 3 bis 5 Meter. Oben wurden sie mit dünnen Ästen, Reisig, Waldstreu und dergleichen leicht zudeckt und mit einem Aas als Köder versehen. Zuletzt wurde dann alles in der Umgebung möglichst angeglichen.“ (S. 404)

Wolfsjagd am Stefanitag anno 1811

„Dass die Wolfsplage in Südtirol zu Anfang des vorigen 19. Jahrhunderts noch recht empfindlich war, zeigt folgender Erlass der bayerischen Regierung im Burggrafenamte.“
„Die Wölfe vermehren sich nach und nach so sehr, daß man ernstliche Mittel anwenden muß, um selbe auszurotten.“
„Die allgemeinen Klagen, daß diese schädlichen Thiere an mehreren Vieh Verheerungen angerichtet und sogar Menschen angefallen worden sind, haben das königliche Landgericht Meran, so wie dieses königliche Landgericht (Lana, Anm. G. J.), bewogen eine allgemeine Jagd darauf zu veranstalten. Um die häuslichen Geschäfte nicht zu versäumen, wurden die Weihnachtsfeyertage bestimmt und zwar wird der Anfang am 26. dies in der Frühe gemacht.“
„Da diese wohlthätige Anstalt nur zum besten der Unterthanen abzielt, so zweifelt man keinen Augenblick, daß der Gerichtskassier zu Lana wenigstens sechs Scharfschützen nebst einigen Treibern aufbiethen lassen werde. Zugleich wird man der Erlegung solcher Wölfe eine angemessene Belohnung auswerfen.“
(Königl. Bayerisches Landgericht Lana den 18. Dezember 1811. Rizzi per Larcher.)

Quelle:
„Der Sammler. Beiträge zur tirolischen Heimatkunde“ (1. Jg. Heft 6, 1906–1907, Untermais: Verlag von F. Pleticha, 24 S., hier: S. 18: Wolfsplage in Südtirol).

An das Vorkommen von Wölfen erinnern u. a. auch in Deutsch- und Welschnofen genauso wie sonst im Land Südtirol noch mehrere Hof- und Flurnamen, so die verschiedenen Wolfsgru(e)ben, das Wolftal und viele andere mehr. Nach der historischen Dissertation von Eduard Pichler über „Welschnofen und Gummer. Beiträge zur Siedlungs- und Wirtschaftsgeschichte des hinteren Eggentales“ (Innsbruck 1973, 201 S., hier: S. 169 – Beilage Nr. 2: Die Flurnamen) wird eine solche „Wolfsgruben“ in Welschnofen bereits im Jahr 1597 erwähnt.

Über das häufige Wolfsvorkommen zur Zeit der Napoleonischen Kriege schreibt Rosa Stocker-Bassi in ihrem Buch „Aus der Geschichte des ehemaligen Gerichtes Deutschnofen“ (Bozen 1984: Ferrari-Auer, 359 S.) diese Zeilen:

„Noch zur Franzosenzeit, als alle Gewehre abgeliefert werden mußten, sind die Wölfe besonders zahlreich aufgetreten und haben sich auch nahe an die Häuser gewagt. Wenn die Leute von den entfernt liegenden Höfen im Advent frühmorgens zum Rorate gingen, begegneten sie oft Wölfen und vermochten sie sich nur mit den brennenden Kentln vom Leibe zu halten. Als Tirol 1815 wieder zu Österreich kam und die Bauern ihre versteckten Gewehre hervorholten, sollen die Wölfe in unglaublich kurzer Zeit verschwunden sein.“ (S. 342)

„Im Dezember bei Iwanowo erlegter Wolf“ während des Ersten Weltkriegs. Diese Postkarte mit dem geschossenen Wolf wurde am 19. Juli 1916 geschrieben (Verlag und Herausgeber: Feldbuchhandlung der Bugarmee; Bildarchiv Georg Jäger).

Nächtlicher Überfall durch Wölfe. Surprise de nuit par de loups. Surprised at night by wolves. Künstlerkarte, signiert von E. Tischmeneff, um 1917 (Bildarchiv Georg Jäger).

Der von Wölfen bedrohte Pferdeschlitten, um 1910. Künstleransichtskarte von A. Stepanoff (Bildarchiv Georg Jäger).

Abschussgelder und Bälge von erlegten Wölfen

Schon im Urbar der Herrschaft Petersberg (Silz) aus dem Jahr 1588 ist u. a. auch eine Liste bzw. Preistafel für das damals erlegte Raubwild enthalten. Während des 18. Jahrhunderts wurden in den fünf Gemeinden im Ötztal sowie überhaupt in jedem Kirchspiel des Gerichtsbezirkes Silz den erfolgreichen Jägern Abschussprämien für Wölfe ausbezahlt, worauf der bekannte Tiroler Landeshistoriker Otto Stolz in seinem posthum erschienenen Fachaufsatz „Zur Geschichtskunde des Ötztales“ (in: Ötztaler Buch, Schlern-Schriften, Band 229, 406 S., Innsbruck 1963: Universitätsverlag Wagner, S. 183–247, hier: S. 222) hinweist. „Noch Anfang des 18. Jahrhunderts wurde in Gurgl ein Wolf erlegt.“ (Franz Josef Gstrein, Überlieferte Begebenheiten aus dem Ötztal. Innsbruck 1929: Druck der Kinderfreund-Anstalt, 81 S., hier: S. 73)

Festgelegte Schussgelder

Noch in der zweiten Hälfte des 17. Jahrhunderts hat es im Tiroler Oberland auf Pfundser Gemeindegebiet viel Raubwild gegeben, denn um 1667 zahlte man „an Schussgeld für einen Bären 8 fl., für einen Wolf und Luchs je 4 fl.“ (fl. = Gulden), wie den Ausführungen von Robert Klien über die „Jagd und Fischerei in Pfunds“ (S. 186) in dem von ihm verfassten Heimatbuch „Pfunds“ (Pfunds 2008, Herausgeber und Verleger: Gemeinde Pfunds, 302 S.) entnommen werden kann.

Franz von Zimmeter Treuherz ist in seiner Publikation über „Die Fonde, Anstalten und Geschäfte der Tiroler Landschaft“ (Innsbruck 1894: Verlag der Tiroler Landschaft, 610 S.) u. a. auch den „Prämien für Erlegung von Raubthieren“ (S. 198–199) im 19. Jahrhundert aus rechtsgeschichtlicher Sicht nachgegangen:

„Solche Prämien wurden in Tirol das erstemal eingeführt mittelst des Gub.-Circ. (= Gubernial-Circulars, Anm. G. J.) vom 29. Jänner 1818 und zwar für die Erlegung einer Bärin 40 fl., eines Bären 30 fl., eines jungen Bärens unter 1 Jahre 10 fl., einer Wölfin 25 fl., eines Wolfes 20 fl. und eines jungen Wolfes 10 fl., zahlbar aus dem Cameral-Ärarium in Conv.-Münze. Im Jahre 1819 traten noch Prämien hiezu für eine Luchsin 25 fl. und für einen Luchs 20 fl.“ (S. 198).

Prämien als Gnadengaben

Seit Beginn des 16. Jahrhunderts bis in die Mitte des 19. Jahrhunderts werden Ausgaben, Prämien oder Schussgelder für Wölfe und andere „schädliche“ Tiere regelmäßig in den landesfürstlichen Rechnungsbüchern verzeichnet, was vor allem der Geologe und Heimatforscher Georg Mutschlechner am Beispiel von Südtirol unter Heranziehung der Kopialbücher und der Geistliche P. MMag. Thomas Naupp in Nordtirol anhand überlieferter Quellen aus dem Kloster Georgenberg genauer erforscht haben. Für den erlegten Wolf wurde eine Prämie (Gnadengabe) ausbezahlt, deren Höhe sich nach dem Alter und Geschlecht der Wölfe richtete. Als Beweismittel dienten der Wolfskopf oder der Wolfsbalg. Georg Mutschlechner bringt dazu unter „Prämie für Wölfe (1517)“ ein Beispiel aus Südtirol:

„Die Bewohner von Sarns im ehemaligen Gericht Rodeneck (Sarns war eine Malgrei des Gerichtes Rodeneck, heute ist es eine Fraktion der Gemeinde Brixen; Anm. G. J.) waren bei der Bekämpfung der Wolfsplage besonders erfolgreich. Sie konnten innerhalb kurzer Zeit zwölf Wölfe fangen und erschlagen. Die Köpfe wurden als Beweisstücke in Innsbruck übergeben. Laut einer glaubwürdigen Urkunde gab es bisher für jeden in dieser Gegend gefangenen Wolf einen Gulden rheinisch. Kaiser Maximilian befahl am 10. März 1517 dem Pfleger und Zöllner an der Mühlbacher Klause, Jacob Jöchl, für jeden Kopf einen Gulden aus dem Zoll seiner Verwaltung zu erlegen. Doch sollte er künftig von jedem Wolfskopf, den ihm die Sarner oder andere bringen, die Zunge herausschneiden. Wenn ein vorgewiesener Kopf keine Zunge enthalte, sollte er für diesen nichts bezahlen. Auf diese Weise war dem nochmaligen oder mehrmaligen Vorzeigen desselben Kopfes ein Riegel vorgeschoben.“ (S. 660)

Alte Wölfe – Junge Wölfe

Über die während der 1540er-Jahre bestimmten Abschussgelder für Wölfe schreibt Christoph Gasser in seinem Beitrag „Wilde Tiere unterm Schlern“ (in: „Der Schlern“, 77. Jg., Heft 2, Februar 2003, Bozen, S. 5–23) diese Zeilen: „Am 24. Dezember 1543 erging an den Obristjägermeister Hans Hafenlueg der Befehl, das schädliche Raubwild zu vertilgen. Lieferte ein Forstknecht den abgeschnittenen Kopf eines Wolfes oder Luchses bei einem Pfleger oder Richter ab, so erhielt er dafür zwei Gulden. Bereits zwei Jahre später wurden mit Generalmandat vom 1. Juli 1545 die ‚Uncost auf schedlich thier und vögl‘ festgelegt.“ (S. 8)

Und hier ist die Antwort zu den „Prämien für schädliche Tiere“ bei Georg Mutschlechner (in: „Der Schlern“, 58. Jg., Heft 9, September 1984, Bozen, S. 552): „Wenn dem Rat und tirolischen Kammermeister Zipprian Meurl schädliche Tiere, wie Wolf, Luchs usw. mit ihren Köpfen und Zungen samt glaubwürdigen Urkunden von den Pflegern oder Richtern der Grafschaft Tirol, aus den Orten, wo sie gefangen oder erlegt wurden, gebracht werden, sollte er laut Befehl vom 1. Juli 1545 für jedes Stück bezahlen: für einen alten Wolf zwei Gulden, für einen Luchs zwei Gulden und für einen jungen Wolf ein Gulden.“ Allerdings sollte der Landwaidmann der Königlichen Majestät für einen alten Wolf und für einen Luchs je vier Gulden erhalten, ohne Beibringung einer Urkunde. Sämtliche Ausgaben hatte der Kammermeister jährlich zu verrechnen.

Streit um Höhe der Prämie

Unter „Die Bezahlung für schädliche Tiere“ finden sich bei Georg Mutschlechner (in: „Der Schlern“, 59. Jg., Heft 10, Oktober 1985, Bozen, S. 623–624) folgende Informationen über den damals neu bestellten Landwaidmann Veit Hasenlueg, der mit Selbstgeschossen (= Schießgewehre, die man so richtet, dass sie sich bei Berührung entladen und das Tier verwunden oder töten, Anm. G. J.) und dem dazu nötigen Bedarf auf kaiserliche Kosten versehen wurde. „Der Kammer war auch bekannt, daß der Landwaidmann die Selbstgeschosse an andere Jäger und Untertanen verlieh, um Luchse und Wölfe damit zu erlegen. Wenn die Entlehner etwas fällten, dann gaben sie davon dem Waidmann jeden Balg um zwei Gulden. Jeder Wolf und Luchs wurden ihm dann vom Kammermeister mit vier Gulden bezahlt. Auf diese Weise hatte der Landwaidmann ein gutes Einkommen. Der Kammer schien das zu viel und für die Kaiserliche Majestät nachteilig." (S. 623)

In einem Schreiben an den Forstmeisteramtsverwalter vom 8. August 1558 steht: „Für den Kopf eines Luchses oder Wolfes waren dem früheren Landwaidmann aus dem Kammermeisteramt vier Gulden mißbräuchlich bezahlt worden, wenn er die Tiere selbst geschossen hatte oder diese ihm durch Forstknechte oder andere Personen gebracht worden waren. Das wollte die Kammer künftig nicht mehr tun, deshalb werde sie mit dem neuen Landwaidmann und den Nachfolgern die Bezahlung neu regeln: Vom Kopf eines jeden Luchses oder Wolfes, den er selbst schießen, fangen und bringen wird, vier Gulden und von Köpfen der Tiere, die er selbst nicht schießen wird, sondern die ihm von anderen gebracht werden, was er dann jederzeit bei seiner Amtsverpflichtung melden muß und worauf man ihm vertrauen will, sollen ihm zwei Gulden bezahlt werden." (S. 623)

Wolfsalter und Wolfsgröße

Auch im Gerichtsbezirk Fassa (Welschtirol) waren die Forstknechte in der damaligen Zeit unter Strafandrohung verpflichtet, die Häute der wilden Tiere nach Größe und Alter unter Strafandrohung an den Hauptmann von Fassa abzuliefern. Im Buch von Heinrich Oberrauch „Tirols Wald und Waidwerk. Ein Beitrag zur Forst- und Jagdgeschichte" (Schlern-Schriften, Band 88, Innsbruck 1952: Universitätsverlag Wagner, 328 S.) ist folgende wichtige Bestimmung enthalten, was die Höhe der damaligen Schussgelder bei Wolfsjagden anbelangt:

„Das Statut von Fleims aus dem Jahr 1584 setzt fest, daß für einen großen Wolf eine Abschußprämie von 4 Lire, für einen kleinen eine solche von 2 Lire und für junge Wölfe je 6 Grossi aus der Gemeindekasse zu bezahlen sind." (S. 194)

Anfrage eines Forstknechts

Die „Bezahlung für schädliche Tiere" greift Georg Mutschlechner (in: „Der Schlern", 63. Jg., Heft 2, Februar 1989, Bozen, S. 104) wieder auf, und zwar mit der im Jahr 1608 gestellten Frage eines Villnösser Forstknechts: „Bei der Kammer in Innsbruck fragte der Forstknecht für Villnöß und Villanders, Georg Gufler, wegen Bezahlung der gefangenen und erlegten schädlichen Tiere an. Bisher hatte der Markgraf Carl zu Burgau die Hoheitsabgaben eingehoben und die schädlichen Tiere seinen Forstknechten selbst bezahlt." (S. 104)

„Weil aber Erzherzog Maximilian zu Österreich die Hoheitsrechte wieder an sich genommen hatte und von alters her der Brauch war, daß für die im Viertel an

Eisack und Etsch gefangenen schädlichen Tiere im Amt Bozen die Gebühr ausbezahlt wurde, befahl die Kammer deshalb am 8. August 1608 dem Amtsverwalter und Gegenschreiber in Bozen, nicht nur obigen, sondern auch allen anderen Forstknechten im Viertel Eisack und Etsch, für jedes in das Amt gebrachte schädliche Tier den gebräuchlichen ‚Bardo' künftig gebührenderweise zu bezahlen." (S. 104)

Kontrolle des Kopfgelds

Georg Mutschlechner befasst sich unter „Das Kopfgeld von Raubvögeln und wilden Tieren (1635)" (in: „Der Schlern", 64. Jg., Heft 10, Oktober 1990, Bozen, S. 596) auch mit der Überprüfung des ausbezahlten Kopfgelds auf Wölfe: „Um Mißbräuche zu verhindern, wurde eine strenge Kontrolle eingeführt. Die Kammer gab dem Obristjägermeister-Amtsverwalter in Tirol, Veit Ernst Freiherrn zu Rechberg, am 24. Oktober 1635 bekannt, daß Erzherzogin Claudia am 6. Oktober sich entschlossen habe, die Kopfzettel für die genannten Tiere durch den Hofkanzlisten Hanns Ernst Lelin ausstellen, aber jedesmal durch den Freiherrn zu Rechberg unterschreiben zu lassen. Die Bezahlung sollte wie von alters her aus dem Kammermeisteramt erfolgen." (S. 596)

Wölfe als Schadentiere

Unter „Schädliche Tiere bei Sterzing" (in: „Der Schlern", 69. Jg., Heft 7, Juli 1995, Bozen, S. 429) wird von Georg Mutschlechner u. a. die Bildung von Wolfsrudeln hervorgehoben: „Der Obristjäger- und Forstmeister in Tirol berichtete 1694 der Regierung wegen schädlichen Tieren, besonders Wölfen, die in den Sterzinger Forsten in Rudeln verspürt werden und sich auch sehen lassen, wobei sie das Wild töten. Bei fehlender Abwehr würden die Wälder ausgeödet. Es gebe auch kein anderes Mittel als das Aufrichten von Selbstgeschossen oder das Auslegen von Ludern (= Aas als Köder oder angebundene lebende Tiere, welche die Wölfe anlockten, die dann von einem Versteck aus erlegt werden konnten; Anm. G. J.), wo dann in der Nacht die schädlichen Tiere durch die Forstknechte erschossen werden." (S. 429)

„Der Obristjäger- und Forstmeister bat deshalb um einen Befehl an die Obrigkeiten in Sterzing, die Untertanen zu veranlassen, daß sie künftig nach Weisung durch die Forstknechte die Luder an bestimmten Stellen führen und auslegen lassen sollen. Hierauf erging im Namen des Landesfürsten, Erzherzog Sigmund Franz am 22. Dezember 1664 ein Befehl der Regierung, den Untertanen ernstlich aufzutragen, jedesmal die Luder an die von den Forstknechten gezeigten Plätze bei Androhung von Strafen zu führen, damit die schädlichen Tiere an diese Orte kommen und dann von den Forstknechten geschossen werden können." (S. 429)

Taxen für Wolfsschützen

Allein ein Blick in die von P. Thomas Naupp genau ausgewerteten Georgenberger Rechnungsbücher zeigt, dass in der Zeit zwischen 1642 und 1700 Wolfsschützen aufscheinen, die nach erfolgreicher Jagd die Wolfsköpfe herumgetragen haben. Anhand der Höhe der Taxen, welche die Äbte von Georgenberg den jeweiligen Wolfsschützen zugestanden haben, lässt sich die zunehmende Bedeutung der Wolfsjagd im Laufe der „Kleinen Eiszeit" ablesen. Die entsprechenden Gebühren sind in der zweiten Hälfte des 17. Jahrhunderts um das Doppelte angestiegen:

Taxen für die Wolfsschützen nach den Georgenberger Rechnungsbüchern, 1642–1700

Jahr	Monat	Höhe der Taxe	Anmerkungen bezüglich Wolfs-schütze(n)
1642	10. Dezember	9 Kreuzer	einem, so einen Wildkopf herumgetragen
1643	18. Juni	12 Kreuzer	ein Wolfschizen bezalt
1644	26. Mai	10 Kreuzer	zween Wolfschüzen
1648	15. Dezember	8 Kreuzer	einem Wolfschüzen verehrt
1650	29. März	9 Kreuzer	einem Wolfschüzen
1652	30. September	6 Kreuzer	einem Wolfschizen von Angerberg
1653	06. Mai	9 Kreuzer	zween Wolfschüzen
1653	31. Mai	9 Kreuzer	einem Wolfschüzen
1656	01. Juni	9 Kreuzer	zween Wolfschüzen
1664	02. Februar	9 Kreuzer	einem fremden Wolfschizen verehrt
1700	16. Februar	17 Kreuzer	dem Wolfschizen

Quelle:
Thomas Naupp und Hubert Wildauer (2009): Von Jägern, Äbten und Wildschützen. Die Georgenberger Stiftsjagd am Achensee und im Karwendel. Bozen: Athesia; Innsbruck-Wien: Tyrolia-Verlag, 199 S., hier: S. 159–160.

Prämien der Gemeinden

Der Geistliche Albuin Thaler hat sich in seinem Kurzbeitrag „Ueber den Stand der Raubtiere im Obervinschgau in früheren Jahren" (in: „Der Schlern", 8. Jg., Heft 10, Oktober 1927, Bozen, S. 352) das Tauferer Gemeindearchiv im 17. und 18. Jahrhundert ausgewertet. „Damals wurden nämlich die Jäger, die ein Raubtier erlegt hatten, aus der Gemeindekasse prämiiert und das Betreffnis auch notiert." (S. 352) Und hier sind die zwischen 1668 und 1783 für die drei Raubtiere (Wölfe, Luchse und Bären) ausbezahlten Prämien in chronologischer Abfolge. Beginnen wir zunächst mit den Abschussgeldern in der zweiten Hälfte des 17. Jahrhunderts (fl. = Gulden, kr. = Kreuzer): „1668 für zwei Luchse in Tschirfs, 2 Wölfe in Schleis 36 + 16 kr.; für einen Luchs in Laatsch, je einen Wolf in Tarasp, Prad, Stilfs, Glurns und Planeil, für 2 Wölfe in Graun und 4 Wölfe in Mals im Ganzen 6 fl. 46 kr. 1670 für 6 erlegte Untiere (Wölfe und Luchse) 2 fl. 42 kr. 1673 für erschossene Wölfe und Luchse 2 fl. 1678 für erschossene Untiere 8 fl. 20 kr. 1679 für erschossene Untiere 7 fl. 4 kr." (S. 352)

Wie sah es mit den Raubtierprämien im Laufe des 18. Jahrhunderts aus? „1725 den Malser Schützen für 2 Luchse 1 fl. 26 kr., einem Pfundser für einen Bären 48 kr. 1728 drei Tauferern für 2 Luchse und einen Wolf 2 fl. 24 kr., für drei Luchse in Schluderns 1 fl. 54 kr. 1740 für 8 Wölfe und Luchse 5 fl. 4 kr. 1746 für 3 Luchse 1 fl. 54 kr. 1747 für 2 Bären und 2 Luchse 3 fl. 48 kr. 1752 für 3 Luchse 1 fl. 54 kr., für einen Bären in Sulden 27 kr., für eine Bärenjagd 3 fl. 38 kr. 1781 für einen Bären in Trafoi 1 fl. 16 kr., einen Bären in Sulden 1 fl. 16 kr., für einen Luchs in Schleis 38 kr., für einen Luchs in Schluderns 38 kr., für einen Wolf in Glurns 38 kr. 1783 für 3 Wölfe 1 fl. 54 kr." (S. 352)

Über Vorarlberg (Bludenz) heißt es bei Meinrad Tiefenthaler in seinem Beitrag „Von der Jagd, Wilderern und wilden Tieren im Vorarlberger Oberland vom 16. bis zum 19. Jahrhundert" (in: „Jahrbuch des Vorarlberger Museumsvereines Bregenz", Bregenz 1941: Selbstverlag, S. 65–87), dass noch 1744 „jene, die ein solches Untier erlegen, nach hergebrachter Sitte mit einer Ergötzlichkeit belohnt werden" (S. 73).

Unterwegs mit Wolfsbälgen

Außer der Prämie stand jedem erfolgreichen Jäger auch das Fell des getöteten Wolfs zu – die Wolfsbälge waren teuer und deshalb sehr begehrt. Christoph Gasser schreibt dazu in seinem Fachaufsatz „Wilde Tiere unter dem Schlern" (in: „Der Schlern", 77. Jg., Heft 2, Februar 2003, Bozen, S. 5–23) diese zutreffenden Zeilen: „Mit dem Körper, dem Fell oder auch nur dem Haupt des Tieres begab sich der Schütze auf Wanderschaft, um Geld zu sammeln. Dieser Brauch, der in ganz Europa nachweisbar ist, lässt sich zumindest seit dem Mittelalter nachweisen. In der Provinz Brescia zog man im Jahre 1458 mit den Fellen erlegter Wölfe und zwei Wolfszähnen umher, um Spenden zu sammeln für die Errichtung des Doms von Salò." (S. 7–8)

Noch Mitte des 16. Jahrhunderts berichtet Michelangelo Biondo in seinem 1544 in Rom erschienenen Buch „De Canibus et Venatione Libellus" von Bauern, die mit Wolfsfellen durch Rom zogen und dort Geld sammelten, wenn es im entsprechenden Originaltext in lateinischer Sprache heißt: „Vidim quodam agricolas per urbem deferentes pelles luporum, quos aiebant occidisse pulvere quodam." (S. 22 – Endnote 32).

„Auch in Tirol war diese Vorgangsweise allgemein verbreitet und trotz des Verbotes von 1786 bis zu Beginn des 20. Jahrhunderts üblich." (S. 8) Nicht umsonst wird am 10. Dezember 1642 bei einem Wolfsschützen im Georgenberger Rechnungsbuch vermerkt, „so einen Wolfskopf herumgetragen (aus der Riß oder Pertisau?)", um den einschlägigen Fachaufsatz von P. Thomas Naupp über „St. Georgenberg-Fiecht: Zur Jagdgeschichte vom 14. bis zum 19. Jahrhundert" (in: „Tiroler

Heimatblätter“, 64. Jg., Heft 1, Innsbruck 1989, S. 2–14, hier: S. 12) anzuführen. Wie bereits ausgeführt, gingen zwei erfolgreiche Osttiroler Jäger im Februar 1614 zwischen Heinfels und Anras mit dem Wolfsbalg sammeln.

Aus der von Wolfgang Dietrich eingereichten Doktorarbeit über die „Geschichte der Preise und Löhne in Stift Stams von 1532 bis 1806“ (Innsbruck 1980: Historische Dissertation, 352 S., hier: S. 268) geht hervor, dass sich allein die Stückpreise der Wolfsfelle zwischen 1588 und 1784 von 60 auf 200 Kreuzer mehr als verdreifacht haben. Die Wolfsplage dürfte damals zu einem großen Problem geworden sein.

Zwei nach einem Kälteeinbruch im Jahr 1906 erlegte Wölfe werden von den Jägern bzw. Erfolgsschützen in der italienischen Hauptstadt Rom herumgetragen und dort einem interessierten Publikum zur Schau gestellt. Die englischsprachige Überschrift ist „Wolves betrayed by the recent cold at Rome.“ Die deutsche Übersetzung lautet: „Wölfe, die von der jüngsten Kälte in Rom verraten wurden.“ Und hier folgt wortwörtlich der darunter stehende englischsprachige Begleittext:

„Some wolves, driven from the open country by the cold, have been seen on the outskirts of Rome. The zwo photographed were shot by shepherds near the church of St. Paul, and were carried home in triumph as shown in the Illustration.“ – Einige Wölfe, die von der Kälte aus dem offenen Land vertrieben wurden, sind in den Außenbezirken von Rom gesehen worden. Die fotografierten zwei Wölfe wurden von Schafhirten in der Nähe der St. Paulskirche erlegt und im Triumph nach Hause getragen, wie auf der Abbildung zu sehen ist. (Foto: Photo Abeniacar; Bildarchiv Georg Jäger).

Streitigkeiten um Wolfsbälge

Georg Mutschlechner ist auf „Die Bälge schädlicher Tiere“ (in: „Der Schlern“, 60. Jg., Heft 12, Dezember 1986, S. 187) näher eingegangen, und zwar in der zweiten Hälfte des 16. Jahrhunderts am Beispiel der Mühlbacher Klause: „Die landesfürstliche Kammer wollte am 11. März 1559 wissen, wie es gehandhabt werde, wenn Wölfe oder andere schädliche Tiere in das Pfleg- und Zollamt an der Mühlbacher Klause um Bezahlung der Gnadengabe davon gebraucht werden: Ob die Herren und Adelspersonen, ihre Diener oder bestellte Waidleute, die solche Tiere gefangen oder gefällt haben, die Bälge davon selbst behalten oder ob sie diese, weil die Gnadengabe dafür aus der Amtsverwaltung bezahlt wird, in das Amt gegen gebührende Bezahlung geben. Desgleichen auch, wenn die Gerichtsuntertanen solche schädliche Tiere mit Erlaubnis fangen oder töten, ob sie dann schuldig sind, die Bälge ihrer Gerichtsobrigkeit, unter der sie gesessen, oder der Obrigkeit, in deren Gerichtsverwaltung sie die Tiere gefangen oder geschossen haben oder dem Kammermeister von Amts wegen bringen oder nicht. Die Kammer wollte wissen, wie es an der Mühlbacher Klause von alters her gehalten worden und man gehalten wird. Darüber wünschte sie vom Kammermeister einen Bericht."

Über die „Luchs- und Wolfsbälge im Pustertal" (in: „Der Schlern", 68. Jg., Heft 3, März 1994, Bozen, S. 237) in der zweiten Hälfte des 17. Jahrhunderts schreibt Georg Mutschlechner diese interessanten Zeilen: „Erzherzog Ferdinand II. erließ 1564 an alle Pfandschaften, Gerichtsinhaber, Pfleger, Verweser, Landrichter, Richter und an alle Obrigkeiten im Pustertal ein Mandat. Wenn die Forstverwalter, die bestellten und besoldeten Jäger und andere Zugehörige in ihrer Forstverwaltung zum Berg gingen und dort Wölfe, Luchse und andere dergleichen Tiere geschossen oder gefangen hatten, verlangten einige dieser Obrigkeiten das ‚Gefüll' (Fell) der Beutetiere. Sie glaubten dazu berechtigt zu sein. Diese unbefugte Anmaßung und das vermeintliche Recht konnten jedoch nicht gestattet werden. Weil es sich gebührte und weil die Forstverwalter im Pustertal den Auftrag zur Ablieferung der Felle an den Erzherzog hatten, befahl dieser am 10. Juli 1564, sich der Aneignung der Felle zu enthalten und von den Forstverwaltern und Jägern nichts mehr zu verlangen."

Schafhirte auf der Mutterberger Alm mit Schaufelspitze und Stubaier Wildspitze, um 1941. Schon immer war das Schaf für den Wolf eine einfache und leichte Beute. (Foto: Franz Leu, Bildarchiv Georg Jäger).

Schafhirten auf der Arzler Scharte in der Nordkette, 1918. Eine professionelle Behirtung war in der Vergangenheit gegen die Wölfe am wirksamsten. (Foto: Richard Müller, Innsbruck; Bildarchiv Georg Jäger).

Zusammenfassende Schlussbemerkungen

Die ersten Hinweise auf Wölfe und Wolfsjagden reichen im „Land im Gebirge" ins Hoch- und Spätmittelalter zurück. Laut einer Urkunde vom 18. Dezember 1208 trieben in Welschtirol nach einem überlieferten Nutzungskonflikt die Bewohner der Dorfgemeinde Vezzano den Bauern aus Vigolo und Baselga am Almberg Arano die Hirten und Hunde weg, sodass dort die Wölfe ohne Probleme weidende Ziegen verzehren konnten. Im Jahr 1319 rissen mehrere Wölfe im Südtiroler Unterland bei Neumarkt an der Etsch nicht weniger als 37 Schafe. Nach dem Rattenberger und Kitzbüheler Salbuch von 1416 war der Wolf im Tiroler Unterland ein besonders „schedliches" Tier, weshalb es von eigenen herrschaftlichen Jägern vor Ort bejagt bzw. überhaupt erlegt werden musste.

Die im Kältejahr 1432 in Tirol am Boden liegenden erfrorenen Menschen wurden von Hunger leidenden Wölfen aufgefressen. Die Bergbauern im hinteren Schnalstal litten am 26. Juni 1477 an einer Wolfsplage, die sich vor allem auf der oberhalb von Karthaus gelegenen Penauder Alm bemerkbar machte. Am Zirler Berg wurden am 9. Juni 1484 Durchreisende von heulenden Wölfen erschreckt, wie aus der Chronik des Haller Bürgers Peter Heuberger hervorgeht. Und am 10. April 1494 schrieb der damals römisch-deutsche König Maximilian (seit 1508 Kaiser Maximilian I.) an Erzherzog Sigmund vom Aufstellen von „Selbstgeschossen" gegen Wölfe im Gebiet von Schwangau, wo er mit den Edlen von Schwangau auf der Pirsch gewesen war. Unter Maximilian wurde im Jahr 1497 ein eigener Wolfsjäger bestellt, was noch längst nicht für die Vertilgung der Raubtiere ausreichte.

Erst mit dem landesfürstlichen Mandat von 1507 erhielten die Untertanen das Recht, den Wölfen und Bären mit Hilfe von Fallgruben und Selbstgeschossen nachzustellen. Nach den Bauernunruhen (1525) gab es das Zugeständnis, solche „schädliche“ Tiere fangen und jagen zu dürfen. Allerdings schränkte die Landesordnung von 1532 dieses Jagdrecht wieder ein, indem das Erlegen von Wölfen nur mehr auf eigenem Grund und Boden erlaubt wurde. Außerhalb der Grundstücksgrenze durfte den Raubtieren nicht mehr nachgespürt werden. Deshalb erhielten nun die zuständigen Forstmeister den Auftrag, in jedem Gericht einige Männer als Wolfsjäger zu beeidigen, die auf Anzeige der Bauern hin den Wölfen nachstellen und diese auch töten konnten.

Die Wolfsplage war zu Beginn der „Kleinen Eiszeit“ so stark, dass im Jahr 1560 ein eigener Wolfsjäger für die Gerichtsgemeinde Sarnthein angestellt werden musste. Der namentlich genannte Martin Öbrist hatte schon vorher den Wölfen ihr Handwerk gelegt, ihre Wechsel ausgespäht und Wolfsgruben angelegt. Die Erlöse aus den verkauften Wolfshäuten waren eine willkommene Einnahmequelle der gemeinen Nachbarschaft.

In der zweiten Hälfte des 16. Jahrhunderts litten sämtliche Tiroler Landesteile unter extremen Wintern. Die landesfürstliche Kammer zahlte für vorgelegte Raubtierköpfe eigene Geldbeträge aus. 1580 glückte den Forstknechten im Gericht Petersberg (Silz mit Ötztal, Mieminger Plateau usw.) ein Fang von vier Wölfen. Noch im selben Jahr gingen in Nordtirol insgesamt zehn Wölfe in die aufgestellten Fallen. Im Winter 1597/98 erfroren etliche Menschen, deren erstarrte Leichen nachher die Wölfe auffraßen.

Während des Dreißigjährigen Krieges vermehrte sich überall im Alpenraum die Wolfspopulation. Es überrascht daher nicht, dass 1621 ein eigenes landesfürstliches Wolfsgrubenmandat für ganz Tirol erlassen wurde. 1641 und 1642 gelten überhaupt als die schlimmsten Wolfsjahre in Tirol. Rudelweise stellten die Wölfe dem Rotwild im Oberinntal, Außerfern und Pustertal nach. Im Wipptal konnten von 1648 bis 1650 die betroffenen Gemeinden das Raubwild selbst abschießen. Sogar die Weinbaugebiete im Südtiroler Unterland errichteten 1670 eigene Wolfsgruben. Noch 1773 hielt man im Gericht Altenburg bei Eppan wenig Schafe, weil „diese Viehsgattung von denen in diesen Gerichtsgemeinden sich vielfältig aufhaltenden Wölfen niemals sicher“ war. Im Laufe des 18. Jahrhunderts gab es oft Treibjagden auf Wölfe, bei denen Schusswaffen verwendet und ansehnliche Fangprämien ausbezahlt wurden. Darüber hinaus mussten alte Fallgruben ständig ausgebessert und durch neue Gruben ersetzt werden.

Der Wolf verschwand als Standwild schon früher als der Bär und Luchs aus den Tiroler Wäldern. Allerdings drangen des Öfteren aus benachbarten Revieren einzelne Tiere nach Tirol vor. Aus Erzählungen wissen wir allerdings nicht, ob es sich um verwilderte wolfsähnliche Haushunde oder um echte „grimmige“ Wölfe gehandelt hat. Feststeht, dass der Wolf schon damals Stammgast in der Hochweidestufe gewesen ist. So riss im Sommer 1784 ein Wolf auf der Idalpe mehrere Kälber und Schafe, bevor dieser große Beutegreifer zu Jahresbeginn 1785 zwischen dem Ober- und Unterpaznaun erlegt werden konnte. Noch während des 19. Jahrhunderts wurden im Ortsteil Wielenbach in der Gemeinde Percha (Pustertal) die Schafe sogar über eine einziehbare Brücke auf einen großen flachen Felsen getrieben, um die Wolltiere vor den nächtlichen Wolfsangriffen zu schützen. Eine besonders wolfreiche Gegend im Vinschgau war das Matscher Tal, worauf Beda Weber (1838) ausdrücklich hinweist.

Als Hauptverbreitungsgebiete der Wölfe kristallisierten sich im Jahr 1839 nach den Angaben von Johann Jakob Staffler neben dem Tal Matsch die Valsugana und der Nonsberg heraus. Luchse gab es in Südtirol im Vinschgau (Kastelbell) und in Nordtirol vor allem im Wipptal, bei der Martinswand und im Achental. Im Fassatal kam im Hungerjahr 1817 noch ein Wolfsrudel mit 17 Tieren vor. Die Zahl der erlegten Wölfe lag in Alttirol in den 1830er-Jahren bei jährlich sieben (1831), einem Wolf (1832), sechs (1833), fünf (1834), zehn (1835), zwölf (1836) und sechs (1837) Tieren. Im Vergleichszeitraum von 1837 bis 1852 wurden tirolweit lediglich 18 Wölfe geschossen, davon 13 in Welschtirol. Zwischen 1852 und 1863 wurde nur noch ein einziger Wolf zur Strecke gebracht.

Die hl. Radiana, von Wölfen angefallen. Hans Burgkmair der Ältere (1473–1531 Augsburg). (Holzschnitt. Inventarnummer DG1934/62. In: Sammlungen Online https://www.albertina.at/Sammlungenonline, eigener Zugriff am 25. Juli 2022).

Tiroler Wolfsgeschichte(n) im Überblick

„Ein strittiger Fund" nach einer Originalzeichnung von Friedrich Specht, um 1896. Um diese im Schnee verendete Hirschkuh als Opfer der kalten Jahreszeit entbrannte ein heftiger Kampf zwischen Meister Braun und zwei Wölfen, die ihren Hunger gleich zu Winterbeginn stillen wollen. Für die beiden Wölfe ist das eine schicksalhafte Begegnung, denn sie werden vor dem grimmigen Bären den Kürzeren ziehen müssen.
(in: „Die Gartenlaube", 45. Jg., Heft 48, Leipzig 1897: Ernst Keil's Nachfolger, S. 801).

Vom Wolfsbesuch auf einer Gerloser Alm

Der Wiener Alpinist und Hofkammerbeamte Joseph Kyselak (1795–1831), stets begleitet von seinem weißen Wolfshund Duna und bekannt für die merkwürdige Gewohnheit, auf Wanderungen seinen Namen in großen Buchstaben (aus schwarzer Ölfarbe in Felswänden gepinselt) dauerhaft zu hinterlassen, beschreibt in seinem 1829 erschienenen zweiteiligen Werk „Skizzen einer Fußreise durch Oesterreich, Steiermark, Kärnthen, Salzburg, Berchtesgaden, Tirol und Baiern nach Wien, unternommen im Jahre 1825. Zweiter Theil“ (Wien: Anton Pichler, 285 S.) unter dem umfangreichen Kapitel „Tirol“ (S. 1–159) sogar „Wolfsbesuche“, wenn er darüber 1825 bei seinem Aufenthalt im Gerlostal folgende nachdenklich stimmende Almbegebenheit mit den sich auf der Hochweidstufe aufhaltenden Sennerinnen festhält:

Eine Schafherde auf einer Bergwiese in Neustift im Stubaital. Blick vom Ortsteil Forchach ins Stubaital mit Kesselspitze, 1930er-Jahre. Unbehirtete Schafe sind ein gefundenes Fressen für Wölfe. (Bildarchiv Georg Jäger).

„Links entkletterten kaum merklichen Gangsteigen, zwei weinende Dirnen. Mir waren die Thränen im Gebirge bei aller Noth fremd geworden. Auf mein Befragen um die Ursache ihres Kummers, erwiderten sie schluchzend: eben habe der unersättliche Wolf ihre schönste Kalbin auf dem Fierst-Joche erwürgt; sie hätten vor mehreren Tagen schon abtreiben sollen, und weil übergenug Futter war, zögerten sie; nun würden der Schadenersatz und Zorn der Herrin gleich fürchterlich seyn. – So gibt es doch nirgends ein Eldorado auf Erden! Wo Menschen nicht feindselig gegen einander nagen, benutzten Raubthiere ihr grimmig Gebiß.“ (S. 9)

„Die Gegend, welche ohnedies einen hohen Grad von Wildheit bereits erreichte, scheint mir durch diese traurige Geschichte, wo möglich, noch furchtbarer; daher wunderte mich nicht, daß eine Schaar Kinder, welche Waldnüsse und sonstige Kleinigkeiten nach Hause schleppten, bei meinem Anblicke die mühsam errungene Beute wegwarfen, und ohne mein Rufen zu beachten, sich in zwei morschen Hütten versteckten, woran die besorgten Mütter schnell die Thüren sperrten, und dann mit ängstlicher Miene durch die kaum merklichen Fenster lugten.“ (S. 9–10)

Wolf und Bauer in der Kirche von Bad Ilstern

Der „Bothe von Tirol“ (16. Jg., Nr. 68, S. 272: Notiz) führt am Donnerstag, 26. August 1830 eine merkwürdige Wolfsgeschichte aus der Ortschaft Bad Ilstern in St. Sigmund im westlichen Pustertal (Gemeinde Kiens) an, die dort beim Volk bis in die 1930er-Jahre noch in dunkler Erinnerung geblieben ist:

„An dem St. Ulrichskirchlein beym Bad Ilstern im Pusterthal zeigt man noch die Spuren folgenden tragikomischen Vorfalles: Ein Bäuerlein trieb an der Kirche vorbey eine Gaiß zum Markt. Er trat in diese hinein, um einige Vaterunser zu beten, und hängte indessen die Gaiß an die Kirchthüre an. Da schoß plötzlich ein Wolf aus dem nahen Walde in blinder Wuth auf die Gaiß zu, welche sich aber durch einen geschickten Seitensprung rettete, so daß der Wolf an ihr vorbey in das Kirchlein rannte. Unglücklicherweise schlug aber durch diesen Seitensprung die Kirchthüre zu, und man denke sich den Schreck des armen Bauern, der sich plötzlich mit einem so furchtbaren Gesellschafter zusammen eingeschlossen fand. In seiner Angst rannte er die Stiege des Glockenthurms hinauf, und ließ sich am Glockenseile an der Außenseite des Thurms herunter. Der Wolf suchte sich durch Zerbeißen der hölzernen Kirchthüre zu befreien, und wirklich hatte er schon eine bedeutende Oeffnung hinein genagt, als die herbeieilenden Nachbarn ihn erschlugen.“

Wölfe verfolgen einen Hirsch.
Darstellung aus dem 19. Jahrhundert (Bildarchiv Thomas Naupp).

Ein Hirsch im Kampf mit hungrigen Wölfen. Postkarte, um 1900 (Bildarchiv Georg Jäger).

Ein von Wölfen verfolgter Hirsch. Künstlerkarte, um 1900 (Kupferdruck der Deutschen Postgravur A.-G., Siegburg; Bildarchiv Georg Jäger).

Am Heimweg von einem Wolf angegriffen

Diese Karl Meusburger (in: „Der Schlern“, 11. Jg., Heft 10, Bozen 1930, S. 399–409: Die Wölfe in unserem Heimatland) mitgeteilte Erzählung stammt vom Ururenkel des Romanus Mair, dem Hotelier Wolfgang Heiß in Brixen, und wird im Wortlaut des Verwandten sinngemäß so wiedergegeben:

„Am 29. Jänner 1834, um 4½ Uhr abends, so schreibt in seinem Vormerkbuch der Brixner Bürger- und Bäckermeister Romanus Mair, habe ich den größten Schrecken meines Lebens ausgehalten. Wie ich nämlich auf dem Heimwege von Tschötsch her in die Angerfelder komme, da sehe ich plötzlich zwei Schritte vor mir bei einer Zaunsäule einen Wolf liegen. Wie angewurzelt bleibe ich stehen: Da springt auch schon der Wolf auf und will sich auf meinen Hund stürzen. Ich schreie laut auf, auch der Wolf erschrickt, wie es scheint, denn er läuft davon, sofort kehrt er aber wieder zurück und bleibt mir, während mein Hund sich immer an meine Füße drückt, hart auf den Fersen. Ich rufe so laut ich kann um Hilfe und erreichte, den Wolf durch mein Schreien immer wieder zurücktreibend, endlich die ersten Häuser der Stadt.“ (S. 399)

Ein Hirtenhund mit Stachelhalsband zum Schutz vor Wölfen. Detail aus dem Brixner Kreuzgang, XIV. Arkade, Mitte des 15. Jahrhunderts. Manche Höfe im Sarntal verwahrten sogar noch in den 1960er-Jahren Stachelhalsbänder, die den scharfen Hunden zur Sicherheit angehängt („angekölpert“) wurden (Bildarchiv Christoph Gasser, „Wilde Tiere“ unterm Schlern, in: „Der Schlern“, 77. Jg., Heft 2, Februar 2003, Bozen, S. 5: Abbildung).

Verkündigung an die Hirten am sogenannten Multscheraltar in Sterzing, gezeichnet von Hans Multscher (um 1400, gestorben 1467 in Ulm). Die Pfarrkirche „Unsere Liebe Frau im Moos“ wurde zu Beginn des 15. Jahrhunderts errichtet. Im Inneren der Kirche war vor allem die Multscher-Altartafel „Christi Geburt“ von kunsthistorischer Bedeutung, der heute im benachbarten Sterzinger Stadt- und Multschermuseum besichtigt werden kann.
Beim abgebildeten Hund mit Stachelhalsband ist ein Hirt mit Stecken zu sehen. Neben der grasenden Schafherde fressen die zwei Ziegen nach ihrer Gewohnheit die Blätter aus den Büschen (Textquelle: Rainer G. Scholler, Geiß und Bock. Ein Beitrag zur Geschichte problematischer Nutztiere. Hersbruck 2020: Verlag Deutsches Hirtenmuseum, 183 S., hier: S. 74; Foto: Bildarchiv Redaktion Zeitschrift „Südtirol in Wort und Bild“, 2022).

Manche unter der interessierten Leserschaft werden den Wahrheitsgehalt anzweifeln, weil diese Geschichte nicht ihren Vorstellungen über den Wolf entspricht. Nach der Ansicht anderer waren die Wölfe in der damaligen Zeit in Südtirol schon größtenteils ausgerottet. Im „Dolomiten“ (40. Jg., Nr. 9, Freitag, 11. Jänner 1963, S. 11: Wolfsjagd am Stephanstag) heißt es diesbezüglich: „Um 1830 stiegen Wölfe nach Brixen hinunter. Auf dem Latzfonser Berge rotteten die Wölfe fast alle Rehe aus.“

Wolfsüberfälle zu Weihnachten in Südtirol

Trotz einzelner bedrohlicher Berichte aus der Vergangenheit muss festgestellt werden, dass zwar einige Übergriffe von Wölfen im Ostalpenraum bzw. in Österreich auf Menschen bekannt sind, jedoch gab es nur sehr wenige derartige Fälle mit tödlichem Ausgang.

Die Lanzuner-Dirn vom Grumenberg

Der Heimatforscher Luis Oberrauch geht auf diese Fragestellung in seinem Beitrag über „Wolfsplagen, Wolfsgruben und Wolfsbanner“ (in: „Der Schlern“, 39. Jg., Heft 2, Februar 1965, Bozen, S. 69–71) am Beispiel von Südtirol näher ein und bringt diesbezüglich zwei überlieferte Beispiele. Den ersten Vorfall hat ihm der alte Jenesier Brotausträger („Saltenstanis“) mitgeteilt. Und die zweite traurig endende Episode wird heute (gemeint ist bzw. war das Jahr 1965) in einem noch vorhandenen Votivbild festgehalten.

Vor allem die Besucher der Christnachtmette wurden in kalten Wintern öfters von Wölfen angefallen, weshalb im Ahrntal bis in die Zeit um 1900 ein eigener Wolfssegen gehalten wurde, indem „in der Christnacht zur Zeit der Mette der Priester vor die Kirche trat und nach allen Windrichtungen hin die bannenden Worte sprach“ (S. 69). Dass so etwas wirklich vorkam, beweist zunächst diese überlieferte Begebenheit aus Jenesien (Grumenberg):

„Als im Jahre 1824 die Lanzunerleute von ihrem einschichtig gelegenen Hof am Grumenberg nach Jenesien zur Christmette gingen, vergaß eine Lanzunerdirn den Rosenkranz und lief eilends zum Hofe zurück, um ihre ‚Bete‘ zu holen. Als die Kirchenleute in den ersten Morgenstunden auf dem Heimweg waren, fanden sie auf der Tschintschenötz, unterhalb des Locher Pradellele, einen Arm und einen Fuß, die Magd war von einem herumstreunenden Wolf, der etliche Tage später von einem Kreuzersohn am Noblser Grumen erlegt wurde, überfallen und zerrissen worden.“ (S. 69)

> ### Ein Christnachtstraum
> *Norbert Stock, 1865*
>
> **Es bebt die Welt in mitternächt'ger Stunde,**
> **Am Horizont zuckt blut'ger Nordlichtschein,**
> **Und tausend Wölfe heulen in der Runde –**
> **Helf' Gott! soll das die heil'ge Christnacht sein?**

Quelle:
Norbert Stock (1884): Religion und Vaterland. Gedichte. Innsbruck 1884: Vereinsbuchhandlung & Buchdruckerei, 195 S., S. 148–149, hier: S. 148.

Die Nerder-Dirn im Tanzbachtal

Ein ähnlich tragischer Vorfall ereignete sich zu Beginn des 18. Jahrhunderts im Tanzbachtal, das die Gemeindegrenze zwischen dem Sarntal und Ritten bildet: „Auf dem wenig begangenen Bergweg, der etwas unterhalb des Kirchsteigers in der Windlahn, zu dem auf der schattigen Talseite liegenden Nerdererhof hinüberführt, ist an einer hohen überhängenden Wand ein großes Votivbild angebracht, das im Jahre 1963 durch Albert Lobis restauriert wurde und dem Wanderer in anschaulicher Weise erzählt, was sich um 1700 herum an dieser Stelle zugetragen hat. Die Darstellung zeigt, wie drei Wölfe gierig einen auf dem Boden liegenden Menschen zerfleischen." (S. 69) Der nachdenklich stimmende Reim lautet:

„Vor langer Zeit – gut zweihundert Jahren, / als hier zu Land noch Wölfe waren, / da wurde auf dem Gang zur Christnachtfeier / die junge Nerderdirn Maria Maier, / die sich den Weg allein zu gehen vermessen, / von den Wölfen überfallen und gefressen. / O lieber Gott behüte und bewahre uns in allen Nöten, / besonders von den Wölfen, welche Seelen töten." (S. 69)

Der aus dem Wipptal stammende Schriftsteller, Volkskundler und Historiker Hermann Holzmann (1906–1971) befasst sich noch ausführlicher mit dem Sterben dieser am Nerder- oder Nörderhof arbeitenden Bauernmagd in seinem posthum erschienenen und von Alfred Gruber herausgegebenen Werk „Weihnacht am Tiroler Bergbauernhof" (Graz 1979: Verlag für Sammler, 196 S.) unter „Unglück beim Mettegang" (S. 84–87):

„Auch auf dem Ritten droben, am Übergang in das Sarntal, mußte eine arme Bauerndirn eine schreckliche Weihnacht erleben. Sie war Dirn auf dem großen Nörderhof. Schon früh erfolgte der zweistündige Mettegang hinunter nach Sarnthein. Die fromme Dirn hatte ihre ‚Bete' (Rosenkranz) vergessen und lief noch einmal in das Haus zurück. Bald wollte sie nachkommen, aber sie kam niemals mehr nach. Als die Mettegänger in den frühen Morgenstunden heimwärts kehrten, fanden sie den Schnee auf dem offenen Feld unter dem Haus zerstampft und verschmutzt. Im trüben Licht sahen sie Reste von Stoff und Gewand. Beim Schein der Fackeln erkannten sie rote Flecken! Etwas Entsetzliches mußte geschehen sein.

Niemand wagte es, die Ahnung auszusprechen. Die Dirn war nicht mehr nachgekommen und hier – das offene Schneefeld – zerstampft von – Wölfen! Noch heute hängt das gut erhaltene Marterle, von einer Felswand überdeckt, neben dem Kirchweg an der Feld- und Waldgrenze. Die Inschrift erinnert an dies furchtbare Geschehnis." (S. 85–86)

Der Hintergrund von Wolfsattacken

Allerdings kam es selten zu Wolfsübergriffen auf Personen, wobei solche Angriffe oder Attacken mit ganz speziellen äußeren Umständen verbunden waren. So konnten mehrere einschlägige historische Berichte im Nachhinein dadurch erklärt werden, dass die „blutrünstigen" Wölfe tollwütig waren. Es fällt auf, dass entsprechende Vorkommnisse besonders aus den oft lange andauernden Wintern der „Kleinen Eiszeit", aus Kriegs- und Hungerzeiten oder Seuchenzügen überliefert sind. In solchen Perioden starben die Menschen oft schneller, als die Totengräber sie begraben konnten, und hungrige Wölfe fraßen die erfrorenen, nicht bestatteten oder nur notdürftig verscharrten Leichen. Dass in solchen Situationen gelegentlich auch Menschen angegriffen wurden, lässt sich nicht ausschließen.

In klimatischer Hinsicht waren, in beiden vorhin erwähnten Fällen von Wolfsangriffen aus Südtirol, die Winter der Jahre 1700 und 1824 (leider ohne genaue Angabe des entsprechenden Monats) sehr kalt. So begann das 18. Jahrhundert mit einer extremen Kälteperiode, in der bis Mitte Februar 1700 viele Menschen ihr Leben einbüßten. Der Speichel wurde zwischen dem 6. Jänner und 15. März zu Eis, wie es bei Elisabeth Strömmer in ihrem Buch „Klima-Geschichte. Methoden der Rekonstruktion und historische Perspektive Ostösterreich 1700 bis 1830" (Wien 2003: Franz Deuticke, 325 S., hier: S. 101) heißt. Und der Winter 1823/24 mit tiefen Temperaturen wird von Strömmer so beschrieben: „Die seit Ende Dezember 1823 andauernde Kälte blieb auch in den ersten Jännerwochen bestehen" (S. 284).

Wolfserzählungen aus dem Pustertal

Karl Meusburger bringt unter „Die Wölfe in unserem Heimatland" (in: „Der Schlern", 11. Jg., Heft 10, Bozen 1930, S. 399–409) zunächst aus der Brunecker Gegend und danach aus dem Antholzer Tal interessante Wolfserzählungen, bei denen ein Haushund mit stacheligem Halsband, ein alter Gerichtsdiener und zwei Wolfsjäger im Mittelpunkt stehen. Danach werden vom Heimatforscher Hubert Müller aus Antholz kurze Geschichten über Wölfe zwischen Berg und Tal erzählt. Dasselbe machen u. a. Raimund Griessmair, Johannes Baur und Hans Fink für Reischach, Taisten und Mühlbach/Vals.

Zerrissener Haushund mit Halsband

„In der Brunecker Gegend waren vor etwa 100 Jahren (um 1830, Anm. G. J.) die Wölfe durchaus nicht selten. Im Dorfe Stegen trieben sie sich zur Winterszeit, wenn sie Hunger plagte, ganz in der Nähe der Häuser herum, besonders jener, in denen Hunde waren. Der Mutschlechnerbauer aber hatte auf seinem Hofe einen Hund, der auf die Wölfe ganz besonders scharf war. Er nahm es mit jedem derartigen Raubtiere auf und immer blieb er Sieger, zumal seine Kehle, nach der Wölfe ja immer zuerst schnappen, durch eine stachelige ‚Keiper' (Halsband) geschützt war. Schließlich wurde er aber doch das Opfer seines Mutes und seiner Kampflust, denn einmal fielen mehrere Wölfe zugleich über ihn her und zerrissen ihn." (S. 405)

Glück in der mondhellen Winternacht

„Dort, wo heute der Brunecker Bahnhof steht, sah man vom damals ganz einschichtig stehenden Schwaighofer'schen Anwesen aus oft einen und mitunter auch mehrere Wölfe, die auf einem kleinen Erdhügel saßen und in die kalte mondhelle Winternacht hinausheulten. Ein alter Gerichtsdiener, der von Greinwalden nach Bruneck zurückkehren wollte, begegnete dort, wo der Greinwalder Weg von der Pfalzner Straße abzweigt, einmal einem Wolfe. Erschrocken bleibt er einen Augenblick stehen, dann aber zieht er rasch Stahl und Feuerstein heraus und fängt an kräftigst Feuer zu schlagen. Diese sprühenden Funken erschrecken den Wolf derart, daß er schnurstracks davonlief und den Gerichtsdiener nicht weiter belästigte." (S. 405)

Erfolgreiche Wolfsjäger im Blickpunkt

„Im Antholzer Tal gab es vor Zeiten auch viele Wölfe. Der Vater der jetzigen Kirchberger- Bräubesitzer erzählte mir, daß, als er noch ein Knabe war, einmal ein kleines, verwittert aussehendes Männlein nach Bruneck in ihre Gaststube gekommen sei; dieses Männlein habe einen Leibgurt, eine sogenannte ‚Fatsche' getragen, auf der mit Pfauenfederkielen der Spruch eingestickt war: ‚Ich habe in meinem Leben 400 Gemsen, Hirsche und Rehe, und auch vier Wölfe geschossen.' Dieser Spruch habe sein Staunen erregt, er habe das Männlein mit scheuer Ehrfurcht betrachtet." (S. 406)

„Doch dieses ‚Teufelsmandl' war nicht der einzige Wolfsjäger in Antholz, auch der sogenannte Fischer Jörgl stellte diesen Raubtieren nach. Einmal fand er im Schnee die Fährte eines flüchtigen Hirsches und daneben die von zwei Wölfen. Selbstverständlich ging er diesen Fährten nach und fand, daß der Hirsch lange Zeit imstande gewesen war, seinen Verfolgern zu entfliehen. Dann aber war er auf eine Eisgalle geraten, war dort ausgeschlüpft und zu Fall gekommen. Jetzt freilich konnten sich die beiden Wölfe seiner bemächtigen, und hungrig wie sie waren, fraßen sie ihn fast ganz auf." (S. 406)

Nächtliches Blutbad unter der Schafherde

Hubert Müller hat sich ebenfalls in seinem „Dorfbuch Antholz“ (Antholz 1985: Eigenverlag, 228 S.) mit Wolfsgeschichten auseinandergesetzt: „Die Wölfe richteten besonders unter dem Kleinvieh bedeutenden Schaden an. Deshalb trieben die Hirten in niedrigeren Weidegebieten auch sommers ihre Schafherden nachts in einen Stall oder gar nach Hause. Als da einmal im ‚Suin‘ die Schafe während der Nacht unbewacht im Freien blieben, sollte der Wolf unter der Herde ein arges Blutbad angerichtet haben.“ (S. 121)

„Auch im ‚Steinlahner‘ oberhalb des Schwörzhofes tötete der Wolf in seiner Mordgier in einer Nacht 13 Schafe. Ein ganz frecher Kerl hetzte einige Ziegen bis in die ‚Stoltz-Tränke‘, während ein anderer sich wiederholt beim Hinterpaßlerhof sehen ließ. Der kleine, aber tapfere Haushund schlug wohl Lärm, flüchtete aber immer wieder durch ein Loch in der Hoftür in den Stall hinein.“ (S. 121)

Kind bei hellichtem Tag aus der Wiege geraubt

„Wie ältere Leute erzählen, wurden diese Raubtiere, vom Hunger getrieben, auch dem Menschen gefährlich. Von abgelegenen Höfen wagte man es nicht – besonders im Christmond (= Christmonat, Dezember; Anm. G. J.), wenn die Tage kurz waren –, die Kinder ohne Begleitung eines Erwachsenen in die Schule zu schicken. Ja, Meister Isegrim getraute sich sogar bis in die Nähe der Häuser. Beim Gruberbauern soll er die auf der Hausbank lehnenden Milchschüsseln verschleppt haben.“ (S. 121)

„Beim etwas weiter oben gelegenen Wanzelhof raubte er ein Kind bei hellichtem Tage aus der Wiege. Obwohl man das Kleine noch lange im Wanzelbach schreien hörte, gelang es nicht, dem Wolf die Beute abzujagen. Ein Jäger aber setzte sich dem Räuber an die Fersen und verfolgte ihn hartnäckig durch neun Gerichte. Endlich brachte er den Bösewicht zur Strecke. Er zog ihm das Fell ab und stopfte es aus. Als aber der unermüdliche Schütze nach Hause kam, hatte er mit seiner Jagdtrophäe seine liebe Not. Der Zorn der ergrimmten Talbewohner ergoß sich noch über den toten Räuber, indem sie, mit Knütteln bewehrt, das unschuldige Fell des ausgestopften Tieres bearbeiteten.“ (S. 121)

Wolf nach einer Ziegenansammlung vertrieben

„Allmählich gelang es doch, die Wölfe im Antholzer Tal auszurotten. Den letzten ereilte sein Schicksal bei der Außerweger Brechlstube. Die Kugel einer neben den Köder gelegten Flinte traf ihn tödlich.“ (S. 122)

„Einen leibhaften Wolf begegnete später noch einmal ein Ziegenhirte auf der Mittertaler Ochsenalm. Als die Ziegen des grauen Räubers ansichtig wurden, drängten sie sich verängstigt auf einen Haufen zusammen. Angesichts dieser hornstarrenden Menge suchte Meister Isegrim das Weite.“ (S. 122)

Wölfe am Kirchweg – Wölfe in Hofnähe

Raimund Griessmair erzählt in seinem Buch „Reischach. Aus der Geschichte eines Dorfes“ (Bruneck 2007: Bildungsausschuss Reischach, 294 S.) über die von Wölfen ausgehenden Gefahren für die Kirchgänger. In seinen volkskundlichen Ausführungen darf auch der Reischacher Lärmbrauch mit den Rossschellen zur Vertreibung der Wölfe nicht fehlen:

„An hohen kirchlichen Feiertagen wurde in der St.-Peters-Kirche zu Reischach eine hl. Messe gelesen. Dazu musste der Pfarrer oder einer der drei Kooperatoren von St. Lorenzen heraufkommen. An gewöhnlichen Sonntagen musste man zum Gottesdienst dorthin. Der Weg durch den Wald war dabei in früheren Zeiten nicht ungefährlich, denn damals gab es noch Wölfe in den Wäldern. Beim Unterhuber wird noch ein Kranz ‚Rossschellen‘ aufbewahrt, den man früher den Pferden besonders im Winter umhängte, wenn man mit dem Schlitten unterwegs war. Mit dem Geläute – den sogenannten ‚Wolfis-Schellen‘ – versuchte man, die Wölfe fernzuhalten.“ (S. 82)

Johannes Baur erwähnt den von Wölfen gerne aufgesuchten Schmölzhof in Taisten unter „Beiträge zur Heimatkunde von Taisten. Ein Südtiroler Heimatbuch“ (Innsbruck 1969: Universitätsverlag Wagner, 327 S.): „Wölfe gab es noch im vorigen 19. Jahrhundert. Am Schmölzlhof, wo Generationen lang begeisterte Jäger heranwuchsen, sollen manche versucht haben, Wölfe zu erlegen, die sich ans Gehöft schlichen, aber sie hatten kein Glück. Seit ungefähr 150 Jahren (ab 1820, Anm. G. J.) sind diese Raubtiere ausgestorben in unserer Gegend.“ (S. 309)

Die Wolfsgrube in Reischach am Fuße des Kronplatzes (Foto: Gebhard Kirchler, 2022).

Lärmende Kirchgänger – Heulende Wölfe

Der Volkskundler Hans Fink bringt in dem von Franz-Heinz Hye herausgegebenen Buch „Der alte Markt Mühlbach“ (Mühlbach 1979: Schützenkompanie der Marktgemeidne Mühlbach, 283 S.) im Beitrag „Sagen, Brauchtum und einstiger Weinbau im Gemeindegebiet von Mühlbach“ (S. 260–283) folgende kurze, aber nachdenklich stimmende Wolfsgeschichte, bei der es um die zur Winterszeit von heulenden Wölfen ausgehenden Gefahren für Kirchgänger geht:
„Ein Kirchgang von Vals talaus mag seinerzeit nicht nur beschwerlich, sondern auch gefährlich gewesen sein. So erzählt man sich, daß die Valler, als sie noch in Mühlbach ihren Kirchenpflichten nachzukommen hatten, winters lange Ketten hinter sich herzogen, um durch Lärm die Wölfe abzuhalten. Dies scheint bis 1528 üblich gewesen zu sein, denn erst ab dieser Zeit bekamen Vals und Meransen gemeinsam einen Seelsorger, der in Meransen wohnte.“ (S. 279)

Der Wolf und das Schaf auf einer Illustration, um 1920 (Bildarchiv Georg Jäger).

Ein Geistlicher wird vor Wölfen geschützt

Das von Michael Wachtler verfasste Buch „Prags – Garten Eden“ (Innichen: Verlag Wachtler, 240 S.) enthält eine interessante Wolfsgeschichte, die lange Zeit noch in aller Munde war und selbst die Furcht der Priester vor Wölfen eindrucksvoll dokumentiert:

„Wenn man bedenkt, dass der geschätzte Pragser Bergführer und Jäger Martin Steiner noch Anfang 1900 zu erzählen wusste, dass der Olanger Geistliche, welcher in St. Veit fünf Mal im Jahre dort die Messe zu lesen hatte, wegen der vielen Wölfe von Jägern über den Brunstriedl nach Olang begleitet werden musste und der Mesner sogar verpflichtet war, eigene Wolfshunde zu halten, um das Leben des Pfarrers zu schützen, so kann man erkennen, dass noch bis ins 20. Jahrhundert in den Wäldern eine Welt der Angst und des Schreckens, des Fressens und Gefressenwerdens herrschte." (S. 27)

Die Bewohner im Ahrntal gaben dem Schlossherrn von Taufers jährlich sogar einen Tribut an Hafer, damit er ihnen die Wölfe davonjagte. So steht es im „Dolomiten. Tagblatt der Südtiroler" (40. Jg., Nr. 9, Freitag, 11. Jänner 1963, S. 11: Wolfsjagd am Stephanstag).

Der letzte Standwolf im Vinschgau erlegt

Im mittleren Vinschgau, genauer gesagt im Laaser Ortsteil Eyrs, wurde von Mitte März bis Anfang April 1852 Jagd auf „Meister Isegrim" gemacht, der schließlich als letzter Standwolf von ganz Südtirol erlegt wurde. Johann Steck (in: „Der Volksbote", 2. Jg., Nr. 44, Bozen, Donnerstag, 28. Oktober 1920, S. 4; Nr. 45, Donnerstag, 4. November 1920, S. 8–9; Nr. 47, Donnerstag, 18. November 1920, S. 4–5; Nr. 48, Donnerstag, 25. November 1920, S. 3–4; Nr. 49, Donnerstag, 2. Dezember 1920, S. 4; Nr. 50, Donnerstag, 9. Dezember 1920, S. 3–5; Nr. 51 und Donnerstag, 16. Dezember 1920, S. 4–5) hat diese Jagd in Form einer ausführlichen Erzählung recht anschaulich und humorvoll beschrieben. Die äußerst genaue Schilderung der Wolfsjagd beginnt mit der Entdeckung des Wolfs und dem Aufmarsch, bevor dann nach den zwei Beobachterstellen die sichtbare Wolfsspur und herrschende Angst im Dorf beschrieben werden:

Der Wolf aus Sicht der ängstlichen Dorfbewohner

Wie schaute damals, anno 1852, nach Meinung der einheimischen Bevölkerung, also der Eyrser, überhaupt ein Wolf aus? Welche Merkmale hatte dieses vor Ort u. a. als „Wüter", „Unhold", „Lumpazi", „Frechpelz", „Beißer" oder „znichter, gräulicher Loter" charakterisierte Raubtier? Und hier ist die Antwort des gestandenen Junggesellen mit dem Vulgonamen „Romser", der ständig im Frühjahr mit Kitzfellen handelte und gerne mit seinem Tabakspfeifl („Reggl") unterwegs war. Der Befragte weist sofort darauf hin, dass er in früheren Jahren schon oft Wölfe gesehen habe:

„Der Wolf gleicht einem großen Schaferhund, er wird bis zu 3½ Schuh lang, hat eine plattelte Tinn (Stirn), schiefliegende Augen, einen spitzigen Kopf, aufgereckte Ohren und einen hängenden Schwanz mit langen Haaren; der dichthaarige Pelz ist oben hellbraun, gelgrischelt; unten lichter grad wie der da. Mußt nit lachen, wie's zutreffen kann, ich möchte lei wissen, von wo der zwegschießt, ist vielleicht ein versprengter. Man hat in Vinschg (= im Vinschgau, Anm. G. J.) schon ein paar Jahre her keinen mehr aufgestöbert und gemeint, die Gattung Wild sei für olm (immer) ausgerottet, und jetzt erleben wir den Lumpazi noch einmal. Jo Büblen, der Wolf ist ein überaus gefräßiges und grausames Raubviech, das mehr mordert als es bedarf; die Not macht ihn sogar für die Leut gefährlich und sell tol (= sehr, Anm. G. J.)." Diese wortwörtlich wiedergegebenen Zeilen stehen im ersten Teil des Artikels von Johann Steck (in: „Der Volksbote", 2. Jg., Nr. 44, Bozen, Donnerstag, 28. Oktober 1920, S. 4).

Wolfsreichtum zwischen Ortler und Ötztaler Alpen

Und danach heißt es über diese vorhin gemachte zutreffende Beschreibung: „Romsers Angabe war in jedem Punkte richtig. Vinschgau, die lange Talfurche vom Reschner Scheideck bis zum Pseirer Bach zwischen dem gewaltigen Ortler- und Oetztaler Eisdamm herbergte in früheren Zeiten nebst anderem Gewild auch erklecklich viele Wölfe; die Hirten mußten ihre Herden, die Bauern auf den einsamen Höfen und am Rande der Ortschaften sogar ihre Ställe vor den Unholden hüten. Eine beliebte Sommerfrische dieser gewalttätigen Hundevetterschaft war unter den übrigen Höhenlagen das Matscher Tal. Während der andern drei Jahreszeiten, Herbst, Winter und Langes, wilderten die stets hungrigen Beißer in den weiten, sumpfigen Erlenauen und auf den Mösern zu beiden Seiten der Etsch, wo sie nach warmblütiger Beute lechzten." (in: „Der Volksbote", 2. Jg., Nr. 44, Bozen, Donnerstag, 28. Oktober 1920, S. 4)

Die drei „Klasenbuben" als aufgebotene Wolfsjäger

Über die damals in Eyrs aufgebotenen Wolfsjäger erfahren wir u. a. Folgendes: „Zwischen dem großen, für eine Ortschaft mit etwa 400 Einwohnern überaus großen Kirchplatz und dem Schloßanger hausten die drei Klasenbuben, die Brüder Sepp, Peter und Lois, die untere Steck'n genannt. Die erschienen alsbald mit der Büchs auf d'Achsel, willens, auch allein auszurücken. Alle drei waren erprobte Jager, die besten weitum. Ihr Vater hatte ihnen, fast vor sie ausschulten, Schnattern gekauft, die Lust am Jagern war mit den Jahren gewachsen. Sie standen jetzt in den Zwanzigern. Am liebsten streiften sie in der Niederung und schossen Hasen, Füchse, Hühner, Wachteln und was sonst in der Au, auf den Mösern, Wiesen, Aeckern und im Waldgehölz lief oder flog. Selten verrichteten sie sich ins Hochgebirg auf die Gamsen; zum stunden- und taglangen Herpassen in der Eisregion mangelte ihnen die Geduld, und das Hosenzerreißen in den Knotten (= Felsen, Anm. G. J.) wurde daheim nie gelobt. Die Jagd sollte ein Vergnügen, aber keine Schindarbeit sein. Zwar in der Bauernkunst wurden sie von vielen andern überschaut, aber im Hundabrichten, im Wildaufspüren und sichern Treffen tats ihnen seiner gleich weitum." (in: „Der Volksbote", 2. Jg., Nr. 45, Bozen, Donnerstag, 4. November 1920, S. 8)

Welche Eigenschaften und Qualifikationen hatten die drei für die Wolfsjagd vorgesehenen jungen Männer? „Der Sepp, der älteste und Haupterbe, hatte vormals eine Weile in einer Kanzlei geschrieben und ein feineres Auskopfen erlernt. Er las noch immer gern, lieber freilich in Geschichts- und Geschichtenbüchern, als in den Paragraphen und redete würdevoll. Der zweite, der Peter, war der längste und stärkste; er schaute keck drein wie ein Gamseler und hatte auch das Zeug zu einem

Hochjager. Auf den Jöchern fühlte er sich allemal wohler als beim Moosmähen in den fuchsroten Lacken. Der jüngste, der Lois, kriegte eine solche Geschicklichkeit im Treffen, daß er darauf Wetten konnte. Er warf zum Beispiel einen Stein in die Höhe, riß hierauf das Gewehr von der Schulter, zielte auf den fliegenden Stein und schoß ihn herab – heißt das, herabgefalln wäre der Stein vermutlich doch, so aber fiel er getroffn und, wenn's ein moorer (weicher) Schieferstein oder ein Maltastümpl war, entzweigesprengt herab. Freilich wurde grad der Lois einer, der die harte Arbeit schier ein bißl scheute, dafür aber auch sein Lebtag ledig blieb, um lei für sich allein sorgen zu müssen, ohne dabei des Vorsteh- und des Jagdhundes zu vergessen; für Weib und Kind hätte er's bei seiner Rührigkeit nicht erpackt." (in: „Der Volksbote", 2. Jg., Nr. 45, Bozen, Donnerstag, 4. November 1920, S. 8)

Die Wolfsgruben und Napoleonischen Kriege

Johann Steck geht in seinen präzisen Ausführungen auch näher auf die Wolfsgruben in der Gegend von Eyrs ein, an denen der Lauf der Geschichte nicht spurlos vorübergegangen war: „Der Wolfsgruben gab es in der Gegend noch mehrere, nur war keine so geleglich, so gleim (= nahe, Anm. G. J.) beim Dorfe. Allein die Zeiten ändern sich und die Menschen – die Wölfe will ich sagen – mit ihnen. Die besten Zeiten endeten für dieses Geschlecht mit den Napoleonischen Kriegen. Die Naturgeschichte will zwar behaupten, es vermehre sich nach großen Kriegen immer stark. Wird schon sein in Ländern, wo die Leute sich alles oder doch vieles, ja schier zu vieles gefallen lassen von den Machthabern im Menschen- und Tierreich. Zwischen der Töll und dem Reschner Scheideck trifft das nicht zu." (in: „Der Volksbote", 2. Jg., Nr. 48, Bozen, Donnerstag, 25. November 1920, S. 3–4)

Es stellt sich nun die berechtigte Frage, warum dies im Vinschgau der Fall gewesen ist? „Weil der Stutzen in den blutigen Jahren des unseligen Napoleon zwischen 1796 und 1814 allzuhäufig knallen mußte, wurde er ein Vertrauter der Landwehr und diese Freundschaft dauerte auch nach den Kriegen noch an. Der Schuß rauchte von da an häufiger als vordem gegen die Bedränger aus der Tierwelt, vor allem gegen die zudringlichen grauen Frechpelze. Aus den vielen wurden nach und nach wenige, aus den wenigen noch weniger, bis man seit ein paar Jahren anfing zu meinen und zu hoffen, das Geschlacht und Geschleter dieser unwirtlichen Augäste sei glücklicherweise ausgerottet. Die Wolfsgrube auf dem Rain beim obern Wal (= Waal, Anm. G. J.) verlor ihren Zweck, hatte keine Pflege und Wartung mehr und sank von selbst ein, aus der Grube wurde ein Grübl – das Wolfsgrübl, das im Jahre 1852 noch sichtbarlich bestand. Später füllte sich auch das Grübl aus und es blieb nur mehr der Name; der aber blieb bis auf den heutigen Tag." (in: „Der Volksbote", 2. Jg., Nr. 48, Bozen, Donnerstag, 25. November 1920, S. 4)

Mit Bockshorn und Kuhglocke auf der Wolfsjagd

Zur Wolfjagd selbst wurden außer den Gewehren noch Eisenstangen, Hacken, Hauen und Zappine (= Spitzhacken zum Ziehen von gefällten Bäumen) mitgenommen. Auch das sogenannte Lärmzeug durfte nicht fehlen: „Als der Aufenthalt des Wolfes endlich sicher ausgekundschaftet war, sollte sich jedermann an der Jagd beteiligen: Wer ein Gewehr besaß, sollte dieses mitnehmen; wer keines hatte, der sollte sich mit einem Bockshorn, einer alten Pfanne, einer Kuhglocke oder mit einem beliebigen andern, zum Lärmmachen geeigneten Dinge versehen. Die sechs besten Schützen wurden als Jäger bestimmt und hatten sich an passende Posten aufzustellen, die andern mußten eine lange Kette bilden und durch gelegentliches Schießen, durch Bockshorntuten, durch Schreien, durch Kuhglockenläuten und Pfannenschlagen einen möglichst großen Lärm machen und so den Wolf den Jägern zutreiben." (Zitat nach Karl Meusburger, in: „Der Schlern", 11. Jg., Heft 10, Bozen 1930, S. 408)

„Einige besonders Tapfere stiegen von Zeit zu Zeit auf Bäume, angeblich um zu schauen, ob der Wolf nirgends sichtbar sei, in Wahrheit aber, um vom Wolfe, wenn er plötzlich erscheinen würde, nicht angepackt und gefressen zu werden. Diese wohlgeschlossene Treiberkette zu durchbrechen, wagte der Wolf doch nicht; hatte er irgendwo in einem Dickicht ein Versteck gefunden, bald waren die lärmenden Treiber wieder da und aufs neue mußte er flüchten. Auf diesem beständigen Rückzug kam es endlich einem der Schützen vors Rohr – da ein Schuß und schwer getroffen schnellt sich der Wolf in die Höhe, fällt wieder zurück, wälzt sich noch ein paarmal am Boden, streckt sich endlich noch im letzten Todeskampfe und jetzt ist es mit ihm vorbei. So endete der letzte Standwolf unseres Gebietes." (Zitat nach Karl Meusburger, in: „Der Schlern", 11. Jg., Heft 10, Bozen 1930, S. 408)

Diese anschauliche Bildtafel aus der zweiten Hälfte des 19. Jahrhunderts zeigt einen gierigen Wolf (Bildquelle: Gertrud Scherf, Wolfsspuren in Bayern. Kulturgeschichte eines sagenhaften Tieres. Amberg 2001, S. 20).

Wolfserzählungen aus dem Obervinschgau

Bereits Mitte der 1990er-Jahre ist von Robert Winkler ein sehr gelungener Beitrag über „Bären und Wölfe im oberen Vinschgau" in den „Dolomiten. Tagblatt der Südtiroler" (72. Jg., Nr. 181, Montag, 7. August 1995, S. 21) erschienen. Derselbe Autor hat im „Gemeindeblatt Mals für Laatsch, Mals, Schleis, Burgeis, Ulten, Alsack, Matsch, Planeil, Plawenn und Schlinig/Amberg" (31. Jg., Nr. 35, Juni 2013) im historischen Teil unter „Wolfsreichtum und -plage im Obervinschgau" (S. 14–15) einen für die Regionalgeschichte des Obervinschgaus lesenswerten Artikel geschrieben, der an dieser Stelle mit ergänzten Überschriften für eine breitere Leserschaft wiedergegeben wird.

Kirchgänger von einem Wolf überfallen

„Früher gab es im Obervinschgau viele Wölfe, die Wege, Wald und Flur, ja sogar einzelne Bauernhöfe unsicher machten. Aus den Akten des Tauferer Gemeindearchivs ersehen wir, dass in den Jahren 1668 bis 1783 dreiundzwanzig Wölfe erlegt wurden. Das Matscher Tal galt geradezu als die Heimat der Wölfe. Es gibt dort noch schön gemauerte Fanggruben, die oberhalb des Dorfes an der Ackergrenze liegen und in denen noch zu Urgroßvaterszeiten Wölfe gefangen wurden. Man erzählt in Matsch noch von Fällen, bei denen Menschen von Wölfen bedroht und sogar angefallen wurden. Dass so etwas wirklich vorkam, beweist eine Begebenheit, die sich vor nicht allzu langer Zeit im Tale Matsch zugetragen hat. An einem Sonntagmorgen begab sich der alte Glieshofer auf den 7,5 km weiten Weg zur Pfarrkirche nach Matsch, um seine Sonntagspflicht zu erfüllen. Er führte den Jungen an der Hand. Besorgt, ein Wolf könnte sie überfallen, war er besonders wachsam." (S. 14)

„Am Kreuzegg ungefähr eine halbe Stunde vor dem Dorf, überfiel sie plötzlich ein allein umherstreunender Wolf. Das blutdürstige Raubtier sprang den überraschten Bauern von hinten an, krallte sich auf seinem Rücken fest und biss wütend auf ihn ein. Darauf packte der Glieshofer blitzschnell die Bestie am Genick und wollte sie mit einem kräftigen Ruck nach vorne schwingen, was ihm aber trotz seiner großen, sehnigen Hände nicht gelang. Die tobende Bestie zerkratzte den Rücken des armen Bauern mit den Krallen ihrer Hinterbeine derart, dass ihm die Kleider in Fetzen vom Rücken hingen und er aus tiefen Wunden blutete. So übel zugerichtet, schwankte der vom starken Blutverlust geschwächte Mann mit dem zappelnden Wolf auf dem schmerzenden Rücken dem Dorfe zu. Willenlos, fast gelähmt vor lauter Angst, folgte ihm der Sohn. Auf ihre wiederholten Hilferufe kamen vom Dorfe einige rüstige Männer mit Knüppeln bewaffnet herbeigeeilt und befreiten den arg zugerichteten Glieshofer aus seiner schrecklichen Lage." (S. 14)

Mehrere Wölfe am Schulweg unterwegs

„Im Bergdorf Tanas wurden die Schulkinder wegen der herumtreibenden Wölfe von Erwachsenen zur Schule begleitet. Wenn die Stilfser in alter Zeit sonntags in ihre alte Pfarre nach Schluderns gingen, warteten sie beim Hof Wartamstein in Agums, um sich gemeinsam leichter der Wölfe in der Talebene erwehren zu können.“ (S. 14)

„In Taufers kamen die Wölfe in strengen Wintern bis ins Dorf, so dass die Männer nur mit Stöcken bewaffnet am Abend ins Wirtshaus gingen. Noch gegen Mitte des 19. Jahrhunderts pflegten die Mütter die Kinder abends von der Rodelbahn heimzurufen, indem sie besorgt und eindringlich mahnten: ‚Kinder geht heim, hört ihr nicht die Wölfe vom Zaruastatal heraus heulen?‘“ (S. 14)

Wolf mit dem Haushund in der Küche

„Am Egghof, dem obersten Hof auf Tella oberhalb Taufers, erzählt man folgende Begebenheit: Die alte Egghoferin (Frau Rufinatscha, Anm. G. J.) war eines Winterabends in der Küche gerade mit der Zubereitung des bescheidenen Abendessens für die Familie beschäftigt, als der Hofhund winselnd in die Küche hereingerannt kam und schnurstracks in den offenstehenden Backofen hineinsprang. Ihm folgte auf dem Fuße ein grimmiger Wolf. Die alte Bäuerin war aber nicht vom Schreckbichl. Geistesgegenwärtig riss sie ein brennendes Scheit vom Herd, schwang es gegen den verdutzten Wolf und verscheuchte so den frechen, Zähne knirschenden Eindringling aus der Küche.“ (S. 14)

Eine ähnliche Geschichte wird auch im Ultental erzählt, als Robert Winkler in seinem Artikel über „Bären und Wölfe im oberen Vinschgau“ im Südtiroler Tagblatt „Dolomiten“ (72. Jg., Nr. 181, Montag, 7. August 1995, S. 21) schreibt: „In Ulten buck (= buk, Anm. G. J.) eine Bäuerin die Krapfen für das Abendessen am Heiligen Abend. Sie hörte hinter sich ein Geräusch. Als sie sich umkehrte, stand ein Wolf auf der Küchentürschwelle. Die überraschte Bäuerin schrie hellauf. Der Wolf verzog sich darauf.“

Eine Bauernmagd vom Wolf getötet

„Am Polsterhof ober Schleis holte an einem Winterabend die Magd noch schnell eine Kanne Wasser für den kommenden Morgen vom nahen Hofbrunnen. Nachdem sie ungewohnt lang ausgeblieben war, hielt der Bauer Nachschau und fand sie tot, in einer Blutlache liegend, am Brunnen vor. Es war ein Wolf, der die Arme am Brunnen überfallen und getötet hatte. Die Bestie eilte beim Herannahen des Bauern in der Dunkelheit ungestraft davon.“ (S. 14)

Wölfe am Eingang zum Gotteshaus

„In den zwanziger Jahren des 19. Jahrhunderts war es im Dörflein Tartsch noch Brauch, nicht nur in der Dorfkirche zum Engel des Herrn zu läuten, sondern diesen ersten Gruß an die Gottesmutter täglich auch vom Turm der alten Kirche Sankt Veit am Bühel erklingen zu lassen. Lehrer Folie, der in Tartsch auch das Amt eines Mesners innehatte, ging wie gewohnt in aller Herrgottsfrühe hinauf zur Bichlkirche. Es war bitterkalt am Morgen dieses Dreikönigstages. Die Sterne funkelten am Himmel und der hartgefrorene Schnee kreischte unter seinen Füßen.“ (S. 14)

„Da horch! Deutlich vernahm der eilig dahinschreitende Mann ein eigenartiges Tappen und Keuchen. War es Mensch oder Tier, was da hinter ihm herschlich? Gottlob war die Kirche erreicht und von banger Ahnung getrieben, schloss der Lehrer diese hastig auf, um sie dann ebenso schnell wieder hinter sich zu schließen. Friede verkündeten zwar die Glocken, doch in der Finsternis schlichen die hungrigen Wölfe heran bis zur Kirchentür. Lehrer Folie hörte ihr Keuchen und ihr unheimliches Heulen. Unmöglich konnte er sich jetzt hinauswagen und den Heimweg antreten. Er musste den hellen Tag abwarten. Die Hände in den Taschen seiner Lodenjoppe vergraben, ging er andauernd in der Kirche herum, um sich einigermaßen vor der bitteren Kälte zu schützen. Immer noch belagerten draußen die Wölfe die Kirche, sprangen ungeduldig an den Mauern hoch und kratzten an der Eingangstür.“ (S. 14)

„Viel zu langsam vergingen dem gefangenen Mann die Stunden. Endlich wurde es heller Tag, und die Bestien hatten sich in den nahen Wald verzogen. Der Lehrer konnte es nun wagen, wieder heimzugehen. Deutlich sah er die Spuren der nächtlichen Belagerer rings um das Gotteshaus. Als Lehrer Folie daheim in Tartsch anlangte, traf er die Seinen in großer Sorg ob seines langen Ausbleibens. Von jener Zeit an wurde das Aveläuten in der Tartscher Bühel Kirche eingestellt.“ (S. 14–15)

Wolfsjagd mit Prominenz anno 1656

„Zum Abschluss schlagen wir noch das Grauner Gemeindebuch auf. Dort steht geschrieben, dass im Jahre 1654 8 Wölfe und 5 Luchse und im Jahre 1681 4 Dachse, 2 Bären und 4 Wölfe erlegt wurden. Dieser Reichtum an Raubtieren in Tirol gab oft Anlaß zu großen Treibjagden. So wurde im Jahre 1656 am 3. Oktober der Gerichtsausschuss von Nauders einberufen und darin mitgeteilt, dass der Tiroler Landesfürst Karl eine Jagd durch Obervinschgau, Meran, Bozen bis Kaltern abhalten werde. Um diese Jagdgesellschaft geziemend bewirten zu können, wurden verschiedene Vorkehrungen vereinbart. Jede Gemeinde musste 7 gute, feiste Gstrein (= Kastraune, Hammel, kastrierte Widder; Anm. G. J.) liefern und 7 weitere wobei ein gemästetes Rind in Bereitschaft halten. Für die Fasttage musste jede Gemeinde 500 frische Eier und einen Zentner frisch gesottenes Schmalz bereitstellen.“ (S. 15)

Wolfsschutz beim Wartamsteinhof

Das „Tiroler Volksblatt“ (32. Jg., Nr. 13, S. 5) erwähnt am Mittwoch, 15. Februar 1893 beim mehrteiligen Artikel „Das Celthentum in Obervinschgau resp. im Gerichte Glurns“ den oberhalb von Agums gegen Lichtenberg auf einen markanten Felsen stehenden abgelegenen „Wartamstein“-Hof. Seit jeher teilten sich zwei Wohnparteien nicht nur den Hof, sondern auch die Küche, wobei die Grenze durch den Herd verlief. Wie wird dieser Hofname von den Sprachforschern im ausgehenden 19. Jahrhundert erklärt?

„Die Germanisten lassen es als Wartestelle gelten, wo in allen Zeiten die Bewohner von Stilfs zum Kirchgang nach Schluderns auf einander warteten, um gegen die Ueberfälle der Wölfe gesichert zu sein.“ (S. 5) Im unwegsamen Augelände am Etschfluss hielten sich neben Wölfen auch gerne Wegelagerer auf.

Der Heimatforscher Josef Pardeller erklärt in der illustrierten Südtiroler Monatsschrift für Heimat- und Volkskunde „Der Schlern“ (25. Jg., Heft 3, März 1951, Bozen, S. 138–139) „die Entstehung des Hofnamens Wartamstein bei Agums“ so:

„In früherer Zeit hatten die Stilfser keine eigene Pfarrkirche und mußten deshalb über das Etschtal nach Schluderns. In den versumpften Auen hausten viele wilde Tiere und mitunter auch Räuber. Deshalb versammelten sich die Stilfser oberhalb Agums bei einem großen Stein und gingen gemeinsam den gefährlichen Weg hin und zurück. Zu ihrem Schutze mußten die Schloßherren von Lichtenberg einen Schloßknecht in Wehr und Waffen beistellen, der bei dem Kofel auf sie wartete. Später entstand dann ein Hof an dieser Stelle, der den Namen ‚Wartamstein‘ erhielt.“ (S. 138)

„Geschichtlich ist, daß der alte Stilfserweg über Kaschlin und Wartamstein in das Tal der Etsch führte und daß das Tal Trafoi bis zum Jahre 1303 kirchlich zu Schluderns gehörte. Bis um 1800 gab Stilfs den Lichtenbergern auf das Schloß neben anderen Giebigkeiten auch 13 Mutt ‚Wachtgerste‘, die, wie man sagt, für diesen Dienst beim Kirchgang der Stilfser entrichtet werden mußte.“ (S. 138–139)

Wolfskapelle zwischen Haid und Graun

Im umfangreichen und bereits in der dritten Auflage erschienenen Buch von Robert Winkler zu den „Sagen aus dem Vinschgau“ (Bozen 2000: Verlagsanstalt Athesia, 388 S.) findet sich unter „Graun, Langtaufers und Haid“ (S. 28–63) die Sage über „Die Wolfskapelle“, die für einen vorbeifahrenden Gastwirt mit Pferdegespann noch gut ausgegangen ist: „Beim jetzigen Kreuzl, an der Fraktionsgrenze zwischen Haid und Graun, stand vor der Seestauung an der alten Straße eine Kapelle, die Wolfskapelle genannt. Ihre Erbauung verdankte sie einem Gelübde. Vor vielen Jahren kehrte an einem kalten Winterabend ein Haider Wirt auf einem von zwei Pferden gezogenen Schlitten von Graun heim. Als er zur Stelle der ehemaligen Kapelle kam, wurden die Pferde auf einmal unruhig und beschleunigten von selbst ihren Lauf. Der Wirt schaute kurz um, da sah er zu seinem nicht geringen Schrecken, daß er von mehreren Wölfen verfolgt wurde.“ (S. 55)

„Der Anführer der Wölfe war bereits so nahe herangekommen, daß er immer wieder versuchte, auf den Schlitten zu springen. Der Fuhrmann hatte seine liebe

Not, ihn mit der Peitsche davon abzuhalten. In seiner Bedrängnis tat er das Gelübde, an dieser Stelle eine Kapelle zu bauen, wenn er mit dem Leben davonkäme. Beim neuerlichen Angriff der blutgierigen Bestien gelang es dem Wirt, dem Leittier einen wohlgezielten Hieb mit dem Peitschenstiel auf die Schnauze zu versetzen. Heulend taumelte das Tier in den Schnee und die Pferde gewannen dadurch einen Vorsprung, den die Wölfe wegen der nahen Stockerhöfe nicht mehr einbringen konnten. So war der arg bedrängte Wirt samt seinem Pferdegespann in letzter Minute gerettet." (S. 55)

Ortsansicht von Stilfs in den 1950er-Jahren (Foto: Fränzl, Bozen; Bildarchiv Georg Jäger)

Zwei rasende Wölfe im tiefen Winter, um 1910. Der etwas spöttisch angebrachte Hinweis „God Jul" bedeutet frohes Weihnachtsfest (Julmonat = Dezember). Das wünscht man sich am 24. Dezember in Dänemark. (Verlag Stenders Forlag, Kopenhagen).

Hinweise zu den Wolfsgruben in Osttirol

In den nun folgenden Ausführungen über Osttirol werden historische Nachweise über Wölfe und Luchse aus überlieferten Geschichtsquellen zusammengetragen, wobei der inhaltliche Schwerpunkt auf die mancherorts noch heute sichtbaren Wolfsgruben gelegt wird. Diese bis zu 3,5 Meter tiefen Schächte bildeten nicht nur für die Wölfe, sondern auch stets für Mensch und Vieh eine heimtückische Gefahr, weshalb die Wolfsgruben zu kennzeichnen waren und bekannt gemacht werden mussten.

Das Raubwild in der Vergangenheit

Aus dem im Jahr 1979 erschienenen Fachaufsatz von Alois Kofler „Zur Verbreitung der freilebenden Säugetiere (Mammalia) in Osttirol" (in: „Carinthia II", 169./89. Jg., Klagenfurt 1996: Naturwissenschaftlicher Verein für Kärnten, S. 205–250, hier: S. 217 und S. 225) geht hervor, dass die Anzahl der Wölfe in Osttirol im 17. Jahrhundert zur Zeit der „Kleinen Eiszeit" besonders stark zugenommen haben. Schon 1642 beklagt sich der Forstmeister von Lienz über das starke Anwachsen (Rudelbildung). 1689 wurde das Rotwild wegen heftigen Schneefalls durch die Wölfe fast ausgerottet. 1692 und 1723 werden schwere Schäden beim Weidevieh um Tilliach bzw. im Raum Lienz und Umgebung gemeldet.

Ein massenhaftes Auftreten von Wolfsrudeln lässt sich in der Gegend von Heinfels nachweisen, wo nach Bericht des zuständigen Oberjägers im Jahr 1734 nicht weniger als 32 Wölfe „zernichtet" wurden. Während des 19. Jahrhunderts gibt es folgende wichtige Hinweise über die Wölfe: 1800 wurde ein Wolf am Bredelerberg in Kals am Großglockner erlegt. Der letzte Wolf in Osttirol überhaupt wurde im Jahr 1870 am Gaimberg bei Lienz geschossen. Die Angaben über den Luchs sind noch spärlicher. 1750 wurde ein starkes Exemplar bei Sillian gefangen, und 1823 ist die Rede von einem Luchs bei Lienz, der im Pustertal schädigend am Wildstand beteiligt war und vermutlich im Jahr 1824 bei Bruneck erlegt wurde. Seitdem liegen keine weiteren Berichte über erlegte Luchse aus dem Bezirk Lienz mehr vor.

Wolfsgruben im Gerichtsbezirk Lienz

Im zweiten Teil des in den „Osttiroler Heimatblättern" (13. Jg., Nr. 12, Lienz 1936, S. 45–46) anonym veröffentlichten Beitrags „Aus der Jagdgeschichte von Osttirol (16. und 18. Jahrhundert)" findet sich ein aufschlussreiches Dokument zur Jagdgeschichte, nämlich ein Register der „gesezten und Reißjäger", das Josef Glanzl im Jahr 1753 als Oberjäger Oberjäger und Waldmeister in der Herrschaft Lienz angelegt hatte. Diese wertvolle Aufzeichnung nennt u. a. auch die damalige Höhe der Schussgelder (Angaben in Gulden: für einen Wolf und Luchs je 1 fl., für einen großen Bären 4 fl. und für einen mittleren oder kleineren Bären 3 fl.). So unterstanden

Josef Glanzl alle gesetzten 23 Jäger und acht Reißjäger im Stadt- und Landgericht Lienz. Jeder gesetzte Jäger besaß seinen eigenen Amtsbezirk. Die sieben Wolfsgruben gab es in der Mitte des 18. Jahrhunderts in Obernußdorf (1), Dölsach (3), Lavant (2) und Tristach (1). Und hier folgen nun die entsprechenden Einträge.

„Obernußdorf: Gesetzter Jäger Christian Wartscher. Amtsbezirk Debanttal auf der Schattseite von der Patriasdorfer Lähnern, ober und unter dem Weg hinein solang etwas zu bekommen ist. Wolfsgrube auf dem Grunde des Peter Ganser, wo vor ‚Jahren ville Wölff et Füx gefangen wurden, jetzt aber ganz lähr (= leer, Anm. G. J.) stehet.“ (S. 45)

„Dölsach: Gesetzter Jäger Balth. Weingartner ohne Amtsbezirk. Versorgt aber zwei Wolfsgruben, die noch in Verwendung stehen und in der viele Wölfe und Füchse gefangen wurden. Reißjäger Michael Prugger (Dölsach) und Thomas Mayr (Görtschach). Amtsbezirk Aichholzer Wald und Rädertal mit einer Wolfsgrube am Görtschacher Gries. – Lavant. Gesetzter Jäger Michl Mayr. Amtsbezirk von Rotenstain bis auf den Kolben und von dort bis zum Pern-(Bären-)fallegg. An Wolfsgruben hatte er eine bei der Wacht im Forchach und eine unter dem Dorfe bei der Badstube zu betreuen.“

„Tristach. Gesetzter Jäger Ulrich Kammerlander. Amtsbezirk Schwändlegg bis zur Stainbrücke. Er versieht auch eine Wolfsgrube bei der Wacht in Tristach.“ (S. 45–46).

Wolfsgruben in Inner- und Außervillgraten

In seinem Beitrag „Volksgeschichten und -sprüche aus Villgraten“ (in: „Osttiroler Heimatblätter“, 22. Jg., Nr. 11, Lienz, 25. November 1954, S. 8 – 22: Wolfsgruben) ist der Heimatkundler Anton Lanser diesen Vorrichtungen im hinteren Talabschnitt von Villgraten nachgegangen: „Innervillgraten wurde heuer (1954, Anm. G. J.), wie bekannt, von Wölfen heimgesucht. Seit Menschengedenken hat niemand von Wölfen im Tale gehört. Daß noch im Jahre 1905 ein Wolf geschossen wurde, wie in einer Zeitung stand, ist nicht glaubhaft. Und doch müssen in alten Zeiten, etwa vor ein paar Jahrhunderten, Wölfe im Tale vorgekommen sein, denn sonst könnte es keine Wolfsgruben gegeben haben. Eine Wolfsgrube (Wolfasgrube), deren Ort mir von Jugend auf bekannt ist, befand sich in der Einate zwischen Tallete und Talefeld, eine befand sich zwischen Schettlete und Kamelisen und eine im Tafintale.“

Wie wurden diese Wolfsgruben errichtet? „Man grub in den Waldboden ein rundes Loch von etwa 3½ Metern Durchmesser und ebensolcher Tiefe. In der Mitte der Grube wurde eine etwa doppelt so lange, starke Stange aufgestellt, die also noch 3 Meter über den umliegenden Erdboden reichte. Die ebenerdige Öffnung der Grube wurde mit Tasen und Mies (Taxen und Moos) dem übrigen Boden möglichst angeglichen. Auf der Spitze der Stange wurde ein Grottenrad befestigt und darauf ein lebendes Lamm angebunden. Durch dessen Blöcken wurde der Wolf angelockt, fiel aber durch den Taxenboden in das Loch, herausspringen konnte er nicht, da ihm zum Sprunge der Raum für den Anlauf fehlte. So konnte der Wolf von den Bauern selbst erlegt und das Lamm befreit werden. So mein Gewährsmann.“

Schon zu Beginn des 17. Jahrhunderts gab es in Außervillgraten zwei Wolfsgruben (darunter eine obere und untere Wolfsgrube), was einem Hinweis eines Kaufvertrages aus dem Jahr 1610 entnommen werden kann. Demnach verkauften „Georg Pergmann“ in Außervillgraten und die ehelichen Kinder seiner Witwe „Gertrauth Krinzin“ dem „Lukas Hochwalder“ daselbst ein Häusl in Außervillgraten „undter Sanct Gerdrauths Kirchen mit all derselben Zugehörung gelegen, sambt den zway darzue gebürenden Wolffsgrueben“ (Franz Jäger, Unsere Schafe als Kulturträger im regionalen Vergleich. Von Hirtinnen und Hirten, vom Spinnen und Stricken. In: Villgrater Natur – Villgrater Kultur. Herausgegeben von Andreas Rauchegger und Josef Schett. Innsbruck 2021: Studia Verlag, 390 S., S. 291–341, hier: S. 305).

Geschichte der Wolfsgrube in Oberlienz

Harald Stadler und George McGlynn haben sich im Fachaufsatz „Geschichte einer Wolfsgrube. Ein archäologisch-zoologischer Beitrag zu einem Denkmal historischer Jagdausübung in Oberlienz, Osttirol“ in der Festschrift für Martin Bitschnau „Zwischen Schriftquelle und Mauerwerk“ (Nearchos, Band 20, Innsbruck 2012, S. 26–50) wissenschaftlich genau mit den Fallgruben beschäftigt. Und hier sind die Ergebnisse der Untersuchung in Kurzform: „Die gemauerte Wolfsgrube von Oberlienz ist als einzige in Österreich archäologisch untersucht worden und ein sehr gut erhaltenes Zeugnis einer besonderen Art der Jagdausübung. Wer hat die Grube anlegen lassen? In Frage kommen vor allem die Jagdherrschaft, spezialisierte Wolfsjäger oder die Dorfgemeinschaft von Oberlienz.“ (S. 46)

„Ihre Errichtung wird aus historischen Erwägungen ins 17. Jahrhundert gesetzt. Der archäologische Befund erlaubt keine näheren Angaben zu Bau- und Nutzungszeit. Historische Quellen machen ein Ende im späten 18. Jahrhundert wahrscheinlich, obwohl einzelne Wolfsgruben besonders im bäuerlichen Bereich bis in die zweite Hälfte des 19. Jahrhunderts in Verwendung standen. Da solche vertikalen Kavitäten immer auch und bis in jüngste Zeit als Müllkippen benutzt worden sind, verwundern die Funde von auf diese Weise entsorgten Tieren oder Tierteilen sowie Keramik nicht. Die besonders gut erhaltene Grubenfalle verdient es, als Denkmal unserer Kulturlandschaft und unserer Geschichte einer breiteren Öffentlichkeit didaktisch gut aufbereitet zugänglich gemacht zu werden.“ (S. 46).

Junge Haustiere – Lämmer, Kälber, Kitze

„Was die tierischen Reste betrifft, stammt die überwältigende Mehrheit dieses Fundkomplexes von sehr jungen Haustieren und zeigen keinen Hinweis auf Schlachtung oder sonstige Zeichen, die auf menschlichen Konsum hindeuten. Die einzigen Knochen, die derartige Beschädigungen zeigen, stammen von erwachsenen Tieren und machen nur einen Bruchteil der Gesamtfundmenge aus. Die Hauptverwendung der Grube in der Zeit, aus der die Knochen stammen, scheint daher nicht die einer Abfallgrube gewesen zu sein. Die große Zahl der sehr jungen Lämmer, Kälber und Kitze kann als klarer Hinweis auf ihre Verwendung als Köder der Wolfsgrube gedeutet werden.“ (S. 48)

Was geschah mit den Haustieren? „Das Schicksal dieser Tiere bleibt unbekannt. Stürzten sie zusammen mit dem angreifenden Wolf in die Tiefe? Oder starben sie an Unterkühlung oder Auszehrung, nachdem sie auf das Wagenrad gebunden worden waren, und wurden nach ihrer Verwendung als Köder entsorgt, weil sie als Abfall oder unrein angesehen wurden? Die toten Ködertiere wurden sicher in der Grube gelassen, da der Verwesungsgeruch aasfressender Räuber auch dann angelockt hat, wenn kein lebender Köder vorhanden war.“ (S. 48)

Es stellt sich noch eine weitere Frage. „Der Wolf als intelligentes und soziales Tier würde sicher das Vorhandensein einer Fallgrube bemerkt haben, wenn er Rudelmitglieder hineinfallen sah. Der unerwartete Vorfall und die damit verbundene Aufregung und Angst, die so ein plötzliches und unerwartetes Ereignis ausgelöst hat, muss einen bleibenden Eindruck bei jedem Wolf hinterlassen haben, der es beobachtet hat. Waren diese Fallen daher nur geeignet, um junge, unerfahrene Tiere sowie alte, kranke und hungernde Wölfe zu fangen? Wie erwartet fand sich kein einziger Wolfsknochen im Fundkomplex, da dem Gesetz nach alle gefangenen Tiere dem Landbesitzer zu bringen waren.“ (S. 48–49)

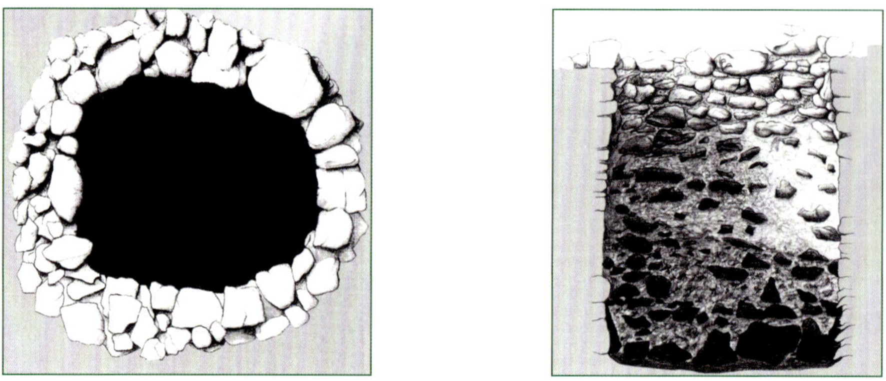

Draufsicht und Schnitt der Wolfsgrube in Oberlienz. Bilddokumentation von Evelyn und Yvonne Manfreda, Lienz 2012 (Bildquelle: Harald Stadler und George McGlynn, Geschichte einer Wolfsgrube. Ein archäologisch-zoologischer Beitrag zu einem Denkmal historischer Jagdausübung in Oberlienz, Osttirol. In: Zwischen Schriftquelle und Mauerwerk. Festschrift für Martin Bitschnau, Nearchos, Band 20, Innsbruck 2012, S. 26–50, hier: S. 34: Abb. 3).

Ein „bewährter“ Matreier Wolfssegen

Unter den hinterlassenen Aufzeichnungen von Frau Rosa Ghedina-Pernter (1871–1952), Pädagogin und Heimatforscherin in der Marktgemeinde Matrei in Osttirol, werden einzelne Segen angeführt, worunter sich auch der sogenannte „Matreier Wolfssegen“ von 1722 befindet. Dieser wurde noch im 18. und 19. Jahrhundert in der Christnacht unter der Tür der Pfarrkirche von Geistlichen in lateinischer Sprache gelesen. Die berechtigte Angst und Sorge der Bauern, Nutzvieh durch Wölfe zu verlieren, war damals vor allem in den kalten langen Wintermonaten weit verbreitet.

Mehrere wertvolle Aufzeichnungen

Die vorhin angeführte Rosa Ghedina-Pernter geht unter der Überschrift „Verschiedene Segen“ näher auf ihre gefundenen Schriftstücke ein, was uns zurück in die erste Hälfte des 18. Jahrhunderts führt.

„Im alten ‚Hofenhause‘ am Kirchplatz, das durch den Brand 1897 verschont geblieben ist und wohl zu den ältesten Häusern Matreis zählt (wahrscheinlich nach dem Brande 1362 erbaut), fand ich in einer Höhlung nahe dem Kamin auf dem Dachboden eine Menge alter Bücher, Schriften und Urkunden, die leider zumeist durch das am Kamin abfließende und vom Ruß gefärbte Regenwasser verdorben oder ganz vernichtet waren.“

„Noch leidlich erhalten waren eine sehr alte lateinische Grammatik, Bauernkalender und ein geschriebenes Büchlein aus dem Jahre 1722 mit dem vorne unter ‚Exlibris‘ wiedergegebenen Eigentumsvorbehalt. Im Jahr 1722 müssen die Oberritzer Besitzer ‚am Hof‘ gewesen sein, denn es scheinen die Namen Hans Oberritzer und Lorenz Oberritzer auf.“

In einem geschriebenen Büchlein sind von Hans Oberritzer allerlei Segen in altertümlicher Schrift verzeichnet, wovon hier der interessante Wolfssegen zum besseren Verständnis mit Angleichung wiedergegeben wird.

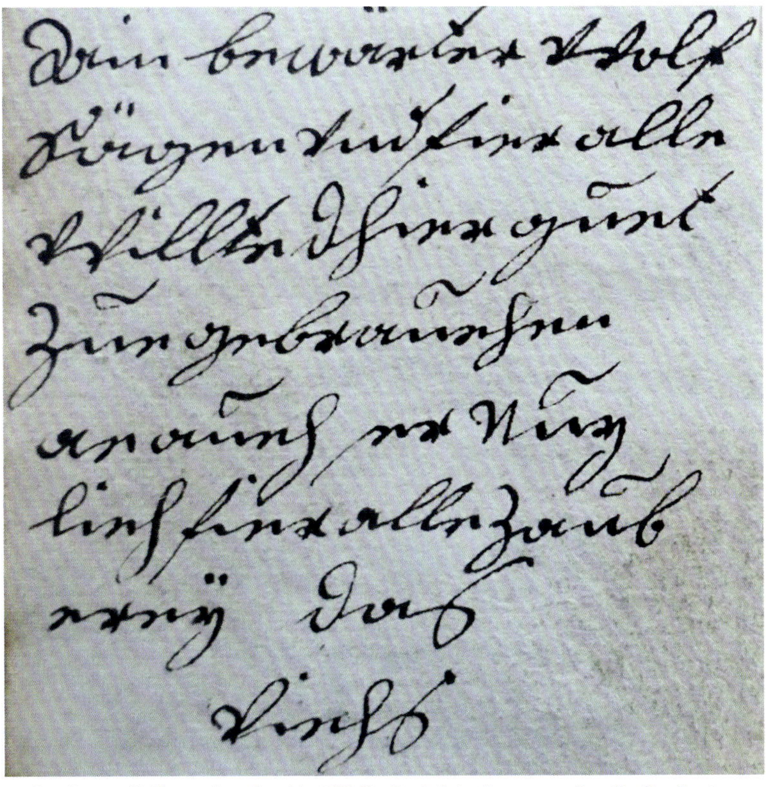

Der „Matreier Wolfssegen“ aus dem Jahr 1722 (Quelle: Aufschreibungen von Rosa Ghedina-Pernter, Gemeindearchiv Matrei in Osttirol, S. 23–28, hier: S. 23: Einleitung).

Wolfssegen aus Matrei in Osttirol

„Ein bewährter Wolfssegen und für alle wilden Tiere gut zu gebrauchen, auch sehr nützlich für alle Zauberei des Viehs." (S. 23)

„Im Namen Gott Vaters, Gott Sohnes und des Heiligen Geist. Wolf, wo bist du gewesen in der Stunde, da Christi zu Bethlehem uns geboren war? Da war deiner noch nie gedacht. Dein Mund sei dir versperrt durch die heilige Stunde, da Jesus Christus seine Marter leidet am Stamm des heiligen Kreuzes. Und dass du mir seist gehorsam, als Jesus Christus seinen himmlischen Vater gehorsam war bis in den Tod. Jesu Christi seine heiligen fünf Wunden behüten mir mein Vieh vor aller Zauberei und Höllenhunden." (S. 24–26)

„Und wer den Segen in seinem Haus hat und alle Jahre lesen lässt an der Hofstatt und drei Kerzen von Wachs anzündet und betet dabei fünf Vaterunser und fünf Ave-Maria und den Glauben zu Ehren unsern Herrn Jesu Christi in seinen heiligen fünf Wunden, dem mag der Wolf kein Vieh wegtragen. Die Worte sind verbunden mit unsern Herrn Jesu Christi seinen heiligen fünf Wunden, dem das selbige kein Übel geschehen, also geschehe mir Lorenz heute und alle Tage. Dazu hilf mir Lorenz, Gott der Vater und Gott der Sohn und der Heilige Geist. Amen." (S. 26–28)

Quelle:
Auszug der Aufschreibungen von Rosa Ghedina-Pernter, Heimatforscherin in Matrei in Osttirol. Transkription: Gertraud Brugger, Gemeindearchiv Marktgemeinde Matrei in Osttirol (Recherche 81/2022 – Dienstag, 27. Dezember 2022; leicht verändert und ergänzt von G. J. – Samstag, 31. Dezember 2022).

Von den Wölfen im Ober- und Unterinntal

Nach Auskunft der landesfürstlichen Rechnungsbücher von 1288 bis 1350 durchzogen im 13. und 14. Jahrhundert zahlreiche Wölfe das Land Tirol, wobei diese Raubtiere sowohl Schafe als auch Rinder gerissen hatten. Entsprechende Quellenbelege finden sich bei Otto Stolz in seinem Buch „Der geschichtliche Inhalt der Rechnungsbücher der Tiroler Landesfürsten von 1288–1350" (Schlern-Schriften, Band 175, Innsbruck 1957: Universitätsverlag Wagner, 81 S., hier: S. 52).

Wolfsjagden im Oberinntal

Jutta Wessely schreibt in ihrer historischen Dissertation „Beiträge zur Siedlungs- und Wirtschaftsgeschichte des inneren Pitztals" (Innsbruck 1972, 1.094 S. – Band 1: 352 S., Band 2: S. 353–656 und Band 3: S. 657–1.094) über die in der zweiten Hälfte des 16. Jahrhunderts für Wolfsjagden in Tirol zuständigen Forstknechte folgende

Zeilen: 1563 sollten im Oberinntal „pern, wolf und lux allain den vorstkhnechten mit vorgennder verkhundigung“ (S. 501) vorbehalten bleiben. Die oberste Aufgabe der Forstknechte war es, Wald und Wild vor Schädigung und Verschwendung zu schützen.

Für vorgelegte Raubtierköpfe zahlte die landesfürstliche Kammer Prämien aus. Die Kammer-Raitbücher gehen zwischen 1580 und 1600 auf die Zahl der erlegten Wölfe ein: „Im Gericht Petersberg (Silz) glückte z. B. 1580 der Fang von vier Wölfen. In Nordtirol gingen zehn Wölfe in die Fallen. Im Jahr 1589 waren es ein Wolf und sechs Bären, im Jahr 1600 sieben Wölfe und zwei Bären.“ (S. 501)

Im benachbarten Werdenfelser Land, also in Garmisch-Partenkirchen und Umgebung, wurden im Jahr 1555 sogar die Untertanen „durch einen Regierungsbefehl“ (S. 501) zum Kampf gegen die Wölfe aufgefordert bzw. aufgerufen.

In ihrer umfangreichen Arbeit behandelt Jutta Wessely auch kurz die Wolfsgruben, wobei die Pitztaler Gemeinde Jerzens im Mittelpunkt steht: „Um Ritzenried im Pitztal erinnern gleich zwei Wolfsgruben an sie. In der Mitte war einst eine Stange eingesetzt, an die auf ein altes Rad ein schreiendes Lämmchen gebunden wurde, um den Räuber in die mit Laub sorgfältig verdeckte Grube zu locken, wie die Alten berichten.“ (S. 500)

Wolfsgrubensage aus Silz

Im Mittelalter durchstreiften Bären, Luchse und Wölfe das Oberinntal. Diese Wildtiere waren eine Bedrohung für Herden und Siedlungen. Vor allem in den abgelegenen Höfen verfolgte man immer wieder verängstigt das Auftauchen der Räuber, die allzu oft aus den Herden der Bauern Beute schlugen. Die Leute hatten damals für die Jagd noch keine Gewehre. Mit Pfeil und Bogen oder mit einer Armbrust war den gefährlichen Feinden aber nur schwer beizukommen. Am ehesten noch waren die Wölfe mit einer List zu besiegen, wie eine Sage aus Silz erzählt. Am Berghang oberhalb von Kochlach führte eine Familie, die von Kühtai her zugezogen war, einen stattlichen Hof. Der Bauer war stets wachsam und hütete seine Schafe und Rinderherde mit großer Sorgfalt. Ständig hielt er auch Ausschau nach Wildtieren, die seinen Herden gefährlich werden könnten. Es war aber nicht der Vater, der ein Wolfsrudel als Erster bemerkte, sondern seine kleine Tochter Stefanie.

In einer Vollmondnacht wachte das Mädchen auf und wollte das Fenster seiner Kammer öffnen, weil es drückend heiß im Zimmer war. Da vernahm es von den Seiten-Mahder (Bergwiesenname, Anm. G. J.) herab schauerlich klingendes Heulen. Aufgeregt lief es in das Zimmer der Eltern. Stefanie weckte ihre Mutter: „Mama, wilde Tiere heulen draußen im Wald.“ Die Mutter erschrak, beruhigte ihre Tochter jedoch mit den Worten: „Das war nur ein böser Traum!“ Am Abend des anderen Tages, als der Bauer seine Schafe in den Stall trieb, musste er das Fehlen eines seiner trächtigen Muttertiere feststellen. Er suchte nach dem verlorenen Schaf, brach aber bald die Suche ab, da er noch vor dem Einbruch der Dunkelheit im Schutz seines Hofes sein wollte. Das Schaf hatte sich nur für eine kurze Zeit von der Herde getrennt, um ein Lamm auf die Welt zu bringen. In dieser Situation näherte sich ein Wolfsrudel. Die hungrige Meute trieb das Mutterschaf vor sich her, bis es völlig erschöpft war. Der Leitwolf riss es zu Boden. Im Nu entbrannte ein hitziger Kampf um die Beute.

Nach ein paar Tagen, als der Bauer zufällig in diese Gegend kam, entdeckte er Überreste des getöteten Tieres. Daheim erzählte er davon und warnte besonders seine Tochter: „Stefanie, draußen im Wald lauern Wölfe. Geh ja nicht weit weg von unserem Haus!" Nach ein paar Tagen jedoch hatte das Mädchen die Warnungen ihres Vaters schon vergessen. Beim Blumenpflücken kam es immer näher an den Waldrand. Erst jetzt erkannte Stefanie die Gefahr! Schon sah sie die grauen Räuber hinter den Büschen lauern. So schnell ihre Füße sie tragen konnten, lief sie zurück und rief ihren Vater zu Hilfe. Einige Wölfe waren schon bedenklich nahe an das Mädchen herangekommen. Als sie jedoch den herbeieilenden Bauer bemerkten, der laut brüllend mit einer Mistgabel den Wölfen fuchtelte, verschwanden sie wieder im Dunkel des Waldes.

„Mein Kind, Gott sei Dank ist dir nichts passiert!", seufzte der Vater erleichtert und umarmte das Mädchen, das noch immer vor Angst zitterte. Die Eltern überlegten nun, wie sie sich gegen die Gefahr aus dem Wald am besten schützen könnten. Die Mutter schlug vor: „Hier ist es für das Kind viel zu gefährlich! Ich geh mit Stefanie hinunter ins Dorf zu meinen Verwandten." Der Vater stimmte dem Vorschlag zu: „Ja, das wird das Vernünftigste sein. Packt eure Sachen und macht euch gleich auf den Weg." Seiner Frau trug er noch auf: „Verständige den Hias, den Jäger. Er soll sogleich heraufkommen und mir bei der Wolfsjagd helfen!"

Schon am Abend des nächsten Tages erschien der Hias. Er wusste, wie den Wölfen am besten beizukommen war. Bei einer kräftigen Jause in der Küche des Bergbauern führte der Jäger aus: „Ich habe lange nachgedacht, was wir gegen diese Wölfe unternehmen könne. Plötzlich hatte ich eine – wie ich glaube – brauchbare Idee: Wir bauen eine Falle!" Der Bauer bohrte nach: „Wie stellst du dir das vor?" „Am Waldrand heben wir eine lange, tiefe Grube aus. Mit dünnen Ästen und Zweigen decken wir diese ab. Auf die Zweige legen wir Fleischstücke und Knochen", erklärte der Hias.

„Ah! Ich verstehe! Die Wölfe werden sich darauf stürzen und in die Grube fallen!" – ergänzte der Bauer hoffnungsvoll. Am nächsten Tag begannen der Bauer und der Jäger gleich mit der Arbeit. Am Abend beobachteten die Männer vom Dach des Hauses aus gespannt, was passieren würde. Im Schein des aufgehenden Mondes bemerkten sie, wie sich Schatten der Grube näherten. Die Wölfe hatten das Fleisch gewittert. Voller Gier stürzte sich das Rudel auf die vermeintliche Beute. Kein Raubtier entkam der Falle. Das Heulen der Wölfe war fürchterlich. Es war bis ins Tal hinunter zu hören.

Am anderen Morgen kamen viele Silzer am Berghof vorbei und feierten mit dem Bauern und dem schlauen Hias das Jagdglück. Seither heißt dieser Bergbauernhof Wolfsgruben.

Quelle:
Johann Zauner (o. J.): Einige Sagen aus unserer Umgebung. Silz, S. 15–17.
Der Silzer Chronist, Heimatforscher und Pädagoge Johann Zauner hat in einem gemeinsamen Projekt der beiden Volksschulen Mötz und Silz zahlreiche Lokalsagen gesammelt, deren Ergebnisse er danach einer breiten Öffentlichkeit zur Verfügung gestellt hat, so auch die Wolfsgrubensage aus der Gemeinde Silz im Oberinntal, die hier nun wortwörtlich wiedergegeben wurde.

Schädliche Wölfe im Unterinntal

Der Geistliche Matthias Mayer geht in seinem mehrteiligen Werk „Der Tiroler Anteil des Erzbistums Salzburg. Kirchen-, kunst- und heimatgeschichtlich behandelt. Band 8: Die Schranne Langkampfen. Angath, Langkampfen, Zell bei Kufstein, Thiersee, Landl“ („Schlern-Schriften“, Band 109, Going: Selbstverlag, 388 S.) auch auf das gefährliche Raubwild ein, welches im Raum Kufstein und Umgebung vor allem von auswärts hereinwechselnd (z. B. Karwendel) auftrat.

Trotzdem zeigte sich mancherorts in der frühen Neuzeit vom 16. bis 18. Jahrhundert das „schädliche Getier“ immer wieder. Nicht umsonst führt das Raitbuch aus dem Jahr 1530 den damals so erfolgreichen Wolfsjäger aus der Gegend von Thiersee namentlich an, wenn es heißt: „Ein Christian Krückhl, dem die Innsbrucker Regierung am 25. April 1530 zwei Gulden Prämie zahlte, ‚umb ain Wolff, den er und seine Gesellen in der Herrschaft Kufstein in einer Grueben gefangen.‘“ (S. 331)

Wolfsgruben im Raum Kufstein

Wie sah es mit den Wolfsgruben im Raum Kufstein aus? „Diese Wolfsgruben wurden auf dem Wechsel des Wildes knapp nebeneinander, manchmal mit einer zweiten Reihe rückwärts gegraben, wobei auf beiden Seiten ein hoher Zaun das Raubtier zur angebundenen Lockbeute, etwa einer meckernden Ziege oder einem Aase, auf die Fallgruben zulenkte. Eine solche Wolfsgrube lag einst auch in der Grenzwaldung zwischen Angath und Oberlangkampfen.“ (S. 331)

„So nennt die Waldbeschreibung des Jahres 1725 eine ‚Waldung des Hurlacher-, Widerhof-, Nösing-, Mallen-, Franzen- und Praitengut in Angath, angrenzend an der Oberlangkampfer Waldung, so auch mit einem vorgewiesenen Marchstain bey der Wolfsgruben unterschaiden‘. Noch 1689 wird bei der Glarcherhueben (= Köttinger) in Unterlangkampfen eine Wolfspeunten erwähnt, also wohl ein Feld, wo einst ebenfalls eine Wolfsgrube gegraben war.“ (S. 331)

Zusammenfassende Schlussbemerkungen

Ein Blick in die einschlägige Reiseliteratur des Ostalpenraums zeigt, dass in Erzählungen der Einheimischen der Wolf immer wieder vorkommt. So traf im Jahr 1825 der aus Wien stammende Fußreisende Joseph Kyselak in den Zillertaler Gründen bei seinem Aufenthalt in Gerlos zufällig zwei weinende Mägde, die bei ihm jammerten, dass der „unersättliche“ Wolf ihre beste Kalbin auf der Alm „erwürgt“ hatte.

In dem beim Bad Ilstern stehenden St.-Ulrichs-Kirchlein im Pustertal ereignete sich 1830 ein ganz seltsamer Vorfall, von dem die damaligen Zeitungen gerne berichteten: Ein Vaterunser betender Geißbauer wird von einem in das Gotteshaus eingedrungenen Wolf überrascht und musste dort vorübergehend mit dem „furchtbaren Gesellschafter“ ausharren, bevor sich das schlaue Bäuerlein noch in letzter Minute über die Glockenseile an der Außenseite des Kirchturms abseilen konnte.

Der Brixner Bürger- und Bäckermeister Romanus Mair erlebte Ende Jänner 1834 den wohl größten Schrecken in seinem Leben, als er am Weg nach Hause von einem Wolf überrascht wurde und den Meister Isegrim erst durch lautstarkes Schreien zurücktreiben konnte.

Ganz ausführlich wird die Erlegung des letzten Standwolfs im Vinschgau in Eyrs (Gemeinde Laas) beschrieben. Diese erfolgreiche Treibjagd fand zwischen Mitte

März und Anfang April 1852 statt. Neben Gewehren nahmen die Jäger und Treiber noch Bockshörner, Kuhglocken und andere lärmende Gegenstände mit.

Den Wolfsgeschichten aus dem Obervinschgau kann immer wieder entnommen werden, dass gerade in der kalten Jahreszeit die Wege zur Kirche und Schule sowie die Eingänge zu den Gotteshäusern von Wölfen frequentiert wurden. Entsprechende Vorfälle gab es in Matsch, Tanas, Stilfs, Taufers im Münstertal und Tartsch. Am Egghof auf Tella oberhalb von Taufers hielt sich ein Wolf sogar in der Küche auf. Eine Magd auf dem oberhalb von Schleis gelegenen Polsterhof wurde in den 1840er-Jahren an einem Winterabend beim Wasserholen am Brunnen durch einen Wolfsüberfall getötet.

In Ulten backte eine Bäuerin die Krapfen für das Abendessen am Heiligen Abend. Sie hörte hinter sich ein Geräusch. Als sie sich umdrehte, stand ein Wolf auf der Küchentürschwelle. Die überraschte Bäuerin schrie entsetzlich. Der Wolf verzog sich darauf.

Im Jahr 1872 kam es in Schlanders beim getöteten Raubwild zu einer peinlichen Verwechslung, bei der sich der angeblich erschlagene Wolf als Luchs entpuppte. Apropos Luchs: Der Luchs kam beispielsweise im Navis- und Stubaital vor, wo 1842 ein Luchspaar den Rehen nachgegangen war. Der letzte Luchs auf Nordtiroler Gebiet wurde Ende Mai 1872 in Nauders geschossen.

Natürlich waren auch früher in Osttirol die Wölfe und Luchse allgegenwärtig. 1689 litt das Rotwild besonders unter der damals herrschenden Wolfsplage. Allein 1734 wurden im Gerichtsbezirk Heinfels bei einer Wolfsjagd 32 Wölfe erlegt, worüber der Oberjäger von Heinfels berichtet. 1823 hielt sich ein Luchs in der Nähe von Lienz auf. Der letzte Wolf in Osttirol, der sich im 19. Jahrhundert nachweisen lässt, wurde 1870 am Gaimberg geschossen.

Laut der im Jahr 1743 vom herrschaftlichen Oberjäger und Waldmeister Josef Glanzl durchgeführten Zählung werden für das Stadt- und Landgericht Lienz sieben Wolfsgruben ausgewiesen, die sich auf die vier Ortschaften Dölsach, Obernußdorf, Lavant und Tristach verteilen. Das damals gebräuchliche Schussgeld pro Wolf und Luchs wird mit je einem Gulden angegeben.

Die große frühneuzeitliche Bedeutung einzelner Wolfsjagden lässt sich am Beispiel der unter anderem von Harald Stadler archäologisch näher untersuchten Wolfsgrube von Oberlienz eindrucksvoll belegen, deren Anlage ins 17. Jahrhundert zurückgeht und im ausgehenden 18. Jahrhundert aufgelassen wurde. Als Ködertiere dienten vor allem sehr junge Nutztiere (Lämmer, Kälber und Kitze). Von einem „bewährten" Wolfssegen ist schon im Jahr 1722 in Matrei in Osttirol die Rede.

Ein Blick ins Tiroler Ober- und Unterland zeigt, dass dort die Wölfe als „schädliches Getier" schon im 16. Jahrhundert weit verbreitet waren. So sind zwischen 1580 und 1600 mehrere Wolfsjagden überliefert. In der Pitztaler Gemeinde Jerzens erinnern zwei Wolfsgruben an diese unruhige Zeit. Immer wieder wanderten Wölfe aus dem Karwendel in die Kufsteiner Gegend. Nach einer Waldbeschreibung von 1725 gab es eine Wolfsgrube im Grenzgebiet zwischen Angath und Oberlangkampfen.

Wölfe in Vorarlberg und Salzburg

Wölfe in der Mondscheinnacht. Nuit le lune en hiver. Künstleransichtskarte von J. Brower, um 1910 (Bildarchiv Georg Jäger).

Wölfe und Wolfsjagden in Vorarlberg

In der zweiten Hälfte des 16. Jahrhunderts trat überall im Alpenraum eine spürbare Klimaverschlechterung ein, die mit häufiger vorkommenden Wolfsnachrichten verbunden war, worüber das „Vorarlberger Volksblatt“ (28. Jg., Nr. 23, Samstag, 28. Januar 1893, S. 123: Mittheilungen an das Volksblatt. Vom Bodensee, 26. Januar) berichtet: „1572 war ein außerordentlich kalter Winter. Es überfror der Bodensee so stark, daß man ohne alle Gefahr hin- und herfahren konnte. Der See blieb vom Monat Januar bis zum 1. Mai gefroren. Viele Leute starben vor Kälte, mehrere wurden von hungrigen Wölfen, deren es viele gab, getödtet.“

Der Geschichtsforscher und Geistliche Franz Joseph Weizenegger (1784–1822), auch Waitzenegger geschrieben, äußert sich zu den aufgrund der starken Vermehrung der großen Beutegreifer durchgeführten Wolfs- und Luchsjagden in seinem im Jahr 1839 posthum erschienenen Werk über „Vorarlberg in drei Abtheilungen. I. Abtheilung“ (Innsbruck: Wagner'sche Buchhandlung, 353 S.) folgendermaßen: „Raubthiere schleichen auch dann und wann herum, Jäger und Jagdfreunde versammeln sich sogleich zu ihrer Vertilgung, und haben schon Wölfe und Luchse eingebracht.“ (S. 264)

43 Wölfe, 40 Bären und 251 Luchse

Während der Regierungszeit von Kaiser Maximilian I. unterstanden die Wälder der Herrschaften Bregenz und Feldkirch den Vögten von Bregenz und Feldkirch, die Wälder in Bludenz, Sonnenberg und Montafon dem Vogt von Bludenz. Über das frühere Verbreitungsgebiet der Wölfe geben uns vor allem die Flurnamen (z.b. Wolfsloch) Auskunft. In seinem Werk „Graf Jakob Hannibal I. von Hohenems 1530–1587. Ein Leben im Dienste des katholischen Abendlandes“ (Innsbruck 1954: Universitätsverlag Wagner, 420 S., hier: S. 376–377) behandelt der Historiker Ludwig Welti unter „Förster, Jäger und Mehrer des Weinschatzes“ (S. 375–378) auch kurz die Jagd- und Waldverhältnisse mit den damaligen Schussgeldern für große Beutegreifer im Bregenzerwald.

Der leidenschaftliche Waidmann Graf Jakob Hannibal I. von Hohenems bekam im Jahr 1568 von Erzherzog Ferdinand eine Jagdbewilligung für die Forste der Herrschaften Feldkirch, Bregenz und Hohenegg. So bestellte Jakob Hannibal im Oktober 1584 den Barthlme Velder (= Felder, Anm. G. J.) zum Forstknecht, der auf die Forste vor Ort aufpassen musste, damit diese nicht verwüstet oder zu Schaden gehackt werden. Das von ihm erlegte Wild hatte er mit Haut und Haaren dem Grafen abzuliefern. Als Jägergeld erhielt der Forstknecht bestimmte Prämien: so für den Abschuss eines Wolfs, Luchses und Bären jeweils zwei Gulden.

Der Historiker Meinrad Tiefenthaler ist im „Jahrbuch des Vorarlberger Museumsvereines Bregenz“ (Bregenz 1941: Selbstverlag, S. 65–87: Von der Jagd, Wilderern und wilden Tieren im Vorarlberger Oberland vom 16. bis zum 19. Jahrhundert) unter anderem den Wölfen und Luchsen nachgegangen. Für den

Zeitraum von 1518 bis 1690 finden sich im Archiv in Bludenz Abschusslisten über die Erlegung von Raubtieren in den beiden Herrschaften Bludenz und Sonnenberg mit dem Montafon. Allein in der Zeit von 176 Jahren wurde die Erlegung von 40 Bären, 43 Wölfen und sogar 251 Luchsen gemeldet. Die Vogtei bezahlte hohe Prämien für den Abschuss. So bekam der Bärenschütze im Jahre 1577 zehn Gulden für ein ausgewachsenes Tier, für einen leichter zu erlegenden Wolf fünf Gulden und für einen Luchs 25 Batzen, was den Ausführungen von Tiefenthaler (S. 71–72) entnommen werden kann.

Die zwischen 1518 und 1690 erlegten Wölfe

Aus familiengeschichtlicher Sicht ist es nun interessant, die Namen der einzelnen Bauern und Jäger auf Grundlage der detaillierten Erhebungen von Meinrad Tiefenthaler (S. 71–72) anzuführen, die im Laufe dieses Zeitraums insgesamt 43 Wölfe (durch einen Druck- oder Schreibfehler wird die Zahl 48 angeführt, Anm. G. J.) erlegt haben. So können auch die Wolfsjahre mit den kalten Wintern zeitlich bestimmt werden.

„1518: Josef Gassners und Ulich Niggen Söhne 6 junge Wölfe. 1519: Hans Täschers Sohn ab dem Bürserberg 6 junge Wölfe. 1555: Hans Gom und Hans Mor von der Stuben schossen 2 Wölfe. 1602: Von Schruns 3 Wölfe. 1610: Aus Montafon 4 Wölfe. 1613: Aus Montafon 1 Wolf. 1614: Hans Geyger 1 Wolf und Hans Zürcher 1 Wolf. 1622: Aus Dalaas und Montafon je 1 Wolf. 1624: Von Hans und Christan Schmelzern 1 Wolf. Anton Mark 1 Wolf. 1631 wurde eingebracht 1 Wolf. 1632: 1 Wolf. 1637: 1 Wolf. 1641: 1 Wolf. 1642: 5 Wölfe. 1643: 3 Wölfe, 1644: 2 Wölfe, 1654: 1 Wolf.“ (S. 71–72)

„Während bis zum Jahr 1600 von Seiten der Vogtei für Wolf, Bär und Luchs einheitlich je 1 Gulden bezahlt wurde, schwankt für die folgenden Jahre das Schußgeld, das für einen Wolf zeitweise bis auf 5 Gulden hinaufgesetzt wurde. So bezahlte das Amt Bludenz auch noch die ersten 25 Jahre des 17. Jahrhunderts für einen Wolf 3 Gulden.“ (S. 72)

Im 17. Jahrhundert wurden eigene Streifjagden auf die wilden Tiere durchgeführt: „1605 bekamen im Hofsteig vier Jäger die Erlaubnis, mit Büchsen durch vier Wochen hindurch den Wölfen nachzujagen, wurde doch noch im Herbst 1663 bei Lauterach in der Nähe des Dorfes ein Knabe, als er das Vieh auf die Weide trieb, von einem Wolfe zerrissen.“ (S. 73)

Wolfsschäden zwischen 1817 und 1821

Gerade im Montafon, wo es ausgedehnte Wälder und noch viel größere Alpgebiete gibt, war naturgemäß auch verschiedenes Wild vorhanden, worauf in dem von Josef Zurkirchen herausgegebenen „Montafoner Heimatbuch“ (Schruns 1980: Stand Montafon, 664 S.) unter „Jagd und Fischerei“ (von Ludwig Vallaster, S. 571–575) hingewiesen wird: „Es erforderte allerdings viel Mut, mit den schwerfälligen Schießeisen jener Zeit die Raubtiere anzugehen. Der sehr scheue und behende Luchs dürfte durchwegs mit Fallen erlegt worden sein.“ (S. 571)

Im 18. Jahrhundert wurden Wölfe ganz selten. Bereits zu Beginn des 19. Jahrhunderts gibt es über den Wolf keine Überlieferungen mehr. „Vom Luchs erzählte man noch, daß einer um etwa 1820 im Sattelwald auf dem Rongg in Gargellen drei Geißen zerrissen habe." (S. 571)

Nach den Ausführungen von Meinrad Tiefenthaler fügten diese beiden Raubtiere den Viehherden der Alm- und Bergbauern große Schäden zu, so 1817 in Gargellen und auf den Montafoner Alpen. Noch im selben Jahr hatte auf der Alpe Schulers der Gemeinde Klösterle ein Wolf oder ein Bär fünf Schafe zerrissen. Dasselbe wird im Jahr 1820 von einem wütenden Raubtier auf der Schafalpe der Gemeinde Stuben am Arlberg gemeldet. 1821 klagen die Alpgenossen der Alpen Formarin, Radona und Tannleger, dass wieder ein Wolf auf ihren Alpen bedeutenden Schaden angerichtet habe, worüber Tiefenthaler (S. 67–68) in seinem Fachaufsatz berichtet.

Schafe mit einem Hirten und Hirtenbuben in Vorarlberg, um 1940. Die Schafe nehmen den ersten Platz auf der „Fast Food Speisekarte der Wölfe ein. (Foto: Sammlung Franz Beer, Stadtarchiv Dornbirn, Vorarlberger Landesbibliothek).

Schafhirten auf der Alpe Schadona in Schoppernau, um 1940. Die Wölfe könnte man sich ohne Jagd auf die „heiß" begehrten Wolltiere nicht vorstellen. (Foto: Sammlung Franz Beer, Stadtarchiv Dornbirn, Vorarlberger Landesbibliothek).

Wölfe auf Streifzug im Gebirge. Nach einer Originalzeichnung von August Specht, um 1890 (Bildarchiv Georg Jäger).

Wölfe und Luchse in Mittelberg, 1697–1811

Pfarrer Joseph Fink und Dr. Hippolyt von Klenze haben sich in ihrem 1891 erschienenen umfassenden Werk „Der Mittelberg. Geschichte, Landes- und Volkskunde des ehemaligen gleichnamigen Gerichtes“ (Mittelberg: Verein des Ortsvereins Mittelberg, 543 S.) in Kapitel 13 (S. 233–238) mit dem Jagdwesen auseinandergesetzt. Dabei finden sich überhaupt keine näheren Informationen über Bären, wenn man von den Ortsnamen Bärgunt, Bärenmahd und Bärenweid absieht. Erfreulicherweise gibt es im Jahr 1676 folgende Notiz über die damals dort vorkommenden Wölfe: „Am 8. Januar (1696) wurde ein Wolf im Schwand gesehen, zwölf Mann jagten auf ihn, im Wildentobel erhielt er den ersten Schuß, deren er sieben brauchte.“ (S. 235) Danach kommt dieser Hinweis aus dem Folgejahr 1697: „Damals haben zwölf Mann nach einem Sonntag Nachmittags-Gottesdienst in Müllers Schwand ob dem Höfle einen Wolf erlegt. Den siebenten und letzten Schuß erhielt er beim Aveläuten. Es kostete viel Mühe, bis das Raubtier erlegt war.“ (S. 235)

„Im Jahre 1717 machte das Gericht Mittelberg bekannt, daß es für eine Wölfin 12 fl., für einen jungen oder alten männlichen Wolf 10 fl. und für einen Luchs auch 10 fl. Schußgeld dem Erleger bezahle.“ (S. 235) Zu Beginn des 19. Jahrhunderts werden noch alljährlich Schussgelder für Luchse in den Gemeinderechnungen angeführt. „1821 und 1827 erfolgten Anzeigen nach Bezau, daß sich im Mittelbergischen ein Luchs aufhalte. Der letzte Wolf wurde 1811 erlegt, den letzten Luchs schoß Joseph Anton Huber, der noch (im Jahr 1891, Anm. G. J.) lebt.“ (S. 235)

Luchsjagd aus dem „Jagd-Album“, gezeichnet und lithographiert von Josef Anton Straßgschwandtner, um 1856. Der etwas zeichnerisch schlecht dargestellte Luchs wurde in einem mit „Fallgarnen“, also mit Fangnetzen umstellten Waldstück (wobei die Netze so weit vom Waldrand entfernt stehen, dass der Luchs von einem Baum aus nicht über sie springen kann), von den Hunden zum Aufbaumen gezwungen. (Wien: Verlag F. Paterno, Innsbruck: Pinguin-Verlag, Reprint-Ausgabe 1983, 54 Bl., Blatt 20).

Joseph Anton Huber auf Luchsjagd anno 1831

Und jetzt folgt der damalige Bericht des Luchsjägers aus Mittelberg: „Nachdem diese Wildart zweifellos für immer ausgerottet ist, möge hier Näheres über die Erlegung des Luchses durch den hochbetagten Josef Anton Huber nach seiner eigenen Erzählung Platz finden." (S. 235)

„Der genannte Jäger ging mit drei Kameraden im Frühjahre 1831 auf Spielhahnen und stieg zur Wildenalpe empor. Oberhalb dieser, unter der ‚Fideri', sahen sie die Spur des Luchses in die dortigen ‚Arlen' (Legföhren) hinein- aber nicht wieder herausführen. Da das Tier, welches unter Schafen, Ziegen und dem Wildstande vorher vielen Schaden angerichtet hatte, schon einmal gejagt, damals aber gegen die ‚Fideri' geflohen war, stellte sich Huber dort an und die anderen trieben unter Lärm und Schießen gegen ihn heran. Da erschien auch der Luchs und flüchtete in grossen Sätzen, blieb aber auf 80 Schritte, einmal sich umsehend, stehen. Hierbei ereilte ihn eine Kugel ins Herz. Huber ging mit seiner Beute nach Bezau; das Tier wurde dort gewogen und gemessen; es wog 40 Wiener Pfund, war drei Fuß lang und zwei Fuß hoch. Dann hieb man ihm die rechte Vordertatze ab und zahlte von Gerichtswegen das Schußgeld mit 30 fl. aus; zahlreiche Zuschauer trugen zur Vergrößerung der Summe bei, die Gemeinde Mittelberg zahlte 20 fl., der Vorsteher in Oberstdorf 3 fl., die Decke verkaufte er um 4 fl." (S. 235)

Der Wolf oder Meister Isegrim auf einer Künstlerkarte, um 1910 (Bildarchiv Georg Jäger).

„Daß dies aber damals nicht der einzige (Luchs, Anm. G. J.) war, geht daraus hervor, daß zwei Jahre später Georg Wüstner von Mittelberg am Heuberg einen Luchs mit der Axt erschlug. Es fehlte ihm der Schwanz, und hielt man deshalb diesen Luchs für denselben, der in Oberstdorf einige Zeit vorher in eine Falle geraten und mit dieser entkommen war. Zeitgenössische Jäger behaupten, dieser Luchs sei von einer stürzenden Tanne erschlagen und später gefunden worden; er soll nämlich nicht mehr frisch gewesen sein, als man ihn ins Dorf brachte! Ob es wirklich so war, ist nicht mehr zu ermitteln; in diesem Falle hätte sich das Jägerlatein wegen der Schußgelder allerdings rentiert!" (S. 235–236)

Erlegung und Verschwinden reißender Tiere

Der Vorarlberger Historiker Elmar Schallert befasst sich in seiner umfangreichen Arbeit zur „Jagdgeschichte von Nenzing“ (Schriftenreihe der Rheticus-Gesellschaft, Band 29, Feldkirch 1992: Rheticus-Gesellschaft, 387 S.) unter anderem mit den Abschussgeldern für reißende Tiere und deren Verschwinden im Laufe des 19. Jahrhunderts.

Schussgelder vom Vogteiamt in Bludenz

Seit dem 16. Jahrhundert bekam jeder wackere Schütze vom Vogteiamt in Bludenz ein Schussgeld, wenn er ein reißendes Tier tot oder lebendig auf dem Schloss ablieferte. „Meist genügte es, wenn er den Kopf, den Balg oder die Pratzen des Raubtieres vorweisen konnte. Die Nenzinger waren in der Raubtierjagd nicht sehr aktiv, denn im Vergleich zu den Frastanzern oder den Brandnern lieferten sie recht wenige Beutetiere auf dem Bludenzer Schloß ab. Sollte dies als ein Hinweis auf die bis Mitte des 16. Jahrhunderts vollzogene Bejagung der wilden Tiere durch die Herren von Vaduz interpretiert werden?“ (S. 169)

Die früheste Nachricht von einer erfolgreichen Raubtierjagd auf Luchse in Nenzing datiert aus dem Jahr 1570, in der in der Bludenzer Vogteirechnung unter „Außgeben an Erlegung der Wolff unnd Unthier des LXX jars“ zu lesen ist: „Item dem Simon Ülin zu Nenzinger für 2 junge Luchs, so er daselbs gevangen hat, XVII ß VI d.“ (S. 224)

Bezüglich der Geldwährung sei hier zum besseren Verständnis der damals gebräuchlichen Abkürzungen angemerkt: „d oder dl steht für Pfennig. 1 Gulden / fl = 8 Schilling / ß = 240 Pfennig / d. (1 ß = 30 d.)“ (Mitteilung von Kurt Scharr nach Auskunft von Elias Knapp am 27. Dezember 2021)

Kurz danach folgte 1576 ein kühner Bärenjäger: „Item dem Lienhart Tschamon von Nenzing“, weil „er daselbs ain Pärn geschossen und erlegt“ eine Entschädigung von X lb d. (lb. = librum = Pfund, d. = Pfennige; 1 Pfund Pfennig = 8 x 30 Pfennig = 240 Pfennig; 10 Pfund Pfennig = 300 Pfennig; Anm. G. J.). Drei Jahre später (1579) erhielt auch ein gewisser „Marte Nezer von Nennzingen“ dieses Schussgeld „von ainem grossen Peren, so er diß Jaro geschossen“. (S. 169)

1580 wurde aus Nenzing die Erlegung von zwei Luchsen gemeldet. So notierte am 6. Februar der Vogt in seiner Rechnung eine Ausgabe für „Cristan Gallthurer von Nennzing von ainem Lux, so er geschossen“ sowie den Geldbetrag von 1 fl. (– Gulden) für „Manng Peckh und Hanns Wörle, baiden von Nenzingen, von ainem Lux, so sy geschossen“ (S. 170).

Der namentlich angeführte Simon Uölle (eine romanische Abkürzungsform von Ulrich bzw. Duolrig, woraus Jehle oder Üele entstand; Anm. G. J.) dürfte damals der mit Abstand beste Raubtierschütze im Nenzinger Revier gewesen sein. Denn schon im Jahr 1591 erhielt er wieder eine Prämie für einen erlegten oder gefangenen Luchs. Und nochmals schlug dieser erfolgreiche Schütze zu, nämlich 1595, als der Bludenzer Vogt in seiner Amtsrechnung festhielt: „Item den 28. December dem Symon Ulle von Nentzingen zalt zur Erlegung aines Beren 1 fl." (S. 170)

Im Jahr 1603 gelang es Anton Nasal von Nenzing, gleich zweier Luchse habhaft zu werden. Als er die „zween Luxköpf" (S. 170) ins Bludenzer Schloss einlieferte, bekam er für jedes Tier einen Gulden. In der Folgezeit sind keine Nachrichten mehr über die Erlegung von Raubtieren im Nenzinger Gebiet überliefert worden. Erst 1744 gibt es wieder einen entsprechenden Hinweis: „Diesmal erwischten Christian Maurer und Christian Schallert vom Nenzingerberg zwei Luchse in einem Fangeisen." (S. 170)

Die Obrigkeit in Bludenz stellte den zwei erwähnten Fallenstellern ein Zeugnis aus, dass sie „nach vilfältig angewandter Mühe zwei schädliche Untiere oder Luxen in dazu hergerichteten Traplen", wie die Köpfe und Bälge, die sie bei sich haben, beweisen, gefangen haben. Es ist bekannt, heißt es in diesem Dokument weiter, dass „diese Untiere alle benachbarten Herrschaften durchstreifen und überall an dem hohen Wildbret und an den Schafen und Geißen großen Schaden verursachen." Es sei daher billig, dass „jene, die ein solches Untier erlegen, nach hergebrachter Sitte mit einer Ergötzlichkeit belohnt werden" (S. 170).

Diese hier angeführte Aufzeichnung war sogar eine Art Empfehlungsschreiben, wodurch die genannten erfolgreichen Luchsschützen zu kleinen Geldspenden von benachbarten Gemeindevorständen oder Verwaltungsbehören kommen sollten.

Die letzte erfolgreiche Raubtierjagd auf Nenzinger Gemeindegebiet wurde nicht mehr von einzelnen Personen veranstaltet, sondern von einer großen Zahl aufgebotener Schützen durchgeführt. Es war die Bärenjagd im Gamperdonatal von 1782. „Schon im Jahre davor (1781) wurden der Gemeinde Nenzing 150 Taglöhne für die Streifjagd auf den Bären gutgeschrieben, und Johann Georg Gamon – wohl der Anführer dieser Jagdgesellschaft – erhielt 5 Gulden für seinen Aufwand ‚wegen dem Bärenschiesen'." (S. 171)

Das Auftreten der Wölfe im 19. Jahrhundert

Das 19. Jahrhundert war die Zeit des letzten Auftretens und Vorkommens reißender Tiere im Rätikon – nämlich von Bär, Wolf und Luchs. Während der Bayernzeit (1812) versetzte ein dem Almvieh gefährlich werdender Wolf die Bevölkerung von Frastanz und Umgebung in Aufruhr. Nicht umsonst ersuchte das Landgericht Sonnenburg das liechtensteinische Oberamt in Vaduz um Mithilfe aller möglichen Jäger und Schützen, wenn es dazu wortwörtlich heißt:

„Wohllöbliches Oberamt! In dem Saminathal des Gemeindebezirkes Frastanz diesseitigen Landgerichts wird seit einiger Zeit ein Wolf verspürt, der schon dermalen dem Wilde schädlich wird und in der Folge bey dem Auftriebe des Viehs in den Alpen noch gefährlicher werden kann. Nach der Angabe des in Frastanz aufgestellten Baron Sternbachischen Großjägers soll dieses Raubthier beständig über die Grenzen zwischen dies- und jenseitigem Gebiete wechseln, wodurch seine Vertilgung erschwert wird." (S. 253)

„Nur durch ein gemeinsames Zusammenwirken kann den weiteren Verherungen dieses Thieres vorgebeugt werden, und man sieht sich daher aufgefordert, das Wohllöbliche Oberamt geziemend zu ersuchen, auf den 21.ten dies, auf welchen

Tag die diesseitigen Forstjäger und Schützen zu einem Streifzug auf das Raubthier nach Frastanz beordert sind, auch jenseits gleiche Anstalten zu treffen und eine Anzahl von Schützen auf bemerkte Gegend auf den Grat abzuschicken." (S. 254) „Übrigens hat man den diesseitigen Jägern und Schützen den gemessensten Auftrag gemacht, bei diesem Zuge, wenn aus jenseitigem Forste einiges Gewild über die Grenze wechseln sollte, sich sorgfältig vor allem Jagdfrevel zu hüten, und man wünscht in dieser Rücksicht, daß ein dortseitiger Jäger sich an bemerkten Tage in aller Frühe in Frastanz einfinde und den Zug begleite. Unter Versicherung gleicher Amtswillfährde verharret mit vollkommenster Hochachtung das Königl. Bair. Landgericht Sonnenburg Bludenz, den 17. ten März 1812." (S. 254)

In einem Schreiben des Landgerichtes Sonnenberg vom 17. April 1821 glaubte man, einem Wolf auf der Spur zu sein. Doch trotz der „vom allerhöchsten Ärar" (S. 254) ausgesetzten 200 Gulden Schussgeld konnte der Wolf nicht zur Strecke gebracht werden.

In der Mitte des 19. Jahrhunderts wurde am alten Herkommen festgehalten, dass jedermann solch gefährliche Raubtiere jagen dürfe. So teilte im Oktober 1853 der Nenzinger Gemeindevorsteher Moritz Jussel dem Bezirksamt Bludenz mit, es halte sich in Gamperdona ein Luchs auf, man habe auf „seiner Spur 3 zerrissene Schafe gefunden" (S. 254).

„Das Bezirksamt forderte, der vom Jagdpächter Ganahl aufgestellte Jäger Josef Seeberger aus Rungeletsch solle mit anderen Männern unverzüglich auf die Suche gehen. Offensichtlich waren diese Bemühungen erfolglos, denn in einem weiteren Schreiben vom 30. Jänner 1854 wurde der nämliche Luchs noch einmal erwähnt. Diesmal vermutete man, er habe sein Standquartier in Tschalenga, ‚namentlich habe ihn der Gemeinderath Michael Burtscher und Johann Kessler auf einer aufrecht stehenden abgedorrten Tanne lüstern gesehen.' Zudem sei ein weiterer Luchs in der Gegend oberhalb von Latz gesichtet worden." (S. 253–254)

Verbreitung der Wölfe im Salzburger Land

Die Wölfe kamen früher im Gebirge und Flachland häufig vor, so bei letzterem in der Gegend von Mattsee, Seekirchen, Henndorf am Wallersee, Fuschlsee, Golling und nahe der Stadt Salzburg. Der Luchs durchstreifte das ganze Salzburger Land. An die damals ausgerotteten Wölfe erinnern uns heute noch viele Orts- und Flurnamen.

Große Vieh- und Wildschäden

Die angerichteten Schäden waren vor allem durch die Wolfsplagen während der „Kleinen Eiszeit" verheerend. Nach einem Bericht aus Mosheim im Lungau vom 26. Jänner 1675 verzehrten die zahlreichen Wölfe das Rotwildpret (Rotwildfleisch,

Anm. G. J.) und Gämsen. Allein aus den drei Gegenden von Lessach, Zederhaus und Leinz konnten jährlich 12 oder mehr Gämsen nicht geliefert werden.

Im Jahr 1600 wurden in der Glemm nicht weniger als 15 Luchse gefangen. „Vom Lux sagten die Jäger, daß er in einer Nacht ein ganzes Revier ruiniere, indem er nicht nur aus Hunger, sondern auch aus Mordlust die Thiere rieß." Im Herbst 1692 wurden in dem Henndorfer Besuch von den Wölfen außer Rehen noch über 200 Stück Hausvieh gerissen. 1660 wurde eine Wolfsjagd an der Suhr abgehalten und genau zwanzig Jahre später (1680) eine solche am Fuschlsee.

Jagd auf Wölfe und Luchse

Weitere Wolfs- und Luchsjagden fanden 1690 in der Ebenau und den umliegenden Gebirgen statt sowie am Hochwald Altenthann, am Guglberg und Untersberg. Eine Bären- und Luchsjagd ist aus dem Jahr 1700 am Untersberg überliefert, eine Wolfsjagd gab es 1705 zu Seekirchen und Henndorf. Und am 18. März 1720 fand eine Luchsjagd in Henndorf statt. Die vorletzten Luchse wurden 1824 in der Nähe der Pechauer Scharte am Gaisberg geschossen, die letzten zwei später im Bliembachtal gefangen.

Gustave Antoine Abel notiert in seinem erschienenen Beitrag über „Nachweise von Braunbären im Lande Salzburg, nebst Hinweisen auf weitere ausgestorbene Säugetiere" über die beiden Raubtiere Wolf und Luchs im Salzburgischen Folgendes: Der letzte Wolf in Salzburg wurde 1830 erlegt. Im 17. Jahrhundert gab es sogar ein Schussgeld von einem Gulden und 30 Kreuzern für einen Wolf. „Vom Luchs wissen wir, daß er noch 1796 zahlreich im Bereiche von Thalgau vorgekommen ist." (S. 10)

Quellen:
Abel Gustave (1970): Nachweise von Braunbären im Lande Salzburg, nebst Hinweisen auf weitere ausgestorbene Säugetiere. In: Mitteilungen aus dem Haus der Natur Salzburg, Band 80, Salzburg, S. 5–11, hier: S. 5–7.
Imhof Rupert Freiherr von (1887): Beiträge zur Geschichte des salzburgischen Jagdwesens aus archivalischen Quellen gesammelt. In: Mittheilungen der Gesellschaft für Salzburger Landeskunde, Band 27, Heft 2, Salzburg, S. 409–517 (Schluß), S. 414–439: Cap. 1: Auf Schadenthiere, hier: S. 414–416 und S. 435–439.
https://www.sn.at/wiki/Wolf (eigener Zugriff am 20. Dezember 2021): Salzburgwiki – Wolf, Vergangenheit, S. 2.

Diese um 1900 entstandene Darstellung zeigt ein im Winter vom Hunger getriebenes Wolfsrudel (Bildarchiv Georg Jäger).

„Wilde Thiere“ im Werk von Lorenz Hübner

In seiner im Jahr 1796 veröffentlichten dreibändigen „Beschreibung des Erzstiftes und Reichsfürstenthums Salzburg in Hinsicht auf Topographie und Statistik“ äußert sich Lorenz Hübner (1751–1807) im dritten Band in der allgemeinen Darstellung über die zutreffend bei den „wilden vierfüßigen Thieren“ aufscheinenden Bären, Wölfen und Luchsen so:

Bär, Wolf und Luchs

„Ursus Arctos L. Diese kommen gegenwärtig höchst selten zum Vorscheine; und werden im Lungau nur zu Winterszeiten hin und wieder gesehen. Einst hielt man in diesem Lande sogar Bärenjagden, wovon auch der an der Hauptstadt so nahe liegende Untersberg berühmt war. Allein man fand es räthlicher, diese Thiere nach und nach, so viel möglich, ganz auszurotten.“ (S. 862–863)

„Canis vulpes L. Dieses Thier ist zwar nicht einheimisch; durchstreift aber von Zeit zu Zeit die Gebirgsgegenden; und überfällt die Wollenherden. Sobald man einen solchen überlästigen Gast erblickt, wird ihm eifrigst nachgestellt.“ (S. 863)

„Felix Lynx L. Mit diesen verhält es sich, wie mit den Wölfen. Man fängt sie auch mit Schlageisen. Die Schinken der Luchse werden für eine gute Speise gehalten, und ihre Sporen (Kläuen) für ein Mittel wider das Beschreyen oder Vermeinen. Man umzirkelt auch damit die sogenannten Bietzen oder Zitterachen (Erhöhungen der erhärteten Oberhaupt), damit sie schnell heilen.“ (S. 863)

Der Aufklärer, Publizist und Übersetzer Lorenz Hübner (1751–1807) beschreibt im Jahr 1796 die damaligen Wolfsvorkommen im Erzstift Salzburg und stellt fest, dass die Wölfe Schafherden überfallen (Bildarchiv Georg Jäger).

Der Pädagoge, Schriftsteller und Journalist Franz Michael Vierthaler (1758–1827) nach einem Stich von Franz Xaver Eissner (1800–1869) weist unter anderem auf die grausamen Wolfsspuren im Lungau hin (Bildarchiv Georg Jäger).

Wölfe aus Kärnten

Im ersten Band der 1790 erschienenen „Beschreibung des Erzstiftes und Reichsfürstenthums Salzburg in Hinsicht auf Topographie und Statistik“ stehen über den Flachgau beim Pfleg- und Landgericht Staufeneck diese Zeilen: „Auf dem Untersberge und Staufen gibt es Gemse, und noch im vorigen Jahrhundert (1630) hatten in der Gegend um Oehlbergskirchen (= Ölbergskirchen, Ellanburgskirchen, heutige Gemeinde Anger in Oberbayern; Anm. G. J.) die Wölfe sehr überhand genommen, die aber gegenwärtig ganz ausgerottet sind.“ (S. 141)

Über das Pfleg- und Landgericht Thalgau findet sich bei Lorenz Hübner unter dem „Gewilde“ in den „hiesigen Gebirgen und Wäldern“ folgender Hinweis: „Von Raubthieren kommen Luchse zum Oeftesten vor; vor einigen Jahren mußte auch auf Wölfe und Bären gejagt werden.“ (S. 242)

Bemerkenswert ist im zweiten Band der „Beschreibung des Erzstiftes und Reichsfürstenthums Salzburg in Hinsicht auf Topographie und Statistik“ bei der allgemeinen Schilderung über den Lungau die Herkunft und örtliche Verbreitung der Wölfe und Bären: „Beynahe jährlich kommen Wölfe über die Kärnthnerischen Gränzen, worauf dann allgemeine Jagd gemacht wird. Man sieht auch von Zeit zu Zeit Bären, besonders gegen Großarl und Radstadt.“ (S. 525)

Quellen:
Hübner Lorenz (1796): Beschreibung des Erzstiftes und Reichsfürstenthums Salzburg in Hinsicht auf Topographie und Statistik. Erster Band: Das Salzburgische flache Land. Salzburg: Im Verlage des Verfassers, 328 S.
Hübner Lorenz (1796): Beschreibung des Erzstiftes und Reichsfürstenthums Salzburg in Hinsicht auf Topographie und Statistik. Zweiter Band: Das Salzburgische Gebirgland. Pangau, Lungau und Pinzgau. Salzburg: Im Verlage des Verfassers, S. 329–694.
Hübner Lorenz (1796): Beschreibung des Erzstiftes und Reichsfürstenthums Salzburg in Hinsicht auf Topographie und Statistik. Dritter Band: Die übrigen Gebirgsortschaften, und die ausländischen Herrschaften des Erzstiftes nebst dessen Beschreibung im Allgemeinen. Salzburg: Im Verlage des Verfassers, S. 695–1.004.

Wolfsspuren in zwei Reisebeschreibungen

Gerald Majcen schreibt in seiner 1998 veröffentlichten wissenschaftlichen Abhandlung über „Luchs (Lynx lynx, L.) und Wolf (Canis lupus, L.) in der Steiermark“ (Graz: Naturwissenschaftlicher Verein für Steiermark, 63 S.), dass die Wölfe bzw. Wolfsrudel ausgewachsene Rinder reißen konnten, wobei die gemeldeten Viehschäden oft ganz beträchtlich gewesen sind: „Im Winter 1716/17 wurde neun Bauern im benachbarten Lungau (Salzburg) von Wölfen an Nutztieren gerissen: 25 Ziegen, 28 Schweine, 10 Kälber, 17 Schafe und 6 Rinder.“ (S. 48)

Hinterlassene Spuren der Grausamkeit

Immer wieder finden sich in den Reisebeschreibungen aus dem 19. Jahrhundert Hinweise über Wölfe, die das Salzburger Land unsicher gemacht haben, so auch in den Werken von Franz Michael Vierthaler (1816) und Ignaz von Kürsinger (1853), auf die hier an dieser Stelle näher eingegangen wird. Zunächst notiert der Schriftsteller Franz Sartori (1782–1832) in seinem im Jahr 1811 abgedruckten Buch „Neueste Reise durch Oesterreich ob und unter der Ens, Salzburg, Berchtesgaden, Kärnthen und Steyermark in statistischer, geographischer, naturhistorischer, ökonomischer, geschichtlicher und pittoresker Hinsicht. Zweyter Band" (Wien: Verlag Anton Doll, 405 S.) zu den Wolfsvorkommen im Lungau: „Beynahe jährlich kommen Wölfe über die kärnthnerischen Grenzen, auf welche dann allgemeine Jagd gemacht wird." (S. 109).

Unser Zeitzeuge Franz Michael Vierthaler (1758–1827) schreibt in seinem 1816 veröffentlichten Werk „Meine Wanderungen durch Salzburg, Berchtesgaden und Österreich. Erster Theil" (Wien: Carl Gerold, 275 S.) unter anderem über die Wolfs- und Luchsvorkommen im Großarltal diese bemerkenswerten Zeilen, als er bei dieser damals unternommenen zweiten Reise einen interessanten kurzen jagdhistorischen Rückblick macht: „Noch unterm 29. April 1676 klagten die Großarler, daß ein Jäger nicht im Stande sey, sie und ihre Herden vor Unthieren zu schützen, und drangen auf die Beibehaltung der alten Volksjagden. Selbst heut zu Tage sind Luchse, Wölfe und Bären daselbst einheimisch, brechen oft plötzlich aus ihrem Hinterhalt hervor und verbreiten Schrecken über Berg und Thal." (S. 203–204)

Nicht nur im Pongau, sondern auch im Lungau spielen die Wolfsjagden eine wichtige Rolle, wenn es 1816 in der ersten Reise von Franz Michael Vierthaler heißt: „Am Blockhause erfahren wir sodann, daß eben die Jäger und Schützen vom ganzen Gau aufgebothen seyen, um ein paar Wölfe zu verfolgen, welche Angriffe auf die Herden gemacht hatten. Wölfe durchstreichen nämlich beinahe jährlich und von Zeit zu Zeit auch Bären die Wälder und Alpen von Lungau, und lassen überall blutige Spuren ihrer Grausamkeit zurück. Man macht sogleich Jagd auf sie; und ein wahres Fest ist es für Bürger und Bauern, wenn das Raubthier erlegt wird. Man zieht mit Trommeln und Pfeifen und unter frohem Gejauchze den glücklichen Siegern entgegen." (S. 121)

Zielsichere Lungauer Wolfsschützen

Über die Verbreitung der schon während der Mitte des 19. Jahrhunderts aus Kärnten kommenden Wanderwölfe in St. Michael im Lungau, genauer gesagt im „Muhrwinkel", äußert sich der k. k. Pfleger Ignaz von Kürsinger (1795–1861) in seiner 1853 publizierten Arbeit über den „Lungau. Historisch, ethnographisch und statistisch aus bisher unbenützten urkundlichen Quellen" (Salzburg: Oberer'sche Buchhandlung) folgendermaßen: „Bei der Wildheit der dortigen Felsen-Natur ist es wohl kein Wunder, wenn sich zuweilen ein Bär oder Wolf über die kärtnerische Gränze bis herein verirrt. Doch sind die Fälle nicht mehr häufig, der Muth der Muhrer und ihre wohlgezielten Büchsen legen einem solchen ungebetenen Gaste bald das Räuberhandwerk." (S. 691)

„Hat gleich der Wanderer hier in diesen schauerlichen Schluchten, in denen fromme biedere Menschen wohnen, keinen Anfall von Räubern zu befürchten, zeigen sich gleich zuweilen, eigentlich jetzt schon selten, Bären und Wölfe, so hat er doch keine Gefahr zu besorgen, denn die Schützen des Gaues werden schnell aufgeboten, haben Muth und – zielen gut.“ (S. 692)

Die Wölfe im Lungau in der Christnacht

Der aus Mauterndorf stammende Landwirt, Maurer und Schriftsteller Michael Dengg (1879–1974) hat im Jahr 1922 in seinem Werk „Lungauer Volkssagen“ (Tamsweg: Brüder Salesy, 244 S.) eine Wolfserzählung aufgezeichnet, die dann später nochmals von Josef Brettenthaler unter den „Lungauer Volkssagen“ (Salzburg 1957: Salzburger Druckerei und Verlag, 256 S., hier: S. 41) neu aufgearbeitet wurde.

„In früherer Zeit, als in Lungaus schönen grünen Wäldern die Wölfe hausten und auch mancherlei anderes Raubgetier sein Unwesen trieb, war es oftmals gefährlich, so allein auf einsamen Waldpfaden zu wandeln. Man erzählt sich heute noch viel von den zur kalten Winterszeit rudelweise umherstreifenden Wölfen, die nicht selten, von der Not getrieben, den menschlichen Behausungen sich näherten und Menschen und Vieh bedrohten. Die größte Gefahr bestand für die Bewohner einsamer, entlegener Gehöfte, welche besonders zur kalten Jahreszeit, wenn tiefer Schnee das Land bedeckte, von diesem Raubgetier förmlich umlagert wurden. Es war daher nicht ratsam, im Winter, besonders zur Nachtzeit, sich allein vom Hause zu entfernen. Gar oft sah der des Weges ziehende Wanderer aus dem Waldesdunkel ein Paar funkelnde Wolfsaugen hervorleuchten, welche mit Begier nach einem fetten Bissen Ausschau hielten. Deshalb ging man auch in der Christnacht gemeinsam, unter Vorantragen brennender Fackeln, den stundenweiten Weg zur Kirche. Dabei geschah es nicht selten, daß Leute auf ihrem nächtlichen Kirchgang lauernden Wölfen begegneten.“ (S. 41)

„Einmal eilte ein Hirtenknabe auf dem Mitternachtsgange in der Christnacht den übrigen voraus. Da sah er plötzlich über sich auf einer Felswand einen Wolf, der lauernd auf ihn herabsah. Der Hirte, welcher glaubte, es sei ein Hund, blieb neugierig stehen und schaute hinauf. Unterdessen näherten sich die anderen und fragten ihn, was er denn sehe. ‚Jo‘, sagte der Hirtenknabe, ‚da drob'n is hiatz a Hund g'standn und der hat krat obakoib (bellt) auf mi!‘ Die anderen lachten ihn darob aus und sagten ihm, daß dies ein Wolf wäre. Nun erst bekam der Knabe Angst und floh eilends von dem gefährlichen Orte. Ein andermal ging ein Rudel Wölfe, von den hinterher folgenden Mettengehern getrieben, vor diesen her. Erst als sich die Leute nahe dem Pfarrdorf befanden, nahmen die Wölfe Reißaus und verschwanden im nahegelegenen Walde. Heute sind diese reißenden Tiere im Lungau längst verschwunden, der letzte Wolf soll dort vor etwa 200 Jahren geschossen worden sein.“ (S. 41)

Muhr im Lungau, 1950er-Jahre. In dieser wald- und schluchtreichen Gegend hielten sich noch im 19. Jahrhundert Wölfe auf (Foto: Verlag Karl Glantschnigg, Graz; Bildarchiv Georg Jäger)

Wolfsplage und Wallfahrt im Pinzgau

Der Pinzgauer Heimatforscher, Wallfahrer-Priester und Geistliche Rat Monsignore Josef Lahnsteiner (1882–1970) ist in seinem 1960 erschienenen Werk „Unterpinzgau. Zell am See, Taxenbach, Rauris; geschichtlich und heimatkundlich beschrieben" (Hollersbach: Selbstverlag Lahnsteiner, 514 S.) den Wolfsplagen in Rauris zwischen 1657 und 1659 nachgegangen, wo er einen interessanten Bezug zu der unter anderem im Jahr 1729 erwähnten Wallfahrt nach Heiligenblut herstellt, deren Entstehung als Gelübde bzw. religiöses Versprechen auf das Überhandnehmen der Wölfe und der damit verbundenen Angst der betroffenen Bevölkerung zurückgeht.

Wolfsgruben und Gelöbnisse

„In früherer Zeit, besonders im Mittelalter, hatte Rauris sehr viel unter Raubtieren zu leiden. Heute noch erinnern einige Namen an jene Plage. Wolfsgruben gab es im Ochsenmais, in Hassach, in Mitterkeil und Salchegg. Zwei Bauern am Fröstelberg heißen heute noch Wolfsgrub. Sie sind hoch am Berg nahe der Waldgrenze, wo man die Gruben aushob und auf die Schadentiere Jagd machte." (S. 372)

Rauris gegen Sonnblickgruppe, 1950er-Jahre (Foto: Bergwelt Verlag Carl Jurischek, Salzburg; Bildarchiv Georg Jäger).

„Außerdem sind zwei Gelöbnisse gemacht worden: Zur Abwehr der Raubtiereinfälle hat die Gemeinde schon vor 1500 am Allerseelentag eine Brotspende an die Armen zu machen gelobt. Jeder Bauer mußte einen Brotlaib und zwei Pfennige hergeben. 1798 ergab diese Sammlung 203 Laib Brot und 1 fl. 41 Kreuzer 3 Pfennig. Das Geld wurde an die Kirche abgeliefert, das Brot den Armen verteilt. Das zweite war die Wallfahrt nach Heiligenblut. Zu dieser Wallfahrt schickten viele Bauern eine Person. Weil so viele Nutztiere gerissen und ihr Blut von den Luchsen ausgesogen wurde, und das nicht bloß in Rauris, sondern in weiter Umgebung, wurde dieser Bittgang zum hl. Blut gelobt und bis heute gehalten.“ (S. 372–373)

Ein Blick in die Kirchenbücher gibt uns Einblick in diese überlieferte Wallfahrt, als es im Pfarrarchiv Taxenbach im Jahr 1729 ganz zutreffend heißt: „Vor unvordenklichen Jahren (sicut traditio), als die Wölf von dem Thaurngebürg großen Schaden gethan, man einen beschwerlichen Creuzgang yber den Thaurn zum Hl. Blueth gelobt, so noch alle zwei Jahr verrichtet würdt ...“ (S. 193)

Rauris im Pinzgau auf einer Dorfansicht mit Pfarrkirche, 1920er-Jahre (Foto: Josef Prokopp, Wien; Bildarchiv Georg Jäger).

Wolfszunahme und Wallfahrten

Während der zweiten Hälfte des 17. Jahrhunderts kam es zu einer beträchtlichen Zunahme dieser wilden Tiere: „1657 trat die Wolfsplage wieder stark auf. Die Wölfe haben unter den Jungrinder- und Kleinviehbeständen mehrerer Jahre hindurch großen Schaden angerichtet und konnten trotz vielmaliger Gejaider nicht erlegt werden. 1659 wurde am 25. Juni eine große Jagd eingeleitet, zu der alle Almbesitzer mit bewehrter Hand erscheinen mußten. Dann war wieder für eine Zeit Ruhe. Es wurden zahlreiche Wolfsgruben ausgehoben, auch am Reichersberg, bei

Karling usw. Von der Rettegalm ist noch heute eine Wolfsjagd bekannt, mehrere Jäger stellten einen Wolf, aber er ist mit einer Schnelligkeit davon, wie ein Falke durch die Lüfte streicht.“ (S. 373)

Obwohl die Raubtiere längst verschwunden sind, wird der Kreuzgang nach Heiligenblut noch immer durchgeführt, der während der „Kleinen Eiszeit“ nicht bloß mit Mühen und Strapazen, sondern auch mit Gefahren durch die damaligen Wetterkapriolen verbunden war. Darüber berichtet unter anderem das Sterbebuch von Fusch. „Am 30. Juni 1683 sind neun Personen aus dem Pinzgau im Alter von 24 bis 50 Jahren, die auf dem Heimweg von der Wallfahrt waren, im Beindlkar erfroren und in Fusch beerdigt worden, und zwar: Andreas Klaußner, Knecht am Aiterhof, eine Magd vom Jetzbacher, drei von Maishofen, einer von Saalfelden (in aditu supra Turonem prae frigore obierunt et hic sepultae sunt).“ (S. 193)

„Wölfe zu stellen“

Herr Jesus und Sanct Peteraus
Giengen am frühen Morgen aus,
Unsere liebe Frau, die gieng voraus.
Sie sprachen: „Ach, lieber Herr mein!
Wo wollen wir in das Land hinein?“
„Wir wollen über Berg und Thal.“
„So behüte euch Gott, meine Schäflein all.“
Sanct Peter nimmt seinen Schlüssel,
Er verschließt den Holzhunden ihren Rüssel,
Dass sie kein Bein mehr nagen können
Von allen Schafen weit und breit,
Im Namen der heiligsten Dreifaltigkeit.

(Ein alter Segensspruch aus jener Zeit, in der noch Wölfe die Salzachauen bewohnten.)

Quelle:
Josef Schwarzbach (1897): Zaubersprüche und Sympathiemittel von der salzburgisch-oberösterreichischen Grenze. In: Zeitschrift für österreichische Volkskunde, 3. Jg., Wien und Prag: Verlag von Friedrich Tempsky, S. 3–7, hier: S. 5 (Holzhunde = Wölfe, Anm. G. J.).

Zusammenfassende Schlussbemerkungen

Im Vorarlberger Oberland richteten im Hungerjahr 1817 Wölfe und Luchse auf den Montafoner Alpen große Viehschäden an. Allein zwischen 1518 und 1690 wurden im Vorarlberger Oberland 43 Wölfe und 251 Luchse erlegt. 1697 konnten zwölf Männer in der Gemeinde Mittelberg im Schwand einen Wolf töten. Der letzte Standwolf im Kleinen Walsertal wurde 1811 geschossen, der letzte Luchs in dieser Gegend im Jahr 1831 von Joseph Anton Huber. Noch im Frühjahr 1812 sorgte ein Wolf bei der Bevölkerung von Frastanz und Umgebung für große Aufregung, weshalb das Landgericht Sonnenburg das liechtensteinische Oberamt in Vaduz einschaltete. Aus dem Schreiben geht hervor, dass der ständig im Gebiet wandernde Wolf den Almbauern beim Viehauftrieb gefährlich werden könnte. Deshalb wurden sofort zahlreiche Schützen zu einem Streifzug aufgeboten. Im Oktober 1853 riss in Gamperdona ein Luchs drei Schafe und wurde noch im Jänner 1854 gesehen.

Das Salzburger Land war überall reich gesegnet mit Luchsen und Wölfen, die als Schadtiere immer wieder für große Unruhe sorgten, so 1600 in der Glemm oder 1629 in Henndorf am Wallersee. Wolfsjagden wurden 1660 an der Suhr, 1690 in Ebenau, 1705 in Seekirchen und Henndorf durchgeführt. Während der „Kleinen Eiszeit" wurden im Kältewinter 1716/17 neun Bauern im Lungau nicht weniger als 86 Nutztiere gerissen, worunter sich 17 Schafe, 25 Ziegen, 28 Schweine, 10 Kälber und sechs Rinder befanden.

Nach Lorenz Hübner überfielen 1796 die Wölfe die Schafe mit den „Wollenherden"; die Schinken der Luchse galten als „gute Speise". Am häufigsten waren die Luchse im Landgericht Thalgau anzutreffen. Fast jedes Jahr kamen Wölfe von Oberkärnten in den Lungau nach St. Michael oder in den Pongau nach Gastein. Unser Zeitzeuge Franz Michael Vierthaler bestätigt im Jahr 1816 diese zwanzig Jahre vorher von Lorenz Hübner gemachte Beobachtung. Um die Wolfsplagen in den Griff zu bekommen, wurden im Pinzgau sogar Gelöbnisse und Wallfahrten (nach Heiligenblut) abgehalten. Besonders die Wolfsplagen in der Rauriser Gegend machten zwischen 1657 und 1659 der damaligen Landbevölkerung stark zu schaffen. Gleichzeitig mussten wieder Wolfsgruben ausgehoben werden. Der letzte Luchs wurde 1824 in der Pechauer Scharte am Gaisberg geschossen.

„Wolfsjagd. Die Begegnung" nach der Originalzeichnung von Carl Rechlin, um 1860 (Bildarchiv Georg Jäger).

Wölfe in Kärnten und der Steiermark

Postkurier, von Wölfen überfallen. Motiv aus Russland. Nach einer Originalzeichnung von T. Rybkowski, um 1895 (in: „Die Gartenlaube", 47. Jg., Heft 6, Leipzig 1897: Ernst Keil's Nachfolger, S. 97).

Wolfswinter mit Wolfsplagen in Kärnten

In dem von Walter Zitzenbacher herausgegebenen Buch „Wie's früher war in Kärnten und der Steiermark" (Rosenheim 1974: Rosenheimer Verlagshaus Alfred Förg, 180 S.) steht unter dem Kapitel „Fischen und Jagen in Kärnten" (S. 73–78) der im Jahr 1891 von Karl Menger geschriebene und für das ausgehende 19. Jahrhundert zutreffende Satz: „Selten verirrt sich aus den kroatischen oder krainerischen Nachbargebieten Isegrim und noch seltener Meister Petz ins Kärntnerland." (S. 73)

Wintermonate mit reißenden Wölfen

Hans Wagner ist in seiner verdienstvollen historischen Studie „Zur Geschichte der Jagd und Fischerei in Kärnten. Hollenbrunner Bären" (in: „Carinthia I", Geschichtliche und volkskundliche Beiträge zur Heimatkunde Kärntens, 147. Jg., Heft 3–4, Klagenfurt 1957: Geschichtsverein für Kärnten Geschichtsverein für Kärnten, S. 635–639, hier: S. 638) auf die Wolfswinter und Wolfsplagen in Kärnten zwischen 1699 und 1800 eingegangen.

Seit den 1680er-Jahren häufen sich in der von ihm genauer unter die Lupe genommenen Kärntner Freiherrschaft Hollenburg die Wolfsplagen während der kalten Jahreszeit. So erschlugen im Jahr 1684 die „Halter zu Matschach" einen Wolf. Vier weitere Wölfe, ein Bär und ein Luchs werden von der Jägerschaft nach Hollenburg abgeliefert. Die Wölfe waren in den besonders kalten und schneereichen Wintermonaten von 1699 und 1700 außerordentlich schädlich, wie folgende zwei Notizen eindrucksvoll zeigen:

„1699 wahr mahn den ganzen Winter hindurch mit Wolffs Gejaidt Verfangen zumal selbige allernegst besagten verschinen Winters in Hiesigen Wiltpaan über 40 Thiere niedergerissen, davon aber nit mehr alß Einen Erlögt. In sothaner Zöhrung aber geben 9 fl. 18 kr." (fl. = Gulden, kr. = Kreuzer). In dieser Formulierung klingt ein wenig Enttäuschung mit, dass für die mehr als neun Gulden nur ein einziger Wolf erlegt worden war.

Im November 1700 war man glücklicher, damals war man ebenfalls „den ganzen Winter hindurch mit dem Wolff Gejaidt verfangen", aber der Pfleger musste immerhin für „ieberkhumene 9 Wölff die Jägers Tax mit 13 fl. 30 kr." (je Wolf 1 fl. 30 kr.) bezahlen. Die Wolfsplage dürfte kaum nachgelassen haben, denn 1710 wurden drei Wölfe in Wolfsgruben gefangen. In der Folgezeit wurde noch im Jahr 1807 bei Niederdörfl (Gemeinde St. Margareten im Rosental) ein Hirsch von Wölfen gerissen.

Wolfsplage im 17. und 18. Jahrhundert

Während des 17. und 18. Jahrhunderts scheinen in der Freiherrschaft Hollenburg insgesamt 54 offiziell erlegte Wölfe auf, die sich folgendermaßen verteilen: 25 Wölfe im 17. Jahrhundert (in 17 Jahren) und 29 Wölfe im 18. Jahrhundert (in 20 Jahren). Die meisten Wölfe wurden in den Kältejahren 1680 (vier Wölfe), 1684 (vier Wölfe), 1689 (sieben Wölfe), 1700 (elf Wölfe), 1702 (drei Wölfe), 1709 (drei Wölfe), 1717 (drei Wölfe) und 1775 (drei Wölfe) erlegt. Zu Beginn des 19. Jahrhunderts wurde lediglich ein Wolf (1800) eingeliefert. Um die Raubwildplage einzudämmen, die zu Beginn des 19. Jahrhunderts noch recht beachtlich war, wurde am 2. Dezember 1822 in Kärnten ein Hofkanzleidekret erlassen, in welchem Prämien für erlegte Bären, Wölfe und Luchse ausgesetzt wurden.

Die in den 1820er-Jahren ausbezahlten Schussgelder betrugen für eine Bärin 40 fl., für einen Bären 30 fl., für einen Bären unter einem Jahr 20 fl., für einen Wolf oder Luchs, Weibchen, 25 fl., für einen Wolf oder Luchs, Männchen, 20 fl., für einen Wolf oder Luchs unter einem Jahr 10 fl. So steht es bei Hans Wagner (in: „Carinthia I", 150. Jg., Heft 4, Klagenfurt 1960: Geschichtsverein für Kärnten, S. 840–864: Aus der Jagdgeschichte der Freiherrschaft Hollenburg. Ein Beitrag zur Geschichte der Jagd und Fischerei in Kärnten, hier, S. 859 – Fußnote 12). Die für ein erlegtes Wolfsweibchen vorgesehene Abschussprämie in der Höhe von mindestens 25 Gulden war sicher mehr, als so mancher Bauer in einem halben oder ganzen Jahr verdienen konnte.

Die „Reißgejaid-Ordnung" von 1645

Der Kärntner Heimatforscher Baron Karl Hauser hat sich in der „Carinthia. Zeitschrift für Vaterlandskunde, Belehrung und Unterhaltung" (Band 74, Heft 11 und 12, Klagenfurt 1884: Verlag des Geschichtsvereines und naturhistorischen Landesmuseums in Kärnten, S. 157–164) unter „Eine Jagd- und Fischerei-Ordnung aus dem Jahre 1645" näher mit der frühneuzeitlichen Rechtslage bei den Raubtierjagden auseinandergesetzt. Unter der sogenannten „Reißgejaid-(Feldjagd)-Ordnung" (S. 161–164) finden sich mehrere wichtige Informationen, aus denen hervorgeht, dass ab Mitte des 17. Jahrhunderts die Wolfsjagden ein Privileg der obrigkeitlichen Jagdeigentümer waren und von den Untertanen gemeldet werden mussten: „Die Bären, Luchse und Wölfe haben zwar jederzeit in die hohe Wildbahn gehört, wie es denn in etlichen Ländern noch üblich ist. Weil sie aber schädliche Thiere sind, war es sonst jedermann gestattet sie zu fällen oder zu fangen; in Zukunft sollen jedoch auch diese Thiere nur durch die Herren und Landleute in ihrem Jagdgebiete erlegt und gefangen werden, durch gemeine Leute ohne Vorwissen und Einwilligung der letzteren gar nicht. Doch an öffentlichen Strassen und anderen Orten, wo keine Wildbahn ist, mögen auch gemeine Leute Bären, Luchse oder Wölfe erlegen, müssen sie aber dem Grundherrn, dessen Unterthanen sind, zuführen und überantworten." (S. 162)

Die Wölfe in Kärnten in Reiseberichten

Der deutsche Arzt und Naturforscher Gotthilf Heinrich Schubert (1780–1860) veröffentlichte 1823 ein Werk mit dem recht bescheiden klingenden Titel „Wanderbüchlein eines reisenden Gelehrten nach Salzburg, Tirol und der Lombardy" (Erlangen: J. J. Palm und Ernst Enke, 278 S.), wo ihn die im Jahr 1822 durchgeführte Reise von Nürnberg über Salzburg, Bozen, Trient und Verona bis zum Gardasee führte. Natürlich durfte bei seiner Reise auch Oberkärnten mit dem Großglockner nicht fehlen.

Wölfe bei den Viehherden im Mölltal

In seinem Reisehandbuch erzählt Schubert am Freitag, 13. September 1822 auch über das Vorkommen von Wölfen auf den Almen im Mölltal („Mölthal"), nämlich auf der Route zwischen Mallnitz und Winklern: „Ehe wir an das freundliche Winklarn kamen, war die Dämmerung schon hereingebrochen und es war nicht ganz angenehm bei solcher Tageszeit unmittelbar bei einer Tiefe hinzufahren, die uns, wenigstens bei Abend, als ein sehr gäher Abgrund vorkam. Auf den Bergen brannten sehr gewaltige Feuer, und als wir uns im Dorfe erkundigten, hörten wir, daß man dort, auf den waldreichen Alpen, jede Nacht so große Feuer anzünde, um die hier noch ziemlich häufigen Bären und Wölfe von den Viehheerden abzuhalten." (S. 75–76)

Winklern im Mölltal, 1930er-Jahre. Noch im Jahr 1822 wird von Wölfen aus dieser Oberkärntner Gemeinde erzählt (Bildarchiv Georg Jäger).

„Das gab meiner Frau und auch unsrer Reisegefährtin im andern Wagen (ich habe vergessen zu erwähnen, daß unsere Reisegefährten uns schon in Malnitz wieder eingeholt, und sich dort auch ein solches Fuhrwerk genommen hatten wie das unsrige) gerade keinen guten Muth, als wir von dem Punkt, wo wir jene Erkundigung einzogen, noch eine ganze Strecke durch Wald oder Gebüsch, und über den Berg fahren mußten. Nun die Ruhe in Winklarn that uns gut und noth, und der Morgen am 14ten Sept. (Samstag, 14. September 1822; Anm. G. J.) fand uns, an Leib und Seele gestärkt, und heiter, bereits ganz reisefertig, als er über die Berge heraufstieg." (S. 76)

Mallnitz im Mölltal. Motiv mit Schafen auf der Heimweide, 1930er-Jahre. So mancher durchziehende hungrige Wolf hätte sich beim Anblick dieser Wolltiere gefreut. (Foto: Franz Mörtl. Wien: Photograph und Postkartenverlag; Bildarchiv Georg Jäger).

Diese auf den Hochalmen weidenden Bergschafe ohne Hirtenaufsicht wären wohl ein gefundenes Fressen für Wölfe gewesen, die als Opportunisten überall dort zuschlugen, wo es leichte Beute gab. Feldseescharte auf dem Weg zu den Wangenitzseen in der Schobergruppe, Hohe Tauern, 1930er-Jahre (Foto: Postkarten-Industrie, Wien; Bildarchiv Georg Jäger).

Furcht vor Wölfen in Heiligenblut

In seinem Reisehandbuch beschreibt Schubert auch das Vorhaben, den Großglockner von Heiligenblut aus zu besteigen: „Am Sonntag, den 15ten Sept. (Sonntag, 15. September 1822; Anm. G. J.) ging die Sonne klar und unbewölkt über die östliche Gebirgswand auf, und der ganze Himmel war so rein und wolkenlos, daß wir ihn kaum auf unsrer ganzen Reise schöner gesehen. Das war ein ganz besonders günstiger Tag für den Großglockner und seinen Kees oder Gletscher." (S. 80)

„Aber guter Rath war theuer. Die Dorfleute, die uns hätten zu Führern dienen können, mußten zuvor noch in die Messe, und so lange konnten wir, weil wir so schnell nicht zu Fusse waren wie jene, nicht warten. Wir machten uns also mit einem Interimsführer, der uns nur auf den sichersten Steig bringen sollte, auf den Weg, und unsere eigne Gesellschaft hatte sich auch, von vier zu sechs Personen vermehrt, denn es war noch am gestrigen Abend, ein lieber junger Freund von mir, und auch von der Natur, mit seinem großen Hunde gekommen." (S. 80–81)

„Meine Frau fragte den Führer, als er uns an einen Gebirgswald gebracht hatte, und nun umkehren wollte (an die vorgestrigen Feuer denkend), ob es denn auch darinnen Bären und Wölfe gäbe, der aber sagte treuherzig, tröstend: o, nit viel, nit viel. Meine Frau meinte freilich, wenn uns auch gerade nicht viele, sondern nur etliche Bären und Wölfe begegneten, so sey das eben nicht sehr erwünscht." (S. 81)

Wölfe Mitte der 1820er-Jahre

Der deutsche Schriftsteller Carl Julius Weber (1767–1832) geht im zweiten Band seines 1827 erschienenen Werkes „Deutschland, oder Briefe eines in Deutschland reisenden Deutschen" (Stuttgart: Gebrüder Franck, 668 S.) auch auf das Raubtiervorkommen in den Ostalpen ein, als unter der Überschrift „Zweiundzwanzigster Brief. Die Oesterreichischen Alpen" (S. 416–443) kurz und bündig folgender Satz steht: „In diesen Alpen sind Bären und Wölfe in strengen Wintern so selten nicht." (S. 432)

Darüber hinaus hält der Alpenreisende ausführlich über die damaligen Wolfsjagden und das damit in Verbindung stehende Wolfsbrauchtum fest: „Wölfe sollen in Kärnthen sogar häufig seyn. Im Sommer leben sie meist vom Aase, im Winter aber fallen sie in die Heerden, und die Hunde fürchten sich mehr vor ihnen, als die Hirten, die der Wolf auch eher angreift. Ein tüchtiger Wolfsjäger ist in diesen Alpen ein wahrer Wohlthäter, wie Hercules, und wenn er auch die Haut der Herrschaft abgeben muß, so trägt er doch den Kopf in der Gegend umher, und erhält willig kleine Geschenke. Die Listen der Wölfe sind keine Fabel, daß man sie durch Geschrey und Feuer, selbst mit bloßen Funken des Stahls und Feuersteins zurückscheuchen kann." (S. 433)

In der „Carinthia. Zeitschrift für Vaterlandskunde, Belehrung und Unterhaltung" (22. Jg., Nr. 31, S. 129–130) können wir am Samstag, 4. August 1832 im vierten Teil des Beitrags „Ansichten eines Fremden über Oesterreich im Allgemeinen und Kärnten insbesondere" dieselben Zeilen nachlesen. Dabei wird auf die vorhin erwähnte Bedeutung eigener Wolfsjäger und auf die von Viehhirten praktizierten Schutzmaßnahmen (darunter auch das damals weit verbreitete Lärmen) zur

Vertreibung der Wölfe hingewiesen. Wenn das Almpersonal von Wölfen verfolgt wurde, dann konnten die Raubtiere nur durch Läuten einer Glocke bzw. Schelle oder durch Anzünden eines Feuers auf Distanz gehalten werden.

Der Volkskundler Georg Graber befasst sich in seinem im Jahr 1926 veröffentlichten Beitrag „Zaubersprüche aus Kärnten“ (in: „Wiener Zeitschrift für Volkskunde“, 31. Jg., Wien: Selbstverlag des Vereines für Volkskunde, S. 47–54) mit der Frage der vorbeugenden und abhelfenden Wirkung von Segnungen unter anderem auch bei Wolfsgefahr. Dabei führt er als Beispiel den „Morgensegen“ aus Dellach im Drautal an, der „vor Aufgang der Sonne zu sprechen“ (S. 50) ist.

Ein musizierender Mann in Russland wird von Wölfen umzingelt. Künstleransichtskarte von Frank Feller, um 1900. In Ungarn hielt angeblich ein Musikant Wölfe von sich ab, bis endlich Hilfe kam, indem er mit Kraft seine Bassgeige strich. Und in Kärnten vertrieben die Viehhirten Wölfe u. a. durch Lärmen und Schreien (Bildquelle: Verlag Raphael Tucks & Sons, London; Bildarchiv Georg Jäger).

Wütende Wölfe in Kärnten, 1809/1810

Der als Redakteur tätige deutsche Schriftsteller und Volkskundler Julius Max Schottky befasst sich im Jahr 1834 in seinem populärwissenschaftlichen Buch „Bilder aus der süddeutschen Alpenwelt“ (Innsbruck: Wagner'sche Buchhandlung, 275 S.) auch mit den Wölfen in Kärnten und zwar mit der Frage, wo es dort Anfang bzw. Mitte der 1830er-Jahre die meisten Wolfsvorkommen gab. Und hier ist die Antwort: „Noch jetzt halten sich die Wölfe sehr häufig in den Schluchten der kärnthnischen Sirbitzen-Alpen (zwischen Seetaler Alpen und Grebenzen gelegen, Anm. G. J.) und in den Engpässen des Loibels auf, der Kärnthen mit Krain verbindet.“ (S. 225)

Die Angst vor dem Wolf war damals bei den Bewohnern allgegenwärtig. Nicht umsonst schreibt Schottky diese vierzeilige Strophe: „Noch schaudert man vor diesem Ungeheuer: / Denn Geifer, Schaum und rieselnd Blut / Enttrieft dem Rachen; Mord und Räuberwuth / Grinst aus der Augen wildem Feuer.“ (S. 226)

Auch auf die Zunahme der Wölfe geht Schottky als Zeitzeuge näher ein: „Sie vermehren sich in Kärnthen noch jetzt in großen Rotten, weil keine Treibjagden gegen sie veranstaltet werden, und das arme Volk keinen Helfer in dieser Noth weiß, als den heiligen Wolfgang, dessen Schutz man in heißen Gebethen sein(em) Vieh empfiehlt. Nach amtlichen Berichten zerrissen die Wölfe in dem Bezirke einer einzigen armen Alpenpfarrei Kärnthens vom 1. November 1809 bis zum 1. April 1810 folgende Stücke: 31 Schafe und zwei Schweine, einen Hirsch und vier Rehe, die zerfleischten Rinder und Fohlen nicht gerechnet, welche auf den höher gelegenen Alpen diesem Raubthiere zur Beute wurden.“ (S. 226)

Nach dem Volkskundler Julius Max Schottky hielten sich zu Beginn der 1830er-Jahre noch zahlreiche Wölfe „in den Engpässen des Loibels“ auf. Das wald- und wolfsreiche Loibltal mit dem 1.370 Meter hohen Loiblpass als Grenzübergang zwischen Südkärnten und Slowenien, 1938 (Foto: Kunstverlag Franz Schilcher, Klagenfurt; Bildarchiv Georg Jäger).

„Wolfsjagd in Krain: Die Luderhütte". Originalzeichnung von Friedrich Specht, 1870er-Jahre. Die Jäger haben ihren Ansitz auf einer durch Jungholz verdeckten Schießhütte, die auf starken Pfählen errichtet ist und mittels einer einziehbaren Leiter erstiegen wird. Das „Luder", der in hochgradiger Verwesung befindliche Kadaver eines Pferdes oder Schafes, wird auf auf einer von der Hütte in Kernschussweite gelegenen Waldlichtung niedergelegt. Der Leitwolf wittert auf weite Entfernung das Aas, welches er gerne frisst. Wenn ihn der Hunger treibt, dann vergisst er auch seine gewöhnliche Vorsicht und folgt dem Aasgeruch. Die anderen Wölfe springen ihm nach. Unter Knurren und Schnappen fressen sie am Aas herum. Plötzlich kracht es auf der Schießhütte. In schrecklichem Todesgeheul wälzen sich zwei der gierigen Wölfe am Boden, die anderen fliehen in Richtung Wald. (Bildarchiv Georg Jäger).

Wolfsverhalten und Wolfserlegungen

Wie sah es bei den Wölfen mit den Aufenthaltsorten, der Fortpflanzung und dem Verhalten untereinander aus? „In Gegenden, wo sie ihre Schluchten und Gänge haben, richten sie im Umkreise von zwei Stunden keinen Schaden an, damit ihre Lagerstätte nicht entdeckt und überfallen werde. Gegen den Wolf, der einmal angeschossen ist, wüthen die andern Wölfe, die ihn, durch sein Blut gereitzt, erwürgen. Die Wölfin wirft 4–10 Junge, unter denen sich meistens ein Bastard befindet, der feiner und hundsmäßiger gebaut ist. Dieser zeigt sich, wenn er erwächst, als der ärgste und furchtbarste Feind seiner Brüder, die er aufsucht und bezwingt.“ (S. 226)

„Die Wolfsfalle“ oder „La trappola pel lupo“. Künstleransichtskarte signiert von Louis Rasmakers, 1917 (Società Editoriale Milanese, Mailand; Bildarchiv Georg Jäger).

Über das Wolfsheulen, die Wolfserlegung und das Wolfsfleisch finden sich bei Schottky diese interessanten historisch-volkskundlichen Hinweise:
„Man hält das Geheul der geschaarten Wölfe in Kärnthen durchgehends für die prophetische Anzeige eines unglücklichen Jahres, und es verbreitet um so größere Furcht, wenn es schon im Oktober beim Beginne des Winters erschallt. – Die Erlegung eines Wolfes wird von den Bewohnern der bedrohten Gegend für eine große Wohlthat gehalten. Der glückliche Schütze trägt den Kopf des erlegten Thieres in den Bauernhöfen und in den Wirthshäusern herum, und erhält Geschenke, deren Summe die geringe Belohnung der Herrschaften hoch übersteigt. – Hie und da werden einige Stückchen Wolffleisch in den Schweinestall gehängt, wodurch die Schweine fett, aber auch toll werden sollen, wenn sie zu viel bekommen.“ (S. 226–227)

Der Propst, Dechant und Stadtpfarrer zu Friesach Franz Lorenz Hohenauer (1784–1855) bestätigt in seiner im Jahr 1835 veröffentlichten Monographie über „Das Möllthal im Villacher Kreise des Herzogthums Kärnten. Historisch und topographisch dargestellt“ (Klagenfurt: Johann Leon, 191 S.) die damalige Verbreitung des Wolfes und schreibt im Kapitel „Thierreich“ kurz darüber: „Unter den Säugethieren erscheinen im Möllthale Hirschen und Bären nur selten, häufig aber kommen Wölfe, Gemsen, Rehe und Schneehasen, öfters wilde Katzen, Edelmarder, Fischottern usw. vor.“ (S. 28)

Die steirischen Wolfsjagden im Überblick

Baron Reinhart Bachofen von Echt und Wilhelm Hoffer sind in dem von ihnen zusammengestellten Sammelwerk „Jagdstatistik und Geschichte des steirischen Wildes“ (In: Jagdgeschichte Steiermarks, III. Band, Graz 1930: Leykam-Verlag, 328 S., hier: S. 249–252) dem Wolf im Kapitel „XI. Raubtiere“ nachgegangen. Zur Bekämpfung der Wolfsjagden fanden allgemeine Jagden statt, für die die gesamte Bevölkerung der bedrohten Gegend aufgeboten wurde. Es gab dazu sogar eigens bestellte Männer, die sogenannten „Spürknechte“ (S. 249), die den Jägern die aufgespürten Wölfe zu melden hatten.

Ein Verzeichnis der erlegten Wölfe

In der Steiermark war der Wolf in allen Gebieten oder Landesteilen heimisch. Auf Grundlage der vorhandenen einschlägigen Fachliteratur, mit Hilfe historischer Abschusslisten und nach Befragungen der steirischen Lehrerschaft haben nun die vorhin namentlich angeführten Buchherausgeber sogar ein eigenes mustergültiges Verzeichnis aller erlegten „letzten“ Wölfe (S. 250–251) erstellt, das hier chronologisch mit der damals für die einzelnen Örtlichkeiten üblichen Schreibweise wiedergeben wird:

1630: Reifenstein bei Pöls; 1709–1799: Wasserberg (zahlreiche Erlegungen); 1710: Zeiring; 1720: Strechau; 1727–1796: Galleralm bei Schwanberg (viele Erlegungen); 1737, 1739, 1744, 1745: Burgau (je zwei oder mehr Erlegungen); 1763, 1766, 1770–1774, 1781, 1783: Judenburger Forst; 1764, 1777–1780, 1782, 1784: Obdacher Forst; 1765, 1768, 1770–1774, 1780, 1790, 1791, 1794, 1796: Weißkirchner Forst; 1766: Neuberg, Kärnerriegel; 1778: Pack und Herzogberg (vier Stück); 1792, 1797, 1799: Herzogberg; 1797: Packwinkel; 1809: Bärnegg in der Elsenau; 1809: Nechelheimb; 1809: Aflenz; 1812: Kreisamt Judenburg (drei Stück); um 1820: Graden; 1820: St. Lambrecht; 1824: Weng; 1824: Groß-Sölk (Wolf und Wölfin); 1828: Wörschacher Moos bei Weißenbach; 1830: Stift Rein; 1835: Zetz-Rabenwald; 1857: Wildalpen; 1859: bei Deutschlandsberg; 1864: Mürzsteg; 1872: Kohlschwarz im Kainachtale; 1874: bei Aussee (drei Stück gesichtet); 1882: Hohenwang; 1903: Brunnsee (Ratschendorf); 1921: Kindberg: 1929: bei Mureck (angeblich gesichtet).

In den nach dem Ersten Weltkrieg zum SHS-Staat gehörenden Gebieten der Untersteiermark waren in der ersten Hälfte des 19. Jahrhunderts die Wölfe noch so häufig, dass „die Post von Laibach nach Cilli durch eigene Reiter geschützt werden“ (S. 251) musste, welche in der Nacht brennende Fackeln trugen. Im Jahr 1770 kamen Wölfe über die zugefrorene Drau vom Bachergebirge nach Marburg. Noch 1877 wurde im Schalltal beim Ursprung der Paak auf der Hudalukna ein Wolf erlegt, der aus der Krain zugewandert sein dürfte. Nach Angaben der „Tagespost“ (7. Jg., Nr. 206, Sonntag, 7. September 1862, Morgenblatt, S. 19: Graz) gab es im Jahr 1861 diese Abschusszahlen: „In Steiermark wurden verflossenen Jahres vier

Wölfe geschossen, wofür die Schützen 100 Gulden Taglia erhielten." Jeder erfolgreiche Wolfsjäger bekam also eine Belohnung oder Prämie von 25 Gulden.

Hungrig gewordene Wölfe greifen eine im Schnee fahrende Kutsche an, um 1900. Künstleransichtskarte von Ludwig Fromme (Bildarchiv Georg Jäger).

Ein von Wölfen angegriffener Pferdeschlitten. Postkarte, 1901. Dieser hier dargestellte Vorfall ereignete sich in Polen. (Bildarchiv Georg Jäger).

„Auf der Wolfsjagd", um 1900. Darstellung nach dem polnischen Maler Alfred von Wierusz-Kowalski, 1849–1915 (Bildarchiv Georg Jäger).

Von Erzherzog Johann und dem Wolf

Karlheinz Wirnsberger geht im Ausstellungskatalog „Jagdkultur. Einblicke in die Sammlung Jagdkunde" (Herausgeber: Universalmuseum Joanneum. Abteilung Schloss Stainz. Sammlung Jagdkunde. Leitung: Karlheinz Wirnsberger. Stainz 2021: Jagdmuseum Schloss Stainz, 125 S.) im Kapitel „Erzherzog Johann und die Jagd" (S. 86–91) kurz auf die zu Beginn des 19. Jahrhunderts vorhandene Wolfsproblematik ein.

Im September 1818 wurden an die Revierjäger vom weitblickenden Erzherzog mehrere neue Vorschriften (z. B. Bejagung bestimmter Revierteile, Pflichten der von ihm eingesetzten Berufsjäger) weitergegeben, wobei es unter anderem auch um die mit der Wolfsfrage in Verbindung stehende Hundehaltung gegangen ist: Jeder Jäger war angehalten „gegen den so umgebenden Hofe einen guten mittelgroßen Jagdhund, nicht aber schonen das Wild besonders die Rehe gleich der Wölfe beissende und auffressende Hunde, zu halten, solche schweren Hunde richten die Reviere nur zu grund, und sind um so weniger aufwendig" (S. 88).

Zur Zeit von Erzherzog Johann (1782–1859) war also unter den Raubtieren auch noch der Wolf zu spüren. In seinem Werk „2000 Jahre Jagd in Österreich. Jagdgeschichte(n) in Rot-Weiß-Rot von den Wurzeln bis zur Gegenwart" (Wien 2000: Österreichischer Jagd- und Fischerei-Verlag, 254 S.) notiert dazu Johann Nussbaumer: „So waren die Pfarrer in der Obersteiermark beauftragt, von der Kanzel jede Meldung von Wolfsrissen bekanntzumachen, und bei amtlichen Wolfsjagden hatte ein großer Bauer zwei, ein kleiner einen Treiber zu stellen. Noch um 1820 wurde für einen erlegten Wolf gegen ‚Produzierung' des Wolfskopfes eine Taglia von 25 Gulden gewährt." (S. 188)

Wenn wir in dem 1882 von Franz Ilwolf herausgegebenen Werk „Aus Erzherzog Johanns Tagebuch. Eine Reise in Obersteiermark im Jahre 1810“ (Graz: Leuschner & Lubensky) blättern, dann finden wir zwei Textstellen, die sich auf das Wild und die Raubtiere beziehen. So steht über Schladming und Umgebung: „Bären, Gemsen, unter diesen eine kleine Gattung zwischen 20–30 Pfund schwer, mit hohen Beinen und roth gefärbt, bewohnen das Gebirge; auch Wölfe, Luchse und vorzüglich grosse Gemsgeier kommen vor, die vielen Schaden verursachen.“ (S. 60) Erfolgreich durchgeführte Wolfsjagden wurden nach außen hin durch Trophäen zur Schau gestellt. Nicht umsonst bemerkt der jagdbegeisterte Erzherzog Johann damals noch beim Schloss Wasserberg in der Gemeinde Gaal bei Knittelfeld: „Bären- und Wolfsköpfe zieren das Thor.“ (S. 121)

Bereits Johann Schmut ist in seinem Kurzbeitrag „Aus der Wasserberger Jagdgeschichte“ (in: „Zeitschrift des Historischen Vereines für Steiermark“, 3. Jg., Graz 1905, S. 193–196, hier: S. 194 und S. 195) auf die Abschuss- und Fanglisten der Herrschaft Wasserberg im Jahr 1692 eingegangen. Während des ausgehenden 17. Jahrhunderts wurde für einen Wolf und Luchs jeweils ein Gulden Erlegerprämie oder Schussgeld bezahlt. Und aus einem Jagdbericht von September 1744 bis Jänner 1745 geht hervor, dass die Wölfe weder Vieh noch Wild zerrissen hatten. Das Abschuss- und Fangverzeichnis von 1774 erwähnt neun erlegte Wölfe, darunter auch einige Jungwölfe.

Historische Statistik von Wolfserlegungen

Bereits in den überlieferten Quellen aus der ersten Hälfte des 17. Jahrhunderts gibt es Hinweise über erfolgreiche Wolfsjagden. So wurde im Jahr 1720 ein Wolf aus Strechau (Gemeinde Lassing, Bezirk Liezen) dem Stift Admont eingeliefert. Das Sammeln von Trinkgeldern nach Wolfserlegungen war in der Obersteiermark allgemeiner Brauch. Der Archivar und Bibliothekar P. Jakob Wichner vermerkt dazu in seinem Buch „Jagd und Fischerei des Stiftes Admont bis zur zweiten Hälfte des achtzehnten Jahrhunderts“ (Graz 1890: Verlag des Steiermärkischen Jagdschutz-Vereines): „In einer Strechauer-Rechnung vom Jahre 1721 erscheint der Posten ‚Wegen Wolf- und Luchskopf umtragen 30 kr.‘“ (S. 86) Und in einer entsprechenden Rechnung von 1730 ist sogar vom „Schießpulver zum Wolfjagen auf den Wagenbänken“ (S. 88) die Rede. Dazu kommt noch der Wolfssegen zum Fernhalten von Raubtieren. So stand Christian Grueber aus Lassing im Jahr 1651 auf Schloss Strechau vor Gericht, denn seine Aussage war, dass er das „Unzifer“ (den Wolf) und anderes „Raubgethier“ bannen könne. Ein Teil seines Spruches lautete: „St. Peter mit dem heyligen Himmelsschließl versperr dem Holzhundt (Wolf, Anm. G. J.), dem wilden ‚Braitschedl‘ (Bär) Zant (Zähne) und Trampen und dem Lux Zant und Schlund.“ (S. 67)

Die von Gerald Majcen in seiner vorbildlich durchgeführten Studie über den „Luchs (Lynx lynx, L.) und Wolf (Canis lupus, L.) in der Steiermark“ (Graz 1998: Naturwissenschaftlicher Verein für Steiermark, 63 S.) gewonnenen Forschungsergebnisse mit Auswertung des vorhandenen Schusslistenmaterials in den fünf näher untersuchten Jagdgebieten (Stift Admont, Eppenstein, Stift Neuberg, Stift Seckau und Wasserberg) zeigen, dass Wölfe und Luchse in der Obersteiermark gemeinsam vorgekommen sind. Dabei lagen aber die Kerngebiete dieser Raubtiere in räumlicher Hinsicht, aufgrund unterschiedlicher Lebensansprüche, weit auseinander. Gerade dort, wo der Wolf sich breitgemacht hatte, dürfte der Luchs sofort gewichen sein. Das steile, stark von Felsen durchbrochene Mittelgebirgsterrain mit den engen Gräben im Großraum Mariazell, kam dem Luchs aber besonders entgegen. „Der Luchs scheint demnach vor allem in der Region Unteres Ennstal bis Mariazell vorgekommen zu sein, während der Wolf stark im Raum um das Obere Murtal vertreten war." (S. 21)

Anschließend gehen wir auf die einzelnen Jagdgebiete in der Obersteiermark ein, wobei die Zahlen in eine eigene Übersichtstabelle einfließen. Das fast durchwegs zusammenhängende Revier des Stiftes Admont umfasste das untere Ennstal. Es erstreckte sich von der oberösterreichischen Landesgrenze beim Pyhrn über die Westausläufer der Eisenerzer Alpen und die Ennstaler Alpen im Süden hinunter zum Nordknick der Enns bei Hieflau über die „Kalte Mauer" und den „Ebenstein" weiter über die Grate der „Kräuterin" bis zur niederösterreichischen Landesgrenze. Im Zeitraum von 1760–1858 wurden dort 23 Wölfe und 71 Luchse erlegt, was sich auf 67 dokumentierte Jahre bezieht. In der Herrschaft Eppenstein (mit der südlich von Zeltweg stehenden Burgruine der Eppensteiner) dominierten zwischen 1763 und 1797 die Wolfserlegungen, wenn in den Abschusslisten 24 Wölfe und neun Luchse aufscheinen. Im südöstlich von Mariazell gelegenen Jagdgebiet des Stiftes Neuberg kam es von 1610 bis 1785 in 52 dokumentierten Jahren zur Erlegung von 32 Wölfen und 19 Luchsen. Das Jagdgebiet des Stiftes Seckau reichte von den Seckauer Alpen im Nordwesten bis zu den Bergen des Gleinalmzuges im Südosten. Zwischen 1658 und 1779 wurden bei den aus 45 Jahren nachweisbaren Erlegungen insgesamt 132 Wölfe getötet, was die Zahl der Luchse (17) um fast das Achtfache übertroffen hat. Das Jagdgebiet der Herrschaft Wasserberg schloss direkt nordwestlich an jenes von Stift Seckau an und bestand aus dem Gaalgraben, vom Krugsee im Norden bis zur Mündung in die Ingering im Südosten reichend. Beim überlieferten Schusslistenmaterial in der Zeit von 1710–1779 überwiegen auch hier die Wölfe (44), welche die Luchse um fast das Fünfzehnfache übertreffen.

Erlegte Wölfe und Luchse in der Steiermark nach einzelnen Jagdgebieten, 1610–1858

Jagdgebiet	Zeitraum	Jahre insgesamt	Jahre dokumentiert	Wölfe	Luchs	Wolf : Luchs
Stift Admont	1760–1858	99	67	23	71	1 : 3
Eppenstein	1763–1797	35	35	24	9	3 : 1
Stift Neuberg	1610–1785	176	52	32	19	2 : 1
Stift Seckau	1658–1779	122	45	132	17	8 : 1
Wasserberg	1710–1779	70	47	44	3	15 : 1

Quelle:
Gerald Majcen (1998): Luchs (Lynx lynx, L.) und Wolf (Canis lupus, L.) in der Steiermark. Graz: Naturwissenschaftlicher Verein für Steiermark, 63 S., hier: S. 20 – Tab. 1: Überblick der wesentlichen Daten des Schußlistenmaterials der besprochenen Jagdgebiete.

Dem in mühevoller Kleinarbeit zusammengestellten Erlegungsverzeichnis von Gerald Majcen (S. 58–63) kann für die Obersteiermark auch die genaue Zahl der pro Jahr erlegten Raubtiere entnommen werden. Die mit Abstand meisten Wolfserlegungen gab es 1769 im Stift Seckau mit elf Stück. Während der zweiten Hälfte des 17. Jahrhunderts konnten ebenfalls auf Seckauer Revier 1681/83 und 1687 zehn bzw. neun Wölfe erlegt werden. Das Jagdgebiet der Herrschaft Murau spiegelt die im ersten Drittel des 19. Jahrhunderts behördlich angeordneten Wolfstreibjagden zahlenmäßig deutlich wider, wo zuletzt im Jahr 1831 noch sechs Wölfe geschossen wurden. Auf Admonter Gebiet war die Zahl der Luchserlegungen erwartungsgemäß am höchsten, als 1772 und 1781 von jeweils sechs oder 1774, 1776 und 1779 von jeweils fünf Luchsen die Rede ist. „Es liegt jedoch auf der Hand, daß sich Luchs und Wolf vor allem dort lange halten konnten, wo ihnen die Lebensverhältnisse noch am ehesten zusagten und zugleich Nachstellungen durch den Menschen erschwert waren.“ (S. 21)

Erlegte Wölfe in der Steiermark pro Jahr

Jagdgebiet	Jahr	Zahl
Stift Seckau	1769	11
Stift Seckau	1681/83	10
Stift Seckau	1687	9
Stift Seckau	1730	8
Stift Seckau	1764	7
Stift Seckau	1771	7
Stift Seckau	1731/32	6
Waldstein	1807	6
Murau	1831	6
Stift Seckau	1706/08	5
Stift Admont	1761	5
Stift Seckau	1762	5
Stift Seckau	1765	5
Wasserberg	1774	5
Stift Seckau	1659	4
Stift Neuberg	1679	4
Waldstein	1681/82	4
Stift Seckau	1712/13	4
Wasserberg	1775	4
Donnersbach	1800	4
Stift Admont	1814	4

„Die Wolfsjagd“ auf einer kolorierten Lithografie von 1862 (Bildarchiv Georg Jäger).

Quelle:
Gerald Majcen (1998): Luchs (Lynx lynx, L.) und Wolf (Canis lupus, L.) in der Steiermark. Graz: Naturwissenschaftlicher Verein für Steiermark, 63 S., hier: S. 58–63: Erlegungsverzeichnis (eigene Auswertung).

Wolfsjagden in der Obersteiermark

Günther Jontes hat sich in seinem 1983 veröffentlichten volkskundlich-historischen Artikel „Von Wölfen, Wolfsgruben, Wolfsjagden und Wolfsbannern in der Obersteiermark" (in: „Blätter für Heimatkunde", 57. Jg., Graz, S. 102–113) auch mit den Wolfsjagden zwischen 1514 und 1823 in der Obersteiermark auseinandergesetzt.

Organisation und Schussgelder

Der Wolf wurde in der frühen Neuzeit zur „niederen Jagd" oder zum „Reisgejaid" gezählt, was in den Rechten des Stiftes Göß zu Tragöß, Schörgendorf, Niklasdorf und Leitendorf belegbar ist. Zu Beginn des 16. Jahrhunderts galt für den Leobener Raum die Anweisung Kaiser Maximilians I. vom 30. Dezember 1514, in der er allen Obrigkeiten und Untertanen um Bruck an der Mur, Leoben, Trofaiach, Kammern und Eisenerz unter anderem befiehlt, „den kaiserlichen Waldmeister Hans Haug bei den Wolfsjagden zu unterstützen" (S. 105).

Ganz früh gab es auch Prämien für die Erlegung von Wölfen. So wurden im Jahr 1523 die Hubfischer zu Aussee aufgefordert, die blutigen Wolfsköpfe dem Amtmann gegen eine Fangprämie abzuliefern. Für das Ennstal werden unter Kaiser Ferdinand I. die ausgesetzten Schussgelder dahingehend festgelegt, dass für einen über ein Jahr alten erlegten Wolf ein Pfund Pfennig und für einen jüngeren Wolf zwei Schilling ausbezahlt werden, was für die damalige Zeit sehr hohe Geldsummen gewesen sind. „Die Plage muß also sehr groß gewesen sein." (S. 106)

Im Laufe des 17. Jahrhunderts wurde gegen die Wölfe ganz systematisch mit genau organisierten Wolfsjagden vorgegangen, an denen die Untertanen aufgrund der ihnen von oben vorgeschriebenen Jagdrobot (Dienstpflicht, Anm. G. J.) teilzunehmen hatten. Diese Regelung wird schon in den 1662 für den landesfürstlichen Forstmeister in Eisenerz erlassen Instruktionen ausdrücklich betont und dazu wird vermerkt, dass der Ort von Wolfsgruben und anderen Fallen vierzehn Tage vor der Errichtung von den Kanzeln durch Geistliche verkündet werden müsse. „Zu einem Jagdaufgebot wird 1672 in der Herrschaft Groß-Sölk gerufen, wo die Wolfsplage damals besonders groß war. Nachdem im Laufe eines halben Jahres Wölfe nicht weniger als ‚in die 200 Stuck Gaiss, Schof und Schwein' gerissen und aufgefressen hatten, wurden eigene Jäger und ‚Spürknechte' eingesetzt, wobei jeder bäuerliche Untertan Leute von seinem Hof für diese Dienste abstellen mußte." (S. 106)

Gerade weil bei einer solchen Jagdrobot wertvolle Arbeitskräfte im ländlichen Raum gebraucht wurden, hatten damit die betroffenen Bauern überhaupt keine Freude. Aus diesem Grund musste Kaiser Leopold I. verschärfte Bestimmungen erlassen, welche die Untertanen zu diesem Dienst zwangen. „Aber erst der aufgeklärte zentralistische Beamtenstaat konnte wirksam durchgreifen. Ein Hofdekret Kaiser Josefs II. vom 23. Juni 1788 regelt die Wolfsjagd in einem System von Vorschriften und materiellen Anreizen. Wer einen alten oder jungen Bären oder Wolf tot oder lebendig zum Kreisamt bringt, erhält einen Dukaten als Belohnung und darf außerdem die Haut des Tieres für sich behalten. Um die doppelte Vorzeigung zu verhindern, muß bei einem solchen Tier beim Kreisamt die Schnauze weggeschnitten werden. Bei allgemeinen Treibjagden auf Wölfe haben alle Gemeinden teilzunehmen. Die Belohnung muß auf die mitwirkenden Untertanen gleichmäßig aufgeteilt werden." (S. 106–107)

Welche Schussgelder wurden damals ausbezahlt? „Die Prämien waren gewöhnlich sehr hoch angesetzt. Als 1802 in Lind bei Neumarkt eine Wolfsjagd abgehalten wurde, betrug das Schußgeld für einen jungen Wolf 15 fl., für einen ausgewachsenen 30 fl., für eine trächtige Wölfin sogar 40 fl. Das Stift Göß war kurz vor seiner Aufhebung nicht so generös gewesen. 1780–1781 wird bei der wiederholt gemeldeten Erlegung von Wölfen jeweils nur 1 Gulden ausgeworfen." (S. 107) Ein überlieferter Akt der Herrschaft Burgau (Oststeiermark) zeigt uns, in welcher Zahl die Wölfe in der Steiermark während der „Kleinen Eiszeit" auftraten. Allein in diesem Burgauer Herrschaftsgebiet wurden in den Jahren 1737 fünf, 1739 vier und 1745 je zwei Wölfe erlegt. (S. 107)

Motiv aus Großsölk zur Kammspitze in den 1960er-Jahren. In dieser Gegend waren immer wieder Wölfe unterwegs (Foto: Josef Julius Baumgartner, Liezen).

Eine Schafherde auf der Feisterscharte bei Ramsau. Auch hier oben im Gebirge lauerten hungrige Wölfe gerne auf vorbeikommende Schafe. Aufnahme um 1930 (Bildarchiv Georg Jäger).

Wolfshatz, 1715. Johann Georg de Hamilton (1672–1737). Öl auf Leinwand. Fürstlich Schwarzenberg'sche Kunststiftung
Dieses eindrucksvolle Bild zeigt die Konfrontation einer Hundemeute mit drei Wölfen. Dabei handelt es sich um ein monumentales Gemälde, das zu einem zehnteiligen Zyklus (darunter auch die „Stierhatz") gehört, das die Hatz auf jeweils einen Hauptvertreter jagdbaren heimischen Wildes darstellt: Rehwild, Rot- und Damhirsch, Wildschwein („Sauhatz"), Bär und Wolf. Es entstand nach 1710 im Auftrag des Fürsten Adam zu Schwarzenberg für seine böhmische Besitzung Frauenberg (heute: Hluboká) und ist ein typisches Beispiel für die detailfreudige, farbenprächtig-dekorative Jagdmalerei, wie sie im Barockzeitalter von aristokratischen Auftraggebern geschätzt wurde.
(Bildquelle: Karlheinz Wirnsberger, Jagdkultur. Einblicke in die Sammlung Jagdkunde. Herausgeber: Universalmuseum Joanneum. Abteilung Schloss Stainz. Sammlung Jagdkunde. Leitung: Karlheinz Wirnsberger. Stainz 2021: Jagdmuseum Schloss Stainz, 125 S., hier: S. 26 – Foto: UMJ, N. Lackner).

„Ein Keiler von Wölfen angefallen" nach der Vorstellung des Herrn Leven in Frankfurt am Main, um 1860 (in: „Die Gartenlaube", 8. Jg., Heft 20, Leipzig 1860: Ernst Keil's Nachfolger, S. 316).

Erfolgreiche Wolfsjagd in Aflenz

Ein aufschlussreiches Dokument zur Veranschaulichung der Gefährlichkeit von Wölfen für den Menschen stammt aus der Aflenzer Gegend. Am 19. Februar 1719 erstattete dort der Jäger- und Waldmeister Max Ernreich Hayden der Herrschaft und Propstei Aflenz eine unerfreuliche Meldung, die hier der interessierten Leserschaft wortwörtlich mitgeteilt werden soll. Kurzum: Es wurden mehrere Kirchenbesucher beim Heimweg in eisiger Kälte von einem Hunger leidenden Wolf angegriffen und teilweise sogar tödlich verwundet:

„Zu vernemben, das den 12. Feb. Ietz laufenten Jahrs sich unweit hiesigen Markhts ein entsötzlicher, ja wie schier glaublich von Teifel geführt oder besessner Wolff hat sehen lassen, welcher zwischen 10 Uhr vormittags und 15 Uhr abents 12 Perschonen, weliche aus dem Gottesdienst nach Hause gehen wollen, erschröckhlich angegriffen und verlözet hat, also und dergestalten, dass er denen Leithen die Heut yber die Köpf und Gesichter abgerissen, 3 aber solichermassen zugerichtet, dass selbe gleichsamb mer tott als lewendig, alsogleich mit denen h. sacramenten haben müessen versechen werden. Nichtsweniger hat diese bestia 3 s(alva) v(enia) Schwein am selben Tag tott gebissen und einem Pferdt die Nassen völlig zerrissen, sobalt aber mier Entsbenanten hiervon einige Wissenschaft beygebracht worden, habe ich gleich Hülfförtig eine ordentliche Jagt hierauf angestöllet. Unter wehrunten Jagen aber ist ein junger starckher Paurnkhnecht nambens Peter

Grebisch auch von der Litaney nacher Hauss gangen und eben unterwegs 2 Personen angetroffen, weliche gleich also bey dem negsten Paurnhauss eine grosse Holtzhackhen zu leichen genuhmben haben, worauf er durch ein khlaines Holtzschachel, in welichem die Jagt wirklich beschechen, seinen Weg nach Hauss hat notwendig nemben müessen, alda augenblickhlich dises bestialische Thier ganz rasant zuegesprungen, in werunten Sprung aber mit der Hackhen einen glickhlichen Streich mitten in den Kopf versäzet, dass er die Hackhen ersten Streichs fast nit mer aus dem Kopf gewünnen können, doch entlich auf noch 2 andere widerholte Streich völlig zu tott geschlagen, wie dan dise Streich an des Wolfs Kopf zu ersechen seint, weliches Alles der Warheit zu Steur ich ihme hiermit attestiern wollen.“ (S. 107)

Wie Max Ernreich Hayden weiter berichtet, erlagen nicht weniger als vier der insgesamt zwölf angefallenen Personen ihren schweren Verletzungen. Auch das vom Wolf attackierte Pferd verendete. Unvergessen bleibt der damalige Auftritt des ebenfalls vom Gottesdienst heimgehenden Bauernknechtes Peter Grebisch, der mit einer großen Holzhacke das „bestialische Thier“ durch einen Schlag mitten in den Schädel tötete. Solche tapferen Burschen konnten sich dann vorübergehend in ihrem Glanz als Wolfsjäger sonnen.

Nach den Recherchen von Gerald Majcen über den „Luchs (Lynx lynx, L.) und Wolf (Canis lupus, L.) in der Steiermark“ (Graz: Naturwissenschaftlicher Verein für Steiermark, 63 S.) steht fest, dass am Wahrheitsgehalt dieses Schreibens genauso wenig zu zweifeln ist als an der Tatsache, dass es sich um keinen gesunden Wolf gehandelt hat. „Die Tollwut war schließlich auch damals keine unbekannte Erscheinung. Offen bleibt auch, ob es sich dabei nicht um einen Wolfsbastard gehandelt haben könnte.“ (S. 51)

Die im Bezirk Bruck an der Mur gelegene obersteirische Gemeinde Aflenz gegen Hochschwab, 1930er-Jahre. Am 12. Februar 1719 wurden dort zwölf Kirchgänger von einem Wolf angegriffen und vier davon tödlich verletzt (Foto: Photo-Verlag Max Mayer, Leoben; Bildarchiv Georg Jäger).

Wolfsplagen im Raum Leoben

Auch das Gebiet von Leoben wurde immer wieder von Wolfsplagen heimgesucht. In der unruhigen Franzosenzeit lässt sich in den überlieferten Quellen ein verstärktes Auftreten von Wölfen nachweisen, das auch die einzelnen Herrschaften zwang, mit Hilfe ihrer Untertanen geplante Wolfsjagden in der Umgebung der Stadt durchzuführen. Besonders interessant ist nachfolgende Anweisung, welche die Herrschaft Massenberg im Herbst 1806 an die Gemeinderichter weitergibt. Worum ging es?

„Mehreren Bauern auf dem Traidersberg bei St. Peter-Freienstein waren ‚durch die Wölfe seit einer kurzen Zeit mehrere Schaafe und anders junges Viech theils beschädiget, theils zerrissen und verschleppet worden.' Der Verwalter sieht sich deshalb veranlaßt, zur Vertilgung der Raubtiere aufzurufen und eine große Jagd für den 9. September zu organisieren. ‚Da aber diese Jagd ohne Beyhilf einer großen Anzahl Treiber ohnmöglich nach Wunsch ausfahlen und somit auch der Endzweck ganz verfehlet seyn dürfte', so stellte der Verweser an die Werbbezirkskommissariate des Bezirkes das Ersuchen, man ‚wolle geruhen, deren Werbbezirks Insassen von der Gegend Michael (= St. Michael, Obersteiermark, Anm. G. J.), Traboch und Timmerstorf (= Timmersdorf, eine Fraktion der Gemeinde Traboch, Anm. G. J.) die Ansage machen zu lassen, das sich von jedem Hauß dieser Gegenden eine Manns Persohn am 9ten September bis längstens frühe um 7 Uhr bey dem sogenannten Nitringer Kreuz zum Treiben einzufinden und so viell als möglich Schießgewehr mitbringen sollten'." (S. 108)

Selbst im Leobner Bürgerwald wurden damals Wölfe gesehen. Nicht umsonst veranstaltete im Februar 1807 der Jagdpächter dieser Waldungen, der Brucker Stadtpfarrpropst, eine Wolfsjagd, bei der sich Schützen und Treiber um acht Uhr in der Früh „beim Kollmayr" trafen. Die Herrschaft Göß richtete zu diesem Zweck an das Stadtmagistrat den Aufruf, dafür zu sorgen, dass ‚auch aus dem dortigen Bezirke eine hinlängliche Anzahl Schützen und Treiber bey dieser Jagd erscheine, zu welchem Behufe auch die Verkündzetteln mit dem Ersuchen zugefertiget werden, solche den dortigen Herrn Bezirkspfarrern zur Publikation zuzumitteln'." (S. 108)

„Über den Erfolg der vorhin angeführten beiden Jagden gibt es leider keine Informationen mehr. Auf alle Fälle dürften im Raum Leoben die Wölfe noch bis in die 1820er-Jahre vorgekommen sein, zumal das zuständige Kreisamt Bruck an der Mur noch im Jänner 1823 eine Hofkanzleiverordnung an die untergeordneten Verwaltungsstellen weiterleitet, in der die neuen Abschussprämien für Bären, Wölfe und Luchse genau festgesetzt sind. So wurden für eine Bärin 40 fl., für einen Bären 30 fl., für eine Wölfin 25 fl., für einen Wolf 20 fl., für ‚einen jungen Bären oder Wolfen unter einem Jahre' 10 fl. und für einen Luchs 20 fl. in Aussicht gestellt." (S. 108)

An dieser Stelle sei noch darauf hingewiesen, dass die letzten einheimischen Wölfe im Bundesland Steiermark auf der Schwanberger Alpe in der ersten Hälfte des 19. Jahrhunderts erlegt wurden. „In der heute jugoslawischen Untersteiermark waren Wölfe damals aber noch so häufig, daß u. a. eine Postkutsche von Laibach nach Cilli im Winter durch eigene Reiter geschützt werden mußte, die nachts brennende Fackeln trug." (S. 103–104) Apropos Wolfsjagden in der Untersteiermark – aus Graz wird an die am Samstag, 13. Februar 1909 erschienene Zeitung „Das Vaterland“ (50. Jg., Nr. 69, Wien, S. 5: Wolfsjagd in Steiermark) folgende erfreuliche Notiz aus Sicht der Bauern und Jäger telegraphiert: „In der Umgebung von Tüchern bei Cilli wurde ein Wolf erlegt. Seit Jahrzehnten ist in dieser Gegend kein Wolf gesehen worden.“ Der Kältewinter von 1908 auf 1909 machte sich also auch damals in dieser Gegend stark bemerkbar.

Wolfsjagden im Kreisamt Judenburg

Zu Beginn des 19. Jahrhunderts springen bei der Wolfsbekämpfung in der Obersteiermark vor allem die ersten zwei Dezennien besonders ins Auge. Dabei wurden damals fast jährlich größere und kleinere Treibjagden im Kreis Judenburg abgehalten, worüber Gerald Majcen in seiner 1998 verfassten wissenschaftlichen Abhandlung über „Luchs (Lynx lynx, L.) und Wolf (Canis lupus, L.) in der Steiermark“ (Graz: Naturwissenschaftlicher Verein für Steiermark, 63 S.) ausführlich berichtet.

Das Kreisamt Judenburg im Fokus

Ein Blick in die überlieferten historischen Quellen zeigt, dass sich innerhalb der Steiermark zwischen 1800 und 1820 das Kreisamt Judenburg im Vergleich zu den Kreisämtern Graz und Bruck am häufigsten mit den dort auftretenden Wölfen in Form von geplanten und tatsächlich durchgeführten Wolfsjagden befasst hat. Auffällig ist die äußerst geringe Aktenzahl für das Jahr 1809 und der im Unterschied dazu gewaltige Anstieg der Schriftstücke für das Jahr 1810, was mit den damaligen politischen, ökonomischen und klimatischen Verhältnissen von 1797 bis 1817 zusammenhängt:

„Im Gefolge der verlorenen Kriege gegen Napoleon Bonaparte kam es zur wiederholten Besetzung des Landes durch französische Truppen. Die Invasionsjahre 1797, 1800, 1805 und vor allem 1809 forderten von der Bevölkerung enorme Opfer, sowohl materiell als auch personell. Besonders schlimm war es 1809. Im Jahr 1810 zogen die Franzosen nach siebenmonatiger Besatzung wieder ab, Flecktyphus und andere Krankheiten hinterlassend. Die enormen finanziellen Aufwendungen wiederum bescherten dem Staat 1811 den Staatsbankrott, große Teile der Bevölkerung verarmten vollends. Die wirtschaftlich äußerst prekäre Situation besserte sich auch in den folgenden Freiheitskriegen 1813 bis 1815 nicht, im Gegenteil: Von 1812 bis 1817 erlebte das Land darüber hinaus eine Serie von Mißernten.“ (S. 29)

Wenn man diesen historischen Hintergrund berücksichtigt, so kann bezüglich der damals durchgeführten Wolfsjagden Folgendes angenommen werden: „Wölfe verursachten im Sommer immer wieder Schäden am Hornvieh. Das Vieh war jedoch in der wirtschaftlichen Notzeit besonders kostbar, das Bedürfnis nach Ausrottung der ‚Schädlinge' somit besonders ausgeprägt. Das wiederum veranlaßte die Bezirks- und Kreisobrigkeiten zu vermehrten Treibjagdveranstaltungen. Diese fanden vor allem im Judenburger Kreis statt. Die Aktivitäten werden in den Invasionsjahren selber sehr eingeschränkt (durchaus einleuchtend, wenn man berücksichtigt, daß man hier einfach existentiellere Sorgen hatte), erreichten ihr Maximum um 1810 und flauten im Verlauf der dritten Dekade des 19. Jahrhunderts schließlich vollends ab." (S. 29)

Auf Bezirksebene ergab sich nach Gerald Majcen (S. 30 – Tabelle 2) unter anderem dieses Bild: Im Bezirk Judenburg wurden in folgenden Jahren Wolfsjagden durchgeführt bzw. geplant: 1801, 1803, 1806, 1808, 1811, 1812, 1817, 1818, 1820, 1825, 1826, 1829 und 1830. Im Bezirk St. Lambrecht waren es die Jahre 1796, 1799, 1804, 1806, 1807, 1808, 1810, 1811, 1812, 1814, 1815, 1816 und 1817. Im Bezirk Murau werden folgende Jahre mit den Treibjagden auf Wölfe angeführt: 1789, 1793, 1794, 1796, 1799, 1803, 1804, 1806, 1807, 1810, 1811, 1812, 1813, 1814, 1815, 1820, 1821, 1823 und 1824.

Treibjagden zwischen 1799 und 1808

„Im Sommer 1799 verursachten Wölfe im steirisch-kärntnerischen Grenzraum vermehrt Schäden. Es erfolgten daraufhin Treibjagden in Kärnten und in der Steiermark, vor allem entlang der ganzen Linie Turrach-St. Lambrecht. Doch auch Bezirke, die nördlich der Mur gelegen waren, hielten in diesem Sommer Treibjagden ab." (S. 33)

„1803 wurde für die Steiermark ein sehr intensives Treibjagdjahr. In zahlreichen Bezirken wurde wiederholt den Sommer über auf Wölfe Jagd gemacht, die sich auch schon in den letzten Jahren unangenehm bemerkbar gemacht hatten. Damit bekam man die Angelegenheit offenbar nicht in Griff, denn 1804 gingen die Schäden wie auch die Jagden weiter. So berichtete Murau am 6. November dem Kreisamt Judenburg unter anderem, daß die Schäden in diesem Jahr besonders beträchtlich gewesen seien." (S. 33)

„Wurden im Jahr 1805 vermutlich wegen der französischen Invasion zumindest deutlich weniger Treibjagden abgehalten als in den zwei Jahren davor, so scheinen die Jahre 1806 bis 1808 eine stetige Zunahme der Treibjagdaktivitäten gebracht zu haben, die dann vor allem im Jänner/Februar 1808 in entsprechenden Rundschreiben der Kreisämter Judenburg, Bruck und Graz ihren Ausdruck fanden, wo aufgrund der sich stark in den Bezirken vermehrenden Wölfe Treibjagden angeordnet wurden." (S. 33)

Treibjagden zwischen 1810 und 1817

„Nach weitgehender Unterbrechung dieser Veranstaltungen im Jahr 1809 wurde wieder 1810 ein diesbezüglich besonders ereignisreiches Jahr, vor allem die Monate Oktober bis Dezember. Auslösend dafür war vermutlich ein Schreiben des Bezirks St. Lambrecht an das Kreisamt Judenburg vom 27. September, worin

u. a. berichtet wurde, daß sich im benachbarten Kärnten ein Rudel von 15 Wölfen aufhalten würde und es zu befürchten sei, daß die Menschen auf den Straßen nicht mehr sicher wären. Anläßlich dieses Schreibens verordnete das Kreisamt für den 22. bis 24. Oktober die Abhaltung von Wolfstreibjagden in den Bezirken des Oberen Murbodens, aber selbst das Kreisamt Klagenfurt wurde zur Veranstaltung diesbezüglicher Treibjagden an der Grenze zu diesen Tagen aufgefordert. Im wesentlichen dürften diese Aktivitäten auf diesen Raum beschränkt geblieben sein." (S. 33–34)

„Die Wolfstreibjagden erreichten dann wieder 1817 einen Höhepunkt. Am 22. Mai ersuchte Lind den Bezirk St. Lambrecht um Teilnahme an einer Treibjagd, da die Wölfe bis auf die niederen Weiden herabgekommen und sogar in die Ställe der Dörfer eindringen würden. Schließlich ersuchte St. Lambrecht am 21. August das Kreisamt Judenburg um Abhaltung allgemeiner Treibjagden, da man den überhandnehmenden Wölfen nicht beikam, was dieses am 31. Oktober auch prompt tat." (S. 34)

Treibjagden zwischen 1820 und 1830

„1820 kam es noch zu allgemeinen Treibjagden im Kreis Judenburg, woran sich auch St. Lambrecht beteiligte, obwohl man dort nur mehr wenig von Wölfen bemerkte. Im wesentlichen ging die Zeit der behördlichen Wolfstreibjagden im Verlauf der dritten Dekade zu Ende – die Treibjagden wurden immer spärlicher und kleinräumiger. Im Jagdgebiet der Herrschaft Murau, wo man 1823 begann, eine genaue Jagdstatistik (bis heute) zu führen, wurden noch erlegt: 1824, 1825 und 1827 je ein Wolf, 1831 noch sechs Wölfe, dann jedoch nichts mehr. 1830 forderte das Kreisamt Judenburg einige Bezirke um die Seetaler Alpe zu Treibjagden auf, die auch dorthin verlaufen sollten. Das Ansuchen der Pfarre Ranten am 20. Jänner 1840 um Abhaltung einer Treibjagd auf drei Wölfe im Bezirk blieb das jüngste entsprechende, dem Verfasser bekannt gewordene Dokument." (S. 34)

Und jetzt stellen sich noch folgende wichtige Fragen, die gar nicht so leicht zu beantworten sind: „Waren nun diese Schwankungen des Verfolgungsdrucks direkt ident mit Populationsschwankungen der Wölfe? Oder, anders gefragt, bedeuteten vermehrte Treibjagdaktivitäten in bestimmten Jahren, daß es da gleich eine ‚Wolfsplage' gegeben hat? So einfach wird es wohl nicht gewesen sein. Schließlich zeigen uns heute diese Treibjagdaktivitäten nur, wie dringlich man das Wolfsproblem jeweils empfunden hatte. Das hing jedoch auch eng mit der allgemeinen wirtschaftlichen Situation zusammen. Es ist einleuchtend, daß der Verlust eines in Notzeiten nunmehr besonders kostbaren Stücks Vieh als besonders schmerzhaft empfunden werden mußte." (S. 34)

Vier Wölfe und ein Postwagen anno 1826

Aus Sicht der Behörden wurden die Treibjagden als unverzichtbares Mittel zur Wolfsbekämpfung angesehen, wobei in ganz wenigen Ausnahmefällen der dafür notwendige bürokratische Aufwand auch schneller gehen konnte, wenn ganz zufällig einmal das Auftauchen der Wölfe mit der Bezirks- und Kreisbehörde nahe beisammen lagen:

„Der 5. Dezember 1826 bescherte einem Neumarkter Knecht ein Erlebnis der besonderen Art. Unterwegs mit dem Postwagen, der zeitig in der Frühe den Weg von Neumarkt nach Judenburg nahm, liefen bei Pichl vier Wölfe vor dem Wagen über die Straße. Offenbar recht nahe am Gespann vorbei – die Pferde gingen durch, woraufhin die ganze Gesellschaft ‚ungeachtet der Einhaltung' im Straßengraben landete. Zwar passierte dabei nichts Gröberes, die ganze Angelegenheit dürfte jedoch einigen Eindruck hinterlassen haben. Der Judenburger Gastwirt Thaurer brachte schließlich im Laufe des Tages den Vorfall im dortigen Bezirksmagistrat zur Anzeige. Nun kam es zu einem recht drolligen Briefwechsel: Der Magistrat Judenburg schickte noch am selben Tage die Meldung an das Kreisamt Judenburg. Dieses wiederum (der Postbote hatte es schließlich nicht gerade weit) schickte eilig am gleichen Tag eine Zirkularverordnung ab, eine davon zurück an den Bezirksmagistrat, mit der Weisung, die Treibjagd am 7. des Monats durchzuführen. Dem Magistrat blieb somit gerade noch der 6. Dezember, sich mit den Bezirksnachbarn abzusprechen. Geradezu sensationell geringer Zeitverlust: zwei Tage. Leider ist über den Ausgang dieser Treibjagd nichts bekannt." (S. 36)

Neumarkt im Bezirk Murau, 1950er-Jahre. Noch 1826 wurde ein Postwagen auf der Strecke von Neumarkt nach Judenburg von vier Wölfen überrascht (Foto: Verlag Hermann Lepuschütz, Neumarkt).

Wölfe und Viehverluste – Schäden auf Almen

Besonders gefährdet war das Hornvieh vor allem dann, wenn es sich im Sommer auf den Hochweiden befand. Die entsprechenden Aufzeichnungen über die Treibjagden sprechen diesbezüglich eine eindeutige Sprache:

„So wurden am 20. und 21. August 1825 auf der (im südwestlichen Teil der Seetaler Alpe gelegenen) ‚Weiten Alm' acht Rinder und Schafe von Wölfen gerissen, was zur koordinierten Treibjagd motivierte, an der dann wenigstens sechs Bezirke teilnehmen sollten. Die Toleranz der Menschen solchen Ereignissen gegenüber war in wirtschaftlich schweren Zeiten der Franzosenkriege, Mißernten und hoher Inflation verständlicherweise gleich Null. Es bedurfte dann gar nicht allzu vieler Schäden, um größere Treibjagden zu provozieren. Als 1811 zwei Rinder auf der Weiten Alm von Wölfen gerissen wurden, genügte dieser Anlaß vollauf, eine Treibjagd zu organisieren, an der zumindest fünf Bezirke zur Beteiligung aufgefordert waren. Die tatsächlichen Schäden, welche die Wölfe in den letzten Jahrzehnten bis zur weitgehenden Ausrottung 1830/40 anrichteten, waren somit bei weitem nicht so kraß, wie uns das vielleicht in Hinblick auf die häufigen Treibjagdaktivitäten dieser Zeit auf den ersten Blick erscheinen mag." (S. 48–49)

Gerade im Spätherbst, wenn das Almvieh abgetrieben war, begann auch für die letzten Wölfe die Notzeit: „Da sie im Wald wenig Wild vorfanden und im Winter durch den Schnee in die tieferen Lagen gedrückt wurden, konnten sie nun mit geeigneten fängischen Einrichtungen effizient erlegt werden." (S. 49)

Wolfsgeschichten aus den Niederen Tauern

Der bedeutende Ennstaler Historiker Josef Hasitschka ist im Jahr 2017 den „Wolfsjagden in den Niederen Tauern" (in: „Der Tauern. Beiträge zur Kulturgeschichte Hohentauerns", 30. Jg., Nr. 88, März 2017, Hohentauern, S. 1–12) genau nachgegangen. Dabei stützt er sich vor allem auf lokale Geschichtsquellen aus dem Kreisamt Judenburg, aus den Herrschaftswäldern von Donnersbach, Zeiring, Hohentauern und Admont. In ausführlichen Beschreibungen wird auf die damalige Raubtierjagd eingegangen, welche zum Schutz der Nutztiere in den Niederen Tauern wichtig gewesen ist. Die betroffenen einheimischen Bauern und Jäger wussten viel besser als die staatlichen Stellen, wie man sich gegen die großen Beutegreifer wehren konnte. Die Stadtbevölkerung hatte im Unterschied zu den Landbewohnern keine oder nur ganz wenige Informationen hinsichtlich Lebensweise und Jagdverhalten des Wolfes.

Kinderliteratur und Wolf in der Steiermark

Auch in der Kinderliteratur haben Wolfsgeschichten mit Bezug zur Steiermark ihren Eingang gefunden. So veröffentlichte im Jahr 1820 Leopold Chimani das lesenswerte Werk „Die Jagdlust. Bilderbuch für die Jugend, enthaltend die Art und Weise das vorzügliche inländische Wild zu jagen und zu fangen, nebst vielen kurzweiligen Jagd-Anekdoten" (Wien: bey Heinrich Friedrich Müller. Kunsthändler am Kohlmarkte, 213 S.). Als einziges deutschsprachiges Kronland war die Steiermark damals noch nicht „wolffrei". Bei der „Wolfsjagd" wird zunächst unter „Der Wolf ein schreckliches Raubthier" auf das Verbreitungsgebiet des großen

Beutegreifers im Habsburgerreich eingegangen: „Der Wolf, dieses schreckliche Raubthier, findet sich noch zahlreich in Ungarn und Galizien; auch in Böhmen, Mähren und in Steyermark zeigen sich manchmahl einige. Man macht sehr fleißig Jagd auf dieselben, weil sie den Menschen, den Hausthieren und dem Wilde sehr schädlich sind." (S. 46)

„Der Wolf lauert in dichten Wäldern auf Hirsche, Rehe und Hasen, er raubt die Schafe auf der Weide, er greift Pferde, Ochsen und Kühe an. Im Winter, wenn er durch den tiefen Schnee aus den Wäldern und Sümpfen getrieben wird, nähert er sich den Straßen und Dörfern, dringt in die Städte der Thiere, und selbst in den Wohnungen der Menschen ein. Er scharrt unter den Thüren der Schafställe ein Loch zum Eingange, würgt ohne Unterschied, und trägt nach und nach seinen Raub weg. Er ergreift Menschen im Freyen und in ihren Wohnungen, stiehlt Kinder, er fällt die Pferde auf der Straße und in den Ställen, selbst die Hunde an der Kette an. Er folgt der Spur eines jagenden Wolfes, um an dessen Beute Theil zu nehmen, er schleicht dem angeschossenen Wolfe nach, um ihn zu zerreißen, er sucht die Schlachtfelder auf, um die Leichen aus der Erde zu scharren. Von der außerordentlichen Raubbegier des Wolfes zeugen nachfolgende Geschichten." (S. 46–47)

Bei einer Wolfsgeschichte aus der Steiermark geht es um einen Wolf, der sich unter der Eingangstür zu einer steirischen Holzknechthütte durchgrub und dann von einem tapferen jungen Mann erschlagen wurde. Wortwörtlich heißt diese Erzählung „Der wackere Sohn eines Holzknechtes" und wird folgendermaßen wiedergegeben: „In der Steyermark griff vor einigen Jahren ein Wolf im strengsten Winter vor Tages Anbruch das mitten im Walde stehende hölzerne Häuschen eines Holzknechtes an, der nicht zu Hause war, wohl aber eine Mutter mit vier Kindern, von denen der größte Sohn sechszehn Jahre alt war. Die Bestie hatte sich schon unter der Thür ein so großes Loch gegraben, daß sie mit dem Kopfe hineindringen konnte. Der Junge ließ es geschehen. Wie der Wolf aber mit dem Halse unter der Thür steckte, daß sein Kopf schon in der Stube war, gab ihm der Junge mit dem Gewehrkolben einen so derben Schlag, daß er auf der Stelle todt blieb." (S. 49)

Der Wolf als „Un(ge)ziefer" oder „Holzhund"

P. Jakob Wichner schrieb im Jahr 1890 das schon angeführte Buch „Jagd und Fischerei des Stiftes Admont bis zur zweiten Hälfte des achtzehnten Jahrhunderts. Nach archivalischen Quellen" (Graz: Verlag des Steiermärkischen Jagdschutz-Vereines, 94 S.). Aufgrund der in den 1630er-Jahren so starken Verbreitung der Wölfe war es zu dieser Zeit in der Admonter Gegend gang und gäbe, den Namen des Wolfes nicht mehr auszusprechen: „Bei den Bauern herrschte damals der Aberglaube, man dürfe Raubtiere nicht mit rechtem Namen nennen, denn sonst wäre das Weidevieh überhaupt nicht mehr sicher. Für das Landvolk gab es daher keinen Geier, er hieß Flieger oder Stamperl, den Fuchs hieß man Langschwanz, den Wolf Unziefer und den Bären Breitschädel." (S. 64–65)

In der Kurrende des Kreisamtes Judenburg aus dem Jahr 1820 steht die von den Bauern aus Angst erfundene Bezeichnung „Holzhund" für den Wolf. Beim Geschichtsforscher Josef Hasitschka heißt es dazu in seinem schon eingangs angeführten Fachaufsatz „Wolfsjagden in den Niederen Tauern“ (in: „Beiträge zur Kultur- und Heimatgeschichte Hohentauerns“, 30. Jg., Nr. 88, März 2017, Hohentauern, S. 1–12):

„Hierbey ist den Landleuten der häufig verbreitete Aberglaube zu benehmen, als würden sie sich durch Anzeige gefundener Spuren dieses Raubthieres bey dem Wolfe verfeinden, eben so der lächerliche Gebrauch, denselben aus Furcht nicht bey seinem Namen zu nennen. (Derley Ausdrücke sind: Zottel, Hund, Ungeziefer, Raubthier, Unbrut u. d. gl.) Zu diesem Zwecke sind die Hrn. Pfarrers anzuweisen, von der Kanzel zu verkünden: Es sey jeder bemerkte Riß bey Strafvermeidung von den Bemerkenden ungesäumt anzuzeigen ...“ (S. 2) Die Angst war nur eine Ausrede, um nicht anzeigen zu müssen und so je Bauernhof zwei Tage lang keine wertvollen Arbeitskräfte zur Treibjagd hinschicken zu brauchen.

Hinweise auf Wolfslager in der Latschenzone

Die folgenden Berichte zu den Wurfplätzen der Wölfe stammen von den damaligen Jägern. Die entsprechenden Unterlagen sind alle im Stiftsarchiv Admont (Akt M-163-2) unter „Wolfsjagd“ und „Wolfsfang“ im Bezirk Zeiring von 1799 bis 1840 zu finden: „Nach vielfältiger Erfahrung halten sich die Wölfe häufig in Steinklüften auf, die mit Krummholz umwachsen sind, durch welches nur mit Mühe und Anstrengung gedrungen werden kann.“ (S. 3) Dies kann in einer Vorlage der Herrschaft Donnersbach nachgelesen werden, die in eine Kurrende des Kreisamtes im Jahre 1820 als „Instruction bey vorzunehmenden Wolfsjagden“ übernommen wurde.

„Im gleichen Jahr berichtete der Hohentaurer Jäger Franz Goller, dass die Wölfe in Triebenthal in dem dort sehr ausgebreiteten Leckach (Krummholz) ihre Jungen gesetzt haben könnten. Goller fing bei der Rauchaufalpe einen Wolf im Wolfseisen. Ein alter Speikgraber erzählte hier seine Bemerkung, dass die Jäger jeden Wolf durch das Geschrey der Dachen (Dohlen), welche in den Steinklüften zahlreich nisten, entdecken könnten, weil diese Vögel jeden Wolf, wenn er unter Tags auf den Raub ausgeht, mit auffallenden Geschrey verfolgen. Im gegenwärtigen Jahre habe er dieses schon zweymal bemerkt, und jedesmal den Wolf schießen können, wenn er mit Gewehr versehen gewesen wäre.“ (S. 3–4)

Über die Habitate und Wandergebiete der Wölfe vor rund 200 Jahren in den Niederen Tauern lässt sich feststellen: „Die Wurfplätze der Wölfin (die Wölfin wölft) waren nach Angaben der Jäger ausnahmslos in felsigen Klüften in der Latschenzone oder in dicht verwachsenen Felsstürzen zu finden. Die meisten Wölfe hausten in kleinen Familien in der Almzone, kaum in der Hochwaldzone. Auf ihren Wanderrouten wechselten sie auch über die Pässe des Alpenhauptkammes unterhalb einer Seehöhe von 2000 Metern. Bei Nahrungsmangel streiften sie bis in die Täler und rissen Vieh auf den Halten in der Nähe der Höfe.“ (S. 5)

Von der Wolfsbeute zu den Wolfsjagden

Woraus bestand die Beute des Wolfes? Im 19. Jahrhundert wird die Art der Beute immer wieder angegeben: „Kleineres und auch großes Hornvieh (1824), manchmal auch in Hofnähe (1821), durch ihren immerwährenden Zuwuchs dem Waid-, Gaiß-, Schaf- und Galtvieh sehr gefährlich werden (1803); in Hofnähe auch Haustiere beim Scherhuber in Bretstein, indem ein Wolf auf unsere Schweine lauere (1826). 1829, Pusterwald: hat im Moosbachwald der Wolf zwey Geißböcke, eine Geiß und ein Kitz, welches dem vulgo Moosbacher gehörte, umgebracht und das Kitz ganz verzehrt. 1830 Bretstein, Pichler Kuhhalt: wo der Wolf öfters hinkam und vor kurzem 2 Geißböcke zerrissen hat. Der Wolf riss also mehr als ein Beutetier, wenn ihm auf einer Halt Schafe und Ziegen quasi auf dem Teller serviert wurden." (S. 5)

„Der Wolf begnügt sich nicht mit einem Stück Vieh, sondern er reißt in einer Schafherde, was nur möglich ist. Der überwiegend große Teil der Wolfsjäger waren angestellte Jäger der Admontischen Herrschaft Zeiring, welche auch für den Wildstand verantwortlich waren und derartige Risse melden mussten. Doch eine Meldung auf gerissenes Wild findet sich in den Akten vor 200 Jahren nicht. Es war das Weidevieh, das vornehmlich als Beute diente. Der Wolf war damals kein Jagdkonkurrent, sondern eine Plage für den Viehbauern." (S. 5)

Die verschiedenen Arten oder Möglichkeiten von Wolfsjagden waren in den adeligen Jagdbüchern genau beschrieben: der „Wolfsgarten", in welchen man den Wolf hineinlocken und mit verschiedenen Fallen töten wollte, die „Lappenjagd" – der Wolf fürchtete sich vor Stoffresten oder Tüchern, die an Schnüren aufgehängt wurden. Er verließ das bejagte Gebiet an jenen Stellen, wo sich keine Lappen befanden und konnte dort von den Jägern erlegt werden. „Die vielgenannten Wolfsgruben, aber auch die schrecklich qualvollen Wolfsangeln scheinen in den Zeiringer Quellen nicht auf, sehr wohl aber die Treibjagd." (S. 5–6)

Bis zum Ende des 18. Jahrhunderts dienten Wolfsjagden mehr der „Jagdlust" als dem Gemeinwohl. Erst nach einem 1788 erlassenen Hofdekret von Kaiser Joseph II. wurde die Wolfsjagd anders organisiert. Anstelle der früheren adeligen Wolfsjagd mit Jagdrobot trat die sogenannte „Gemeinjagd", an der sich ganze Talschaften zu beteiligen hatten. Als Grund werden die großen Verluste an Weidevieh genannt. In der Herrschaft Donnersbach heißt es dazu im Jahr 1803: „Da die sich immer vermehrenden Wölfe, in der ganzen hiesigen Gebürgsgegend schon sehr viellen Schaden verursachten, und in Hinsicht des auf diese und auf die benachbarten Alpen und Halten getriebenen Viehes noch immer sehr gefährlich werden, so findet diese Herrschaft nothwendig, um diesen Übl möglichst zu steuern, eine neue Wolfsjagd, und zwar auf den 27. und 28.ten dieses Monats Juny anzuordnen." (S. 6)

Obrigkeitlich organisierte Treibjagden

Die Kreis- und Bezirksämter hatten nun die staatlich angeordneten Wolfsjagden durchzuführen. „Doch der Untertan, zu dessen Gunsten die ‚Ausrottung der Raubtiere' organisiert werden sollte, spielte nicht mit, er ‚drückte sich', genügend

Treiber zu stellen. Der Bauer schickte zum Teil ungeschulte Kinder, stellte keine Knechte und täuschte zu viel Arbeit vor. Ausreden, man wolle den schrecklichen ‚Holzhund' nicht verärgern, mussten für das Fernbleiben herhalten." Die angedrohten Strafen für das Fernbleiben nützten überhaupt nichts.

Die Bezirksobrigkeit von Donnersbach sah bei der großen Jagd von 1803 einen großen Mangel an Treibern in den Tälern von Sölk und Donnersbach: „Die Bezirksunterthanen von Stainach, Trautenfels und Wolkenstein und überhaupt alle jene fremdherrschaftlichen Unterthanen, die Vieh auf die im hiesigen Bezirke befindlichen Alpen treiben, sollten verpflichtet werden mitzumachen. Da die herrschaftlichen Jäger mit Gelegenheitsjägern gemeinsam die an den Gebirgskämmen lauernden Schützenketten bilden mussten, konnte das nicht gut gehen. Die ernüchternden Kommentare der Herrschaften lauteten über derart große Treibjagden: Aber leider war jede dieser Wolfsjagden fruchtlos, weil an den bestimmten Tagen nie die hinlängliche Anzahl Treiber, und Schützen zusammenkommen, und sowohl von dem diesherrschaftlichen als fremdherrschaftlichen Unterthanen, welche Alpen in hiesigen Bezirke haben, der größte Theil ausblieben." (S. 6–7)

„Die Berufsjäger trugen im 19. Jahrhundert die Verantwortung für die Treibjagden und auch für die Wolfsfallen. Besser zu organisieren waren jene kleineren Triebe, bei denen sich bloß zwei Herrschaften absprechen mussten. So organisierte die Bezirksherrschaft Wasserberg (Gaal und Ingering) mit jener von Zeiring im Jahre 1804 eine Jagd in den waldigen Grenzbergen östlich des Pölstales." (S. 7)

Wolfsjagden im Bezirk Zeiring, 1807–1836

Begeben wir uns nun mit Josef Hasitschka auf Spurensuche nach den im ersten Drittel des 19. Jahrhunderts durchgeführten Wolfsjagden im Bezirk Zeiring: „Von 1799 an liegen uns neben den Zirkularen des Kreisamtes Judenburg über befohlene Treibjagden noch zahlreiche Akten über ‚Wolfsgeschichten' vor. Jene Anordnungen an die Stift Admontische Herrschaft Zeiring sind uns sämtlich erhalten und wegen ihrer umständlichen bürokratischen Verfahren bei der Überprüfung der Wolfsprämien eine hervorragende Quelle über die Wolfserlegungen, aber es kann auch die Anzahl der noch umherstreifenden Wölfe im Bezirk Zeiring einigermaßen erschlossen werden." (S. 8)

„Zwischen 1807 und 1836, also im Zeitraum von 30 Jahren, wurden 20 männliche, 9 weibliche und 17 junge Wölfe erlegt, davon ab 1829 nur mehr 5 Stück. Dies reicht an den (vermuteten) Bestand von Rudeln im 17. und 18. Jahrhundert nicht mehr heran, eher an vereinzelte kleine Wolfsfamilien. Ab 1836 war der Wolf im Bezirk Zeiring ausgerottet. Später, noch im 20. Jahrhundert, wurden durchstreifende Wölfe aus außersteirischen Habitaten erlegt." (S. 8)

„Es ist anzunehmen, dass in anderen Herrschaften wie Donnersbach, Großsölk bzw. Gstatt die Zahlen eher geringer anzusetzen sind, da im Bezirk Zeiring als flächenmäßig großer Herrschaft sich Wölfe in sehr langen einsamen Tauerntälern wie Pusterwald und Bretstein bzw. Triebental zurückziehen konnten. Im Bezirk Murau hingegen dürften sich etwas größere Wolfspopulationen erhalten haben. Ein genauer Vergleich der erlegten Wölfe in den ehemaligen kleinen Bezirken der Niederen Tauern ist wegen der unvollständigen Aufzeichnungen nicht aussagekräftig.

Ausrottung der Wölfe – Schussgelder

„Die Wolfserlegungen am Beginn des 19. Jahrhunderts waren gemessen an der Wolfsplage der vorausgegangenen Jahrhunderte gering, ein sehr brutaler Ausklang bei der Ausrottung einer Tierart, die sich nur mehr in kleinen Familienverbänden in den unwegsamsten Seitentälern der Niederen Tauern halten konnte." (S. 8–9)

„Seit der Einrichtung der Kreisämter wurde eine ‚Taglia', eine Prämie, für jeden erlegten Wolf versprochen. Sie betrug laut Hofkanzleidekret von 1823 25 Gulden für eine Wölfin, 20 für einen Wolf und 15 für einen jungen Wolf. Dies war für viel Geld für den Wolfsjäger." (S. 9)

„Aber entsprechend genau musste bei den Bezirksbehörden untersucht werden, ob die Prämie zu Recht ausbezahlt werden konnte. So mussten die Erleger eine Aussage machen, auch Zeugen wurden verhört. Erst dann genehmigte das Kreisamt die Auszahlung der Prämie." (S. 9)

Bei den folgenden Wolfsgeschichten zwischen 1820 und 1836 kommen die damals direkt betroffenen Personen als Zeitzeugen zu Wort, worunter sich neben Revierjägern (Hohentauern, Pusterwald) auch der Sohn einer verwitweten Kleinhäuslerin oder Keuschlerin (Bretstein) und zwei Bauern (Hofbesitzer in Pusterwald) befinden.

Wolfserlegung im Triebental anno 1820

Über die Erlegung eines Wolfes im Triebental berichtet der Jäger Goller aus Hohentauern: „Bei der Vermuthung, dass die Wölfe in Triebenthal in dem dort sehr ausgebreiteten Leckach (Krummholz) ihre Jungen gesetzt haben könnten, hatte der Jäger in Hohentauern Franz Goller in den steilesten Übergängen einige Eisen gelegt; nach geendeter Jagd besuchte er solche, und fand in der Rauchaufalpe einen Wolf männlichen Geschlechts gefangen, welcher bei 69 Pfund wog." (S. 9)

Abgeschnittene Wolfsschnauze anno 1826

Joseph Hartl, Revierjäger von Pusterwald, erscheint bei der Bezirksobrigkeit und gibt an: „In der Absicht um Wölfe zu fangen habe ich in der Schneebergeralpe in Pusterwald ein Wolfseisen gelegt, von welchem ich aber zur Verhüthung eines Schadens durch Vieh oder Menschen mich nie ganz entfernte, am Bartlmätag d.J. habe ich richtig einen ½ jährigen Wolf gefangen, den ich aber, weil er mir wieder aus dem Eisen kam, erst am 2ten Tag darauf bekam. Dieser Wolf kam mit der Mitte seines Leibes in das Eisen; er ist übrigens von weiblichen Geschlecht. Die Decke wurde der Bezirksobrigkeit überbracht und das Kreisamt um die Taglia ersucht. Die Schnauze wurde weggeschnitten und zurückbehalten. Sein Nachbar Thomas Unterweger bestätigte dies und ergänzte: die ½ jährige Wölfin habe schon stark gestunken und war madig. Hartl schärfte dieselbe auf, zog die Haut herab, hing das Fleisch auswendig beym Stadleck auf, weil er öfters Nachfrage darum hatte, und trug sodann den Balg hieher." (S. 9)

Büchsenlauf im Wolfsrachen anno 1826

„Melchior Steiner Sohn der verwittibten Keuschlerin Eder in Bretstein, erscheint mit einem neu erlegten Wolf: Am 21.Nov. ging ich in der Früh zum vulgo Gadner Gemeinderichter in Bretstein eine Tagwerksarbeit zu verrichten. Zu Mittag kam eilends der Knecht des vulgo Purghard in Bretstein zu mir und sagte, ich sollte mich eilends nach Hause verfügen, indem ein Wolf auf unsere Schweine lauere. Ich ging alsogleich nach Haus, nahm meine geladene Püchse und eilte zu dem bezeichneten Orte hin, sah zwar keinen Wolf, wohl aber fand ich die frische Spur desselben, verfolgte dieselbe bis auf die Straße. Verfolgung bis hinter die Kirche." (S. 9)

„Da ich während meinen Laufen das Pulver von der Zündpfanne ganz verstreuet hatte, so konnte ich das Gewehr auf denselben nicht los schicken. Ich ließ den Wolf nicht aus dem Zauneck, der Wolf aber, da er sich in der Enge sah, fuhr auf mich zu, packte den ihm entgegen gehaltenen Lauf meiner Püchse bey der Mündung an, ich aber stieß ihm denselben mit allen Kräften in den Rachen, und als er darauf etwas entkräftet wurde, zog ich ihm den Lauf wieder heraus und schlug den Wolf mit dem Gewehr vollends tod. Ich bringe denselben nun ganz und unabgestreiften hieher und bitte die löbl. Bez. Obrigkeit um die gesetzliche Taglia für diesen erlegten Wolf." (S. 9)

Wolf auf Scheiblalm am Tauern anno 1827

Michael Hofer, Revierjäger in Stift Admont am Hohen Tauern, sagt bei der Bezirksobrigkeit Zeiring aus: „Ich habe, weil mehrere Wölfe in meinem Jagdrevier wahrgenommen worden sind, auf der sogenannten Scheiplalpe und zwar ein Wolfseisen am Kühtrieb am unteren Rösslbichl, das andere am Fuße des Großen Pesenstein, rechts neben den großen See gelegt. In diesem Eisen habe ich am 11. Juni eine Wölfin, die mit einem großen Eutter versehen war, und die nach selben zu urtheilen 8 junge Wölfe gesetzt hat; und am 13. Juni einen männlichen alten Wolf gefangen. Zum Beweis dessen weise ich die Bälger dieser 2 gefangenen Wölfe vor, und beziehe mich auf die Zeugenschaft des Gemeinderichters Scheipl und des vulgo Weber im Hohen Tauern, die ich zu den Eisen, in welchen diese Wölfe gefangen wurden, geführet habe, und Augenzeigen sind, dass selbe richtig von mir in den besagten Eisen sind gefangen worden. Auch habe ich einen jungen beyläufig 14 Täg alten Wolf schon todt und zimlich stark verwesen, in der Höller Alpen am Höllkogl gefunden, von dem ich wegen seiner starken Fäulnis den Kopf und den Schweif mit mir genommen habe, und den erwähnten Zeugen sehen ließ; von den übrigen jungen Wölfen, welche die von mir in Eisen gefangene Wölfin geworfen hat, habe ich ungeachtet meines fleißigen Nachsuchens keinen mehr finden können." (S. 9–10)

Verwesender Wolf im Fangeisen anno 1829

„Lorenz Guster, 38 Jahre alt, katholisch, verheurathet, Besitzer des Eggengutes in Pusterwald“ gibt vor der Bezirksobrigkeit zu Protokoll: „Am vergangenen Sonntag vor 8 Tagen hat im Moosbachwald der Wolf zwey Geißböcke, eine Geiß und ein Kitz, welches dem vulgo Moosbacher gehörte, umgebracht und das Kitz ganz verzehrt. Auf die Anzeige dieses Vieheigenthümers machte der Gemeinderichter in Pusterwald vulgo Mayr die Veranstaltung, dass sogleich auf dieses Raubthier Jagd gemacht werden sollte. Es kamen sonach an diesem Sonntag nachmittags bey 30 Personen, theils Schützen, theils Treiber, zusammen, welche, weil der dortige Revierjäger dazumahl abwesend war, vom Neubauernsohn Anton Unterweger zu einer ordentlichen Treibjagd im Moosbachwald angestellt (= aufgestellt) worden sind. Das Raubthier war richtig im Triebe, kam zuerst den Moosbacher, dem sein Gewehr versagte, hierauf aber mir, worauf ich in einer beiläufigen Entfernung von 30 Schritte meinen Kugelstutzen auf den mir zugelaufenen Wolf abgeschossen habe.“ (S. 10)

„Nach dem Schuss ging zwar der Wolf langsam, verschwand jedoch plötzlich aus meinen Augen, dass ich solchen dazumahl nicht finden konnte, weil der Ort, wo dieses geschehen ist, stark verwachsen und auch sehr steinig war.“ (S. 10)

„Es haben zwar mehrere von den Schützen dieses Raubthier nach meinem Schuss gesucht, weil solches auf einmahl verschwunden ist, konnte aber von niemanden gefunden werden, da man keine Fasch (= Forsch, also Nachforschung) unternahm.“ (S. 10)

„Am vergangenen Samstag hat der Geißhalterbub des vulgo Schmalz den von mir angeschossenen Wolf in Moosbachwalde neben einen großen lärchenen Stock schon stark in Fäulnis liegen gesehen, welches er mir am Sonntag darauf anzeigte. Ich ging hierauf mich zum Gemeinderichter Raths erholen, was ich nun zu thun habe, der mir angerathen hat, dass ich einige Bauern dorthin, wo der von mir erschossene Wolf liegen blieb, führen und sodann dieses der löblichen Bez.Obrigkeit anzeigen solle. Ich hätte zwar dieses erschossene Raubthier, wenn es nicht schon zu viel gestunken hätte, ausgezogen und seine Haut mitgebracht, habe aber bey diesem Umstande, das selbe von dem Revierjäger besichtigen und durch den Moosbacher und Sallmann die Schnautze samt den vorderen Bratzen abnehmen lassen, welches ich der löblichen Bez.Obrigkeit zum Beweis meiner Angabe vorlege.“ (S. 10)

Der Eggengutinhaber ersucht somit um Auszahlung der Taglia für eine erlegte Wölfin.

Angeschossener Wolf in Pusterwald anno 1836

Thomas Unterwanger „insgemein Neubauer in Pusterwald“ erscheint mit einer Wolfshaut eines alten männlichen Wolfes und gibt an: „Am Georgitag (23. April 1836) kam zu mir die Anzeige, dass in der Sprungkühhalt in Pusterwald ein Wolf zur Schafherde gekommen sey, und dort drei Schafe und zwei Lämmer ums Leben gebracht habe. Sogleich veranstaltete ich auf dieses Raubthier eine Treibjagd, bei welcher der Schafferknecht Andreas Sprung diesem Wolf einen tödlichen Schuss gab, mit welchem der Wolf fort und auf die Bretsteiner Seite, dann wieder zurück nach Pusterwald und bis in die Blosbauer Kühhalt gegangen ist. Weil aber dieser angeschossene Wolf von drei Jägern ununterbrochen nach der Spur verfolget wurde, so haben wir am dritten Tag denselben abermals im Triebe bekommen, in welchem er von Gabriel Koini, Grubersohn auf der Stelle erschossen wurde." (S. 10–11)

Das Kreisamt entscheidet folgendermaßen: „Andreas Sprung, Schafferknecht einerseits und Gabriel Koini, Grubersohn andererseits erhalten je 10 fl. Taglia." (S.11) In diesem Fall haben also zwei Nichtjäger die Prämie bekommen.

Die Wolfsausrottung durch das Wolfseisen

Die von Josef Hasitschka angeführten Wolfsgeschichten beweisen, dass die letzten Wölfe in den Niederen Tauern hauptsächlich in Wolfseisen gefangen und danach erschlagen oder erschossen wurden. Das Fangeisen war als Fangmethode grausam und erwies sich im Töten wirksamer als eine Treibjagd..

Wie funktionierte ein Wolfseisen? Wie sah es aus? „Ein Wolfseisen war mindestens doppelt so groß wie ein Fuchseisen. Es war als ‚Berliner Eisen' oder ‚Schwanenhals' konstruiert, bestand aus einer ringförmigen Konstruktion, bei der zwei halbkreisförmige Bügel über eine Feder miteinander verbunden sind. Durch den Zug am Köder schlagen die Bügel idealerweise im Genick des Tieres zusammen und töten es so augenblicklich." (S. 11)

Diese hier beschriebene Fallenart wird daher auch „Abzugeisen" genannt. „Durch das einfache Betreten der Falle durch ein Tier soll diese nicht auslösen, um das qualvolle Einklemmen lediglich der Gliedmaßen, wie dies zum Beispiel beim Tellereisen möglich ist, zu verhindern." (S. 11)

Wölfe im Winter. Originallithographie von Friedrich Specht, um 1890 (in: Brockhaus` Konversations-Lexikon, 14. Auflage, Leipzig 1892: F.A. Brockhaus` Geogr.-artist. Anstalt; Bildarchiv Georg Jäger).

Jagdstück mit Wolf, um 1720. Franz Ignaz Flurer (1688–1742). Öl auf Leinwand. Franz Ignaz Flurer stand ab 1720 in den Diensten einer der bedeutendsten steirischen Adeligen, Ignaz Maria Graf von Attems, der ein engagierter Kunstsammler war. Flurer konnte seine Bildsprache in den monumentalen Deckengemälden des Schlosses Windischfeistritz (heute: Slovenska Bistrica) umsetzen.
(Bildquelle: Karlheinz Wirnsberger, Jagdkultur. Einblicke in die Sammlung Jagdkunde. Herausgeber: Universalmuseum Joanneum. Abteilung Schloss Stainz. Sammlung Jagdkunde. Leitung: Karlheinz Wirnsberger. Stainz 2021: Jagdmuseum Schloss Stainz, 125 S., hier: S. 42–43 – Foto: UMJ, KH. Wirnsberger).

Wolfsjagden im steirischen Salzkammergut

Im umfangreichen Buch „JagdGründe. Eine Spurensuche in obersteirischen Revieren“ (Schriftenreihe des Landschaftsmuseums im Schloss Trautenfels am Steiermärkischen Landesmuseum Joanneum, Band 7; Herausgegeben von Volker Hänsel, Trautenfels 2005: Verein Schloss Trautenfels, 480 S.) ist Siegfried Ellmauer unter „Jagdgeschichtliche Streifzüge im steirischen Salzkammergut“ (S. 87–108) auch den Wölfen nachgegangen.

Erlegte Wölfe in der Vergangenheit

„Über geplante Raubtierjagden, die jedem Bewohner erlaubt waren, mussten der Forstmeister und die Einwohner im 17. Jahrhundert von den Raubwildjägern rechtzeitig unterrichtet werden, die genauen Waldorte hatten die Pfarrer zwei Wochen im Vorhinein während der Gottesdienste zu verkünden.“ (S. 92) Zur Zeit der Napoleonischen Kriege waren die Wölfe vor Ort nur mehr selten anzutreffen. Historisch belegbare Wolfserlegungen gab es zwischen dem ausgehenden 18. und beginnenden 19. Jahrhundert in den Jahren 1783 (Hinterberg), 1802 (Aussee), 1807 (Hinterberg), 1814 (Aussee), 1815 (Hinterberg), 1816 (Ischl) und 1818 (Hinterberg).

Den Wölfen wurde nicht nur mit Gruben und Fallen, sondern auch mit Selbstgeschossen nachgestellt, was schon aus einem Bericht über den Altausseer Forstknecht und Zimmermeister Hans Khalß aus dem Jahr 1571 hervorgeht:

„Das Tier, das man lange nicht fangen oder schießen konnte, hatte der in Salinendiensten stehende Arbeiter Khalß mit äußerster Geschicklichkeit und Fleiß entlang eines viel begangenen Holzweges durch 10 gelegte Selbstgeschoße mit kleinen vorgezogenen Messingdrähten gefangen, nachdem der Wolf durch die ausgelegten Geschoße getroffen worden war. Dem 80 Pfund (45 kg) schweren Wolf wurde sodann der Pelz abgezogen, der mitsamt dem ‚Kern‘ als Beweis für die großartige Leistung zur Raubwildvertilgung vom Herrschaft Pflindsberg'schen Verweser an den landesfürstlichen Hof nach Graz gesandt wurde, wo von Erzherzog Karl ein angemessenes Trinkgeld für den Forstknecht Khalß erbeten wurde.“ (S. 93)

Der letzte Standwolf im steirischen Salzkammergut wurde 1826 erlegt. Seither gilt er dort als ausgestorben. „Im Jahre 1874 konnte wieder ein durchziehender Wolf im Ausseerland gesichtet werden.“ So steht es wortwörtlich bei Siegfried Ellmauer (S. 94).

Wolfsjagden im Laufe der Geschichte

Der k. k. Forstmeister im Ackerbauministerium Ethbin Schollmayer hat sich in der „Oesterreichischen Forst- und Jagd-Zeitung“ (24. Jg., Nr. 10, Wien, Freitag,

9. März 1906, Wien, S. 79–81) unter „Die jagdlichen Zustände im steiermärkischen Salzkammergute in der Zeit von 1700–1850. Teil III." gründlich mit den historischen Wolfsjagden auseinandergesetzt. Über das Wolfsaufkommen schreibt der Experte folgende Zeilen:

„Ein viel häufigerer und unangenehmerer Gast als der Bär war der Wolf im steiermärkischen Salzkammergute. Auch für diesen leichtfüßigen Steppenräuber waren die wildarmen Ausseer Berge die rechte Heimat nicht und er ist – wenn man so sagen kann – als Standwild aus der Gegend verschwunden, wie die versumpften Talniederungen urbar gemacht waren. Das dürfte schon anfangs des fünfzehnten Jahrhunderts der Fall gewesen sein. Von da ab sind Wölfe nur mehr zeitweilig als Wintergäste im oberen Trauntal erschienen, um hier manchmal auch über Sommer auszuhalten. Die Invasionen waren stärker, als man nach den vorfindlichen Notizen über die Abschußresultate annehmen sollte." (S. 79)

„Die Jägerei konnte diesem Raubwild nicht recht an den Leib kommen. Im Treiben und bei zufälligen Begegnungen mit Wölfen hatten die Jäger meist nur das Nachsehen; mit ihren unhandsamen Büchsen konnten sie immerhin Hirsche, Gemsen und Bären, auch noch den aufgebäumten und verbellten Luchs erjagen, den flüchtigen Wolf, den streckten sie nicht." (S. 79)

Hinterberg im Blickpunkt von Wölfen

„Die unter Mitwirkung aller Herrschaftsuntertanen veranstalteten Wolfsjagden waren nichts anderes als ein Gaudium für die Bevölkerung; erlegt wurde bei diesen Jagden auch nicht ein Stück. Die Jägerei hatte somit als einziges Mittel zur Vertilgung der Wölfe den Fang mit dem Eisen und in Wolfsgruben. Hievon wurde ein ausgiebiger Gebrauch gemacht. Im Inventar der Herrschaften Pflindsberg und Hinterberg pro 1817 sind noch neunzehn Stück Wolfseisen verzeichnet." (S. 79)
„In sehr strengen Wintern mit hoher Schneelage erzielte man jedoch auch auf diesem Wege kein befriedigendes Resultat, weil die Wölfe an dem zu Tal gedrückten und erschöpften Nutzwilde reichliche Beute fanden. So versuchte man schon 1816 der Wölfe durch Gift Herr zu werden. Ich fand zufällig ein Amtspartikulare, aus dem der Zeitpunkt des ersten derartigen Versuches ersichtlich ist." (S. 79–80)
„Am 14. Jänner 1816 reiste der Rentamtsschreiber Raimund Roittner von Aussee nach Hinterberg „um dort Aase zu vergiften und selbe einverständlich mit Herrn Oberjäger Luppert zum Versuch zur Ausrottung der Wölfe auszulegen und diesfalls die Publikation zu veranlassen". Als Gift wurden, wie die Apothekerrechnung sagt, „13 Loth fein geriebenen ‚Morcurius Sublimatus Corrosivus' verwendet. Der Versuch scheint einigen Erfolg gehabt zu haben, denn es wurden 1800 bis 1818 aus Hinterberg und Pflindsberg acht Wölfe eingeliefert." (S. 80)

Die Wölfe als „furchtbare Nachhut"

„Das war die Zeit nach den Franzoseninvasionen, in der mit allem anderen Elend auch noch Scharen von Raubwild im Lande gehaust haben. Nicht nur allerlei Diebsgesindel, Abenteurer, liederliches Weibervolk und Unmasten herrenloser

Hunde folgten den kämpfenden Heeresabteilungen, auch das Raubwild umkreiste die auf der Landstraße zurückgebliebenen kranken Tiere und – Menschen. Das war eine furchtbare Nachhut!" (S. 80)

Wenn wir heute von militärischen Bewegungen in der damaligen Zeit sprechen, dann darf man nicht an die moderne Truppenbeweglichkeit denken. Und hier ist ein anschauliches Beispiel eines solchen Heeresdurchzugs durch Aussee im Jahr 1800: „Ludwig Josef von Bourbon, Prinz von Condo, welcher 1798 aus Frankreich ausgewandert war, hatte auf seine Kosten ein Emigrantenheer organisiert, mit welchem er zuerst unter den Oesterreichern focht, bis er in russischen Sold trat. Dieses Korps nun, das einige Zeit in Ober- und Niederösterreich stand, wurde vom russischen Hofe in englischen Sold überlassen. Ende März 1800 war es nach Kärnten gezogen, von wo es aber im Mai über Neumarkt, Liezen und Aussee nach Bayern geschickt wurde. Nach der Schlacht bei Hohenlinden wurde es am Inn zersprengt und es zog nun über Salzburg neuerlich in die Steiermark zurück. Dieses ganz kleine Korps hatte sage 45 Generäle, es folgten ihm 1400 Weiber, Kinder und Priester, 2000 nichtstreitende Adelige und weit über 2000 Hunde. Der Prinz brauchte 13 Köche, 150 Pferde und dergleichen mehr." (S. 80)

Diese wenigen Angaben genügen, um uns ein Bild des einstigen Lebens auf den Heeresstraßen zu entwerfen, und um zu erklären, warum sich das Raubwild in jenen Kriegsjahren so stark vermehren konnte. Nach dem Jahre 1820 fanden keine bemerkenswerten Einfälle dieses Raubwildes in die Gegend um Aussee mehr statt. Was dann an Wölfen noch beobachtet wurde, waren versprengte Wanderer, die sich in unserem Gebiete nicht mehr aufgehalten haben." (S. 80)

Ein Wolfskonflikt in der Untersteiermark

Immer wieder finden sich in historischen Zeitungen Meldungen über Wölfe in der Steiermark. So gibt es in der „Wiener Zeitung" (77. Jg., Nr. 13, S. 6: Wien, den 12. Hornung) am Samstag, 12. Februar 1780 diesen Hinweis: „Zufolge Nachrichten von Fürstenfeld in Steyermark, finden sich die Wölfe in dasiger Gegend sehr häufig ein, man sucht sie aber, so viel möglich abzutreiben, und sind zu Neudau bereits einige erschossen worden."

Rechtsstreit um erlegten Wolf

Diese nun folgende Wolfsgeschichte ereignete sich im Jahr 1873 in Gonobitz (slowenisch: Slovenske Konjice), heute eine in Slowenien gelegene Kleinstadt und Gemeinde (Region Savinska). Der damals für großes Aufsehen sorgende Schauplatz nachfolgender Begebenheit lag in der Untersteiermark (slowenisch: Spodnja Štajerska) und die „Grazer Tagespost. Morgenblatt" (18. Jg., Nr. 37, Freitag, 14. Februar 1873, S. 4: Wolfsgeschichte) berichtet ausführlich über diesen Konflikt zwischen dem Wolfsjäger und Jagdpächter.

„Gonobitz, 12. Februar. In der vorigen Woche wurde in der nächsten Nähe von Gonobitz vom Müller Eitisch ein Wolf von seltener Größe erlegt. Dieses Ereigniß versetzte unseren Markt in nicht geringe Aufregung, welche noch im Steigen begriffen ist, da vorgestern von Leuten, die von der Weitensteiner Gegend hierher auf den Markt kamen, wieder zwei Wölfe gesehen wurden. Seitdem bilden die Wölfe das Tagesgespräch in Gonobitz, das durch die noch nicht erledigte Frage, ob das Thier dem Erleger Eititsch gehöre, oder dem Jagdpächter Druschkovitz, in dessen Revier es geschossen wurde, immer mehr Nahrung bekommt."

„In unserer Gegend wird getrocknetes Wolfsfleisch als Medicament gegen diverse Viehkrankheiten verwendet, und ist ein sehr gesuchter und theuer bezahlter Artikel. Es ist demnach leicht begreiflich, daß der Erleger sowohl als auch der Jagdpächter den Besitz des Wolfes für sich in Anspruch nehmen will. Eititsch, im factischen Besitze des Raubthieres, verweigerte den Jagdpächter die Ausfolgung desselben, was den letzteren veranlaßte, den Wolf durch den Gemeindediener abholen zu lassen. Die Folge dieser Eigenmächtigkeit war, daß Eititsch den Jagdpächter beim hiesigen Bezirksgerichte wegen Besitzstörung klagte, welches selbstverständlich die Besitzesfrage zu Gunsten des Ersteren entschied."

Wolfsjäger kontra Jagdpächter

„Im Triumphe wurde nun der Wolf von den Jägern vom Hause des Druschkovitz in das Gasthaus des Straschnig überbracht, woselbst er von Jung und Alt angestaunt und schließlich von Eititsch an einen Gutsbesitzer von Rötschach um 40 fl. verkauft wurde. Dieser Ausgang befriedigte jedoch den Druschkovitz nicht, und da er der Ansicht war, daß der höchste Staatsbeamte in der Steiermark diese Frage am Richtigsten zu lösen im Stande sei, so telegraphirte er direct an den Herrn Statthalter, welcher ihn jedoch an die Bezirkshauptmannschaft Cilli verwies. Nun wendete sich Druschkovitz im telegraphischen Wege an letztere, und es langte endlich auf demselben Wege vom Bezirkshauptmanne Franz die Entscheidung ein: der Wolf gehört dem Jagdpächter; der Erleger hat lediglich den Anspruch auf die Staatsprämie."

„Darob großer Jubel im Hause des Druschkovitz. Um jedoch volle Gewißheit zu haben, telegraphirte Druschkovitz auch an seinen Vertreter, Dr. Holzinger in Graz, und befragte auch diesen um seine Ansicht. Die telegraphische Rückantwort des Letzteren wurde Ihren Lesern im Morgenblatte am 10. des Monats bereits mitgetheilt. Wer hat nun Recht? Der Bezirkshauptmann Franz oder Dr. Holzinger? Wem gehört der Balg – dem Eititsch oder dem Druschkovitz? Diese Fragen werden in unseren Gasthäusern noch immer fleißig ventilirt und haben unseren friedlichen Markt in zwei feindselige Lager gespalten.– Die Eititsch, die Druschkovitz, ertönt das Feldgeschrei. Da Letzterer die Eigenthumsklage anzustrengen beabsichtigt, so wird wohl schließlich das Bezirksgericht diese zweifelhafte Frage entscheiden, und dann werden hoffentlich die aufgeregten Gemüther der Gonobitzer wieder beruhigt werden."

Gonobitz in der Untersteiermark, heute Slovenske Konjice in Slowenien, aufgenommen 1925. Im Jahr 1873 gab es dort einen Rechtsstreit um den damals erlegten Wolf zwischen dem Wolfsjäger und Jagdpächter. (Bildarchiv Georg Jäger).

Zwei Wolfsjagden in der Untersteiermark

Die „Oesterreichische Forst-Zeitung" (3. Jg., Nr. 14, Wien, S. 88: Wolfsjagden in Steiermark) berichtet am Freitag, 3. April 1885 sehr ausführlich über zwei erfolgreiche Wolfsjagden auf dem Gebiet der Untersteiermark, die sich in den Herrschaftsgebieten Rann und Montpreis abgespielt haben.

Ungebetene Gäste im steirischen Unterland

„Der abgelaufene Winter mit seinem außergewöhnlich reichen Schneefalle brachte in das an Croatien und Krain angrenzende steirische Unterland sehr ungebetene Gäste, nämlich Wölfe, die wahrscheinlich aus dem Uskokengebirge einwechselten. In dem der Herrschaft Rann (Fideicommiß des Grafen Ignaz Attems) gehörigen, weitausgedehnten Forste Dobrova, der einen schönen Rehstand birgt, zerriß am 12. Januar (1885) ein Wolf eine Dachshündin, als mit derselben ausgewechselte und daher den Raubschützen preisgegebene Rehe in das heimatliche Revier zurückgetrieben werden sollten."

„Unter der Leitung des Oberförsters B. Zechner wurde nun mit aller Sachkenntniß, die diesen ausgezeichneten Forst- und Waidmann charakterisirt, Jagd auf das für den Wildstand so überaus gefährliche Raubthier gemacht. Doch bedurfte es in Folge mehrerer ungünstiger Umstände dreier Jagdtage (13., 14. und 15. Januar), bis der Wolf von einem Jagdaufseher mit zwei Schüssen auf circa 20 Schritte Entfernung erlegt wurde. Am ersten Jagdtage war derselbe auf 50 Schritte Entfernung bereits angeschossen worden und heulte und knurrte wie ein Hund. Trotzdem konnte man constatiren, daß derselbe in der letzten Nacht wieder Rehe jagte."

„Der erlegte Wolf war ein wahres Prachtexemplar von 164 cm Länge, 88 cm Höhe und 46 kg Gewicht. Von der Schädlichkeit und der Kraft dieser Bestie mag man sich einen Begriff aus der Thatsache machen, daß er einem verfolgten Rehe mit einem Biß ein später aufgefundenes großes Stück des Hinterschenkels herausriß und das erbeutete Reh dann, ohne es im mindesten im Schnee zu schleifen, eine weite Strecke im Rachen apportirte, wie man genau constatiren konnte. Und die Rehe dieses Revieres erreichen nicht selten ein Gewicht von 30 kg."

Ein wie Espenlaub zitternder Wolfsschütze

„Der glückliche Schütze, der beide Schüsse musterhaft dem Wolfe auf das Blatt hinausjagte, war ob des ungewöhnlichen Anblickes so perplex, daß er hintennach wie Espenlaub zu zittern begann, während der Wolf erst einige 70 Schritte weiter zusammenbrach. In dem abgestreiften Balg fand man eine ganze Collection von Schrotarten, von den kleinsten bis zu Posten (= Schrotkugeln, deren Durchmesser fünf Millimeter und größer ist; Anm. G. J.), deren zwei in den Lefzen vernarbt eingebettet waren. – In Rann sind in strengen Wintern Wölfe keine so seltene Erscheinung und Oberförster Zechner hat in seiner langjährigen Stellung schon gar manchen eingekreist und sich über Fehlschüsse verläugnete Schüsse ec. schon manchmal ärgern müssen."

„Auch in den der Herrschaft Montpreis (Besitzer Graf Bloome) gehörigen Forsten, die nur einige Meilen von Rann entfernt liegen, fand sich Ende Januar ein Wolf ein, obwohl mit Grund vermuthet wurde, daß er sich vielleicht schon länger hier aufhielt. Auch hier wurde mit großer Vorsicht vom Oberförster Adamus Jagd auf die Bestie gemacht und dieselbe glücklich am 23. Januar (1885) zur Strecke gebracht. Dem Schützen versagte der eine Lauf und der zweite brannte nach. Dennoch traf der Schuß tödtlich. Das Exemplar war ebenfalls ein sehr starkes, denn es maß 150 cm Länge, (wobei zu bedenken ist, daß die Lunte eine sehr kurze ist), 80 cm Höhe und wog 44 kg. Von der Taglia abgesehen, bedeutet so eine Beute einen netten Gewinn, da dessen geräuchertes Fleisch von den allerdings abergläubischen Landleuten als Medicament theurer bezahlt wird, als geräucherter Rheinlachs. Den beiden geschickten Jagdleitern ein Waidmannsheil!"

Wölfe in den Wäldern des Schöckelgebietes

Franz Anton Brauner geht in seinem Sagenbuch „Was die Heimat erzählt. Aus der Umgebung von Graz" (Steirische Heimathefte, 2. Heft, 4. verbesserte und erweiterte Auflage, Graz 1956: Leykam-Verlag, 120 S., hier: S. 8–10: Wölfe) unter anderem auf zwei überlieferte Wolfssagen ein und bemerkt zunächst: „Noch vor kaum 150 Jahren (um 1810, Anm. G. J.) trieben sich in den ausgedehnten Waldungen des Schöckelge-bietes zahlreiche Wölfe umher; sie drangen sogar bis zur heutigen nördlichen Stadtgrenze vor. Das Volk erzählt sich noch heute viele Geschichten von Untaten dieser blutgierigen Bestien." (S. 8–9)

Der alte Mann und der Wolf

„Der alte Lawugger ging einst von St. Veit heim gegen den ‚Türkensimmerl' zu. Plötzlich sprang ihm ein Wolf auf den Rücken. Der Mann hatte die Geistesgegenwart, blitzschnell beide Vorderfüße des Untiers zu packen und diese fest über die eigene Brust herabzuziehen. So konnte sich der Wolf nicht rühren, konnte auch mit seinem fürchterlichen Rachen nicht zuschnappen, weil der Kopf des Wolfes in die-ser Stellung fest an den Kopf Lawuggers angepreßt war. So schleppte sich der alte Mann, dem das Raubtier mit den freien Hinterbeinen nicht nur die Kleider, sondern auch die Haut vom Rücken herunterriß, bis zum Türkensimmerl. Hier erst konnte die Bestie von hilfreichen Männern erschlagen werden." (S. 9)

Der Keuschler und der Wolf

„Ein Keuschler, dessen Geschäft das ‚Schlachtln' war, mußte einmal nach Niederschöckel, um dort mehrere Schweine zu schlachten. Nach dem üblichen ‚Sautanz', bei dem es recht lustig zuging, nahm er sein ‚Bschoadessen', nämlich das, was ihm von den vorgesetzten Speisen, wie Braten, Krapfen usw., übriggeblieben war, in einem ‚Tüachl' zusammengebunden mit nach Hause. Beim Weideangerkreuz im Einödgraben rannte ihm ein starker Wolf nach. Der Mann lief nun, was er laufen konnte, um seine nicht mehr ferne Keusche zu erreichen. Der Wolf hätte ihn sicher bald eingeholt, doch der Keuschler wußte sich zu helfen. Sobald das Raubtier in seine Nähe kam, warf er ihm jedesmal ein Stück nach dem andern von den mitge-nommenen Speisen zu. Als er schon ganz nahe bei seiner Keusche war, warf er das letzte Stück hin, schlüpfte schnell ins Haus, konnte kaum noch die Tür zuriegeln und – war gerettet." (S. 9–10)

Zusammenfassende Schlussbemerkungen

In den beiden heutigen Bundesländern Kärnten und Steiermark gab es bis zu Beginn der 1830er-Jahre regelmäßig Wolfstreibjagden, bis danach nur mehr von Einzelerlegungen die Rede war. Gerade die obrigkeitlich angeordneten Vernichtungskampagnen waren oft so zahlreich, dass sich unter der betroffenen Bevölkerung eine gewisse Verfolgungsmüdigkeit bemerkbar machte. Die letzten autochthonen Wölfe auf Kärntner Boden wurden zwischen 1870 und 1880 im Gailtal und in den Karawanken erlegt. Noch Anfang des 19. Jahrhunderts kamen die Wölfe in der damaligen Untersteiermark (heute: Slowenien) so oft vor, dass die Post von Laibach nach Cilli berittenen Schutz erhielt.

Gleich dramatisch wie in Tirol, Vorarlberg und Salzburg war die frühneuzeitliche Situation mit den Wölfen in Kärnten, wo vor allem in den Wintermonaten von 1699 und 1700 die Wolfsplage besonders stark um sich gegriffen hatte. Allein im Jahr 1700 wurden in der Freiherrschaft Hollenburg elf Wölfe erlegt. Bei den während der 1820er-Jahre von Gotthilf Heinrich Schubert und Carl Julius Weber durchgeführten Reisen in Oberkärnten waren noch Wölfe anzutreffen. Zur Wolfsabwehr zündete das Hirtenpersonal jede Nacht große Feuer an. Die erfolgreichen Wolfsjäger wurden als wahre „Wohlthäter“ bezeichnet.

Bereits im Laufe des 17. Jahrhunderts wurde in der Obersteiermark gegen die Wölfe in Form geplanter Wolfsjagden vorgegangen. Ein anschauliches Beispiel war die im Jahr 1672 von Wölfen heimgesuchte Herrschaft Groß-Sölk. Welches Ausmaß die Wolfsplagen in der „Kleinen Eiszeit“ annahmen, zeigt die Aflenzer Gegend, wo am 12. Februar 1719 mehrere Kirchenbesucher in der eisigen Kälte von einem hungernden Wolf attackiert wurden. Bei diesem Wolfsangriff erlitten vier der insgesamt zwölf vom Gotteshaus heimgehenden Personen tödliche Verletzungen.

Die von den Behörden festgelegten Wolfsjagden erfolgten von 1789 bis 1830 und konzentrierten sich vor allem auf den Judenburger Kreis im Grenzgebiet zu Kärnten. Das Maximum wurde in den Jahren 1810, 1811 und 1812 erreicht. Trotzdem blieb der Anteil von solchen Treibjagden an der Wolfsbekämpfung bescheiden. Die Ausrottung der Standwölfe in der Steiermark fand endgültig um 1830 statt. Bei den nachfolgenden Erlegungen handelte es sich um einwandernde Wölfe, die unter anderem als Grenzgänger aus Ungarn und der Krain ins Land kamen.

Das erste Drittel des 19. Jahrhunderts stand noch ganz im Zeichen der behördlich angeordneten Wolfsjagden. So wurde 1807 im Leobner Bürgerwald eine Wolfsjagd organisiert. Allein 13 Treibjagden auf Wölfe konnten im Kreisamt Judenburg im Zeitraum von 1801 bis 1830 nachgewiesen werden. Im Bezirk Murau zählte man zwischen 1789 und 1824 sogar rekordverdächtige 19 Wolfsjagden. Zwischen 1807 und 1836 wurden in der Herrschaft Zeiring 46 Wölfe (darunter 20 männliche, neun weibliche und 17 junge Wölfe) erlegt.

Wie aus den Ausführungen des Historikers Josef Hasitschka über die Wolfsjagden in den Niederen Tauern hervorgeht, ist dort die Ausrottung der Wölfe anders verlaufen als in den übrigen Teilen Österreichs bzw. der Habsburgermonarchie. Gerade von Habitaten im Latschengestrüpp als topographische Besonderheiten hat bisher die gesamte einschlägige Wolfsliteratur wenig oder überhaupt nichts geschrieben. Zwischen dem Sölkpass und dem Triebental war das Fangeisen (Wolfseisen) als Fallenart beim Töten der letzten Wölfe viel effizienter als die zahlreich durchgeführten Gemeinjagden, wie die von Almbauern und Revierjägern erzählten Wolfsgeschichten im Bezirk Zeiring von 1820 bis 1836 zeigen.

Wie sah es mit den Wölfen im steirischen Salzkammergut aus? Die betroffene Bevölkerung versuchte auch hier mit verschiedenen Mitteln (z. B. Auslegen von Wolfseisen, Einsatz von Giftstoffen), die herumstreifenden Wölfe auszurotten. So reiste am 14. Jänner 1816 der Rentamtsschreiber Raimund Roittner von Aussee nach Hinterberg, um dort Aas mit Quecksilbersublimat zu vergiften und zur Ausrottung Wolfseisen auszulegen. Der Versuch dürfte erfolgreich gewesen sein, weil von 1800 bis 1818 aus Hinterberg und Pflindsberg acht Wölfe eingeliefert wurden. Der letzte Standwolf vor Ort wurde 1826 geschossen. Noch im Jahr 1873 entfachte in der Gemeinde Gonobitz (Untersteiermark) ein Rechtsstreit um einen erlegten Wolf, bei dem sich der damalige Wolfsjäger und Jagdpächter unversöhnlich gegenüberstanden.

Wölfe in Ober- und Niederösterreich

Ein Wolf in der Winternacht, signiert vom bekannten polnischen Maler Alfred von Wierusz-Kowalski (1849–1915), abgestempelt am 21. Oktober 1910. (Bildarchiv Georg Jäger).

Wölfe und Wolfsattacken in Oberösterreich

Seit dem Spätmittelalter und der frühen Neuzeit war die Landwirtschaft unaufhaltsam in die Wildnis vorgedrungen. So kamen die Lebensräume von Mensch und Wolf zusehends in Berührung, was auch für das „Land ob der Enns" zutraf. Während des 17. Jahrhunderts waren die Wölfe in Oberösterreich in bedeutender Zahl im Mühlviertel, Kobernaußerwald, und Hausruck sowie im alpinen Raum verbreitet. Sobald eine Wolfsspur entdeckt wurde, hoben die betroffenen Grundbesitzer und Bauern Fallgruben aus oder veranstalteten Treibjagden auf den großen Beutegreifer.

Noch 1854 zog ein Wolf im Mühlviertel von Grein über Pabneukirchen, Mönchdorf, Weißenbach und Liebenau nach Königswiesen, wo das Raubtier am 17. Mai erlegt wurde. „Tragisch endete jedoch eine Begegnung in der Wolfsschlucht bei Waldhausen. Dort, wo jetzt das Gasthaus Furtlehner steht, wurden vier Leute mit ihren Pferden von Wölfen überfallen und aufgefressen." (Josef Kramer, Das Mühlviertel in seinen Sagen. Vom beschriebenen Tännling. Weitra 2013: Verlag Bibliothek der Provinz, 304 S., hier: S. 207: Im Wald hausen Bären, Wölfe und Schlangen).

Tödlich endende Wolfsattacken

Der Heimatforscher und Volkstumspfleger Dr. Albert Depiny (1883–1941) bringt in seinem im Jahr 1932 herausgegebenen Werk „Oberösterreichisches Sagenbuch" (Linz: Verlag von Richard Pirngruber, 481 S.) unter dem Kapitel „Von Ungeheuern, Drachen und wilden Tieren" bei „Allerlei gefährliches Getier" (S. 60–61) diese tödlich endenden Wolfsangriffe, welche drei Näherinnen im Innviertel und Hausruckviertel betrafen:

„Bei Henhart (= Höhnhart, Anm. G. J.) fraß ein Wolf eine Näherin auf, nur das Bügeleisen blieb übrig. Auch bei Wiesing wurde eine Frau von einem Wolf zerrissen, die Haarzöpfe wurden gefunden. Auch in der Tarsdorfer Gegend wurde eine Näherin vom letzten Wolf, der im Weilhart hauste, aufgefressen." (S. 60) Die zwei Gemeinden Höhnhart und Tarsdorf sind im Innviertel (Bezirk Braunau) lokalisiert, während sich Wiesing auf dem Gemeindegebiet von Ottnang am Hausruck (Bezirk Vöcklabruck) befindet.

Die „Oberösterreichischen Nachrichten" berichteten ausführlich in ihren Ausgaben vom Dienstag, 6. März 2018 (Philipp Hirsch, „Mythos Wolf: Vor 350 Jahren verbreitete er Angst") und am Freitag, 6. Juli 2018 (Alois Kriegelsteiner: „Hat's auch der Wolf zerbissen") auf Grundlage von Historikern, Heimat- und Landeskundlern über die früheren Wolfsvorkommen.

Der pensionierte Volksschuldirektor, Heimat- und Familienforscher Wolfgang Schachenhofer aus St. Georgen am Walde hat sich intensiv mit den Wölfen im Bezirk Freistadt (Mühlviertel) beschäftigt, wo er sich als Chronist bei seinen gründlich durchgeführten Recherchen vor allem auf Geburten- und Sterbebücher bezieht. Dabei stieß er auf Eintragungen, die seine Neugier weckten. Besonders aufmerksame und gründlich arbeitende Pfarrer vermerkten in den sogenannten Matrikenbüchern auch die Todesursache der verstorbenen Personen:

„Kind des Pökh (Bäcker, Anm. G. J.) zu Nadelbach, hats auch der Wolf zerbissen", hielt ein Geistlicher vor fast 360 Jahren fest, nämlich am 30. Juli 1664. Nadelbach ist eine Ortschaft der Gemeinde Weitersfelden (Bezirk Freistadt). Möglicherweise haben diese vom Wolf angegriffenen Kinder als Viehhirten während der Hochsommertage im Freien übernachtet, was damals im 17. Jahrhundert bei den zahlreich vorhandenen Wölfen sehr gefährlich und leichtsinnig gewesen ist.

Wolfgang Schachenhofer begann die überlieferten historischen Fälle tödlicher Wolfsattacken in Freistadt und Umgebung zusammenzutragen. In Gemeinden, wo ein gewissenhafter Geistlicher am Werk war, finden sich über die Jahrzehnte hinweg meist gleich mehrere Hinweise über tödliche Wolfsattacken auf Menschen. Hier sind vier Beispiele dazu:

„20. Juni 1643 wurde Magdalena, des Simon Plaimers Weib, 36 Jahre alt, bei Pierbach von einem Wolf zerrissen." Oder: „20. Juli 1655 wurden die traurigen Überreste der Kinder vom Bäcker zu Nadelbach begraben – hats auch der Wolf zerbissen." Mehr als ein Dutzend tödlicher Wolfsattacken in Ober- und Niederösterreich hat Schachenhofer gefunden. Und für die Menschen war der Wolf damals eine ernsthafte Bedrohung. Es gab immer wieder Berichte über tödliche Angriffe. So wurde 1621 in Schönau „eine Viehdirn zerrissen". 1666 wurde ein „heimgehendes Weib" in Diersbach getötet.

Freistadt im unteren Mühlviertel in Oberösterreich, 1930er-Jahre. In diesem Gebiet kamen Wölfe häufig vor (Foto: Buch- und Papierhandlung Karl Wolfsgruber, Freistadt; Bildarchiv Georg Jäger).

Wolfsangriffe im unteren Mühlviertel

Unter „Bär und Wolf – Segen oder Fluch für unsere Bevölkerung? Eine Recherche aus dem unteren Mühlviertel und dem westlichen Waldviertel“ greift Wolfgang Schachenhofer im Informationsblatt des oberösterreichischen Landesjagdverbandes „Der OÖ Jäger“ (40. Jg., Nr. 138, März 2013, St. Florian, S. 24–25) die Wolfsproblematik im unteren Mühlviertel in der Vergangenheit auf.

Aus den verschiedenen Chroniken und Heimatbüchern geht hervor, dass die dort wohnende Landbevölkerung im 16. und 17. Jahrhundert einen ständigen Kampf mit den „wilden Tieren“ führte. Sie mussten daher ihre Weideflächen durch Zäune und Hirten sichern, um sich vor Wolfsangriffen zu schützen. Der Revierjäger Bartholomäus Schmiedberger von der Herrschaft Prandegg erstellte für den kurzen Zeitraum von 1652 bis 1653 einen Jägerrechtszettel. „Für zwei geschossene Wölfe gebührte ihm jeweils 1 Gulden.“ (S. 24–25)

Aufgrund der Wolfsvorkommen in kalten schneereichen Wintern galt der Kirchweg von der Gemeinde Liebenau zur Pfarrkirche Unterweißenbach als gefährlich. In dem von Ernst Lasinger koordinierten „Heimatbuch Unterweißenbach. Der Markt Unterweißenbach mit den Ortschaften Aglasberg, Dauerbach, Enebitschlag, Grafenschlag, Greinerschlag, Hackstock, Hinterberg, Hinterreith, Landshut, Mötlas, Mötlasberg, Neumühl, Obermühl, Schattau, Wildberg, Windhing“ (Unterweißenbach: Marktgemeinde Unterweißenbach, 576 S.) können wir folgende drei bemerkenswerte Einträge über Wolfsangriffe in den Sterbebüchern zwischen 1655 und 1665 nachlesen:

„Den 27. Mai 1655, sep. est (wurde begraben) Jakob, des Mölzers Sohn, hat der winig (= tollwütige, Anm. G. J.) Wolf zerbissen.“

„Den 28. Juli 1665 sep. est (wurde begraben) infans (Kind) des Obern Reschenreiters, hats der Wolf zerbissen.“

„Den 30. Juli 1665 sep. est infans des Pöcken zu Nadlbach, hats auch der Wolf zerbissen.“ (S. 68–69)

Im Buch von Dieter Eder über „Die Geschichte eines Dorfes und seiner Menschen: Schönau im Mühlkreis“ (Schönau im Mühlkreis: Gemeindeamt Schönau i. M., 552 S.) steht: „Im Prandegger Herrschaftsgebiet wurde 1621 des Trautwiesers 22 Jahre alte Tochter, eine Viehdirn am Zellhof, von einem Wolf zerrissen.“ (S. 141)

Wann konnten die letzten Wölfe in dieser Gegend erlegt werden? In Schöneben wurde am 6. August 1834 ein Wolf geschossen. „Die Gemeindechronik von St. Georgen am Walde berichtet, dass 1835 eine Treibjagd auf einen Wolf abgehalten wurde. Er wurde angeschossen und im Nachbarrevier Königswiesen erlegt. Das Bauernhaus, das in der Nähe war, soll seit dieser Zeit den Namen ‚Wolfgeh‘ führen.“ (zitiert nach Schachenhofer, Bär und Wolf – Segen oder Fluch für unsere Bevölkerung? S. 25)

Und in dem größtenteils von Friedrich Schober verfassten Heimatbuch „Geschichte des Marktes Königswiesen und seiner Umgebung“ (Königswiesen 1950: Marktgemeinde Königswiesen, 219 S.) finden sich diese Informationen. „1848 bekamen die Bürger und Bauern ebenfalls das Recht zu jagen. 1853 wurde durch den guten Jagd- und Scheibenschützen Hutmacher Josef Populorum (Königswiesen Nr. 35) der letzte Wolf der Umgebung von Königswiesen erlegt.“ (S. 100) Dieser Wolf aus Königswiesen befindet sich heute im oberösterreichischen Landesmuseum in Linz.

Schussprämien und Fanggruben

Nach diesen vorhin angeführten Beispielen aus Oberösterreich überrascht es eigentlich gar nicht, dass der Wolf seit jeher mit allen erdenklichen Mitteln bekämpft wurde. Die Grundbesitzer und Bauern griffen zur Selbsthilfe und bliesen zum Halali auf das Raubtier. Jäger wurden mit Abschussprämien belohnt und im ganzen Land wurden ungezählte Fanggruben mit Aasködern ausgehoben. Noch um das Jahr 1700 waren Wölfe im Yspertal in Niederösterreich (südwestliches Weinviertel) derart zahlreich, dass Forstarbeiter beim Abholzen eines Waldstückes „diesen hungrigen Tieren öfters ein Rind opfern mussten, um das eigene Leben zu retten", wie Dechant Alois Plesser und Wilhelm Groß im Jahr 1928 im Buch „Heimatkunde des politischen Bezirkes Pöggstall" schrieben (Pöggstall: Neugebauer in Zwettl, 321 S.).

Unter „Bär und Wolf – Segen oder Fluch für unsere Bevölkerung? Eine Recherche aus dem unteren Mühlviertel und dem westlichen Waldviertel" ist Wolfgang Schachenhofer im Informationsblatt des oberösterreichischen Landesjagdverbandes „Der OÖ Jäger" (40. Jg., Nr. 138, März 2013, St. Florian, S. 24–25) auch den letzten Wolfsgruben in dieser Gegend nachgegangen: „In der Umgebung von St. Oswald, Oberösterreich, gab es 1523 über 40 Bann- und Wolfsfachen (Fallgruben, die mit Ästen verdeckt und mit Aas zum Anlocken der Raubtiere versehen waren). Deren Erhaltung und Beaufsichtigung war den Bewohnern der umliegenden Gehöfte anvertraut. In St. Georgen am Walde gibt es heute noch eine Wolfsgrube, die sich aber in den letzten beiden Jahrhunderten mit Laub gefüllt hat." (S. 25)

Wolfsgruben waren bis ins 19. Jahrhundert gang und gäbe. Relikte davon gibt es in den Wäldern des Mühlviertels, zum Beispiel in Atzesberg (Bezirk Rohrbach). In der Mitte errichtete man auf einem Pfahl eine Plattform, auf der meist eine Ente angebunden wurde, weil sie in der Nacht mit ihrem Geschnatter den Wolf anlockte. Der Bereich zwischen Rand und Plattform wurde mit Ästen, Zweigen und Stroh abgedeckt. Wenn der Wolf darauf trat, dann brach er durch und fiel hinein. Danach konnten die gefangenen Wölfe mit Steinen erschlagen werden. In St. Georgen am Walde wurde im Jahr 1835 der letzte Wolf erlegt, wie aus den Aufzeichnungen von Wolfgang Schachenhofer hervorgeht: „Es gab damals einen Aufschrei der Freude, als der letzte Wolf endlich weg war".

Für die Schriftenreihe des Nationalparks Kalkalpen gibt der im oberösterreichischen Landesarchiv arbeitende Heimatforscher Josef Weichenberger einen Überblick über das Nebeneinander von Mensch und Wolf. Wie schwierig dieses Nebeneinander einst war, zeigt eine Instruktion von 1580, in der die Jäger der Herrschaft Steyr angewiesen werden, Wölfe nicht im Revier zu dulden. Wer den Schädel eines erlegten Wolfes brachte, bekam dafür eine ansehnliche Belohnung. 1701 ordnete das Stift Spital an, dass bei Wolfsjagden jeder Untertan mit seiner Büchse zu erscheinen hatte, andernfalls musste er zwei Reichstaler Strafe zahlen. In Leonstein (Gemeinde Grünburg, Bezirk Kirchdorf an der Krems) war es noch um 1800 üblich, den Kopf eines erlegten Wolfes ans Schlosstor zu nageln. Wer einen Wolf zur Strecke brachte, durfte mit einem amtlichen „Passierbrief" von Haus zu Haus gehen und eine Belohnung erbitten. Die Menschen gaben reichlich, denn Wölfe konnten für Schaf- und Ziegenbauern existenzbedrohend werden.

Ausgewählte Wolfsjagden in Oberösterreich

Zu Beginn des 19. Jahrhunderts waren noch in sämtlichen Landesteilen Wölfe vorhanden, wie unter anderem dem „Linzer Volksblatt“ (37. Jg., Nr. 219, Samstag, 24. September 1905, S. 1) im Artikel „Ueber Jagd und Jagdtiere in vergangenen Tagen“ (von P. Franz Schwab) entnommen werden kann. So berichtet im Jahr 1821 ein Förster von Grünau an das k. k. oberste Schiffamt: „Der Wolf, diese Bestie, hat sich erst 1809 hier wieder eingefunden. 1811 wurde in der Herrschaft Pernstein ein Wolf im Gewichte von 59 Pfund erlegt.“ Auch außerhalb des Traunviertels (Bezirk Gmunden) lassen sich Wolfsaktivitäten nachweisen.

Wölfe im Mühl- und Traunviertel

Bei seinen zwischen 1794 und 1808 durchgeführten „Reisen durch Oberösterreich in den Jahren 1794, 1795, 1802, 1803, 1804 und 1808. I. Theil“ (Tübingen 1809: Cotta'sche Buchhandlung, 244 S.) schreibt der österreichische Mediziner, Botaniker, Naturwissenschaftler und Reiseschriftsteller Joseph August Schultes (1773–1831) bei der Dachsteinbesteigung am 6. September 1794 im siebten Brief („Excursion auf den Glätscher am Dachsteine“, S. 107–127) über das Vorkommen von Raubtieren im grubigen „Thiergarten“, wie vor Ort die Gebirgsgegend mit einer Höhle in den Felswänden heißt:

„Die Führer erzählten uns viel von Bären und Drachen, die hier hausen. Bergbewohner haben eine lebendige Phantasie, und ich verzeihe diesen guten Leuten gern das Spiel, das sie mit ihr vorhaben, oder vielmehr das diese mit ihnen treibt. Bären gibt es alle 3–4 Jahre hier. Sie kommen aus der Gosau herüber und finden hier ein Ideal einer Bärenwelt. Auch um Ebensee unten kommen zuweilen aus Wäldern der Grünau Bären herein. Wölfe streifen auch hier: sie verheerten in diesem Jahre vorzüglich die Steyerischen Alpen, und als wir vor einigen Tagen über die Neuburger Alpen von der Radmer nach Admont zogen, musste ihrentwegen das Vieh abgetrieben werden. Lüchse werden um Goisern 3–4 jährlich erlegt. Sie sehen also, dass Deutschland noch nicht so arm an Bären ist, als unsere Geographen es uns so gern wollen glauben machen.“ (S. 108)

Der gelernte Jurist und Landeskundler Benedikt Pillwein notiert in der 1827 von ihm herausgegebenen „Geschichte, Geographie und Statistik des Erzherzogthums Oesterreich ob der Enns und des Herzogthums Salzburg. Erster Theil: Der Mühlkreis“ (Linz: Johann Christian Quandt, 452 S.) zur frühneuzeitlichen Verbreitung der Wölfe im Mühlviertel: Zu Liebenstein im Distrikt Ruttenstein wurde vor 200 Jahren (um 1620/30, Anm. G. J.) u. a. aus Gründen der damals herrschenden Wolfsplage eine Glashütte errichtet, um die dichten Wälder zu lichten. Es wurden neue Kolonisten hier angesiedelt, um die „einheimisch gewordenen Wölfe“ (S. 397) zu vertreiben.

Im Jahr 1828 schreibt Benedikt Pillwein in seiner „Geschichte, Geographie und Statistik des Erzherzogthums Oesterreich ob der Enns und des Herzogthums Salzburg. Zweyter Theil: Der Traunkreis" (Linz: Joh. Christ. Quandt, 487 S.) über die damals noch häufig im Traunviertel als Schafdiebe auftretenden Wölfe: „Auf den Alpen in den Distrikts-Kommissariaten von Spital und Klaus, Steinbach, Ebensee, Ischel und Wildenstein gibt es fast jährlich Raubthiere. Oft wird da auch durch einen gefräßigen Wolf oder Luchs ec. die Zahl der Heerden vermindert." (S. 133)

Der „St.-Oswalder-Wolf" anno 1836

Die „Tages-Post" (43. Jg., Nr. 31, Linz, S. 6: Wölfe in Oberösterreich) berichtet am Donnerstag, 4. März 1909 unter „Wölfe in Oberösterreich" noch ausführlich über mehrere Wolfsjagden in Oberösterreich, die an dieser Stelle wiedergegeben werden sollen. Beginnen wir zunächst mit dem Mühlviertel (Bezirk Freistadt), wo sich 1836 folgende Szenen abspielten:

„Herr Johann Fürst in St. Oswald bei Freistadt teilt uns mit, daß auch dort im Jahre 1836 am 3. November vormittags sein Großvater, der dortige Hammerschmiedmeister Herr Ignaz Fürst sen., einen besonders starken, großen Wolf, der aus den großen Herrschaftswaldungen gekommen war, in der nächsten Nähe des Ortes erlegte. Die Stelle ist heute noch durch eine Inschriftstafel auf einem großen Stein bezeichnet."

„Der Wolf wurde ausgestopft und kam ins gräflich Thürheimsche Herrschaftsschloß Weinberg bei Kefermarkt. Viele Jahre lang konnte er dort vom Publikum jederzeit besichtigt werden, jetzt ist dies nicht mehr der Fall. Die gleiche Meldung kommt uns von Herrn Achhorner, Oberlehrer in St. Oswald, zu. – Zu dieser Spitzmarke teilt uns Herr Oberpostkontrollor E. Mungenast Nachstehendes mit: Im hiesigen Museum befinden sich zwei Wölfe, beide in Oberösterreich erlegt." (S. 6)

Der „Königswiesenwolf" anno 1854

Die „Tages-Post" (43. Jg., Nr. 31, Donnerstag, 4. März 1909, Linz, S. 6) geht bei ihrer Darstellung über die „Wölfe in Oberösterreich" im 19. Jahrhundert vor allem auf das von Karl Ehrlich im Jahr 1854 in der „Linzer Zeitung" (Jg. 1854, Nr. 135, S. 1) verfasste Feuilleton „Zur Charakteristik des Wolfes" ein und übernimmt nun aus diesem Leitartikel nachfolgende wichtige Informationen:

„Wölfe in Oberösterreich vorkommend, gehören nun schon zu den großen Seltenheiten. Um so interessanter ist daher die Erwerbung des jüngst in dem Reviere Haid bei Königswiesen erlegten Wolfes für die Sammlung des vaterländischen Museums. Nach den gefälligen Mitteilungen des Herrn Försters Hanesschläger zu Haid zeigte sich der Wolf zuerst in der Gegend von Grein, von wo er, durch Treibjagden verscheucht, in die Reviere von Pabneukirchen, Mönichdorf und Königswiesen einbrach und durch Raub von allerlei Wildbret, Lämmern und Ziegen Schaden anrichtete. Bei Mönichdorf würde ihm ein auf dem Felde in einem Korbe befindlich gewesenes kleines Kind kaum entgangen sein, wenn nicht durch dessen Weinen, als sich der Wolf schon demselben näherte, der in der Nähe beschäftigte Bauer sowie die anwesenden Dienstleute aufmerksam geworden wären und glücklicherweise noch das Raubtier durch ihr Geschrei verscheucht hätten." (S. 6)

„Ein anders Mal packte er in der gleichen Gegend unweit einer auf dem Felde arbeitenden Magd eine angebundene Ziege am Kopfe, dieselbe festhaltend, bis es der herbeigeeilten beherzten Dirne gelang, ihr seinen Raub wieder zu entreißen. Hierauf kam er in die Gegend von Unterweißenbach, Liebenau und Königswiesen und somit in das Revier des Försters Hanesschläger, dessen Frau, ebenfalls Schütze, zur Habhaftwerdung des Raubtieres wohl das meiste beitrug. Sein Auftreten in dieser Gegend kennzeichnete der Wolf durch die Wegnahme eines Hundes, der wenige Schritte sich von einem Holz spaltenden Knechte entfernt hatte. Mit seiner noch winselnden Beute in dem Rachen näherte er sich einer eben heurechenden Dirne, die sich auf einen Baum flüchtete. Die durch Hanesschläger veranstaltete Jagd, wobei er die Schützen, dessen Frau aber die Treiber anführte, ergab auch bald die Spuren des Wolfes zuerst in der Waldabteilung Lichtau. Nachdem das Raubtier einem Bauernschützen auf 20 Schritte zugekommen, leider aber von demselben gefehlt worden war, eilte der Wolf in die Reviere von Stifting. Die zweite, am 17. Mai abends eingeleitete Jagd führte beim zweiten Triebe zu dem gewünschten Resultate, indem der Wolf durch den Hutterermeister zu Königswiesen Josef Populorum erschossen wurde.“ (S. 6)

Der „Kremstaler Wolf“ anno 1811

Zu dem zweiten im Museum aufbewahrten Wolf schreibt Karl Ehrlich im selben Feuilleton folgende Zeilen, die sich auf eine im Traunviertel (Bezirk Kirchdorf) gelegene Ortschaft beziehen: „Ein anderes Auftreten von Wölfen in Oberösterreich fällt zurück auf das Jahr 1811, wo bei Kirchdorf im Kremstale gleichfalls zwei Exemplare erlegt wurden. Das eine befindet sich in der zoologischen Sammlung des Stiftes Kremsmünster, während das andere in späterer Zeit durch die die Güte des genannten Stiftes in das Museum in Linz abgegeben wurde.“ (S. 6)

Der „Ampflwanger Wolf“ anno 1862

Aus Ampflwang im Bezirk Vöcklabruck (Hausruckviertel) werden in der „Tages-Post“ (43. Jg., Nr. 31, Donnerstag, 4. März 1909, Linz, S. 6) am 28. Februar 1909 über den dort im Jahr 1862 erlegten Wolf diese Zeilen geschrieben:

„Am 6. Jänner 1862, nachmittags halb 2 Uhr, erlegte der ledige Bauerssohn Josef Kinast aus Wolfenbach, Gemeinde Ampflwang, diesen Wolf, mit dem er nicht zufällig zusammengetroffen ist. Es wurde vielmehr auf diesen Wolf eine Treibjagd veranstaltet, an der ungefähr 15 Schützen teilnahmen. Richtig ist, daß der Wolf sich durch mehrere Tage in dieser Gegend aufgehalten hat. Am Tage vor seiner Erlegung hatte er noch ein Schaf in der nächsten Nähe des Dorfes Vorderschlagen zerrissen. Der Wolf war nach Ausspruch von Kennern ein sibirischer Wolf und hatte die beträchtliche Höhe von 29 Zoll und ein Gewicht von 75 alten Pfund. Er war nicht ein Weibchen, sondern ein Männchen, deshalb erhielt der glückliche Schütze die Taglia von 21 fl. von der Statthalterei nur auf Verwendung des inzwischen verstorbenen Landesgerichtsrates Friederich aus Vöcklabruck. Dieser Wolf befindet sich auch nicht im Museum Francisco Carolinum in Linz, weil durch

Unvorsichtigkeit oder Bosheit das schöne Fell verdorben worden war. Damaliger Jagdinhaber war Herr August Mayr sen. Und der Schreiber dieser Zeilen August Mayr hat noch Ueberreste und Erinnerungen von dem erlegten Wolf." (S. 6)

Laut dem „Linzer Volksblatt" (41. Jg., Nr. 61, Dienstag, 16. März 1909, S. 6: Briefkasten der Redaktion. Wölfe in Oberösterreich) war es dieser Wolf.

Der „Frankenburger Wolf" anno 1882

Der letzte Wolf im 19. Jahrhundert wurde 1882 in Frankenburg am Hausruck (Bezirk Vöcklabruck) erlegt. Die am Donnerstag, 26. Jänner 1882 erschienene Ausgabe der „Tages-Post" (18. Jg., Nr. 21, Linz, S. 3: Ein Wolf) bringt dieses besondere Jagdereignis, bei dem der Besitzer der Herrschaft Frein, der Brauerei Zipf und der ehemaligen Herrschaftswälder in Wien beteiligt waren: „Die Kunde, daß ein wirklicher und wahrhaftiger Wolf in dem Waldreviere des Herrn Dr. Wilhelm Schaup (1838–1899, Anm. G. J.) sich wiederholt gezeigt, beruht also doch auf Wahrheit, denn, was den Zipfer Jagdgenossen nicht gelang, das ist einem Forstbediensteten des genannten Gutsherrn gelungen. Ein starker (männlicher) Wolf, dessen Fährte er im benachbarten Walde entdeckte, wurde gestern von demselben erlegt, und die wegen solch unangenehmer Wildstandsvermehrung besorgten Holzarbeiter und Waldläufer freuen sich nicht wenig über den gelungenen Meisterschuß, der das Unthier niederstreckte."

Von Wölfen und Wolfsgruben im Mühlviertel

Pfarrer Johann Sigl in Kleinzell geht in seinem im 14. Bändchen der „Beiträge zur Landes- und Volkskunde des Mühlviertels" (Rohrbach 1926: Katholischer Preßverein, 142 S.) erschienenen Artikel über die „Wölfe im Mühlviertel" (S. 85–86) dem Wolfsthema in der Vergangenheit nach, was hier noch ergänzt wird mit den Ausführungen von Laurenz Pröll, Maria Nadinger und Otto Milfait.

Viele Fall- oder Wolfsgruben

„Wölfe gab es in älteren Zeiten auch im Mühlviertel genug; an sie erinnern uns ja noch immer verschiedene Siedelungs- und Flurnamen; sowohl das heutige Wölfling in Kirchberg, als auch Würfling in Niederwaldkirchen heißen in alten Urkunden ‚Welvarn', was soviel als ‚bei den Wolffängern' bedeutet und Wolfsdobl bei St. Martin, Wolfsbach bei Ottensheim und Wolfsberg bei St. Johann am Windberg besagen uns in ihren Namen noch immer den einstigen Aufenthalt von Wölfen." (S. 85)

„Bei der großen Gefährlichkeit derselben für die Haustiere aber auch für die Menschen war man natürlich schon von jeher auf die Ausrottung der Wölfe bedacht. Sehr häufig legte man ausgemauerte Fallgruben an und bedeckte sie mit dürren Stäben und mit Moos; inmitten dieser leichten Ueberdachung wurde an einer Stange ein Lamm angebunden und wenn sich Wölfe auf dieses stürzen wollten, brachen sie durch und fielen in die Grube." (S. 85)

„Solcher ‚Wolfsgruben' gab es viele; im Wirtschaftsbuche des Wolfgang Dietrich von Rödern auf Schloß Berg (bei Rohrbach) heißt es im Jahre 1649: ‚Im gröbisten Winter soll man den Wölfen kedern und den Wolfsgrueben nachtrachten, eine neue zu Arbesberg (bei Rohrbach) und die andere im Hofholz wieder zu errichten.' In der Nähe von Pfarrkirchen waren noch Mitte des letzten Jahrhunderts (gemeint ist das 19. Jahrhundert, Anm. G. J.), wie ältere Leute erzählten, die Ueberreste einer Wolfsgrube sichtbar und nach solchen werden auch manche Häuser noch benannt, ein solcher ‚Wolfsgruber' findet sich zum Beispiel bei Gramastetten." (S. 85)

Besondere Vorfälle mit Wölfen

Der Geistliche, Historiker und Pädagoge Dr. Laurenz Pröll (1849–1913) berichtet in seinem Werk „Das Obermühlviertler-Bauernhaus und seine Schicksale in Kriegszeiten. Separat-Abdruck aus den Mühlviertler Nachrichten" (Linz-Urfahr 1902: Verlag des katholischen Preßvereines, 336 S.) über folgende frühneuzeitliche Wolfsvorfälle, die in Verbindung mit den Fallgruben stehen:

„Die Wolfsgruben waren auch oft für die Menschen gefährlich; so stürzte der Schmied Hans von Aigen im August 1643 bei Helfenberg in eine, die Freiherr Wolf von Oedt hatte graben lassen. Er blieb darin bis in den dritten Tag halbtodt liegen, bis man ihm wieder heraushalf. In der Nähe der Stiftsglashütte in Sonnenwald (bei Glöckelberg) steht eine Kapelle, welche ein Aigner Bürger aus Dankbarkeit gegen Gott und die liebe Frau gegen Ende des 16. Jahrhundertes an der Stelle hatte bauen lassen, wo das Rudel Wölfe, die ihn bei einem Ritte durch den Wald verfolgt hatten, zurückgewichen war." (Pröll, S. 66)

„Die Vertilgung der Wölfe suchten auch die Herrschaften durch gewisse Belohnungen zu fördern; so bestimmte der Ilzstäbler Landtag im Jahre 1256, daß, wer im Gebiete von Passau bis herab zur Großen Mühl einen Wolf fängt, dafür einen Hirsch erlegen dürfe." (Sigl, S. 85–86)

Musik als Waffe gegen Wölfe

Johann Sigl beantwortet am Ende seines im Jahr 1926 verfassten Artikels über die „Wölfe im Mühlviertel" auch die Frage, warum und wie es möglich ist, den Wolf durch das Musizieren bzw. Spielen auf der Geige zu vertreiben:

„Alte Leute wußten auch zu erzählen, die Wölfe seien, sowie manche Hunde, sehr wehleidig gegen Musik, durch die sie sich verscheuchen ließen, und überlieferten uns hiefür in Wort und Schrift das folgende Beispiel: Ein Musiker, welcher eine Geige bei sich trug, fiel in eine Wolfsgrube, in die vorher schon ein Wolf gestürzt war und der nun sogleich auf den zu Tode erschreckten Musiker lossprang, dabei aber mit den Krallen die Geigensaiten streifte und bei deren schrillen Tönen heulend zurückwich." (S. 86)

„Dadurch gewann aber der am ganzen Leibe zitternde Geiger wieder die Geistesgegenwart, griff eilends nach dem Fidelbogen und entlockte mit demselben seinem Instrumente möglichst grelle Töne, während der Wolf heulend und fortwährend mit den Füßen trippelnd sich an die gegenüberliegende Grubenwand drückte. Durch des Wolfes Geheul, der Fidel Gekratze, aber auch des Geigers Geschrei wurden in die Nähe kommende Leute aufgeschreckt und sie eilten herbei und haben nun das Leben dem Musiker gerettet, dem Wolfe aber genommen. Diesen Ausgang hat die ganze Geschichte, wie uns berichtet wird, dasselbigemal genommen." (S. 86)

Große Angst vor den Wölfen

Maria Radinger, Bäuerin in der Pfarre St. Oswald bei Haslach, bringt im zweiten Bändchen der „Beiträge zur Landes- und Volkskunde des Mühlviertels" (Rohrbach 1913: Katholischer Preßverein, 112 S.) in ihrem Artikel „Allerlei aus dem obersten Mühlviertel" (S. 12–21) interessantes Wissen über die Wölfe, welches über Generationen überliefert wurde:

„So erzählte uns z. B. der Großvater an langen Winterabenden beim warmen Ofen von jener Zeit, da noch Hirsche und Wölfe unsere Gegend unsicher machten. Die Bauern klagten gewaltig über den Wildschaden, es waren auch Schreckschüsse erlaubt, die nicht wenig zur Verminderung der Hirschen und Wölfe beitrugen. Auf der alten Straße von Aigen nach Schindlau, beim sogenannten Holzgatternhübel, war vor alter Zeit ein hölzerner Gatter. Wer zu gehen oder zu fahren hatte, mußte ihn wieder schließen, um etwa nacheilende Wölfe abzuhalten. Nach den Erzählungen alter Leute sah man manchmal in der Mettenacht die Augen der Wölfe wie Feuerkugeln vom Aigner Berge herab funkeln. Es wird noch immer in Schindlau erzählt, daß einst eine Müllermagd, die ins Dorf herüberging, von einem Wolfe zerrissen wurde; in den Wäldern trifft man noch häufig Wolfsgruben an, worin viele dieser Untiere gefangen wurden und zu Grunde gingen." (S. 20)

Die Wölfe am Weg zur Kirche

Der in Riederkappel wirkende Pfarrer Johann Sigl weist im Artikel „Zur Entstehung der Pfarreien" (S. 34–38) unter anderem auf die sogenannten „Warten" hin, worauf er im siebenten Bändchen der „Beiträge zur Landes- und Volkskunde des Mühlviertels" (Rohrbach 1921: Katholischer Preßverein, 112 S.) näher eingeht:

„Der Kirchenbesuch war bei den großen Pfarreien und den schlechten Wegen für viele Leute sehr beschwerlich und oft auch gefährlich durch herumziehendes Gesindel und auch durch Wölfe; aus mehr entlegenen Gegenden gingen deswegen die Leute nicht einzeln, sondern truppweise zur Kirche, wobei sie an bestimmten Plätzen aufeinander warteten. Solche Stellen behielten oft die Bezeichnung ‚Warte', wie wir eine solche treffen gleich außerhalb des Marktes Sarleinsbach in der Richtung gegen Pfarrkirchen." (S. 35)

Es sei noch darauf hingewiesen, dass die Fenster bei zahlreichen Bauernhöfen im obersten Mühlviertel vergittert waren, weil es früher eben viele Räuber und Wölfe gegeben hat.

Die Wolfsgruben in Köckendorf

Der oberösterreichischer Heimatforscher Otto Milfait (1926–2022) geht in seinem mehrteiligen Werk „Das Mühlviertel. Sprache, Brauch und Spruch. Band 5: Mundartwörterbuch, Lebensweisheiten, Geschichten und Gedichte, Zünfte und Gewerbe“ (Wilhering 2013: Bayer; Linz: Denkmayr, 336 S., hier: S. 230–231: Wolfsgruben) ausführlich auf das Naturdenkmal „Wolfsgruben“ in der Gemeinde Afiesl (Ortschaft Köckendorf im Hinterwald) knapp an der tschechischen Grenze ein: „Eine Grube im Wald, jetzt noch etwa 3 m tief, die Seitenwände erweitern die Grube nach außen, so daß der Grubenboden größer ist als die Öffnung. Ein Entkommen aus der Grube war aus diesem Grunde nicht möglich, weil das Emporkommen in der sich nach oben verengenden Grube ohne Hilfe nicht möglich war.“ (S. 230)

„Es ist gut hundert Jahre her, als es bei uns im Mühlviertel noch Wölfe gab. Die Grube bei Köckendorf (früher Aigen oder Aigendorf) wurde als Wolfsgrube in dieser Zeit errichtet, als die Freiherrn von Ödt Besitzer des schönen Schlosses Helfenberg waren. In strengen Wintern, wenn die Wölfe den Menschen gefährlich wurden, bedeckte man die Grube mit einem Baumstamm mittlerer Größe blattförmig mit dünneren Ästen, darüber wurde als Grubenbedeckung Reisig und Moos gebreitet und zwar in der Form, daß dadurch ein schwenkbarer Deckel entstand. An einer Stange band man ein Lamm oder Geißkitz und ließ es in die Gruben hinunter, dieselbe wurde mit dem Deckel unsichtbar gemacht. Durch den ständigen Schrei wurden die Wölfe angelockt, die versuchten, den Happen aus der Grube zu holen. Der Deckel drehte sich und der oder die Wölfe brachen ein. Andern Tags wurde diese Beute von den Fallenstellern auf nicht sehr humane Weise aus der Grube geholt, während von dem Kitz in dieser Gesellschaft kaum mehr etwas übriggeblieben war.“ (S. 230)

Die Verbreitung der Wolfsgruben

„Diese Wolfsgruben findet man teilweise heute noch in entlegenen Wäldern im Mühlviertel, sie sind in ihrer Bauweise oft verschieden, von geringer Tiefe, kaum nach unten gewölbt und die Wände meist brunnenartig mit Steinen ausgemauert.“ (S. 230)

Wo gibt es in der Gegenwart noch solche Wolfsgruben? „Eine besonders gut erhaltene Wolfsgrube befindet sich in Lengau, Gemeinde Kollerschlag, die vom Verschönerungsverein Kollerschlag (seinerzeit Obmann Otto Saxinger) durch einen angelegten Wanderweg auf Vorschlag vom Verfasser (Otto Milfait, Anm. G. J.) der Öffentlichkeit zugänglich gemacht wurde.“ (S. 230)

„Weitere Wolfsgruben sind im unteren Mühlviertel bekannt wie in Kerschbaum, Gemeinde Rainbach bei Freistadt, nächst dem abgekommenen Sägewerk

‚Saghammer', Gemeinde Sandl, in der Gemeinde Alberndorf nächst des ‚Hohen Steines' und in der Liebenau. Viele der noch bekannten Wolfsgruben sind naturgemäß zum Teil aufgefüllt mit Humus, so daß nur mehr das geübte Auge eine solche wahrnehmen kann." (S. 231)

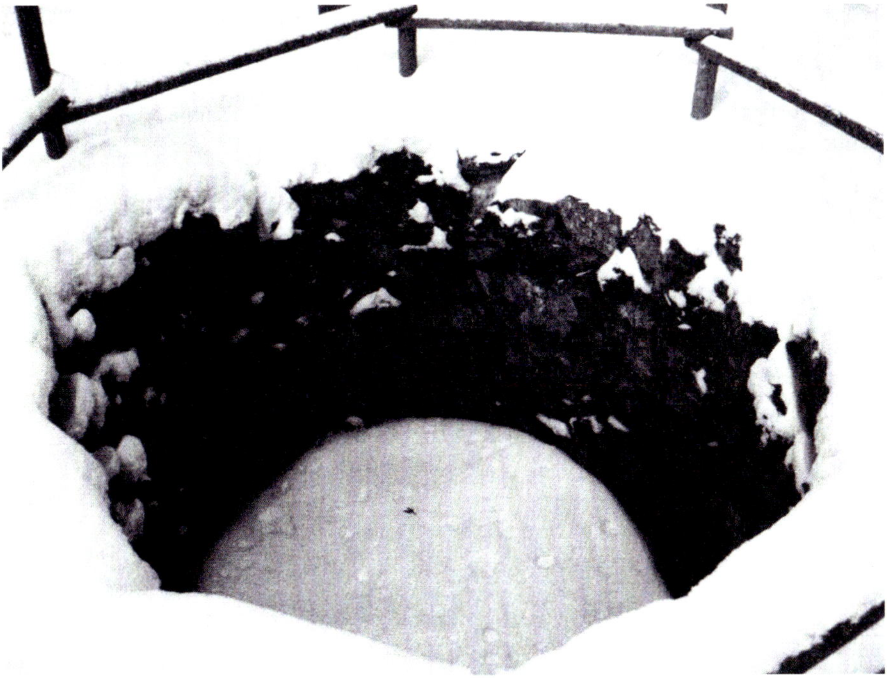

Wolfsgrube in der zur Gemeinde Kollerschlag gehörenden Ortschaft Lengau im Mühlviertel (Foto: Archiv Otto Malfeit, in: Das Mühlviertel. Sprache, Brauch und Spruch. Band 5: Mundartwörterbuch, Lebensweisheiten, Geschichten und Gedichte, Zünfte und Gewerbe. Wilhering 2013: Bayer; Linz: Denkmayr, 336 S., hier: S. 231: Wolfsgrube in Kollerschlag).

Die sogenannte „Wolfsschlucht" ist eine knapp drei Kilometer lange Klamm des Kasmüllerbachs in der Nähe von Bad Kreuzen im Mühlviertel bei der Burg Kreuzen, Bezirk Perg in Oberösterreich (Foto: Herbert Eberhöfer, 29. Oktober 2022).

Wolfsschlucht mit Wasserfall bei Bad Kreuzen in der Gemeinde Grein, 1967. Diese knapp drei Kilometer lange Klamm des Kasmüllerbachs befindet sich in der Nähe von Bad Kreuzen im Mühlviertel bei der Burg Kreuzen, Bezirk Perg in Oberösterreich (Foto: P. Ledermann, Wien; Bildarchiv Georg Jäger).

Der Wolf in der Geschichte des Mühlviertels

Die einschlägigen Quellen zur Jagd- oder Forstgeschichte berichten immer wieder von Wolfsangriffen und Wolfsbräuchen im Mühlviertel in Oberösterreich, das geographisch außerhalb der Ostalpen liegt und zum Granit- und Gneishochland gehört. Anhand von den überlieferten Texten aus dem Beitrag von Emmerich Petz „Als es im Mühlviertel noch Bär, Wolf, Luchs und Wildkatze gab. Geschichte ihrer Ausrottung“ (in: Mühlviertel. Katalog zur Landesausstellung 1988. Linz, S. 169–178, hier: S. 172–176) wird nun folgenden damaligen Wolfsgeschichten nachgegangen.

Wolfsangriffe auf Mensch und Weidevieh

Wir begeben uns zunächst auf eine Zeitreise ins beginnende 17. Jahrhundert und stehen in Sonnenwald vor einer alten Kapelle, genannt Veichtkapelle, wo ein Votivbild mit einer Bildlegende uns den historischen Sachverhalt aus der „Kleinen Eiszeit“ erklärt, in der hungrige Wölfe bis zum Dauersiedlungsraum vorgestoßen waren: „Es ritt im Jahr 1600 H. Jakob Veicht, bürgerlicher Weißgärber in Aigen,

Das Kloster Schlägl im oberen Mühlviertel. Kupferstich von Georg Mathäus Vischer, 1674. Als Jägergeld für einen alten Wolfsbalg war 1679 im Stift Schlägl genau ein Gulden vorgesehen. (Bildarchiv Georg Jäger).

nach Oberplan. Als er durch den langen Wald ritt, verfolgten ihn zwei grimmige Wölfe, er schoß seine Bistolen auf sie ab, aber noch wütender verfolgten sie ihn bis an diese Stelle. Zur Danksagung seiner Errettung ließ er diese Kapelle errichten." (S. 174)

Im Laufe des 17. Jahrhunderts nahmen die Wolfspopulationen stark zu, sodass Prämien für die Erlegung von Wölfen ausbezahlt wurden. So gab es 1639 im Stift Schlägl „umb einen Wolfsbalg" ein Schussgeld von 45 Kreuzern, das sich bis 1679 „für einen alten Wolfspalckh" noch um ein Viertel oder 15 Kreuzer auf einen Gulden erhöhte. Und 1693 scheint nochmals derselbe Geldbetrag von einem Gulden „für einen Wolffsbalckh" (S. 174) als Jägerrecht in Schlägl auf. In dem 1649 angefertigten Wirtschaftsbuch des Dietrich von Rödern, der auf Schloß Berg bei Rohrbach lebte, wird vor dem Hintergrund der inzwischen stark angewachsenen Wolfspopulationen auf die „Wiederinstandsetzung und Anlage von Wolfsgruben, vom Ködern und Fangen von Wölfen" hingewiesen. Gerade zu dieser Zeit häufen sich auch die Angriffe der hungerleidenden Wölfe auf Wild- und Nutztiere. Besonders gefährdet durch Wolfsattacken war das Weidevieh, als es im Jahr 1693 heißt: „Durch ein Gerichtsprotokoll erfahren wir, daß im November dieses Jahres Wölfe dem Schindlauer Jakob Sonnleitner auf der Weide einen Ochsen auffraßen. Er war nun der Meinung, daß seine Nachbarn auch für den geschätzten Schaden von 13 Gulden einen Beitrag leisten sollten. Vor Gericht wurde aber entschieden, daß, da es wohl auch bisher der Brauch war, der Betroffene allein den Schaden tragen müsse. Um aber in Zukunft solche Härten zu vermeiden, hat sich die ‚Dorfgemein' dahin geeinigt, den Viehschaden insgesamt aufzuteilen." (S. 174)

Wir schreiben nun das Jahr 1760, als wiederum im Mühlviertel verstärkte Wolfsaktivitäten nachweisbar sind. „Aus einer Überlieferung erfahren wir, daß um diese Zeit eine Magd aus Hintenberg bei Ulrichsberg auf dem Heimweg von Schindlau von Wölfen zerrissen worden war. Man fand von ihr nur mehr Kleiderreste. Als man hierauf eine Wolfsgrube aushob, fingen sich bald danach sieben Wölfe darin." (S. 175)

Wolfsreichtum im Mühlviertel und Böhmerwald

Der Reichtum an Wölfen lässt sich im Mühlviertel und Böhmerwald zahlenmäßig eindrucksvoll belegen. Allein zwischen 1603 und 1649 wurden in das Jägeramt von Krumau 694 Wölfe eingeliefert, und im Zeitraum von 1690 bis 1719 waren es immerhin noch 364 Wölfe, um sich eine Vorstellung über die damalige Verbreitung der Wölfe in der in benachbarten Herrschaft Krumau (diese fiel 1719 von den Eggenbergern an die Fürsten Schwarzenberg) zu machen. „Auch in den oberen Waldrevieren des Krumauer Gebietes stellte man diesen nach, wurden allenthalben Wolfsgruben ausgehoben und nachlässige Jäger strenge bestraft. Durch den Lauf der Jahrhunderte war der Wolf das gefürchteste Raubtier unserer Breiten. Noch im vergangenen 19. Jahrhundert waren in Pfarrkirchen Überreste von alten Wolfsgruben zu sehen. Die Bewohner mehrerer Ortschaften versammelten sich früher an Sonn- und Festtagen zum Kirchgang bei den sogenannten ‚Warten' und machten dann gemeinsam den Weg zur Kirche, um sich besser gegen die Wölfe schützen zu können." (S. 174)

Viel besser als den ängstlich gewordenen Gotteshaus- oder Messebesuchern erging es damals dieser adeligen Dame, welche im Jahr 1730 erfolgreich von einer Wolfsjagd zurückgekehrt war: „Die Krumauer Fürstin Eleonore zu Schwarzenberg erlegte unterm Plöckenstein anläßlich einer sogenannten ‚eingestellten Jagd', bei der das Wild in lange Gassen aus Stricknetzen und Leinenplanen getrieben wurde, unter anderen Tieren eine Wölfin." (S. 175) Wie sah es sonst noch mit den Wolfsjagden aus? Im Jahr 1700 wurden in der Gegend um Freistadt mehrere Wölfe erlegt. Zwischen 1741 und 1750 fielen im Herrschaftsgebiet von Winterberg noch 19 Wölfe den Kugeln der Jäger zum Opfer. 1875 wurde dort der letzte Wolf geschossen. (S. 175)

Ortsansicht von Gramastetten im Mühlviertel in Oberösterreich, 1930er-Jahre (Bildarchiv Georg Jäger).

Die Wolfsgrube von Gramastetten in Türkstetten

„In Türkstetten, oberhalb des Bauernhofes Allerstorfer, findet man beispielsweise noch die Reste einer einstigen Wolfsgrube", sagt Heimatforscher Herbert Ginterseder aus Gramastetten. Dabei verweist er auf die Aufzeichnungen im zweiten Band des von Thomas Schwierz verfassten Gramastettner Heimatbuches mit dem Titel „Spuren vergangener Zeiten. Geschichtliche Zeugnisse und Geschichten aus Gramastetten" (herausgegeben vom Gramastettner Arbeitskreis für Kleindenkmäler. Grünbach 2005: Steinmaßl, 357 S. hier: S. 120–122).

„Wie uns die Altbauern am Allerstorfergut, Rosa und Michael Freiseder, erzählten, sei die Grube so groß gewesen, dass man leicht ein kleines Haus hätte hineinstellen können. Auf der Talseite war ein etwa zwei Meter hoher Wall aufgeschüttet, wodurch die Grube ringsherum eine Tiefe von gut fünf Metern erreichte. Die Grube war mit einer Art Schrögen-Zaun umgeben. Auf dem Grund lagen etliche Geweihe. Als das Ehepaar Freiseder 1961 eine Garage baute, bot sich zur Ablagerung des Erdaushubes die Wolfsgrube an. So ist heute nur eine Mulde im Wald verblieben, die aber immer noch beeindruckt, wenn man die Vorgeschichte kennt. (S. 123)

„Wölfe waren zu früheren Zeiten nicht nur eine Plage für die Hirten. Ein ausgehungertes Rudel konnte auch für Menschen gefährlich werden. Prof. Fritz Winkler erzählt in seinem Sagenbuch aus dem Böhmerwald eine Geschichte, wo ein Pferdeschlittengespann mit Müh und Not das rettende Hoftor erreichte, als ein Rudel Wölfe hinter dem Schlitten herjagte. Da man die Raubtiere mit den unzulänglichen Waffen damals nicht bekämpfen konnte, hob man diese Fanggruben aus. Die Gruben waren meist bis zu acht Meter tief und hatten einen Durchmesser von bis zu 20 Metern. Die Wände mauerte man aus Natursteinen oder verschalte sie mit senkrecht stehenden Holzpfählen, damit sich die Wölfe nicht herausgraben konnten. In der Mitte der Grube wurde ein Pfahl aufgestellt. Daran befestigte man einen Köder, den man ‚Luder' nannte. Die Wolfsgruben wurden mit Flechtwerk umzäunt. Wollten die Tiere den Köder ergreifen, mussten sie über den Zaun springen und stürzten dahinter in die Grube." (S. 123–124)

Aus alten Urkunden geht hervor, dass die gewaltige Fallgrube in Türkstetten bereits im Mittelalter bestand. „Einen knappen Kilometer nordwestlich des Allerstorferhofes liegt das Wolfsgrubergut, dessen Name mit der Wolfsgrube wohl in Zusammenhang steht. Die erste urkundliche Erwähnung des Bauernhofes Wolfsgruber geht auf das Jahr 1343 zurück." (S. 124) Der damalige Bewirtschafter zinste dem Stift Wilhering zu Georgi (23. April) sechs Stück Käse, 30 Eier und 32 Pfennige: „Item Wolfsgruber 6 cas, 30 ova, 32 den." (S. 124)

Diese Zeichnung aus der Gemeinde Gramastetten im oberen Mühlviertel zeigt, wie die Wolfsgrube in Türkstetten früher ausgesehen haben könnte (Quelle: Thomas Schwierz, Spuren vergangener Zeiten. Geschichtliche Zeugnisse und Geschichten aus Gramastetten. Zweiter Band: Gramastettner Heimatbuch, herausgegeben vom Gramastettner Arbeitskreis für Kleindenkmäler. Grünbach 2005: Steinmaßl, 357 S., hier: S. 122).

Die Überbleibsel der alten Wolfsgrube in Türkstetten (Quelle: Thomas Schwierz, Spuren vergangener Zeiten. Geschichtliche Zeugnisse und Geschichten aus Gramastetten. Zweiter Band: Gramastettner Heimatbuch, herausgegeben vom Gramastettner Arbeitskreis für Kleindenkmäler. Grünbach 2005: Steinmaßl, 357 S., hier: S. 122).

„Wolfablassen" am Martinitag im Mühlviertel

Johannes Winkler, Pfarrer in Oepping, erläutert im ersten Bändchen der „Beiträge zur Landes- und Volkskunde des Mühlviertels" (Rohrbach 1912: Katholischer Preßverein, 100 S.) in seinem volkskundlichen Artikel „Das Jahr und seine Tage im bäuerlichen Leben des oberen Mühlviertels" (S. 55–65) auch den Brauch des Wolfablassens.

Ein fast ausgestorbener Brauch

„Mit dem 11. November, dem Martinitag, ist die Hirtenherrlichkeit zu Ende. Am Tag vorher wurden in dunkler Abendstunde die Wölfe abgelassen. Vor dem Dorfe knallte die Hirtengesellschaft mit den hanfenen Peitschen, andere tuteten auf den schwarzen Bockshörnern und wieder andere jauchzeten und johlten wirr durcheinander. Schließlich schrie man nach allen Seiten: ‚Die Wölfe sind abgelassen.' Sicher hat man hierin einen Brauch aus der Zeit vor sich, in der die viehzüchtenden Bajuwaren die Wälder noch nicht in ausgiebigem Maße gelichtet hatten. Heute ist er bei uns so ziemlich ausgestorben." (S. 60)

Wolfablassen am 11. November

Franz Wöß, Schulleiter in Klaffer, befasst sich etwas genauer unter „'s Wolfablass'n am Martinitag" im 14. Bändchen der „Beiträge zur Landes- und Volkskunde des Mühlviertels" (Rohrbach 1926: Katholischer Preßverein, 142 S., hier: S. 84) mit diesem Brauchtum:

„Lebendige Freude strahlt in den Augen der Jungen, der Uebermut juckt und die Schulbank ist hart, denn der ersehnte Martinitag ist wiederum da."

„Lachend und schreiend durchstöbern die Knaben die ‚Reihan' (= Raum zwischen zwei Häusern), um alte Hefte, Schaufeln, Streusens'n oder anderes Eisenzeug zu sammeln für ihr wichtiges Treiben am Abende dieses Tages."

„Bei Einbruch der Dämmerung versammelte sich nun die Knabenschar am Dorfeingang. Jeder ist versehen mit dem eroberten alten Geschirre in der einen Hand und mit einem Prügel in der andern. Endlich ist es dunkel genug. Jetzt gehen oder laufen die Jungen auf die Blechgeschirre und Sensen schlagend und lärmend durch die Dorfstraße bis ans Dorfende, wo mehrere Minuten diese Lärmmusik stark anhält. Hierauf wandert die kleine Schar ebenfalls schlagend und lärmend rund um das Dorf, wobei dieselbe von etwas älteren Knaben gejagt werden. Um Unglücke zu verhüten, sollte dieses Jagen ausbleiben. Nach einer halben Stunde ist die Freude der Jungen beendet und ihre Lärminstrumente fliegen wieder in die ‚Reihan'."

„Dieser Brauch dürfte in der frühesten Hirtenzeit wurzeln, in der noch Wölfe die weidende Herde überfielen."

Fangen der Wölfe in Wolfsgruben

„Ueber das Wolffangen teilte der Bauer Schmid Ferdl, Klaffer, folgendes mit: Man fing öfters Wölfe in eigenen tiefen Wolfsgruben, über die ein Prügel lag, auf welchem ein Brett mit einem Köder befestigt war. Nebenbei versteckte ein Gesträuch die vordere Grubenseite. Wenn der Wolf zum Köder kam, schnappte das Brett um, der Wolf fiel in die Grube und das Brett schnellte wieder in die frühere Fallstellung zurück. Die gefangenen Wölfe wurden dann von den Bauern erschossen. Der alte Hainzinger verschüttete 1850 herum eine Wolfsgrube im Multerberg (Schönberg)."

Wolfablassen bei Wolfsgefahr

Am 11. November wurde das Viehhüten eingestellt und niemand durfte bzw. sollte mehr sein Vieh hüten, denn der Wolf war abgelassen. Emmerich Petz macht zu diesem „Wolfablassen" in seinem Beitrag „Als es im Mühlviertel noch Bär, Wolf, Luchs und Wildkatze gab. Geschichte ihrer Ausrottung" (in: Mühlviertel. Katalog zur Landesausstellung 1988. Linz, S. 169–178) noch folgende Ergänzungen: Dieser Brauch ist in einigen Ortschaften der Gemeinde Ulrichsberg bis zur Gegenwart erhalten geblieben. „Nach der Überlieferung wurde nämlich am Martinitag, dem 11. November, der Weidebetrieb eingestellt, daß ab diesem Tag kein Hirte mehr im Freien war und von nun ab Wolfsgefahr drohe, daß der ‚Wolf abgelassen sei'." (S. 174)

„An diesem Tag zieht also die Dorfjugend schreiend und mit verschiedenen Häfen und anderem Geschirr lärmend durch das Dorf und verkündet damit die Wolfsgefahr. Dieser Brauch war zumindest bis zum letzten Krieg auch im angrenzenden böhmischen Gebiet noch erhalten. Aus Kirchgang ob der Donau ist dieser Brauch ebenfalls aus der Überlieferung bekannt." (S. 174–175)

Thomas Schwierz ergänzt noch dazu im Gramastettner Heimatbuch „Spuren vergangener Zeiten. Geschichtliche Zeugnisse und Geschichten aus Gramastetten" (herausgegeben vom Gramastettner Arbeitskreis für Kleindenkmäler. Grünbach 2005: Steinmaßl, 357 S.): „In Klaffer (Bezirk Rohrbach) hat sich ein Brauch erhalten: das sogenannte ‚Wolfablassen'. Kinder ziehen, auf alte Eimer und Kannen schlagend, am Abend des Martinitages durch das Dorf. Der Umzug endet damit, dass man die ausgehöhlten und von innen beleuchteten Kürbisse zerschmettert. Das habe früher die Wölfe vertrieben." (S. 124)

Wölfe und Wolfsjagden in Niederösterreich

Aus der zweiten Hälfte des 16. Jahrhunderts ist in der Chronik des Hieronymus Beck aus Leopoldsdorf im Marchfeld ein eigener Wolfssegen überliefert, den der Historiker Rainer G. Schöller einer Handschrift des Augustiner-Chorherrenstifts Klosterneuburg (Cod. 747, Nr. 12: Lupi benedictio, versibus) entnommen hat. Unter den vor Wolfsangriffen zu schützenden Nutztieren werden Rinder, Schafe, Ziegen und Schweine als potentielle Opfer des großen Beutegreifers genannt. Für den Wolf wird die früher gängige Bezeichnung „Waldhund" (auch „Holzhund") gebraucht.

Wolfssegen

„Ein wolfs-segen al(l)er montag zu sprechen
In Gottes namen tret ich herein,
gott behüte meine rinder, schaafe, ziegen und schwein
und alles(,) was ich in meinem stal(l)e (habe).
mein vieh solle mir gesegnet seyn,
also wie der kelch und der opfer wein,
also geschah am grünen Donnerstag,
knecht Cilian du sollst aufstehen,
und sollst mit meinem vieh auf die weithe gehen,

auf ie(de) waid und in den wald,
darin das vieh ist jung und alt.
heiliger st. Peter mit deinem himmlischen Schlüssel,
du versperrst allen wilden waldhunden (Wölfen) ihre rüssel,
daß er meinem vieh keine hauth zerreußt,
daß er ihnen kein blut kann laßen,
daß sey ihm verbothen
bey dem namen gottes
des vaters und des sohnes und des heiligen geistes.
amen."

Quelle:
Rainer G. Schöller (2020): Geiß und Bock.
Ein Beitrag zur Geschichte problematischer Nutztiere.
Hersbruck: Verlag Deutsches Hirtenmuseum, 183 S.,
hier: S. 78 – Fußnote 241.

Wolfsplage und Wolfsgruben im Gelände

Der namhafte niederösterreichische Forstwissenschaftler Karl Leeder hat sich bereits im Jahr 1924 unter seinem kulturhistorisch besonders wertvollen Beitrag „Bär, Luchs und Wolf in Niederösterreich" in der Fachzeitschrift „Blätter für Naturkunde und Naturschutz" (11. Jg., Heft 9, Wien, S. 125–131 und Heft 10, Wien, S. 141–147) genau mit den Wölfen bzw. Wolfsjagden in der Vergangenheit befasst. Die Wolfsplage nahm auch in Niederösterreich aufgrund der Folgen des Dreißigjährigen Krieges im Laufe der zweiten Hälfte des 17. Jahrhunderts dramatisch zu, sodass nur mehr die landesweit durchgeführten Wolfshatzen Abhilfe schaffen konnten. Bei diesen Unternehmungen überwog allerdings stets das adelige Jagdvergnügen. Gerade die Bezeichnung „Wolfsgrub" deutet auf Örtlichkeiten hin, wo das Fangen von Wölfen in Fallgruben erfolgte.

„Diese Wolfsgruben waren gegen zwei Klafter tiefe und von ebenso großem Durchmesser. Die Seiten waren, wenn der Boden bindig war, scharf senkrecht abgestochen, bei sandigem, schlecht zusammengesetztem Erdreich glatt verschalt. In der Mitte der Grube stand ein hoher, über die Grube hinausschauender Pfahl, der im Bedarfsfalle einen leckeren, lebendigen, möglichst laut meldenden Köder, z. B. ein Ferkel, trug. Die Grube selbst wurde ganz leicht und trügerisch mit Reisig, langem Stroh und dergleichen zugedeckt. Bei dem Versuche, sich dem Köder zu nähern, brach der Wolf ein und fiel in die Grube." (S. 126)

Wo kamen die Wolfsgruben im Gelände vor? „Sehr häufig wurden solche Gruben auf den Übergangspunkten (den Sätteln) bewaldeter Höhenzüge angelegt. So befand sich eine solche Wolfsgrube, die urkundlich schon um 1498 erwähnt wird, auf dem Übergang vom Further Harrastal in den nach Kaumberg führenden

Laabgraben; eine am Fegenberg bei Schwarzau im Gebirge; eine bei Türnitz; eine bei Enzersdorf im Tale usw." (S. 126)

Wolfsgärten als weitere Fangvorrichtungen

Neben den schon vorhin erwähnten Wolfsgruben spielten auch die Wolfsgärten als Fangstätten für die Wölfe in Niederösterreich eine wichtige Rolle. Der Wolfsgarten ist eine mit einem Palisadenzaun umgebene Fläche von ca. 50 bis 100 Metern Länge und Breite im Wald, auf der mehrere Fanggruben angelegt wurden. Die Gruben wurden mit einer Falltüre versehen oder mit Reisig und Erde bedeckt. Dabei wurde der Palisadenzaun nur so hoch errichtet, dass ihn die Wölfe leicht überwinden konnten.

„Diese Wolfsgärten waren mit Planken (meist Palisadenzäunen) umgeben, welche gegen außen nur ganz niedrig erschienen, gegen innen jedoch eine Höhe von gut zwei Klaftern aufwiesen. Das Raubwild konnte somit leicht in die Wolfsgärten einspringen; dem Ausspringen setzte aber die Höhe des Zaunes ein unüberwindliches Hindernis entgegen. Innerhalb des Zaunes war also der Boden tief, viel tiefer als außerhalb. Zur Anlockung des Raubwildes diente Aas, das von den Untertanen beigestellt werden mußte. Die Wolfsgärten waren so groß, daß das eingesprungene Raubwild darinnen gehetzt, also förmlich gejagt werden konnte. Eigene Wolfsnetze dienten zum Fangen der Wölfe in den Wolfsgärten. Aber auch in freier Wildbahn kamen Netze, sowie auch Wolfseisen zum Fange in Anwendung." (S. 128)

Gerade solche Wolfsgärten gab es schon vor Kaiser Maximilian I. Eine Blütezeit erlebten diese Vorrichtungen nach den Türkenkriegen im ersten Drittel des 16. Jahrhunderts, welche 1529 die erste Belagerung von Wien brachten und die ganze Umgebung verheerten. Die Wölfe und Luchse nahmen damals derart überhand, dass es gewaltige Anstrengungen brauchte, um der Plage Herr zu werden. Nicht umsonst wurden die alten und inzwischen verfallenen Wolfsgärten wieder hergerichtet und andere neu erbaut.

Eine diesbezügliche Verordnung mit der Überschrift „General per Robat zum Wolfsgarten am Hart" wurde am 3. Februar 1535 erlassen. Dabei hatten die in Petronell und am Hart ansässigen Grundholden, „so umb Petronel vnnd im Bezirkh daselbst am Hart gesessen" (S. 128), mit Holzschlagen, Ausreuten, Hacken und Holzführen zur Errichtung eines Wolfsgartens Robotschichten zu leisten. Auch die Ebersdorfer Untertanen mussten nach einem obrigkeitlichen Erlass vom 16. Oktober 1535, einen eigenen Wolfsgarten bei Schloss Ebersdorf bauen und „alles gefallene Vieh und anderes Aas" (S. 128) in diesen Wolfsgarten transportieren. „Im Westen Wiens befand sich ein Wolfsgarten bei Hütteldorf (nächst der heute noch bestehenden Glutmühle). Ein anderer wurde – ebenfalls unter Berufung auf die Klagen über Wölfe und Luchse – 1535 bei Wiener Neustadt errichtet. Wieder einer befand sich am Hart zwischen Piesting und Hernstein." (S. 128–129)

„Mit Kammerbefehl vom 6. November 1557 wird anbefohlen, daß ‚zu künftigen Wolfsgejaiden die Aetzstatt mit Aasen, wie ieder Zeit der Brauch gewesen, beäst werde'. Unterm 26. November 1558 wird die Bezahlung ‚etlicher Zeug' angeordnet, die ‚vnnser Jägermaister der Niederösterreichischen Lannde, vnsser lieber getrewer Hans Herr von Schäfftenberg zu dem Wolfsgejaidt zu gebrauchen' hat machen lassen." (S. 129)

Wolfsplage während des 17. Jahrhunderts

Diese gezielte Bekämpfung der Wölfe dürfte auch von einigem Erfolg begleitet gewesen sein. Doch vorbei war die Wolfsplage noch lange nicht. „So erhoben beispielsweise ums Jahr 1604 die Bewohner von Neustift am Walde (also im heutigen Wien!) bittere Klage darüber, daß der Weg zur Kirche in Sievering infolge des zahlreich auftretenden Raubwildes höchst unsicher und gefährlich sei; sie bitten deshalb um eine eigene Kirche. Gar so arg scheint die Sache aber doch nicht mehr gewesen zu sein; denn als 1614 der Wolfsgarten bei Hütteldorf erneuert werden sollte, was nach dem Bauschreiber nicht nur 542 fl., sondern auch noch 1800 Stämme Holz erfordert hätte, unterblieb dies mit dem Hinweis darauf, daß es dringendere Bauten gäbe." (S. 129)

Während des Dreißigjährigen Krieges (1618–1648) und in der Folgezeit nahm die Zahl der Wölfe wieder beträchtlich zu. Nicht umsonst findet sich in einem Schreibkalender von Kaiser Ferdinand II. unter 29. November 1626 die Notiz: „Heut hat der Kaspar im Prater sieben Wölfe erlegt." (S. 129)

Aus den überlieferten Abschusslisten geht unter anderem hervor, dass im Jahr 1644 ein Wolf bei Stockerau erlegt wurde. Und am 4. Jänner 1650 hatte das Kaiserhaus in der Poigen (Donauarm am rechten Ufer unterhalb von Wien bei Mannswörth) gejagt und neben 45 Wildsäuen auch einen Wolf gefangen.

Eine andere Eintragung lautet: „Den 6. August 1654 hat der Jägermeister beym Heil. Creütz geiagt vndt gefangen 2 Hirsch, 1 Stück Wildt, 1 Beehrin, 2 Wölff." (S. 129) Und gerade solche Notizen kommen recht häufig mit einem oder mehreren Wölfen oder Bären vor. Diese Hinweise treffen nicht nur für entlegene Gebirge zu, sondern auch für den Ostrand des Wienerwaldes am flachen Land, für Rodaun, Kaltenleutgeben, Speising, Laab, in der Kriau (am 5. Juli 1669 vier Wölfe), Rauchenwart, Schwechat usw. (S. 129–130)

Erlegte Wölfe zwischen 1714 und 1816

Zu Beginn des 18. Jahrhunderts traten vor allem in den eiskalten Wintermonaten verstärkt Wolfsrudel auf, worunter 1714 mehrere Wölfe im Neustädter Föhrenwald und am Höhenberg bei Pottenstein zu verzeichnen waren. Danach machte sich ein starker Rückgang von „Meister Isegrim" bemerkbar. Vereinzelt wurden ein paar Wölfe erlegt, die vor allem aus Ungarn herübergekommen waren, so 1763 acht Wölfe im Badner Amt und im Neustädter Amt drei Wölfe. „1782 wurde aus Pernitz gemeldet, daß drei Wölfe und drei Luchse gespürt worden seien. Davon ist nur ein Wolf in Gutenstein erlegt worden; die Luchse entwischten sämtlich." (S. 141–142)

Besonders häufig kamen Wölfe in Niederösterreich im Triesting- und Piestingtal vor, was sich zahlenmäßig im 19. Jahrhundert nachweisen lässt. „Die Diätenrechnung des k. k. Reitenden Jägers und Waldbereiters Grabner in Baden vom Jahre

1807 meldet allein von der Erlegung von sieben Wölfen und einem Luchse. Der Genannte berichtete auch unter anderem, daß am 8. Jänner 1807 in Pernitz auf Wölfe gejagt wurde und deren 19 im Trieb waren. Wegen Schützenmangel kam davon aber kein einziger zur Strecke." (S. 142)

„Im Jahre 1810 wurden bei den ‚Wolfsbesuchen' (Abspürung) im Winter, die an insgesamt 28 Tagen vorgenommen worden waren, im Pottensteiner, Pernitzer, Arzter und Further Dienst fast jedesmal zwei bis drei Wölfe gespürt. Am 29. April 1810 wurde im Breitenauer Dienst im Großen Föhrenwald vom Jäger Hofmann ein Wolf geschossen. 1811 vertilgte in Stixenstein der dortige Oberjäger zwei alte und neun junge Wölfe; im Ofenbacher Jagddienst wurde am 3. Jänner bei einer Treibjagd ein Wolf geschossen. Unterm 5. März 1816 meldete der Reitende Hofjäger Grabner in Wiener Neustadt, daß die in den Hochwolkersdorfer und Ofenbacher Forsten gespürten Wölfe erlegt worden sind." (S. 142)

Die Wolfsjagden zwischen 1834 und 1849

„Am 7. Mai 1835 zeigte der Reitende Hofjäger Ekardt in Aland die Erlegung eines Wolfes im Gaadner Revier durch Jäger Beck und Jung Pechatschek an. Im selben Revier wurde laut amtlicher Meldung vom 25. Jänner 1834 durch den Wirt Pechthold in Gaaden und am 9. Jänner desselben Jahres im Neustädter Föhrenwald durch Jung Kollek je ein Wolf erlegt. In den beiden Fällen wird die Auszahlung der mit 20 fl. bemessenen Taglia ausdrücklich erwähnt." (S. 144–145)

Wie ging es mit den damals durchgeführten Wolfsjagden weiter? „1835 wurde am 3. April ein Wolf in den Weingärten am Tiergarten (Ober-St. Veit), am 15. November ein solcher im Ofenbacher Forstdienst geschossen. Auch 1836 wurde in Ofenbach ein Wolf (durch den Forstpraktikanten Eduard Wilhelm) erlegt. Unterm 19. Jänner 1844 berichtet das Forstmeisteramt Auhof, daß sich im Revier Weidlingau ein Wolf gezeigt habe und erhielt den Auftrag, dessen Erlegung mit allem Eifer herbeizuführen. Das gelang auch. Der Wolf wurde im Revier Rappoltenkirchen erlegt und kam ins Naturalienkabinett nach Wien. Dem Förster und Jäger von Brenner aber wurde die Anerkennung ausgesprochen. Ende Dezember 1844 wurde in Purkersdorf ein Wolf gesichtet. Am 1. Mai 1846 wurde im Laxenburger Parke durch den Jung Johann Loschek ein Wolf erlegt." (S. 145)

„Am 13. Dezember 1846 meldete das Forstmeisteramt Auhof den Einbruch eines Wolfes in den Tiergarten. Schneeverwehung der Mauer hatte den Einsprung ermöglicht. Die Verheerungen, die der Wolf in dem so stark besetzten Wildparke verursachte, waren große. Und als der Wolf am 20. Dezember noch nicht erlegt war, bekam das Forstmeisteramt eine Rüge und eine Frist von zwei Tagen zur Erlegung. Noch am selben Tage wies das Forstmeisteramt die Rüge als ungerechtfertigt zurück. Am 21. fand dann die sorgfältig vorbereitete Jagd statt, bei welcher der Wolf von Erzherzog Franz Karl zur Strecke gebracht wurde. Die Tiergartenmauer aber wurde zu Verhütung neuerlicher Einbrüche erhöht. Ende der 1840er-Jahre wurde auch im Heufuß (bei Schwarzenau im Gebirge) von einem gewissen Glinzinger von der Boismühle ein Wolf erlegt." (S. 145)

Der letzte Wolf aus dem Wienerwald

„Das niederösterreichische Landesmuseum konnte in diesen Tagen (im Mai 1950, Anm. G. J.) ein bemerkenswertes Objekt erhalten. Es handelt sich um einen Wolf, der in Rappoltenkirchen am 21.1.1844 erlegt wurde und der bisher im Naturhistorischen Museum zu Wien als Stopfpräparat ausgestellt war. Die Erwerbung gelang auf dem Tauschwege, indem das n.ö. Landesmuseum den am 4.3.1950 an der steirisch-niederösterreichischen Grenze bei Gußwerk erlegten Wolfrüden dem Naturhistorischen Museum gegen den Wienerwald-Wolf zur Verfügung stellte. Der Wolf aus Gußwerk wurde von den Staatsforsten dem n.ö. Landesmuseum gespendet."

Quelle:
Unsere Heimat. Monatsblatt des Vereines für Landeskunde von Niederösterreich und Wien. Wien 1950, Jg. 21, Nr. 5–6, S. 83: Der letzte Wolf aus dem Wienerwald / Ma.

Die letzten Wolfsjagden in den 1860er-Jahren

Die letzten Wolfsjagden in Niederösterreich gab es 1863, 1866 und 1869: „Eine am 23. Juli 1861 am Wechsel stattgefundene Wolfsjagd hatte keinen Erfolg. Abgesehen von der am 13. Mai 1863 erfolgten Erlegung eines einem Menageriebesitzer ausgekommenen Wolfes in der Brigittenau durch den Jägerjung Johann Marchan war um diese Zeit Ruhe." (S. 145)

Verstärkte Wolfsaktivitäten sind im und nach dem Kriegsjahr 1866 wieder feststellbar. „Graf Max Hoyos kam im Herbst 1866 (nach dem Feldzuge) nach Stixenstein auf kurzen Besuch. Zu einer rasch veranstalteten kleinen Jagd lieh er sich vom Stixensteiner Oberförster Dittrich einen Doppelkugelstutzen (selbstverständlich Vorderlader) aus. In einem nächst der Balzstattwiese (in der Gemeinde Sieding auf einem Vorberge des Gahns gelegen) genommenen Triebe kamen dem Grafen, der an der ‚Roten Schütt' einer steilen Riese, angestellt worden war, zwei Wölfe. Er schoß – oder besser gesagt, wollte schießen – aber beide Läufe versagten und die beiden Wölfe entkamen." (S. 145–146)

„Im selben Jahre, am 20. November 1866 wurde vom Jägerjung Michel Wagner auf der Mandling (bei Oed im Piestingtale, zur Herrschaft Hernstein gehörig) ein Wolf erlegt. Der Balg ist im Niederösterreichischen Landesmuseum zur Schau gestellt. Und der Letzte wurde Mitte Dezember 1869 auf der Hohen Wand (bei Wiener Neustadt) geschossen." (S. 146)

Gedenktafel an den „letzten" erlegten Wolf in Niederösterreich

Bei einer ausgedehnten Rundwanderung von Berndorf über das Waxeneck auf die Hohe Mandling bei Grillenberg hinauf geht man an dieser Gedenktafel vorbei, wo auf diese in der zweiten Hälfte des 19. Jahrhunderts legendär gewordene Wolfsjagd mit nachfolgender Aufschrift hingewiesen wird:

„An dieser Stelle wurde am 20. November 1866 der letzte in Niederösterreich vorgekommene Wolf (Canis lupus) durch den Erzherzoglichen Forstadjunkten Michael Wagner aus Steinhof erlegt."

(Vorauer N. 1879)

(Foto: Copyright Christian Handl, 2020)

Unliebsame Gäste im Vormarsch

Unter den „Tags-Neuigkeiten“ finden sich im „Fremden-Blatt“ (6. Jg., Nr. 43, Wien) am Freitag, 20. Februar 1852 diese Meldung über das damalige Wolfsaufkommen im Winter 1851/52 in Niederösterreich: „Daß sich Wölfe in Niederösterreich zeigten, kam sonst nur in den strengsten Wintern vor – desto auffallender ist es, daß heuer diese fürchterlichen Gäste trotz des sehr milden Winters nicht weit von Wien auftreten. Letzter Tage, und zwar meistens vor dem Anbrechen des Morgens, haben sich einige Wölfe im Adtlitzgraben und bei Reichenau gezeigt, und sich einzeln gelegenen Gehöften oder den dort improvisirten Gasthäusern genähert. Bisher wurden sie zwar immer verscheucht, um jedoch allfälligen Unglücksfällen vorzubeugen, sollen auf sie eigene Treibjagden veranlaßt werden. Die Jagdliebhaber Wiens haben nun willkommene Gelegenheit, in nächster Nähe einer Wolfsjagd beizuwohnen.“

Und „Das Vaterland. Zeitung für die österreichische Monarchie“ (9. Jg., Nr. 18, S. 3: Wölfe in Niederösterreich) bringt am Sonntag, 19. Jänner 1868 diese Kurzmeldung, die sich auf einen erlegten Wolf und ein Rudel bezieht: „Wie die ‚Jagdzeitung‘ mittheilt, hat ein Forstjunge bei Hörnstein (Besitzung des Erzherzogs Leopold, unweit Wiener Neustadt) Mitte December einen starken Wolf geschossen. Bei Trautmannsdorf unweit Bruck an der Leitha soll eine ganze Rotte Wölfe gesehen worden sein, die aus dem Röhricht des Neusiedlersees einen Vergnügungszug nach Cisleithanien unternommen haben.“

Der k. k. österreichische Naturforscher und Zoologe Georg Ritter von Frauenfeld (1807–1873) schreibt in seinem Artikel „Die Wirbelthierfauna Niederösterreichs“ (in: „Blätter des Vereines Landeskunde von Niederösterreich“, 5. Jg., Neue Folge, Nr. 5, 6 und 7, Wien 1871, S. 108–123) über die Wolfsverbreitung zu Beginn der 1870er-Jahre in der Donaumonarchie, wobei der Wolf „unablässig“ wegen seiner „Schädlichkeit“ vertilgt wird: „Wölfe, die selbst in der Nähe von Wien schon mehrmals geschossen wurden, dürften als versprengte Flüchtlinge, namentlich in strengen Wintern wol gelegentlich noch zu Zeiten vorkommen; ihr Wohngebiet ist aber wol nur das tiefere Ungarn, Galizien etc.“ (S. 111)

Erinnerungen an den Wolfswinter in Marchegg

Der Heimatforscher Emil Mück bringt in seinem von ihm herausgegebenen Büchlein „Sagen und Überlieferungen aus Marchegg und Umgebung“ (Gänserndorf 1958: Emil Brentano & Comp., 34 S., hier: S. 20–21 – Nr. 29. Das Schadenkreuz) eine von Anton Susan unter den lokalen Überlieferungen erzählte Wolfsgeschichte über das Schadenkreuz in Marchegg im Bezirk Gänserndorf:
„Es soll mehr als 200 Jahre (gemeint ist wohl der Winter 1739/40 gewesen, Anm. G. J.) her sein, als ein recht strenger Winter in das Land gezogen kam. Die weiten Fluren des Marchfeldes waren mit einer hohen Schneedecke überzogen. Bäche und Flüsse waren zugefroren. Die March überdeckte eine schier endlose Eisdecke, welche den damals in den Kleinen Karpathen vorkommenden Wölfen als Brücke diente. Beutesuchend kamen sie bis in das Marchfeld. Durch das ungewöhnlich rauhe Winterwetter erkrankten viele Leute. So mußten aus einem Nachbarorte

zwei Männer trotz des herrschenden Unwetters nach Marchegg, um aus der Apotheke Arznei zu holen.“ (S. 20–21)

„Auf dem Rückwege kamen sie zu der damals noch recht unwirtlichen Gegend, wo heute die Marchgasse in die Bahnstraße mündet. Die hungrigen Wölfe, welche bis hieher gekommen waren, fielen über die beiden her. Die Unglücklichen riefen vergebens um Hilfe. Sie wurden von den wilden Tieren in Stücke gerissen.“ (S. 21)

„Zum traurigen Andenken an dieses Geschehen wurde das gegenüber der Marchgasse befindliche Holzkreuz errichtet. Der damalige Besitzer der umliegenden Felder hieß Sebastian Schaden, weshalb das Kreuz den Namen Schadenkreuz erhielt. Ursprünglich stand das Kreuz dicht neben der Straße zwischen zwei Lindenbäumen, wodurch der Verkehr stark behindert war. Bei einer Straßenverbreitung wurde das Kreuz auf seinem heutigen Standort aufgestellt.“ (S. 21)

Wolfshinweise bei zwei Reiseschriftstellern

Nach den im Jahr 1831 entstandenen „Schilderungen vaterländischer Gebirgsgegenden. Erstes Bändchen: Der Schneeberg“ (Wien: Im Verlage bei Anton Doll, 144 S., hier: S. 27) heißt es beim Topographen, Geographen und Schriftsteller Adolf Anton Schmidl (1802–1863) über die Verbreitung der Bären und Wölfe: „Beinahe in jedem Forste erscheint Vater Petz, ist aber ziemlich gutartiger Natur. Er sowol, als der Wolf, ist besonders im Höllenthale häufig.“ Das Höllental kristallisiert sich im Schneeberggebiet als bevorzugter Aufenthaltsort von Meister Petz und Meister Isegrim heraus.

„Nur eine Tagreise von der angenehmsten und volkreichsten deutschen Residenz, von Wien, entfernt, hausen Bären, Wölfe und Luchse, d. h. in dem Höllenthale und seiner Umgebung an den Felsenabstürzen des Schneeberges.“ So steht es in der 1834 erschienenen umfangreichen Darstellung von Julius Max Schottky mit dem Buchtitel „Bilder aus der süddeutschen Alpenwelt“ (Innsbruck: Wagner'sche Buchhandlung, 275 S., hier: S. 222).

Bei Adolf Anton Schmidl findet sich in seinem 1838 veröffentlichten zweiten Band von „Wien's Umgebungen auf zwanzig Stunden Umkreise. Nach eigenen Wanderungen geschildert“ (Wien: Verlag bei Carl Gerold, 640 S.) diese Wolfsgeschichte aus dem Bezirk Wiener Neustadt-Land: „Wer von der Rosalienkapelle fahren will, findet in Hochwolkersdorf ein uraltes Kirchlein, dann bei der schönen Annakapelle, 1409 renovirt, eine reizende Fernsicht, endlich in Wismath (= Wiesmath, Anm. G. J.) eine alte, einst befestigte Kirche. Im Grenzwald bezeichnet ein Kreuz die Stelle, wo einst zwei Reisende sammt ihren Pferden von den Wölfen aufgefressen wurden.“ (S. 522)

Wolfsspuren im oberen Schwarzagebiet

Pfarrer Anton Hrodegh, der in Schwarzau im Gebirge als Seelsorger wirkte, geht im Jahr 1918 in seinem Beitrag „Über Fluß-, Flur- und Hausnamen im oberen Schwarzagebiet“ (in: „Jahrbuch für Landeskunde von Niederösterreich“, Band 17/18, Wien, S. 72–98) auch den großen Beutegreifern in sprachlicher Hinsicht nach: „Wolf erscheint in Woifsdai (Kaiserbrunn) und in dem Namen Wolfsgruabm (Fegenberg, gegen das Riglhaisl zu).“ (S. 82)

Über das Vertreiben und Bejagen der Wölfe heißt es: „In der Nacht hielt man sich durch Feuerschlagen mit Stahl und Feuerstein diese gefährlichen Raubtiere vom Leibe. Als Lockmittel band man hier eine meckernde Ziege an einen Pfahl in der Mitte der Wolfsgruben. Den letzten Wolf schoß gegen Mitte des vorigen Jahrhunderts (19. Jahrhundert, Anm. G. J.) ein gewisser Glinzerer von der Voismühl im Heufuß des Naßwaldes.“ (S. 83)

Wölfe im Schnee. Künstleransichtskarte von M. Müller jun., um 1900 (Bildarchiv Georg Jäger).

Winternacht in Litauen, signiert vom bekannten polnischen Maler Alfred von Wierusz-Kowalski (1849–1915), abgestempelt am 21. Oktober 1910 (Bildarchiv Georg Jäger).

Wölfe laufen in einem eiskalten Winter durch den Schnee, um 1900 (Bildarchiv Georg Jäger).

Wölfe in der Mondscheinnacht. Nuit le lune en hiver. Künstleransichtskarte von J. Brower, um 1910 (Bildarchiv Georg Jäger).

Die Wolfsjagd am Wechsel mit 90 Schützen

Die „Jagd-Zeitung" (4. Jg., Nr. 14, Wien, S. 452–453: Mannigfaltiges. Eine Wolfsjagd auf dem Wechsel) schildert am Mittwoch, 31. Juli 1861 eine Wolfsjagd auf dem an der Grenze zwischen Niederösterreich und Steiermark östlich der Mur gelegenen Wechsel, bei der nicht weniger als 90 Schützen aufgeboten wurden.

Viehschäden durch vierköpfige Wolfsfamilie

„Zwischen Oesterreich und Steiermark, nahe an der um ein Spottgeld an Fremde verschacherten Südbahn erhebt sich der 5497 Fuß hohe Wechsel, dessen Umsicht im Vorbeigehen gesagt noch schöner und malerischer ist als die des Schneebergs, dessen Besteigung leider dem Wiener Publikum zum Schaden des Schneeberger Wildstandes bereits allzusehr in die Köpfe gefahren." (S. 452)

„In Folge einer Anzeige, daß in der nächsten Umgebung des Wechsel mehrere Stück Vieh von einer angeblich aus vier Mitgliedern bestehenden Wolfsfamilie zerrissen wurden, hatten vier k. k. Bezirksämter eine Treibjagd für den 23. Juli angeordnet. Derlei Jagden erfreuen sich bekanntlich selbst bei dem besten offiziellen Willen nicht des solidesten Rufes; indem trotz der erfahrensten Leitung einer solchen Jagd, die ich höflicherweise immer voraussetze, es stets dabei irgendeinen bedeutenden Hacken hat, den man in der ordre de bataille entweder ganz übersehen, oder wenigstens als keinen bedeutenden Faktor angesprochen hatte. So kam's auch hier." (S. 452)

„Mag es sein, daß die Leute in dem angrenzenden steierischen Gebiete sich aus föderalistischen Ursachen bei der erwähnten Treibjagd passiv verhielten, oder von der bangen, nicht unbegründeten Besorgniß gequält waren, daß ein gleichzeitiges Treiben auf ihrem Terrain manch' gutes Stück Rehwild den schießlustigen Niederösterreichern vor die undiskrete Flinte bringen könnte; genug an dem, die Steirer hatten keine Sehnsucht nach einer Mitbethätigung bei der amtlichen Schreijagd und Knallerei, was zur Folge hatte, daß das Treiben auf einer großen Strecke abgerissen blieb." (S. 452)

90 Schützen auf der damaligen Wolfsjagd

„Die Erfolge einer solchen Jagd sind demnach kurz erzählt. Gegen 90 Schützen, von denen manche selbst aus Wien herbeigeeilt kamen, okkupirten am 22. Abends die Moser'sche Alm auf dem Wechsel und gedachten beim heiteren Abendschmause mit der besten Zuversicht der morgigen erfolgreichen Thaten, welche sich aber leider nur auf einen Rehbock und mehrere erschossen gefundene Schafe beschränkten; während die Wolfsfamilie durch ihre Abwesenheit glänzte." (S. 452)
„Demungeachtet sind seit jenem Jagdtag keine Verwüstungen der Wölfe mehr

kund geworden, und es ist daher leicht möglich, daß letztere, falls Wölfe überhaupt vorhanden waren, was am Ende auch noch nicht zuverlässig erwiesen ist, nunmehr im Steierischen ihren Appetit befriedigen werden, welcher Umstand voraussetzlich dann dort eine Treibjagd hervorrufen dürfte, an welcher sich wieder die Niederösterreicher nicht betheiligen könnten. Moral: Dies Bild zeigt uns im Kleinen, was im Großen uns schädigt; denn würde man innig und einig zusammenhalten, so wär's bald mit den Wölfen aus. Schon der alte Lafontaine hat dies in einer weltbekannten Fabel gesagt." (S. 452–453)

Keine Beteilung der Steirer an der Treibjagd

Gerald Majcen nimmt in seiner wissenschaftlichen Publikation „Luchs (Lynx lynx, L.) und Wolf (Canis lupus, L.) in der Steiermark" (Graz 1998: Naturwissenschaftlicher Verein für Steiermark, 63 S.) zu dieser damaligen Unternehmung Stellung und äußert sich dazu kritisch:

„Am 23. Juli 1861 fand wieder eine der so ‚beliebten' behördlichen Treibjagden auf vier angebliche Wölfe auf dem Wechsel, jenem nördlich von Vorau an der Grenze zu Niederösterreich gelegenen Gebirge, statt. Bei der an und für sich länderübergreifend geplanten Veranstaltung boten die Niederösterreicher immerhin 90 Schützen auf. In der Sache konsequent zeigten sich die Steirer: von ihnen ging gleich niemand hin." (S. 40)

„Die ganze Angelegenheit wurde dann auch ein kompletter Fehlschlag: Die Jagdstrecke, ein Rehbock sowie einige Schafe, konnte die Erwartungen schwerlich befriedigt haben. Es war jedoch schon ein gewisser Jagdtourismus vorhanden, etliche Schützen kamen sogar aus Wien angereist." (S. 40)

Kirchberg am Wechsel in Niederösterreich, 1930er-Jahre (Foto: J. Reitter, Bildarchiv Georg Jäger).

Der arme Wolf beim Kirchenbau im Wechselgebiet

Josef Pöttinger veröffentlichte im Jahr 1925 unter dem Buchtitel „Niederösterreichische Volkssagen" (Wien: Österreichischer Bundesverlag für Unterricht, Wissenschaft und Kunst, 369 S.) die Sage „Der Teufel hilft eine Kirche bauen" (Nr. 13), bei der neben dem Satan auch ein Wolf vorgekommen ist: „Als der heilige Wolfgang im Wechselgebiet kam, wurden die Leute dort frommen Sinnes und begannen auf einem Hügel bei Kirchberg am Wechsel den Bau einer schönen Kirche." (S. 37)

„Damit nun das Werk rascher zustande komme, mußte jeder Vorübergehende Steine oder Sand zutragen. Aber trotzdem schritt der Bau recht langsam fort und der Baumeister begann zu verzagen. Zu dieser Zeit erschien der Teufel und versprach, die Kirche in drei Tagen fertigzustellen, wenn er dafür die Seele des ersten, der das Gotteshaus nach seiner Vollendung betrete, bekommen sollte. Eine Weile zögerte der Baumeister, dann aber unterschrieb er den Pakt unter der Bedingung, daß der Vertrag geheimgehalten werde. Während dreier Tage leistete der Teufel eine gewaltige Arbeit, so daß am vierten Tag die Kirche herrlich ausgebaut dastand. Da staunten die Leute nicht wenig und der Baumeister, vom bösen Gewissen gepeinigt, erzählte nun, was er mit dem Teufel vereinbart habe. Jetzt wollte natürlich niemand zuerst in die Kirche gehen und der Baumeister mußte schließlich zu einer List seine Zuflucht nehmen." (S. 37–38)

„Er ließ am Wechselberge einen Wolf fangen und ihn vor die Kirche bringen. Darauf ließ er die Glocken läuten, als beginne man ein hohes Fest, und stieß den Wolf, nachdem man das Kirchentor geöffnet hatte, in das Gotteshaus hinein, wo der Satan schon seit etlichen Tagen auf die erste arme Seele lauerte. Mit einem Griffe faßte der böse Feind den armen Wolf und riß ihm die Seele aus dem Leibe. Wie er aber bemerkte, anstatt einer kostbaren Menschenseele eine armselige Wolfsseele bekommen zu haben, packte ihn die Wut, daß er sich nicht die Zeit nahm, bei seinem Auszuge die Türe zu benützen, sondern mit widerlichem Gebrüll durch die Mauer hinausfuhr. Das dadurch entstandene Loch konnte nie mehr ganz zugemauert werden. So hatte der Teufel beim Bau der St. Wolfgangs-Kirche bei Kirchberg am Wechsel mitgeholfen." (S. 38)

Vom Spielmann in der Wolfsgrube in Rohr im Gebirge

Der in Pernitz wohnhafte niederösterreichische Sagensammler Rudolf Fleischmann bringt im lesenswerten Buch „Die Sagenwelt des Schneeberglandes" (Berndorf 2017: Kral Verlag, 159 S., hier: S. 25) die Sage „Der Spielmann in der Wolfsgrube" mit der schon aus dem Mühlviertel bekannten Erzählung des betrunkenen Musikanten, der nach einer ausgiebigen Feier die Nacht mit dem Wolf in der Grube verbrachte. Diese Sage findet sich in ähnlicher Form wohl in jedem Ort, wo es Wolfsgruben gibt:

„Den Spielleuten war nie der Weg zu weit, wenn sie wo aufspielen und etwas verdienen konnten. So hatte einmal ein Ramsauer Spielmann in Rohr bei einer Hochzeit im Fasching aufgespielt. Drei Tage dauerte das Fest. Als er sich dann, reichlich entlohnt, in der Nacht zum vierten Tag auf den Heimweg machte, kam er in ein arges Schneetreiben und verlor beim Ramsauer Gschaid den Weg und fiel in eine Wolfsgrube. Als er in der finsteren Grube seine Fiedel suchend herumtappte, funkelten ihm aus dem Dunkel zwei böse, grüne Lichter entgegen. Ein Wolf! Knurrend kam er immer näher auf ihn zu. In seinem Schrecken griff der Spielmann nach seiner Fiedel und spielte drauflos. Und das schien zu helfen, denn der Wolf zog sich in die äußerste Ecke der Grube zurück. Aber kaum hörte der Spielmann zu spielen auf, schob sich der Wolf wieder näher. Zwei Tage und zwei Nächte geigte der arme Spielmann in der Wolfsgrube, bis ihn endlich ein Jäger, der vom Wassergraben heraufkam, aus seiner Bedrängnis befreite. Die Wolfsgrube sieht man heute noch."

Zusammenfassende Schlussbemerkungen

Während der frühen Neuzeit wurde Oberösterreich von einer großen Wolfsplage heimgesucht. Das Zusammenleben mit den Wölfen war auch hier sehr konfliktreich. Im 19. Jahrhundert wurden unter anderem folgende sechs Wolfsjagden veranstaltet: 1811 bei Kirchdorf im Kremstal (Traunviertel), 1811 bei Grünau im Almtal (Traunviertel), 1836 in St. Oswald bei Freistadt (Bezirk Freistadt, Mühlviertel), 1854 in Königswiesen (Bezirk Freistadt, Mühlviertel), 1862 in Ampflwang (Bezirk Vöcklabruck, Hausruckviertel) und 1882 in Frankenburg (Bezirk Vöcklabruck, Hausruckviertel).

In der Umgebung von St. Oswald bei Freistadt waren 1523 bereits über 40 Fallgruben zum Anlocken der Wölfe vorhanden. In den Kältejahren 1600, 1693 und 1760 gab es im Mühlviertel verstärkte Wolfsaktivitäten. Dem Jägeramt in Krumau wurden zwischen 1603 und 1649 nicht weniger als 694 Wölfe geliefert. Und im Jahr 1730 kehrte sogar die Krumauer Fürstin Eleonore zu Schwarzenberg erfolgreich von einer Wolfsjagd unter dem Plöckenstein zurück.

Auch in den Wäldern des Stiftes Schlägl wurden im 18. Jahrhundert, aber in vergleichsweise deutlich geringerer Zahl, mehrere Wölfe erlegt. Während des 19. Jahrhunderts kamen diese fast ausgerotteten großen Beutegreifer in Oberösterreich nur mehr vereinzelt vor und zogen eine uneingeschränkte waidmännische Aufmerksamkeit auf sich. So waren bei der im Jahr 1862 erfolgten Jagd auf den Wolf bei Ampflwang immerhin noch 15 Männer beteiligt.

Die früher überall im Mühlviertel errichteten Wolfsgruben waren auch für die Menschen gefährlich, wie folgende wahre Begebenheit zeigt, die unter anderem der Historiker Laurenz Pröll und der Heimatforscher Otto Milfait erzählen. Dabei gilt wieder einmal das Sprichwort: „Wer andern eine Grube gräbt, fällt selbst hinein." Im August 1643 fiel der Schmied Hans Aigen aus Köckendorf in die Wolfsgrube im Hinterwald. Zwei Tage lang lag er dort verletzt, bevor er endlich am dritten Tage völlig erschöpft und dem Tode nahe in der Grube gefunden wurde. Erfreulicherweise konnte Hans Aigen noch aus seiner furchtbaren Lage befreit werden.

Der Lärmbrauch des „Wolfablassens" war früher im Mühlviertel weit verbreitet. Am Vorabend zum Martinitag (11. November), bevor das Viehhüten beendet wurde, trafen sich junge Männer am Dorfeingang. Wenn es genug dunkel war, liefen sie unter anderem mit altem Blechgeschirr durch die Dorfstraße bis zum Dorfende und riefen lautstark, sodass alle Wölfe abgelassen (= vertrieben) wären. Dieser Brauch geht auf eine Zeit zurück, in der die Wölfe noch weidende Schafherden überfallen haben.

Ganz zufällig ist Rainer G. Schöller im ebenfalls während der frühen Neuzeit von den Wölfen heimgesuchten Niederösterreich auf einen eigenen Wolfssegen gestoßen, den die Chronik des Hieronymus Beck aus Leopoldsdorf vollständig wiedergibt. Diese wertvolle Quelle des Augustiner-Chorherrenstiftes Klosterneuburg datiert auf die zweite Hälfte des 16. Jahrhunderts. Unter den Nutztieren als Opfer des großen Beutegreifers werden die Rinder, Schafe, Ziegen und Schweine angeführt.

Die erste Hälfte des 17. Jahrhunderts stand im Zeichen einer starken Zunahme der Wolfspopulationen. Nach einem Schreibkalender von Kaiser Ferdinand II. wurden am 29. November 1626 im Prater sieben Wölfe erlegt. Aus Abschusslisten geht unter anderem hervor, dass 1644 ein Wolf bei Stockerau und 1669 vier Wölfe in der Kriau zur Strecke gebracht werden konnten. Noch zu Beginn des 18. Jahrhunderts kamen in Niederösterreich die Wölfe im Yspertal so häufig vor, dass die Forstarbeiter beim Waldabholzen den hungrigen Raubtieren „öfters ein Rind" geben mussten, um die eigene nackte Haut zu retten.

In den Wintermonaten des Jahres 1714 tauchten Wölfe im Neustädter Föhrenwald und am Höhenberg bei Pottenstein auf. 1763 wurden acht Wölfe im Badener Amt und drei Wölfe im Neustädter Amt erlegt. Vor allem das Triesting- und Piestingtal war sehr wolfsreich. Nicht umsonst ist im Jahr 1807 von sieben erlegten Wölfen in Baden bei Wien die Rede. 1811 tötete der Oberjäger in Stixenstein elf Wölfe, worunter sich zwei alte und neun junge Tiere befanden.

Zwischen 1834 und 1849 gab es weitere Jagden auf Wölfe. So wurde im Frühjahr 1846 ein Wolf im Laxenburger Park erlegt. Die letzten Wolfsjagden fanden in den 1860er-Jahren statt. Am Rundwanderweg von Berndorf über das Waxeneck hinauf zur Hohen Mandling gibt es heute noch eine Gedenktafel mit folgender Aufschrift: „An dieser Stelle wurde am 20. November 1866 der letzte in Niederösterreich vorgekommene Wolf durch den Erzherzoglichen Forstadjunkten Michael Wagner aus Steinhof erlegt."

Wölfe in Wien und im Burgenland

Der Wolf. Künstlerkarte, um 1900 (Bildquelle: Kunstverlag Max Sinz, Dresden; Bildarchiv Georg Jäger).

Wölfe, Wolfsgärten und Wolfssegen in Wien

Im umfangreichen Katalog „Jagdzeit. Österreichs Jagdgeschichte – Eine Pirsch" (209. Sonderausstellung des Historischen Museums der Stadt Wien, kuratiert von Renata Kassal-Mikula und Selma Krasa-Florian. Hermesvilla, Lainzer Tiergarten, 28. März 1996 bis 16. Februar 1997. Wien 1996: Eigenverlag der Museen der Stadt Wien, 356 S.) finden sich im Kapitel „Wien als Jagdresidenz – Eine Spurenlese" (S. 113–149) auch Hinweise zu den Wolfsjagden, wobei der Artikel von Karl Leeder über „Bären und Wolfsjagden in und um Wien" aus der Fachzeitschrift „Österreichs Weidwerk" (6. Jg., Wien 1933: Österreichischer Jagd- und Fischereiverlag, S. 48 und S. 52) herangezogen wurde.

Wolfsgärten als raffinierte Fanganlagen

Vor allem die Wölfe im Einzugsgebiet von Wien, die „auch dem zahmen Vieh und selbst dem Menschen Schaden zufügten", bereiteten nicht nur den Jägern große Sorgen. Auch die Landbewohner hatten das Recht, die im Vergleich zu den Bären als viel scheuer geltenden Wölfe zu jagen. „Ihr plötzliches Auftauchen und angsteinflößendes Heulen in Vollmondnächten beflügelte zwar die Phantasie der Bevölkerung, aber wenn sich die Wölfe im Winter rudelten und die Umgebung von Siedlungen hungrig durchstreiften, wurden sie zur echten Lebensgefahr für die Menschen." (S. 115–116)

Im ausgehenden Mittelalter entstanden in Wien herum „Wolfsgärten", die mit ihren „Einsprüngen" in der Umzäunung raffinierte Fanganlagen waren. Hinter den Öffnungen in den Eichenplanken – den „Einsprüngen" – war ein Graben ausgehoben, über den die Wölfe hineinspringen, aber nicht mehr zurückkommen konnten. „Die Bewohner der Umgebung der Wolfsgärten, ‚so sie zwei meil wegs herum wohnhaft sind', mußten ihr verendetes Vieh und andere Kadaver in den Wolfsgarten bringen, um mit der starken Geruchsentwicklung die Wölfe zum Einspringen zu veranlassen. Von Zeit zu Zeit wurden die gefangenen Wölfe mit üblichem Zeremoniell im Wolfsgarten bejagt oder ganz einfach getötet." (S. 116)

Es gab um Wien zwei große Wolfsgärten: „Der eine lag am Rande der Donauauen beim Gut Ebersdorf, also östlich der Stadt, und der zweite im Westen, unweit von Hütteldorf, am Rand des Wienerwaldes und der Auen des Wienflusses. Dieser Wolfsgarten bei Hütteldorf, der 1495 angelegt wurde, hat dem heutigen Wolferberg den Namen gegeben. Wegen der hohen Erhaltungskosten ist dieser Wolfsgarten im Jahre 1614 – somit nach einem Bestand von ungefähr 120 Jahren – aufgelassen worden, obwohl die Wölfe die Umgebung Wiens und besonders die ‚Linzer Post- oder Commerzstraße' unsicher machten." (S. 116)

Geschichte des Wolfsgartens beim Auhof

Das bekannte Jägerwirtshaus „Zum Wolfen in der Au“ an der Linzer Post- oder Commerzstraße wurde als Teil des an beiden Seiten liegenden „Auhofer Gutes“ im Jahr 1560 durch Kaiser Ferdinand I. erworben. Dieser Gebäudekomplex musste allerdings erst saniert und ausgebaut werden, weil er auch als Unterkunft für zahlreiche Jäger und deren Jagdsachen dienen sollte, die zur Wolfsbekämpfung im Tal des Wienflusses eingesetzt wurden. 1833 konnte im Bereich des Auhofs der letzte Wolf erlegt werden. „Bis zu Maria Theresia gehörten zu den Bezügen des Forstmeisters im Auhof nicht nur die Einkünfte aus dem Holz der Wälder, die das Gasthaus umgaben, sondern auch alle Erlöse aus seiner Verpachtung.“ (S. 147)
Karl Leeder geht schon in seinem Fachaufsatz „Beiträge zur Geschichte des k. k. Thiergartens nächst Wien und des Auhofes“ (in: „Blätter des Vereines für Landeskunde von Niederösterreich“, 35. Jg., Neue Folge, Wien 1901, S. 464–473) auf die Wolfsgärten im Raum Wien und Umgebung ein:

„Wolfsgärten gab es in Niederösterreich mehrere: so bei Ebersdorf, bei Wiener Neustadt, bei Enzesfeld an der Triesting und beim Auhof. Letztere wird zuerst in einer Instruction für den Jägermeister Ulrich Ochs erwähnt. Es heisst darin: ‚Item desgleichen (lass machen) den Wolfsgarten vnnder dem Gluthafen, alsdann der genannt Ulrich Ochs Jägermaister auch anzeigen wierdet.‘ Die Instruction, welche nur abschriftlich vorliegt, dürfte um das Jahr 1495 herum gegeben worden sein.“ (S. 466)

„Wo der ‚Gluthafen‘ zu suchen ist, dafür giebt der heute noch bestehende Name ‚Glutmühle‘ (welche etwa einen Kilometer unterhalb des Auhofes liegt) einen Anhaltspunkt. Eine weitere Andeutung, dass wir in der nächsten Nähe des Auhofes den Wolfsgarten zu suchen haben, finden wir im Tagebuche des Erasmus von Puchheim. Derselbe teilt in diesem Tagebuche mit, dass er anlässlich eines Besuches von Wien am 14. September 1557 eine Jagd mitgemacht habe: ‚Wien bey Hof ain Wilfin gefangen‘ heisst es. Auch die noch erhaltenen Namen ‚Wolfersberg‘, ‚Wolf in der Au‘ weisen auf den Bestand des dortigen Wolfgartens hin.“ (S. 466–467)

Zu Beginn des 17. Jahrhunderts beschäftigt sich ein Bericht am 18. Februar 1614 mit der „Wiederaufrichtung des Wolfsgartens beim Auhof“. Die anfallenden Kosten wurden auf 542 Gulden veranschlagt. „Der Wiederaufbau des Wolfgartens unterbleibt schliesslich, da nebst den baren Kosten noch 1800 Stämme nötig wären und es dringendere Bauten giebt; so besagt das Concept der Erledigung.“ (S. 467)

Der „Wolfssegen“ in Wien zur Christnacht

Der Angst vor den Wölfen, die über Jahrhunderte in der lange um Wien bestehenden Wildnis hausten, die Menschen mit ihrem Geheul erschreckten und den Nutztieren besonders gefährlich wurden, suchte man durch den sogenannten „Wolfssegen“ entgegenzuwirken. Noch im Jahr 1749 wurde nach dem feierlichen Hochamt der Wolfssegen erteilt, was mehreren Hinweisen aus dem Schrifttum zu entnehmen ist. Seit 1785 (also unter Kaiser Joseph II.) unterblieb diese Segnung in der Stephanskirche.

Anton Mailly hat sich ausführlich in der „Wiener Zeitung" (222. Jg., Nr. 294, Freitag, 25. Dezember 1925, Beilage der Wiener Zeitung – Weihnachten 1925, S. 1–2: Der „Wolfssegen" in der Christnacht) zum Wolfssegen geäußert und schreibt über diesen Brauch folgende Zeilen: „In einem Kodex über den Gottesdienst bei Sankt Stephan in Wien aus dem Jahre 1580 wird berichtet, daß die argen Verwüstungen der Wölfe in der Umgebung der Stadt die Anregung zur Einführung des ‚Wolfssegens' in der Christnacht gegeben hätten. Erwähnt wird diese uralte Zeremonie unter Pfarrer Heinrich im 14. Jahrhundert; im 16. Jahrhundert kam sie außer Übung." (S. 1)

„Im 17. Jahrhundert gehörte der Wolfssegen in Wien schon der Geschichte an. Testarello, der in der zweiten Hälfte dieses Jahrhunderts als Domherr bei St. Stephan wirkte, hält sich in seiner Chronik hinsichtlich der Einführung des ‚Wolfssegens' an den Kodex aus dem Jahre 1580. Er teilt mit, daß in der heiligen Christnacht nach der Mette und dem Hohen Amte, das für gewöhnlich von dem Domdechanten abgehalten wurde, das Evangelium Liber generationis Jesu Christi secundum Matthaenum (das Buch vom Stammbaum Christi nach Matthäus, I, 18–25), der ‚Wolfssegen' genannt, in einem absonderlichen Tone unter Läuten der großen Glocke in der Domkirche gesungen wurde. Er fügt hinzu: ‚Als vor einigen hundert Jahren die Stadt Wien noch unausgebaut und ringsum, noch ein lauterer Wildnus wäre, die die Wulf herumer in einer so großen Menge und Grausamkeit, die Inwohner dahier mit ihrem erschröcklichen Geheul quäleten und sehr großen Schaden zufuegten, also daß fast keiner vor ihnen sicher were.'" (S. 1)

„Als das Evangelium in der Weihnacht eingeführt wurde, ‚hat sich das wilde Viehe verloren und seind von selbiger Zeiten keine Wölf mehr gesehen worden, weshalb man dann auch diesen löblichen alther gebrachten Brauch alle Jahre in der Christnacht ausgeübt hat.' Donin (‚Gott und seine Diener', Wien 1874) gibt denselben Grund an: ‚Wien litt in alten Zeiten so lange unter der Wolfsnot, bis einmal in einer Christnacht, da man die Tiere vor den Toren der Stadt heulen hörte, der Stammbaum Christi in der Kirche feierlich abgelesen wurde, worauf sie sich für immer von der Stadt ferne hielten. Aus diesem Grunde wurde dann jährlich der ‚Wolfssegen' gelesen. Spätere Chronisten unterstützen diese Begründung von der Wolfsplage Wiens mit der Erwähnung der Wolfsau (Brigittenau), der ‚Wolfsbrücke' und der ‚Wolfsschanze' (beim Tabor).'" (S. 1)

Das Schießen auf Wölfe zu Weihnachten

„Schlager bemerkt in seinen ‚Wiener Skizzen aus dem Mittelalter' (Band II, 3) dazu, daß der alte Brauch des Volkes, in der Thomasnacht und in den Rauhnächten in der Stadt Feuergewehre abzuschießen, vom ‚Wolfssegen' herrührt. In den Stadtbüchern wird im Verlauf des 15. Jahrhunderts jährlich der Ruf dieses Verbotes erwähnt: ‚Ruff daß man am hl. Thomas Abend vund die andern Rauhnächte bey Straff sich des Schießens, nächtlicher Weil in der Stat enthalten soll.' In der Folge findet man den Ruf des öfteren wiederholt. Schlager unterstützt auch die Begründung Testarellos zur Einführung des Wolfssegens in Wien. Das üblich gewesene Schießen in der Weihnachtszeit hat sich in der Überlieferung des Volkes fast überall erhalten. Der Brauch wurde also überall gepflegt. Im Burgenländischen sagt man dazu, daß in der Weihnachtszeit ‚die Wölfe herumgehen', weshalb früher einmal, um sie zu verjagen, geschossen wurde." (S. 1)

„In den Alpen und in Süddeutschland wird erzählt, daß nach altem Volksglauben die bösen Geister in der Christnacht und während der zwölften Stunde ganz besondere Gewalt über die Menschen hätten und als Werwölfe umgingen, die der ‚Wolfssegen' abwehren soll. Soweit die Chroniken und die Volksüberlieferung über den Wolfssegen, aus denen zu ersehen ist, daß der Ursprung des liturgischen Weihnachts-‚Wolfssegens' schon frühzeitig dem Volke unbekannt war und seine Deutung dem im Mittelalter entstandenen ‚Wolfssegen' zur Abwehr der wirklichen Wölfe angepaßt wurde. Die Verse 18 bis 23 des 1. Kapitels des Evangeliums des heiligen Matthäus erzählen von der Geburt Christi, behandeln also ein geeignetes historisches Ereignis für die Christnacht. Es muß daher ein tieferer Grund vorhanden sein, warum man das Vorlesen dieser Verse den ‚Wolfssegen' benannt hat. Die vergleichende Symbolik in der Mythologie der Antike führt uns auf die richtige Spur dieser Bezeichnung für die Verse des Evangelisten Matthäus." (S. 1)

Die Anfänge des liturgischen „Wolfssegens"

„Die Einführung des liturgischen ‚Wolfssegens' ist wahrscheinlich in der Christianisierungszeit in Rom selbst entstanden. Der ‚Wolfssegen' war jahrhundertelang ein kirchliches Gebet in der Weihnacht und hielt sich am längsten in Italien und besonders bei den östlichen Slawen (Russen). Alte Liturgien der verschiedenen christlichen Volksstämme berichten über diesen Segen und fast überall wird dieselbe Begründung seiner Einführung wie in Wien mitgeteilt. In Italien wurde der Segen noch vor mehr als hundert Jahren in der Christnacht vorgesungen, was durchaus nicht absonderlich erscheint, wenn man bedenkt, daß er eine Verkündigung enthält, die die Einführung der christlichen Religion begründet." (S. 1)

„Der Ursprung des liturgischen ‚Wolfssegens' ist in den Luperkalien, dem sogenannten Wolfsfeste, im alten Rom zu suchen. Der Wolf besaß schon im Altertum eine vielseitige Symbolik. Für das Fest der Luperkalien galt dieses Tier als Repräsentant der Winterwende, daher die noch erhaltene Überlieferung, daß der Wolf in den Rauhnächten am ärgsten wüte, weil eben sein Reich zu Ende geht. Im alten Rom hatte man die Vorstellung, daß mit dem Abnehmen der lebendigen Kraft in der Natur die Macht des Todes zunehme und so wurde zu Ende des Jahres, vor dem Beginn des neuen Frühlingslebens, die Gewalt des Totenreiches als besonders unheimlich geschildert. Darum wurden in den letzten Tagen des Jahres Reinigungen veranstaltet, um die Geister der Unterwelt zu sühnen." (S. 1)

Das Luperkalien- oder Wolfsfest der Römer

„Der Lichtgott wurde als ‚Wolfsabwehrer' betrachtet und das Fest des ‚wolfabwehrenden Gottes' oder das ‚Wolfabwehrungsfest', das Luperkalienfest, wurde im Februar gefeiert. Die Priester hießen die Wolfsabwehrer. Wenn auch das Volk den Gott unter diesen Namen als einen ländlichen Beschützer der Herden ansehen mochte, von dem es meinte, er wehre die wirklichen Wölfe von seinen Herden ab, so ist doch der Grund kein anderer gewesen, als der Lichtgott möge den Tod von dem Volke und seinen Herden abwehren und das Leben befördern." (S. 2) Dies kommt auch in der Festzeremonie deutlich zum Ausdruck:

„Man sprang übers Feuer und trieb die Herden darüber, was mit der Abwehr des wirklichen Wolfes mehr in volksgläubiger Beziehung steht. Die Priester liefen als Wolfsabwehrer, mit Riemen von Bockfell in der Hand, nackt durch die Stadt und schlugen damit die Frauen, die sich ihnen in den Weg stellten, in dem Glauben, dadurch Fruchtbarkeit zu erzeugen. Der Kern dieser symbolischen Handlung war also die Abwehr der Todesgewalt und der abzuwehrende Wolf war das Sinnbild der alles verschlingenden Unterwelt. Daß man den Wolf zum Sinnbild alles Räuberischen erwählte, liegt in der Natur seines Wesens." (S. 2)

Wolfssymbolik bei Slawen und Germanen

„Ganz dieselbe Wolfssymbolik findet man bei den alten Slawen, die an ihrem Winterwendefest ‚Koleda' ein Wolfbild herumtrugen, um damit anzudeuten, daß die Macht des Czernobog (schwarzer Gott) nun gebrochen sei. Das Einsammeln des ‚Wolfsgeldes' am Pfingstsonntag deutet auf das Wegschaffen des Winters hin." (S. 2) Auch in der germanischen Götterwelt spielt der Wolf eine verwandte Rolle:

„Odin hatte zwei Wölfe, die die beiden den Tag begrenzenden Nächte symbolisierten. Der Wolf Fenrir stellt der Sonne (und dem Monde) nach, um sie zu verschlingen, das heißt, dem Lichte, weshalb er verscheucht wird." (S. 2)

„In den Rauhnächten heulen im wütenden Heer die Wölfe. Noch zu Zeiten Karls des Großen hieß der erste Wintermonat (vom 23. November bis 22. Dezember) Wolfsmonat, indem, wie bereits erwähnt, die bösen Geister als Werwölfe sich ihre Opfer unter den Lebenden suchten. Dieser Volksglaube ist auch bei den Romanen und Slawen zu finden und hat zu vielen Sagenbildungen geführt, die noch heute im Volke fortleben." (S. 2)

„Viehsegen", „Hirtensegen" oder „Wolfssegen"

„Aus mittelalterlicher Zeit blieben Gebete zum Schutze des Weideviehs gegen Wölfe erhalten, die ‚Viehsegen', ‚Hirtensegen' oder ‚Wolfssegen' genannt werden. Diese ‚Wolfssegen' sind, wie schon angedeutet, mit dem liturgischen ‚Wolfssegen', dessen Entstehung in der vergleichenden Mythologie nachgewiesen erscheint, nicht in Zusammenhang zu bringen. Während es sich beim liturgischen ‚Wolfssegen' um den Wolf als Sinnbild der Winterwende, der Finsternis handelt, gilt der ‚Hirtensegen' gegen den wirklichen Wolf, der bekanntlich in die Herde sich einschleicht und das Vieh zerreißt und raubt. Diese Eigenschaft des Wolfes, bekannt aus einem Gleichnisse Christi, wird im mittelalterlichen Tierepos hervorgehoben. In diesem Sinne fassen auch die Kirchenschriftsteller den Wolf als einen Seelenräuber, als den Teufel auf." (S. 2)

Grimm teilt dazu folgende Hirtensage mit: „Christus, der Sohn (Gottes), ging unter die Tiere. Da trat Frau Maria herfür: ‚Heb' auf, Christus Sohn, deine Hand und versegen mir Vieh und Land, daß kein Wolf beiße, keine Wölfin stoße und kein Dieb komm' ins Gebiet. Du hör's, trotz Markstein. Hilf mir, daß ich komm'gesund, ungefährdet heim!" (S. 2) Dieser Spruch sagt deutlich, dass er in jenen unsicheren Zeiten verfasst wurde, in der die raubgierigen Wölfe Wald und Flur durchstreiften. Dieselbe Bedeutung ist noch diesem „Wolfssegen" mit den Wolfspatronen St. Martin, St. Wolfgang und St. Peter beizumessen:

„Ich treib' heut' aus in unserer lieben Frauen Haus, in Abrahams Garten; der liebe Herr St. Martein, der soll heut' meines Viehes pflegen und warten, und der liebe Herr St. Wolfgang, der liebe Herr St. Peter, der hat den himmlischen Schlüssel, die versperren dem Wolf und der Wölfin ihren Rüssel, daß sie weder Blut lassen, noch Bein schroten. Das helfe mir der Mann, der kein Übel nie hat getann, und die heiligen fünf Wunden behüten mein Vieh vor allen Holzhunden." (S. 2) Wenn der Bergbauer früher sein Vieh auf die Alm trieb, dann sprach er genau den gleichen Wolfssegen aus, der so auch wortwörtlich aus dem 15. Jahrhundert beim bayerischen Volk überliefert ist. Dabei steht am Ende noch: „V pater noster et V ave Maria." (Max Höfler, Die Kalender-Heiligen als Krankheits-Patrone beim bayerischen Volk. In: „Zeitschrift des Vereins für Volkskunde", 1. Jg., Berlin 1891, S. 292–306, hier: S. 302 – St. Wolfgang).

Der im Volksglauben tradierte „Wolfssegen"

„Die Mysterien der Antike enthalten symbolische Bilder der Naturmythe, die das Geheimnis der Wechsel der Gezeiten verkündet. Licht und Finsternis kämpfen miteinander, wobei immer der Sieg des Lichtes gefeiert wird. Die Symbolik des Wolfabwehrungsfestes der Römer wurde der christlichen Heilslehre in der Weise angepaßt, daß Christus als jenes rettende Licht zu erkennen ist, das über die Finsternis, über den ‚Wolf', den Teufel siegt. Und das ist der eigentliche Grund, warum man den Versen der Geburt Christi, die in der Christnacht vorgesungen wurden, die Bezeichnung ‚Wolfssegen' gegeben hat." (S. 2)

„Es ist anzunehmen, daß man in späterer Zeit, als die Luperkalien schon längst vergessen waren, bei der Volkswortdeutung des liturgischen ‚Wolfssegens' blieb und damit aus Opportunitätsgründen dem Volke den Glauben beließ, daß diese Vorlesung der Verkündigung der Geburt Christi zum Zwecke der Abwehr der Wölfe im Winter besorgt wurde, bis schließlich die eigentliche Deutung des Wortes ‚Wolfssegen' in der Christnacht selbst im Klerus gänzlich unbekannt war. Damit erscheint auch die Verschmelzung des liturgischen ‚Wolfssegens' mit dem ‚Wolfssegen' der Hirten aufgeklärt." (S. 2)

Wölfe bei klirrender Kälte unweit von Wien

Unter dem Titel „Strenge Winter in Wien" erschien in der Zeitung „Deutsches Volksblatt" (14. Jg., Nr. 5012, Donnerstag, 18. Dezember 1902, Morgen-Ausgabe, Wien, S. 1–3) ein lesenswerter Chronikbeitrag, welcher die erste Phase der „Kleinen Eiszeit“ im 16. und 17. Jahrhundert zutreffend so beschreibt: „Im Jahr 1535 erfroren vor den Toren Wiens Wölfe und 1691 herrschte derart grimmige Kälte, daß wütend gewordene Wölfe Menschen und Tiere überfielen. Uebrigens kann dies auch Futtermangel infolge hoher Schneelagen bewirkt haben.“ (S. 2)

Wolfsalarm in Wiener Neustadt

Der Archivar und Historiker Ludwig Schönnach aus Innsbruck bringt im Publikationsorgan „Der Sammler. Blätter für tirolische Heimatkunde und Heimatschutz“ (4. Jg., Untermais 1910: Verlag von F. Pleticha, 288 S.) unter „Beiträge zur Kulturgeschichte Tirols“ (S. 16) ein interessantes Schreiben von Otto von Offenhausen an Erzherzog Maximilian zu Österreich am 20. Februar 1608 aus Wiener Neustadt, welches die damals herrschende Wolfsplage unweit von Wien zum Inhalt hat:

„Er dankt vorerst dem Erzherzog für den ihm durch Herrn Strauß übersandten vergoldeten Hofbecher, er werde zeitlebens für dieses ihm teure Hochzeitsgeschenk gern treu dienen. Sonst könne er berichten, daß die große Kälte schon 10 Wochen anhalte, und wenige Leute sich einer so andauernden Kälte erinnern, die Burggräben sind schon öfters ganz zugefroren, die Wölfe haben heuer im Thiergarten bei 50 Stück junges Wildbret zerrissen, trotz des täglichen Schneeschaufelns habe nichts helfen wollen.“ (S. 16)

„Der Dienstbotenknecht habe einen Wolf bei Tag im Thiergarten geschossen, auch andere Leute bei der Stadt hätten drei erlegt, jetzt lasse er in der Nacht zwei Schützen am Stall liegen, welche nachts herumgehen und das Wildbret bewachen. Letzteres sei sehr furchtsam und dränge sich haufenweise in die Ställe, wodurch viel Jungwild beschädigt oder durch die Böcke zerdrückt worden sei.“ (S. 16)

Der Wolfswinter von 1708/09

Das schon eingangs angeführte „Deutsche Volksblatt“ (14. Jg., Nr. 5012) geht näher auf die kritische Wolfssituation im Winter 1708/09 ein, die folgendermaßen charakterisiert wird: „Der strengste Winter, von dem die Winter Chronik ausführlichere Mitteilungen enthält, war der von 1708 auf 1709, welcher viele Jahrzehnte hindurch unter dem Namen ‚Der kalte Winter‘ in Erinnerung blieb. Am 3. Dezember 1708 setzte strenger Frost ein und hielt ununterbrochen bis Weihnachten an. Plötzlich trat ein Wettersturz ein; über Nacht kam Tauwetter und warmer Regen rieselte nieder. Nach einigen Tagen trat wieder abnorm strenges Frostwetter ein, das durch volle 130 Tage anhielt.“ (S. 2)

Die Kälte war so außergewöhnlich, dass es zu Wolfsangriffen in Döbling und Brigittenau kam: „Die Obstbäume starben ab und selbst mächtige alte Eichen und Fichten barsten infolge der entsetzlichen Kälte. Hunde, Katzen und Wölfe wurden wütend und überfielen Menschen. Die Not an Nahrungsmitteln und Feuerungsmaterialien war unbeschreiblich. Die wütenden Tiere hatten insbesondere im Dorf Döbling und in den Ansiedlungen der Brigittenau arg gehaust. Zur Erinnerung an die endliche Errettung aus dieser furchtbaren Notlage wurde ‚der Wolfssegen‘ in der Weihnachtsmette in St. Stephan gesprochen. Flüsse und Brunnen waren zugefroren. Kein Wunder, daß nach Eintritt wärmeren Wetters Hunger, Not und Epidemien diesem Unglückswinter folgten.“ (S. 2)

Wolfsjäger und Wolfsangriffe

Es sind vor allem das „Wienerische Diarium“ und die „Wiener Zeitung“, welche die interessierte Leserschaft über das Auftreten von Wölfen in Wien und Umgebung informieren. Dabei ist vor allem von Wolfserlegungen und Wolfsattacken die Rede, denen im Zeitraum zwischen 1723 und 1789 nachgegangen wird.

Dank der verdienstvollen Studie von Elisabeth Strömmer über die „Klima-Geschichte. Methoden der Rekonstruktion und historische Perspektive. Ostösterreich 1700 bis 1830“ (Wien 2003: Franz Deuticke, 325 S.) aus der Reihe „Forschungen und Beiträge zur Wiener Stadtgeschichte“ (Band 39) kann folgender Hinweis entnommen werden, als im sehr kalten Winter des Jahres 1718 aus Wien geschrieben wird: „Item, vom 13. Februar daß auf den Schnee große Kälte gefolgt, daß das Wild sich in den Linien, und die Wölfe in der Vorstadt Mayelsdorff, eingefunden.“ (S. 114 – Fußnote 342)

Doch nicht genug mit der Wolfskälte. Im „Wienerischen Diarium“ (20. Jg., Nr. 8, Wien, 27. Januarii 1723, S. 6-7) findet sich unter den Wiener Nachrichten am Mittwoch, 27. Jänner 1723 die Jagd auf fünf Wölfe, bei der auch Kaiser Karl VI. teilgenommen hat: „Dienstag / den 26. Dito. Heute Vormittag haben Ihre Kaiserl. und Königl. Cathol. Majestät abermalen dem geheimen Rath beygewohnet: nachgehnds aber / da Ihro Majestät beygebracht worden / daß in einem Wald bey Manswert sich 5 Wölfe aufhielten / darunter einer von sonderlicher Grösse / so verfügten Sich höchst-gedachte Majestät nach der Tafel dahin / erlegten 3. davon / einer wurde angeschossen / der fünfte aber wird samt dem Verletzten von denen Jägern aufgesucht.“

Wenn die damaligen Presseberichte stimmen sollen, dann lassen sich auch Wolfsattacken auf Menschen nachweisen. Gerade der lang anhaltende Winter im Jahr 1729 zeichnete sich durch strenge Kälte mit Wolfsangriffen aus. So meldet das „Wienerische Diarium“ (26. Jg., Nr. 6, Wien, 19. Januarii 1729, S.7) am Mittwoch, 19. Jänner 1729 folgende zwei tragische Todesfälle aus Stockerau im Bezirk Korneuburg in Niederösterreich: „Es kommen verschiedene Nachrichten ein / daß durch die Wölfe hin und wieder / die Menschen angegriffen / und verzehret werden; gleich dann dieser Tagen in der Au auf Stockerau zu / in denen Stiefeln noch die Füße von einem Mann / und von einem andern die Beiner / und Schuh gefunden worden seynd.“

Wolfshunger und Leichenteile

Diese zuletzt angeführte Zeitungsmeldung hat auch Eingang in die historische Fachliteratur des ausgehenden 19. Jahrhunderts gefunden. So schreibt Georges Deutsch in seinem 1892 erschienenen Beitrag „Zur Geschichte der österreichischen Hofjagden“ (in: „Österreichisch-Ungarische Revue“, Band 13, Wien: Verlag der Österreichisch-Ungarischen Revue, 384 S., hier: S. 225–254) unter anderem auch über die Wolfsplage während der „Kleinen Eiszeit". Dabei dienten den hungrigen Wölfen im ersten Drittel des 18. Jahrhunderts in den sehr kalten Monaten erfrorene Menschen als Nahrung:

„Das Raubwild war unter Karl VI. noch zahlreich. In dem fürchterlichen Winter des Jahres 1729 wagten sich in Niederösterreich die Bären bis in die Gegend von Baden hervor, die Wölfe heulten bei entsprechender Nacht nicht nur bis an die Wiener Linien, sondern fielen in ihrem Heißhunger auch Menschen und Thiere an; in der Au hinter Korneuburg wurden von einem durch sie zerrissenen Manne noch die Füße in den Stickeln und häufig Beine und Schuhe anderer Unglücklicher gefunden. Auch Hirschen und Rehe wurden häufig auf dem Glacis, ja sogar auf den Schiffen bei der Schlagbrücke in Wien gefangen." (S. 240–241)

Wolfskälte mit reißenden Wölfen

Das „Wienerische Diarium" (31. Jg., Nr. 11, Wien, 6. Februarii 1734, S. 7) meldet in einem Kurzbericht am Samstag, 6. Februar 1734 aus Ottakring (16. Wiener Gemeindebezirk, gelegen im Westen von Wien zwischen dem Lerchenfelder Gürtel und Wienerwald), dass dort kaiserliche Jäger sechs Wölfe erlegen konnten: „Da wegen der einigen Tagen gewesten sehr grossen Kälte die Wölfe sich in den benachbarten hiesigen Wäldern ziemlich verspühren lassen / als seynd die Kaiserl. Jäger beemsiget gewesen hin- und wieder ihrer Spur nachzulauschen / und seynd in voriger Woche hinter Ottokring der Gegend Lab allein 6 Stuck erleget worden."

In der „Wiener Zeitung" (81. Jg., Nr. 13, S. 301–302) steht am Sonnabend (Samstag), 17. Februar 1784 unter „Inländische Nachrichten. Wien" über das damalige für Mensch und Vieh immer gefährlicher werdende Wolfsaufkommen in einem als außerordentlich kalt und lang beschriebenen Winter folgendermaßen: „Bey der anhaltenden Kälte und dem tiefen Schnee, der allenthalben verbreitet liegt, wodurch die Raubthiere an aller Nahrung Noth leiden, hört man viele Beyspiele, daß absonderlich die reissenden Wölfe sich an den Heerstrassen und in der Nähe der Städte einfinden, Menschen und Vieh anfallen, und viel Unheil anrichten." (S. 302)

Ein einsamer Wolf in der verschneiten weiten Ebene. Künstleransichtskarte vom polnischen Maler Alfred von Wierusz-Kowalski, um 1900 (Bildarchiv Georg Jäger).

Die „Wiener Zeitung“ (86. Jg., Nr. 4, S. 81–83) bestätigt nochmals das während einer Kälteperiode mit tiefen Temperaturen auftretende Wolfsproblem, als es am Mittwoch, 14. Jänner 1789 unter „Inländische Begebenheiten. Wien“ heißt: „Von allen Seiten gehen eben so zahlreiche als betrübte Berichte von der anhaltenden Kälte und dem Schaden ein, den solche anrichtet; derselbe betrifft am meisten die ärmere Klasse der Landeseinwohner, die auf öffentlichen Strassen ihren Verrichtungen nachgehen müssen, oder sonst nicht genug gegen die Kälte geschützt sind. Sehr viele haben dadurch ihr Leben eingebüsset. Auch hört man von allen Seiten, daß reißende Thiere, besonders Wölfe, die Gefahr vermehren.“ (S. 82)

„Treibjagd auf Wölfe“ aus dem „Jagd-Album“, gezeichnet und lithographiert von Josef Anton Straßgschwandtner, um 1856 Bei dieser offensichtlich in Transleithanien stattfindenden Jagd haben die vor den Treibern flüchtenden Wölfe die Schützenkette durchbrochen. Einer ist am Verenden. (Wien: Verlag F. Paterno, Innsbruck: Pinguin-Verlag, Reprint-Ausgabe 1983, 54 Bl., Blatt 26).

Unterwegs mit den Wölfen im Wienerwald

In der „Wiener Allgemeinen Forst- und Jagd-Zeitung“ (48. Jg., Nr. 41, S. 257: Die letzten Wölfe und der letzte Luchs in der Umgebung von Wien) befasst sich der Forstwissenschaftler Karl Leeder am Freitag, 10. Oktober 1930 genauer mit den letzten erlegten Wölfen im Wienerwald in der ersten Hälfte des 19. Jahrhunderts, wobei einzelne Ereignisse bereits am Ende der vorherigen Ausführungen über Niederösterreich enthalten sind.

Ein Gastwirt auf der Wolfsjagd

Im Wienerwald, und zwar manchmal sehr in der Nähe Wiens, wurden die letzten Wölfe noch zwischen 1835 und 1846 geschossen. „So wurde am 7. Mai 1835 vom Reitenden Hofjäger Eckard in Alland die Erlegung eines Wolfes im Revier Gaaden durch den Jäger Beck gemeldet. Im selben Revier wurde laut amtlicher Meldung vom 25. Jänner 1834 durch den Wirt Pechthold in Gaaden ein Wolf erlegt. Pechthold erhielt hiefür die für die Erlegung eines Wolfes festgesetzte Taglia von 20 fl. Am 3. April 1835 wurde ein Wolf in den Weingärten am Lainzer Tiergarten oberhalb Ober-St. Veit geschossen.“

Schweinetreiber als Wolfsjäger

„Nebenbei sei erwähnt, daß am 16. Februar 1838 das Forstmeisteramt Auhof berichtete, daß auf der Schmelz im Breitenseer Reviere von Schweinetreibern ein Wolf erschlagen worden sei. Ein ganz alltägliches Ereignis war das Auftreten von Wölfen in der nächsten Umgebung Wiens damals doch nicht mehr, weshalb diese Meldung einige Aufregung hervorrief.“

„Besonders die Sorge um die Behütung des Lainzer Tiergartens vor solch ungebetenen Gästen war eine rege und führte zur Anordnung besonderer Schutzmaßnahmen. Aber auch die Landesregierung nahm sich der Sache an und veranlaßte die Vornahme von Streifjagden, die denn auch vom Kreisamte des Viertels unter dem Wienerwald angeordnet wurden. Mittlerweile hatte sich aber herausgestellt, daß der erschlagene ‚Wolf‘ ein ganz gewöhnlicher, allerdings sehr starker Bauernköter war. Dem Jäger Huber, der das Stück für einen Wolf angesprochen und dadurch den ganzen Rummel hervorgerufen hatte, wurde eine ausgiebige Nase zuteil.“

„Es gab aber tatsächlich noch Wölfe. Unterm 19. Jänner 1844 berichtete das Forstmeisteramt Auhof, daß sich im Revier Weidlingau ein Wolf gezeigt habe, und erhielt den Auftrag, dessen Erlegung mit allem Eifer herbeizuführen. Das gelang auch. Der Wolf wurde im Revier Rappoltenkirchen erlegt und kam ins Naturalienkabinet nach Wien. Dem Förster und Jäger von Brenner aber wurde die Anerkennung ausgesprochen. Ende Dezember 1844 wurde in Purkersdorf ein Wolf gesichtet, aber nicht zur Strecke gebracht. Am 1. Mai 1846 wurde im Laxenburger Parke durch den Jung Johann Loschek ein Wolf erlegt.“

Erzherzog Franz als Wolfsjäger

„Am 13. Dezember 1846 meldete das Forstmeisteramt Auhof den Einbruch eines Wolfes in den Lainzer Tiergarten. Schneeverwehung an der Mauer hatte den Einsprung ermöglicht. Die Verheerungen, die das Raubtier in dem sehr stark besetzten Wildparke verursachte, waren große. Es wurde daher dem Forstmeisteramte die sofortige Erlegung des Wolfes anbefohlen. Als aber der Wolf am 20. Dezember noch nicht zur Strecke gebracht worden war, bekam das Forstmeisteramt eine saftige Rüge und den Befehl, die Erlegung binnen zwei Tagen durchzuführen. Das

Forstmeisteramt wies noch am selben Tage die Rüge als ungerechtfertigt zurück. Am 21. Dezember 1846 fand dann die sorgfältig vorbereitete Jagd statt, bei welcher der Wolf vom Erzherzog Franz Karl zur Strecke gebracht wurde. Die Tiergartenmauer aber wurde zur Verhütung neuerlicher solcher Einbrüche erhöht."

„Der Kampf der Tiere" mit dem Wolf auf einem exotischen Landschaftsbild. Wiener Gobelinsammlung (Foto: Staatliche Lichtbildstelle, Wien; Bildarchiv Georg Jäger).

„Wolf und Schäflein" (Schäflein = Lamm, Anm. G. J.) oder: „Le loup et l'agneau" – „Wolf and lamb". Künstlerkarte von Houdry, um 1900 (Paris: Lapina, Manufacture nationale des Gobelins; Bildarchiv Georg Jäger).

Wolfsjagden im Nord- und Mittelburgenland

Felix Tobler hat in einem äußerst gründlich recherchierten und lesenswerten Beitrag „Wie die letzten Wölfe aus unseren Wäldern verschwanden. Zur Ausrottung des Wolfes im nord- und mittelburgenländischen Raum“ (in: „Burgenländische Heimatblätter“, 66. Jg., Heft 4, Eisenstadt 2004, S. 210–220) ausführlich über die Geschichte der Wölfe im Burgenland geschrieben. Und hier werden nun seine erzielten Forschungsergebnisse wiedergegeben.

Wolfsnachweise und Wolfszunahme

Seit dem ausgehenden 17. Jahrhundert gibt es quellenmäßig nachweisbare Textstellen über Wölfe im nordburgenländischen Raum. So notierte in der Wirtschaftsrechnung des Draßburger Gutes der Familie Zichy aus dem Jahre 1695 der damalige Verwalter Paul Ausperger unter anderem Folgendes: „Item hat der wolff ein lamb gerissen, welches ich aushacken lassen.“ (S. 210)

In diesem Beleg wird auf den durch einen Wolf verursachten Schaden durch das Reißen von Lämmern hingewiesen, worauf als menschliche Reaktion die verstärkte Bekämpfung bzw. Bejagung der Wölfe folgte. Im ehemaligen Komitat Wieselburg bezeichnet der damalige evangelische Pfarrer von Zurndorf, Andreas Grailich, die Wolfsvorkommen noch für die zweite Dekade des 19. Jahrhunderts als „wahre Landplage“ (S. 210). Die hier heimischen Wölfe („Rohrwölfe“) hielten sich im breiten Schilfgürtel des Neusiedlersees und des Hansägs (Waasens) auf. Aufgrund der zunehmenden Zahl an Wölfen ergriffen die esterházyschen Zentralverwaltungsorgane im Bezirk Neusiedl am See und Umgebung Maßnahmen, um das Wolfsaufkommen vor Ort einzudämmen.

„Ein Grund, warum es seitens der esterházyschen Domäne seit Beginn des 19. Jahrhunderts zu einer verstärkten Beobachtung und Bejagung der Wolfspopulation kam, lag u. a. in der Tatsache begründet, dass es gegen Ende des 18. Jahrhunderts bzw. seit Beginn des 19. Jahrhunderts zu einer starken Ausweitung der herrschaftlichen Schafzucht gekommen war, die zur Errichtung vieler neuer Schäfereien geführt hatte.“ (S. 211)

„Überhaupt stellten die Schafzucht und der Wollhandel in den ersten Dezennien des 19. Jahrhunderts innerhalb der Wirtschaftsführung der fürstlich-esterházyschen Domäne die profitabelste Wirtschafts- und Einkommenssparte dar. So stieg im ganzen Herrschaftsbereich des Fürsten die Zahl der Schafe von 74.000 im Jahre 1799 in kurzer Zeit auf 200.000 an. Parallel mit dieser starken Ausweitung der Schafzucht nahm trotz aller Vorsichts- und Sicherheitsmaßnahmen des herrschaftlichen Schafpersonals die Zahl der Angriffe von Wölfen auf weidende Schafherden und ihr Eindringen in die Schafställe zu und führte in Einzelfällen durch das Reißen meist mehrerer Schafe zu nicht unbeträchtlichen Schäden. Als Retorsionsmaßnahme wurde in der Folge die Bejagung der Wölfe intensiviert und konzentriert und schließlich als Endziel die Ausrottung aller Wölfe betrieben.“ (S. 211)

Zwei Wölfe im ausgetrockneten Riedgras auf einem Stollwercksammelbild, um 1900. Auf der Rückseite steht dieses dreistrophige Gedicht über den auch im Burgenland vorkommenden Steppenwolf:
„Das dürre Riedgras nickt und rauscht, / Es grast die Rinderherde. / Der Steppenwolf steht still und lauscht. / Und duckt sich auf die Erde. – Wohl fürchtet er des Bullen Horn; / Doch bald schon wird er's wagen, / In wilder Hast durch Gras und Dorn / Das junge Rind zu jagen. – Jetzt springt er auf. Das Rind entflieht, / Der Stier gewahrt es eben, / Wirft sich dazwischen, und im Ried / Kämpft man auf Tod und Leben." (Bildquelle: Gebrüder Stollwerck, Köln; Bildarchiv Georg Jäger).

Wolfsjagden zwischen 1802 und 1806

Am Anfang des 19. Jahrhunderts war der Wolf noch überall im Nord- und Mittelburgenland vorhanden, wie folgende Chronik von durchgeführten Wolfsjagden zeigt. „Zwar wurden damals in allen Herrschaften des Majorates periodische Wolfsjagden abgehalten – so berichtet z. B. der Oberwaldmeister Kraitschek 1802 von einer Treibjagd im Oberpetersdorfer Revier, bei der ein Wolf abgeschossen, zwei aber ausbrechen und entkommen konnten und 1803 von einer in dem zur Herrschaft Frauenkirchen gehörenden Ort Wüstsommerein (Pusztasomorja) –, doch blieb deren Planung, Organisation und Häufigkeit mehr oder weniger noch den jeweiligen Herrschaftsverwaltungen überlassen." (S. 214)

„Als Reaktion auf einen Angriff von Wölfen auf die Schäferei Szentlászló in der Herrschaft Bujäk im Jahre 1803, bei dem 42 Schafe gerissen worden waren, wurde 1804 von der fürstlichen Wirtschaftsdirektion die öftere, sorgfältige Abhaltung von Wolfsjagden angeordnet und 1805 erhielt das fürstliche Oberwaldamt den Auftrag, alle ersinnlichen Mittel zu ergreifen, um die Wölfe womöglich ganz auszurotten." (S. 214)

„Die getroffenen Maßnahmen zur Bekämpfung der Wolfsplage konzentrierten sich zunächst auf das Leithagebirge bzw. insbesondere auf die Herrschaft Hornstein, wo 1804 im Lorettoer Revier und 1806 am Sonnenberg Wolfsjagden abgehalten wurden. Um vom Auftauchen von Wölfen in den Wäldern des Leithagebirges möglichst rasch informiert zu sein, wurden neben anderen Maßnahmen 1806 die Hornsteiner Untertanen Paul Worschitz und Johann Pollak als ‚Wolfsbesucher' aufgenommen. Als solche sollten sie in den Wäldern, hauptsächlich bei Einsetzen von Schneefall, sorgfältig nach Spuren von Wölfen Ausschau halten und bei Entdecken solcher sofort die Hornsteiner Herrschaftsverwaltung verständigen." (S. 214–215)

Wolfsjagden zwischen 1806 und 1828

„In den Jahren nach 1806 wurde die Wolfspopulation im Bereich des Leitha- und Rosaliengebirges durch planmäßige Wolfsjagden allmählich verringert. Doch sollte es noch über 20 Jahre dauern, bis dieser Raum ‚wolfsfrei' war. Für den Bereich der heutigen Bezirke Eisenstadt und Mattersburg liegen bis zum Jahre 1828 Meldungen über Angriffe von Wölfen bzw. deren Abschuss vor. So werden allein für das Jahr 1807 im Bereich der Herrschaft Hornstein bzw. des Leithagebirges 6 Abschüsse gemeldet und dass ein Wolf angeschossen worden sei." (S. 215 –216)

„1810 wurden im Lorettoer Revier ein und 1812 zwei Wölfe erlegt, während 1808 im Wiesener Revier ein Wolf abgeschossen worden war. 1816 wurden im Forchtenauer Revier zwei Wölfe angeschossen und ein Jahr später sogar einer im Eisenstädter (Schützener) Tiergarten erlegt. 1820 erlegte der Stotzinger Förster Pauer ‚am Leithaberg' einen Wolf." (S. 216)

„Im selben Jahr wurde die Siegendorfer Schafherde auf der Übermaß-Puszta von Wölfen angefallen, wobei trotz des couragierten Eingreifens der Schafknechte vier Störhammel gerissen wurden. Auch die Schafherde der Frauenkirchner Schäferei wurde 1820 von Wölfen überfallen, wobei ein beträchtlicher Schaden entstand. Die zeitlich letzte Abschussmeldung für den Bereich des nördlichen Burgenlandes liegt für das Jahr 1828 vor, in dem im Lorettoer Revier ein Wolf erlegt wurde." (S. 216)

Wölfe im Mittelburgenland, 1823–1831

„Während also im Bereich der fürstlichen Herrschaften des heutigen nördlichen Burgenlandes die Wolfspopulation um 1830 bereits weitgehend ausgerottet gewesen sein dürfte, konzentrierte sich diese ab den 1820er-Jahren zunehmend auf den Bereich der Herrschaften des heute mittelburgenländischen Raumes sowie des angrenzenden Ungarn und Niederösterreich (Kobersdorf, Lackenbach, Deutschkreutz, Lockenhaus und Schwarzenbach). In den 1820er-Jahren kam es aufgrund zweier Wolfsüberfälle auf Schafherden des Majorates mit großen Schäden zu abermals verstärkten Anstrengungen zur vollständigen Ausrottung des Wolfes. 1823 waren bei einem Angriff von Wölfen auf den Csornaer Schafhof 39 Junghammel gerissen worden und zwei Jahre später 52 Schafe in der Herrschaft Ipolypästzö." (S. 216)

„Als Folge der verschärften Maßnahmen gegen die Wölfe wurde 1825 auch das Schussgeld bzw. die Fanggebühr seitens der Domäne für jeden erlegten bzw. gefangenen Wolf vorübergehend beträchtlich erhöht. Dieses betrug bis 1825 für einen im Sommer erlegten Wolf 1 fl, für einen im Winter erlegten aber 2 fl. 1825 wurde es unabhängig von der Jahreszeit auf 5 fl W.W. (= Wiener Währung, Anm. G. J.) für einen ausgewachsenen Wolf und auf 2 fl 30 kr für einen jungen Wolf erhöht. Als Beweis für die Erlegung des Wolfes und als Erfordernis für die Auszahlung der Abschussprämie musste das Wolfsfell dem zuständigen Forstamt vorgelegt werden. 1828 ging man wieder auf die vor 1825 bestehenden Abschussprämien zurück." (S. 216–217)

„1831 kam es auch in der Herrschaft Kobersdorf durch unglückliche Umstände und infolge mangelnder Vorsicht des Schäfereipersonals bei der Kobersdorfer Schäferei zu einem Angriff von Wölfen auf die herrschaftliche Schafherde, bei dem 42 sogenannte Zeitkappen entweder gerissen oder so schwer verletzt wurden, dass sie notgeschlachtet werden mussten, und ein Jahr später wurden die Hochstrasser Schafherde in der Herrschaft Lockenhaus und die Lukácsházaer Schafherde in der Herrschaft Güns von Wölfen überfallen, wobei im ersten Fall 18 und im zweiten Fall 23 Schafe gerissen wurden." (S. 217)

Mehrere Wolfsjagden im Frühjahr 1832

„Daraufhin wurden die Verfolgungs- und Vernichtungsmaßnahmen gegen die Wölfe im mittelburgenländischen Raum noch stärker koordiniert und derart verschärft, dass die Wolfspopulation keine längerfristige Chance mehr zum Überleben hatte. Bei Wahrnehmung von Wölfen hatten die Forstmeister der einzelnen Herrschaften in jenem Waldgebiet, in dem die Wölfe vermutet wurden, alsbald Treibjagden zu organisieren. Um diese möglichst effizient zu gestalten, wurde das Jagd- und Forstpersonal mehrerer Herrschaften zusammengezogen und im Wege der sog. Robotfuhren an den jeweiligen Jagdplatz gebracht, um so den Trieb möglichst erfolgversprechend organisieren und großflächige Treibjagden abhalten zu können." (S. 217)

„Als Treiber wurden dabei die Untertanen der jeweils umliegenden Ortschaften herangezogen. Beispielhaft sei hier näher auf die im Mai 1832 abgehaltenen bzw. geplanten Wolfsjagden eingegangen. Anfang Mai 1832 wurde das Forstpersonal der Herrschaften Forchtenstein, Schwarzenbach, Kobersdorf, Lackenbach und Deutschkreutz zusammengezogen." (S. 217)

Es wurden dann folgende Wolfsjagden durchgeführt: „Am 14. Mai im Unterpetersdorfer, Horitschoner und Raidinger Hotter, am 15. Mai im Stoober und Neutaler Hotter, am 17. Mai im Oberpetersdorfer und Kobersdorfer Hotter – die für den 16. Mai geplante Jagd hatte wegen starken Regens abgesagt werden müssen – am 18. Mai im Schwarzenbacher, Marzer und Rohrbacher und am 19. Mai im Lackenbacher Revier. Unter Einschluss einiger früherer Jagden waren 1832 bis Mitte Mai in den genannten Herrschaften 13 Wolfsjagden abgehalten worden." (S. 217)

„Bei all diesen Jagden konnte allerdings kein einziger Wolf erlegt werden, was der Eisenstädter Forstmeister Anton Borschitzky einerseits mit dem starken Wechsel der Wölfe – Wölfe legen tatsächlich täglich 50 bis 60 km im Herumlaufen zurück – und andererseits mit der im Mai bereits dichten Belaubung der Wälder erklärte. Tatsächlich spiegelt sich darin auch die bereits stark zurück gegangene Wolfspopulation wider. Obwohl um diese Zeit das Lackenbacher Waldamt gemeldet hatte, dass ‚die unterthänigen Gemeinden des Jagens auf die Wölfe schon überdrüssig seien', wurde es vom Eisenstädter Forstamt beauftragt, mit der Aufspürung, Verfolgung und Vertilgung der Wölfe mit großem Eifer fortzufahren." (S. 217–218)

Das Aufspüren von jungen Wölfen

Am 17 Juni 1832 bekam das Eisenstädter Forstamt von der Domänendirektion den Auftrag, „darauf zu sehen, daß die Forst-Individuen der Herrschaften Forchtenstein, Kobersdorf, Lackenbach und Lockenhaus diesen Raubthieren unablässig und mit allem Fleiße nachspüren und bei entdeckter Spur dieselben mit Treibjagden aufs wirksamste verfolgen und ausrotten trachten sollen; wenn es aber wider alles verhoffen nicht möglich wäre, dieselben zu vertilgen, so muss wenigstens getrachtet werden, durch fleißiges Nachforschen zu verhindern, daß diese Wölfe keinen beständigen Aufenthalt in den Waldungen der gedachten Herrschaften finden können." (S. 218)

„Um letzterem Punkt entsprechen zu können, wurde das Forstpersonal und die Untertanen aufgefordert, nach Wolfsbauen Ausschau zu halten und wurden für die Entdeckung von Wolfswürfen bzw. Wolfswelpen Remunerationen in Aussicht gestellt. Tatsächlich gelang es in mehreren Fällen Wolfsbaue aufzuspüren und die Wolfswelpen zu erschlagen." (S. 218)

„Bereits früher, im Mai 1814 hatte Barbara Heiling aus Hochstraß beim Zusammenrechen von Laub im Hochstraßer Herrschaftswald 4 junge Wölfe entdeckt, diese erschlagen, und dafür 4 fl von der Lockenhauser Amtskanzlei als Belohnung erhalten. 1831 gelang dem Csönter Bauernförster Jakob Steiner die Entdeckung eines Wolfsbaues mit 7 Jungen, die er dem dortigen Waldamt überbrachte. Er erhielt dafür eine Remuneration von 15 fl bewilligt. Ebenso konnte im Mai 1835 der Beamte des Lockenhauser Waldamtes Franz Spur bei einer Durchstreifung der Jungwälder im Dörfler Revier 6 junge Wölfe finden, die er sogleich erschlug. Die alte Wölfin, die vorerst entkommen hatte können, wurde bei einer am 20. Mai abgehaltenen Jagd abgeschossen." (S. 218)

Der Bau von Wolfsfängen und Gruben

„Eine weitere Methode, die man seitens des Eisenstädter Waldamtes zur Dezimierung und Ausrottung der Wölfe anwandte, war die Errichtung von sogenannten Wolfsfängen. Für den von mir (Felix Tobler, Anm. G. J.) bearbeiteten Zeitraum konnte die Errichtung dreier derartiger Wolfsfänge nachgewiesen werden. Ob es sich bei diesen Wolfsfängen um Fallgruben, zu denen die Wölfe durch bei der Grube angesetzte Schafe oder Wild angelockt wurden oder um andere ausgeklügelt konstruierte Fallen handelte, geht aus den Akten nicht hervor." (S. 218–219)

„Bereits 1812 wird die Errichtung eines Wolfsfanges im ‚Eisenstädter Geheeg' erwähnt, wofür 196 fl 52 kr ausgegeben wurden. 1836 wurde im Landseer Revier im Waldteil ‚Thanwald' ein Wolfsfang errichtet, wobei die Baukosten mit 201 fl beträchtlich waren. 27 Ein weiterer Wolfsfang befand sich im Waldteil ‚Blätteriegel' in Kobersdorf. Am 29. November 1836 wurden aus dem Eisenstädter (Schützener) Tiergarten 4 Stück Damwild zu den beiden letztgenannten Wolfsfängen in Kobersdorf und Landsee transportiert, die dort als Locktiere für die Wölfe verwendet wurden." (S. 219)

Die letzten Wolfsjagden, 1835–1839

„Die scharfen und ab etwa 1830 kontinuierlich andauernden Verfolgungsmaßnahmen gegen die Wölfe führten dazu, dass ab 1835 die Wolfspopulation im heutigen Mittelburgenland merklich verringert wurde und sich aufgrund des geringfügigen Nachwuchses nicht mehr ausreichend erholen konnte und damit bis zum Ende der 1830er-Jahre tatsächlich ausgerottet war. Entscheidend für den endgültigen Zusammenbruch der Wolfspopulation im Bereich des mittleren Burgenlandes waren die Jahre 1835/36. Im Zeitraum vom Dezember bis Februar 1836 wurden in den Wäldern der Herrschaft Lackenbach-Kobersdorf (diese vormals selbständigen Herrschaften waren mit 1.1.1835 vereinigt worden) und Schwarzenbach 4 und in den Monaten Mai und November 1836 10 Wölfe, insgesamt also 14 Wölfe erlegt worden. Die noch übrig gebliebenen Wölfe – wahrscheinlich zwei – konnten sich nicht mehr fortpflanzen. Sie dürften in den Jahren 1838 und 1839 erlegt worden sein." (S. 219)

„Nachdem für das Jahr 1837 erstmals kein Abschuss mehr gemeldet werden konnte, obwohl mehrere Treibjagden abgehalten worden waren, wurde bei einer am 7. Februar 1838 abgehaltenen Treibjagd im Landseer Revier ein Wolf abgeschossen. Der letzte Akt im Ausrottungsdrama gegen die Wölfe erfolgte knapp zwei Jahre später im November 1839. Am 3. November 1839 berichtete der Lockenhauser Förster Franz Spur an das Eisenstädter Forstamt, dass am Allerheiligentag Neuschnee gefallen sei, daraufhin wie bisher üblich der ‚Wolfsbesuch' abgehalten worden sei, und tatsächlich Spuren eines Wolfes im Dörfler Waldteil Gregor-Riegel gefunden worden seien. Es wurde für den Allerseelentag rasch eine Treibjagd organisiert und abgehalten. Dabei wurde der letzte ‚einsame' Wolf der bodenständigen Wolfspopulation vom Rabnitzer Förster Maximilian Schelly erlegt." (S. 219)

Das Ende der Wolfsjagden, 1840

„Den anwesenden Jägern war dies freilich nicht bewusst, denn auch im Jahre 1840 wurden wie üblich Treibjagden auf Wölfe abgehalten. Erst als in diesem Jahr keine Schäden durch Wölfe angerichtet und gemeldet wurden und bei den Wolfsjagden und den Wolfsfängen kein Wolf mehr erlegt bzw. gefangen wurde, dürfte es den Beamten des esterházyschen Waldamtes klar geworden sein, dass ihr Feldzug zur Ausrottung der Wölfe in ihrem Herrschaftsgebiet ‚erfolgreich' zum Abschluss gebracht worden war." (S. 219–220)

„Ab 1841 fanden jedenfalls keine Treibjagden auf Wölfe mehr statt. Dass es sich bei dem 1839 im Dörfler Revier erlegten Wolf um den letzten der hier bodenständigen Population gehandelt hat, spiegelt sich auch in den Registraturen der esterházyschen Zentralbehörden wider. Sämtliche Eintragungen in den Indices der Zentraldirektionskanzlei und der Domänendirektion in den Jahren nach 1840 zum Schlagwort ‚Wolf' bezogen sich auf Träger des Namens ‚Wolf', nicht aber auf canis lupus, den gemeinen Wolf." (S. 220)

„Dass nach dem Abschuss des letzten heimischen Wolfs im Dörfler Revier sich einzelne Wölfe im Zuge des Revierwechsels kurzfristig im nord- und mittelburgenländischen Raum aufgehalten haben, ist nicht auszuschließen. Zur Ausbildung einer ‚einheimischen', d. h. längere Zeit hier nachweisbaren Wolfspopulation kam es nach 1839 aber nicht mehr." (S. 220)

Hirtenhunde und Wolfsgruben

Es ist aufgrund der 1962 veröffentlichten Studie des Historikers Adalbert Riedl über „Die Hirtenzunft im Burgenland. Ein Beitrag zur Geschichte des Hirtenwesens im burgenländischen Raum" (Wissenschaftliche Arbeiten aus dem Burgenland, Heft 28, Eisenstadt: Burgenländisches Landesmuseum, 80 S.) möglich, dass wir ein paar Informationen über das Vorkommen von Wölfen in Geschichte und Sagenwelt haben. Dabei beruft sich Adalbert Riedl sowohl auf historische Nachrichten als auch auf mündlich tradierte Erzählungen. Eine Besonderheit für die Hirtenhunde im Burgenland war früher das Tragen des charakteristischen Stachelhalsbandes, auch „Halsband", „Nagelband", „Raufband" oder „Stachlband" genannt: „In kroatischen Gemeinden nannte man es ‚vucji vijenac = Wolfskranz'. Das deutet auf die Wichtigkeit hin, die man diesem Stachelhalsband beim Kampf der Hirtenhunde mit den Wölfen beimaß." (S. 40)

In Verbindung mit diesem Stachelhalsband, das ursprünglich die Hunde der Hirten gegen die Bisse angreifender Wölfe schützen sollte, kann Johann Poschinger als damalige Auskunftsperson auch über die Wölfe im nördlichen Burgenland in der Gemeinde Pamhagen (Bezirk Neusiedl am See) Folgendes erzählen:

„Von seinem Vater und Großvater hörte er, daß sich im strengen Winter in Pamhagen, wo sein Großvater Halter war, Wölfe angesiedelt haben. Um diese zu fangen, hob man tiefe Gruben aus. Einmal ging ein Musikant aus Pamhagen in der Nacht von Wallern nach Hause und fiel in eine solche Wolfsgrube, in welche bereits ein Wolf hineingefallen war. In einer Ecke saß nun der Wolf, in der anderen aber spielte der Musikant auf seiner Geige, bis frühmorgens der Wolf erschossen und er befreit werden konnte. Mag es sich bei dieser Erzählung auch um eine bekannte Geschichte handeln, so bestätigt die Überlieferung von Vater auf Sohn doch, daß es in unserer Gegend Wölfe gab." (S. 73) Nach einer zeitgenössischen Aufzeichnung aus dem Jahr 1821 waren die Wölfe im Komitat Wieselburg eine richtige Landplage: „Sie halten sich meist im dicken Röhricht und Waldgestrauch auf und richten vor allem bei den jungen Fühlen Schaden an. Von Zeit zu Zeit werden Wolfsjagden angestellt." (S. 76)

„Eine Wolfsjagd in Ungarn". Holzstich, um 1875. Originalzeichnung von Georg Ludwig Wilhelm Arnould (Bildarchiv Georg Jäger).

„Csikos auf der Wolfsjagd" nach einer Originalzeichnung von Friedrich Wilhelm Heine, um 1880 (in: „Die Gartenlaube", 30. Jg., Heft 5, Leipzig 1882: Ernst Keil's Nachfolger, S. 77).

Mehrere Wölfe greifen einen Bauern an, Motiv aus Ungarn, Pinxit: Amalia Kremer, um 1900 (Bildarchiv Georg Jäger).

Zusammenfassende Schlussbemerkungen

Wenn Wölfe die nähere Umgebung von Wien hungrig durchstreiften, dann konnten sie zu einer großen Gefahr für die dort wohnenden Menschen und Nutztiere werden. Aus diesem Grund wurden seit dem ausgehenden Mittelalter in Wien sogenannte Wolfsgärten angelegt, die als Fanganlagen mit Einsprüngen versehen waren. Hinter den Öffnungen in den Eichenplanken war ein Graben ausgehoben, über den die Wölfe zwar hineinspringen, aber nicht mehr hinauskommen konnten.

Um die Wölfe zum Einspringen zu bewegen, mussten die Anrainer ihr verendetes Vieh oder andere Kadaver zu den Wolfsgärten bringen, damit die Wölfe vom Aasgeruch angelockt wurden. Der bekannteste Wolfsgarten in Wien, der im Jahr 1495 errichtet und 1614 aus Kostengründen aufgelassen wurde, befand sich im westlichen Stadtteil unweit von Hütteldorf am Rand des Wienerwaldes bei den Wienflussauen.

Seit Beginn des 16. Jahrhunderts war der Wolf vor den Toren der Stadt Wien als ungern gesehener Gast zu Hause. Nicht umsonst wollten im Jahr 1604 die Bewohner von Neustift am Walde ein eigenes Gotteshaus bauen, weil ihnen der Kirchgang zur Pfarrkirche in Sievering wegen der ständigen Wolfsgefahr zu unsicher geworden war. Im Kältejahr 1691 gingen „wütend gewordene Wölfe" sogar auf Menschen los. Im kalten und langen Winter 1708/09 hatten Wölfe in Döbling und Brigittenau sehr gehaust. Als kirchliche Antwort darauf wurde der sogenannte „Wolfssegen" in der Weihnachtsmette in St. Stephan gesprochen.

Während des 18. Jahrhunderts finden sich in den stark ausgeprägten Kältejahren immer wieder Hinweise auf Wolfsjagden. Am 27. Jänner 1723 nahm der damalige Kaiser Karl VI. an einer Treibjagd auf fünf Wölfe teil, wovon drei Stück sofort zur Strecke gebracht wurden. Im besonders kalten Winter 1729 heulten die durchziehenden Wölfe „bis zu den Wiener Linien". Und am 6. Februar 1734 wird aus Ottakring gemeldet, dass dort kaiserliche Jäger sechs Wölfe erlegen konnten. Von reißenden Wölfen ist im Jahr 1789 die Rede.

Der im Jahr 1560 von Kaiser Ferdinand I. gekaufte Auhof im Tal des Wienflusses war das Quartier für zahlreiche Jäger und deren Jagdutensilien, die zur Bekämpfung der Wölfe an der nahe vorbeiführenden Linzer Postraße eingesetzt waren. Der letzte Wolf im Gebiet des Auhofes konnte im Jahr 1833 zur Strecke gebracht werden.

Die letzten Wölfe im Wienerwald wurden zwischen 1835 und 1846 erlegt. Unter den glücklichen Wolfsschützen bzw. Wolfserlegern waren u. a. auch ein Gastwirt und ein Schweinetreiber. Vor allem der Lainzer Tiergarten hatte mit eindringenden Wölfen zu kämpfen. Am 21. Dezember 1846 gab es dort eine genau geplante Jagd. Dabei wurde der Wolf von Erzherzog Franz Karl geschossen.

Seit dem 17. Jahrhundert wurden auch die Wölfe im mittel- und nordburgenländischen Raum zu einer „wahren Landplage", vor denen die Lämmer und Schafe nicht mehr sicher waren. Deshalb ging die esterházysche Domäne zu Beginn des 19. Jahrhunderts endgültig zu einer verstärkten Bejagung der stark zunehmenden Wolfspopulation über, um die damals neu errichteten Schäfereien mit den weidenden Schafen vor Wolfsübergriffen besser schützen zu können.

Immer wieder ist von Wölfen die Rede, die in Schafställe eingedrungen sind und dort Schafe getötet haben. So hatte im Jahr 1803 die Schäferei Szentlászló in der

Herrschaft Bujäk 42 gerissene Schafe zu beklagen. Als Reaktion auf diesen Vorfall kam es in der Folgezeit zu zahlreichen obrigkeitlich angeordneten Wolfsjagden im Leitha- und Rosaliengebirge. Auch die Schafherde der Frauenkirchner Schäferei blieb 1820 von den Wölfen nicht verschont. Der letzte Wolf in Nordburgenland wurde 1828 im Lorettoer Revier erlegt.

Wie sah es im Mittelburgenland aus? 1823 wurden bei einem Angriff von Wölfen auf den Csornaer Schafhof 39 Junghammel gerissen. 1825 fielen dem Wolf 52 Schafe in der Herrschaft Ipolypästzö/ Ipolypásztó zum Opfer. 1832 wurden die Hochstrasser Schafherde in der Herrschaft Lockenhaus und die Lukäcshäzaer Schafherde in der Herrschaft Güns von Wölfen überfallen, was insgesamt 41 Schafen das Leben kostete.

Allein im Frühjahr 1832 fanden im mittelburgenländischen Raum 13 Wolfsjagden statt, bei denen das Forstpersonal der Herrschaften Forchtenstein, Schwarzenbach, Kobersdorf, Lackenbach und Deutschkreutz beteiligt war. Mit der Ausbezahlung höherer Abschussprämien, dem Aufspüren von Jungwölfen und der Errichtung von Wolfsfängen gelang es bis Ende der 1830er-Jahre, alle Wölfe auf mittelburgischem Gebiet zu erlegen. Am Allerseelentag 1839 wurde der letzte Wolf vom Rabnitzer Förster Maximilian Schelly geschossen.

Im Kampf gegen Wölfe. Künstleransichtskarte signiert vom ungarischen Künstler Fáy Aladár (1898–1963), (Bildarchiv Georg Jäger).

Nach Österreich zugewanderte Wölfe

Der Wolf als Tiermotiv auf einer aus Kanada geschriebenen Ansichtskarte
(Foto: Photo T. Parker, Bildarchiv Georg Jäger).

Der in die Falle gegangene „Mareiter Wolf“

Herr Baron Max von Sternbach teilt Karl Meusburger (in: „Der Schlern“, 11. Jg., Heft 12, Bozen 1930, S. 499–500: Die Wölfe in unserem Heimatland) mit, dass im Schloss Wolfsthurn im Mareiter Tal ein auf einem Holzschild befestigter alter Wolfskopf mit folgender Umschrift aufbewahrt werde: „Dieser Wolf wurde 1864 vom Bauern Peter Braunhofer aus Mareit beim Bergwerk Schneeberg in Passeier in einer Prügelfalle gefangen.“ (S. 499)

Ein versprengter Wechselwolf

Der besagte Peter Braunhofer hat dem erschlagenen Wolf einfach den Kopf abgeschnitten und denselben an seine Behausung genagelt. Dieses Aufnageln der Jagdtrophäen am Haus entspricht einem alten Volksbrauch, da sich auch angenagelte Bärenköpfe und Pranken früher an mehreren Orten fanden.

Der Heimatforscher Karl Meusburger zieht nun daraus folgende Schlussfolgerungen: „Offenbar gehörte der hier in Rede stehende Wolf nicht zum Standwild, sondern es war nur ein von irgendwoher versprengter Wechselwolf. Hiemit wären also nach der endgiltigen Ausrottung im Jahre 1852 noch zweimal solche Raubtiere aus entfernten Gegenden zu uns gekommen: Der Mareiter Wolf im Jahre 1864 und der Villnößer Wolf im Jahre 1896.“ (S. 500)

In seinem Beitrag über „Die Säugethierfauna von Tirol und Vorarlberg“ (in: „Bote für Tirol“, 73. Jg., Nr. 240, S. 2.003–2.004) geht der bekannte Tiroler Zoologe Karl Wilhelm von Dalla Torre am Freitag, 21. Oktober 1887 auch kurz auf den „Mareiter Wolf“ ein und hält diesbezüglich noch Folgendes fest.

Der Schneeberg als Schauplatz

„1864 wurde bei Schneeberg im hinteren Passeier ein Wolf in einer Prügelfalle gefangen, der sich längere Zeit dort herumtrieb und die von den Bergwerksarbeitern weggeworfenen Knochen und Speiseabfälle nächtlicher Weise auflas. Der Schädel dieses Thieres befindet sich jetzt im Besitze des Baron Ludwig Lazarini. Nach Mittheilung eines Bauern in Mareit, der früher in Schneeberg arbeitete, den Wolf selbst sah und dessen Schädel lange Zeit aufbewahrte. Das Thier war, dem Schädel nach zu schließen, etwa ¾ bis 1 Jahr alt.“ (S. 2.004)

Dietrich Thaler hat sich in seinem wissenschaftlichen Aufsatz „Beiträge zur Geschichte der Jagd und Fischerei im Landgericht Sterzing“ (in: „Der Schlern“, 72. Jg., Heft 4, Bozen April 1998, S. 203–234) ebenfalls kurz mit dem „Mareiter Wolf“ auseinandergesetzt:

„1864 fing Peter Braunhofer, Bauer in Mareit, wohl einen der letzten Wölfe beim Bergwerk Schneeberg; der Schädel des Wolfes befindet sich noch im Schloß Wolfsthurn. Eine ebenfalls in diesem Schloß aufbewahrte Handschrift aus dem

15. Jahrhundert enthält einen Segen, der die Herden vor dem Zugriff der Wölfe bewahren sollte.“ (S. 217)

Wolfssegen – Fur die wulfe

„Ain segen vere die wolff, das sie dein viche nit essen.
Wo willtu hin, Du laydiger waldes hunt?
Du tregst ain creucze in deinem munt.
Als wenig kein mensch unsserem heren nit mage geleichen,
als wenig mugestu heute meins vihes enpeyssen.
Ym names des vaters und suns und hailgen gaists.“
(Segensprecher = Viehbesitzer, Anm. G. J.)

Wolfssegen – Fur die wolfe

„Der gute herr sant Martein,
der lag auf dem pette sein,
er sprach: ‚Stand auff, hirte mein,
nym des hymel slüssel,
versperr dem wolfe seinen drüssel
und dem pern seinen czandt
und dem diebe seine hant,
und gee hin, viech, in holcz und in waid.
in perg und in tal,
wo dir hyn sey not,
in gotes namen amen.‘
Und sprich III pater noster und III ave.“
(Segensprecher = Viehhirte, Anm. G. J.)

Quellen:
Oswald von Zingerle (1891): Segen und Heilmittel aus einer Wolfsthurner Handschrift des XV. Jahrhunderts, in: Zeitschrift des Vereins für Volkskunde, 1. Jg., Berlin, S. 315–324, hier: S. 317 – Bl. 87a. „Fur die wulfe“ und S. 318 – Bl. 87a. „Fur die wolfe“.
Rainer G. Schöller (2017): Eine Kulturgeschichte des Wolfs. Tierisches Beuteverhalten und menschliche Strategien sowie Methoden der Abwehr. Freiburg im Breisgau, Berlin und Wien: Rombach Verlag, 683 S., hier: S. 590 und S. 591 – A.19 und A.20.

Erläuterungen:
(Waldes Hunt = Waldhund = Wolf; Creucze = Kreuz; Munt = Rachen; Sant Martein = St. Martin; Hymel Slüssel = Himmelschlüssel; Drissel, mittelhochdeutsch Drüssel = Gurgel, Kehle, Schlund, Rüssel, Schnauze; Czandt = Zahn; Pater Noster = Paternoster = das Vaterunser, Gebet des Herrn; Ave = Kurzform von Ave-Maria, Bezeichnung eines katholisches Mariengebets)

Talansicht von Villnöß in den 1950er-Jahren (Foto: Edizioni Ghedina, Cortina; Bildarchiv Georg Jäger).

Ortsansicht von St. Magdalena in Villnöß gegen Geisler Gruppe, 1920er-Jahre (Foto: Verlag Lorenz Fränzl, München; Bildarchiv Georg Jäger).

Spektakuläre Wolfsjagd im Villnösser Tal

Großes Aufsehen erregte 1896 das Auftreten von drei Wölfen beim „Laseider“ im hinteren Villnösser Tal, auf die am 26. November des Jahres acht Jäger eine regelrechte Treibjagd veranstalteten. Eines der drei Tiere – angeblich von „seltener Größe“ – wurde wenige Tage vorher in Brogis (am Steig von Villnöß nach Gröden) gesichtet, vertrieben und dann am Übergang von Munt nach Afers erschossen, während die beiden anderen Wölfe erst in St. Kassian erlegt wurden. Die aus Kärnten durch das Drautal und über das Pustertal ins Eisacktal zugezogenen Wölfe verursachten einen beträchtlichen Schaden unter den Schafherden der hiesigen Bergbauern.

Treibjagd auf drei Wölfe

Die „Bozner Nachrichten“ (3. Jg., Nr. 277, Mittwoch, 2. Dezember 1896, S. 4) schreiben unter der Überschrift „Wolfsjagd im Villnösserthale“ noch: „Vor acht Tagen wurde im Thale Villnöß (bei Klausen) ein prächtiger Wolf geschossen, sich seit 14 Tagen im dortigen Revier bemerkbar machte, und dem mehrere Schafe zum Opfer fielen. Meister ‚Petz‘ und Meister ‚Isegrim‘ waren in früheren Jahrhunderten im Villnösser Thale nicht selten anzutreffen; wurden damals sogar ganz regelrechte Bären- und Wolfsjagden arrangirt. In unserm Jahrhundert klingt eine Wolfsjagd in dieser Gegend mehr wie eine Erzählung aus alten Zeiten her.“

Im „Andreas Hofer. Wochenblatt für das Tyroler Volk“ (19. Jg., Nr. 49, S. 594: Wölfe) wird darüber am Donnerstag, 3. Dezember 1896 diese Information mitgeteilt: „Im Villnößthale wurde am 26. November von acht Jägern eine Treibjagd auf drei Wölfe unternommen. Es gelang ihnen auch, einen zu erlegen. Die beiden andern nahmen Reißaus, wurden aber in St. Kassian von glücklicheren Schützen zur Strecke gebracht.“

Erfolgreiche Wolfsjagd

Das „Bregenzer Tagblatt“ (11. Jg., Nr. 3.267, S. 3: Aus Tirol, 3. Dezember) ergänzt am Samstag, 5. Dezember 1896 noch: „Die Mittheilung, daß in Tirol bei Villnöß ein Wolf gesehen wurde, hat sich bestätigt. Wie hierüber dem ‚Tiroler Tagblatt‘ berichtet wird, brachte letzten Montag ein Villnösser Bauer das Prachtexemplar von einem Wolf in die Stadt (Brixen), um ihn den Leuten zu zeigen. Der Wolf hat ein Gewicht von 80 Pfund und ist ziemlich wohlgenährt. In den letzten 14 Tagen zerriß er drei Schafe in der Enneberger Gegend, von wo er nach Gröden kam.“

Wiederum ist es das „Andreas Hofer. Wochenblatt für das Tyroler Volk“ (19. Jg., Nr. 50, S. 604: Villnöß. Wolf), das am Donnerstag, 10. Dezember 1896 diese wichtige Ergänzung bringt:

„Der vor einigen Tagen in Villnöß erlegte Wolf ist durch die Bemühungen des Baron Ludwig Lazarini für die Sammlung des Ferdinandeums erworben worden, in der dieser Repräsentant tirolischen Raubwildes bisher fehlte. Der Wolf, ein prächtiges männliches Exemplar, ist gestern hier (Innsbruck) angelangt und sofort nach Wien zum Präparieren gesendet worden. Das Thier hat eine Höhe von 70 cm, eine Länge von 1,2 m und war gut genährt." Schon in den 1820er-Jahren veranstalteten mehrere Villnösser Bauern und Bauernsöhne (z. B. Mittermunterhof) solche Treibjagden auf versprengte Wölfe, die auch Wechsel- oder Irrwölfe genannt wurden.

Zwei Wölfe erschossen

Der „Bote für Tirol" (82. Jg., Nr. 285, S. 2.297: Aus Ladinien, 8. December. Jagd) meldet am Freitag, 11. Dezember 1896, dass die beiden geflüchteten Wölfe ebenfalls erlegt werden konnten: „Seit Menschengedenken erinnert sich hierzulande niemand, in unseren Bergen je Wölfe gesehen oder überhaupt nur davon gehört zu haben, dass es solche Raubthiere in größerer Zahl in Tirol gebe. Und doch hat es mit dem Erlegen von zwei Wölfen in den Bergen oberhalb St. Cassian seine volle Richtigkeit, wie dem Schreiber dieser Zeilen von einem Augenzeugen berichtet wurde, der die Bestien selbst gesehen hat."

„Offenbar hat man es dabei mit den Genossen jenes Wolfes zu thun, der im Villnösser Revier geschossen wurde, und in dessen Gesellschaft noch zwei andere solche Raubthiere gesehen wurden. Auf ihrer Flucht von Villnöss nach Enneberg sind ihnen mehrere Schafe zum Opfer gefallen, bis endlich unsere Nimrode sich aufrafften und den gefährlichen Thieren ein Ende bereiteten. Es wäre zu wünschen, dass die erlegten Thiere ausgestopft und den Sammlungen des Ferdinandeums in Innsbruck oder den naturhistorischen Sammlungen eines unserer Gymnasien einverleibt würden. Der in Villnöss erlegte Wolf wurde schon für das Museum angekauft. D. R."

Der letzte Wolf in Villnöß

Als Draufgabe schreibt Hans Fink in seinem im Jahr 1957 erschienenen Werk über die „Eisacktaler Sagen, Bräuche und Ausdrücke" (Schlern-Schriften, Band 164, Innsbruck: Universitätsverlag Wagner, 386 S.) unter „Der letzte Wolf in Villnöß" (S. 336–337) noch diese besondere Begebenheit als geschichtlichen Hintergrund: „Ähnlich wie im benachbarten Grödner Tal wurde vor 60 Jahren auch noch am Villnößer Berg (St. Magdalena) das Schnitzen als Hausindustrie gepflogen. Der mangelhafte Erlös der Landwirtschaft mag in den langen Wintermonaten hiezu der Ansporn gewesen sein."

Im Villnößer Altersheim lebt der 84 jährige Plabatschersohn, namens Eduard Profanter, vulgo Tegler, der sich in seiner Jugend ebenfalls eifrig mit dem Schnitzen beschäftigte. Auf die Frage, warum man damals jenen Nebenberuf ausübte, gab er belustigt zur Antwort: „Jo, suscht houb'mer ja net gewißt was tian ibern Winter." (S. 336)

„Eines Herbsttages, am Joch lag schon leichter Schnee, packte also der Plabatscher Edl seine angefertigten Schnitzsachen fein säuberlich in Haberstroh gebettet auf sein Mühlkraxl und stapfte der Broglseralm, dem Übergang nach Gröden, zu. Ober der ‚Fölle', beim Weißbrunner-Brand, sah er in gemessener Entfernung einen Wolf. Da derselbe aber das Weite suchte, der Plabatscher aber seine zerbrechliche Last baldigst nach St. Ulrich bringen wollte, war der Fall für beide erledigt." (S. 336–337)

„Wenige Tage später sichtet der Venedigerbauer ebenfalls den Wolf. Man verständigte den Hoanzlbauer, Anton Meßner, der als sicherer Schütze im Rufe stand. Dieser spürte das Tier auf und erlegte es nach Tagen in der Rodl am Fagschtrinbach. Das geschah im Winter 1895 (richtig: 1896, Anm. G. J.); seither sah man in Villnößkeinen Wolf mehr. – Der letzte Bär im Tale wurde im Ranuier Brand gesehen und dann am Genoier Bach mit Knütteln erschlagen. Darüber weiß der Tegler keine Jahreszahl mehr anzugeben. Er hatte sie eben vergessen." (S. 337)

So sieht der am 26. November 1896 bei einer Treibjagd erlegte Villnösser Wolf aus. Das ausgestopfte Raubtier wird heute in den Naturwissenschaftlichen Sammlungen im Sammlungs- und Forschungszentrum (SFZ) in Hall in Tirol aufbewahrt (Foto: Andreas Eckelt, Tiroler Landesmuseum Ferdinandeum, 2022).

Wolfsalarm im Eisacktal

Im „Welt-Neuigkeits-Blatt“ (27. Jg., Nr. 143, Wien, S. 15: Bären und Wölfe in Tirol) werden am Dienstag, 26. Juni 1900 aus Innsbruck folgende Zeilen geschrieben, die sich nach Bärenspuren in den Stubaier Alpen vor allem auf einen Wolfsalarm im Eisack- und Sarntal beziehen:

„Auf den Bären, der sich im Stubai, im Gschnitz- und Pflerschthal bemerkbar gemacht hat, sind schon mehrere große Treibjagden veranstaltet worden – einmal zog fast das ganz Stubaithal aus – oder bisher hat man ihn noch nicht erlegt. Nun kommt aus dem Eisackthale die Nachricht, daß sich dort ein anderer unwillkommener Gast herumtreibt, nämlich ein Wolf. Sein Gebiet ist das Gebirge oberhalb Velthurns, Schalders, Latzfons und die Sarner Gegend; man hat ihn auch öfter gesehen, aber nie erwischt. Der Räuber hat bereits 20 Schafe und viel Reh- und Hasenwild, wie die zahlreichen aufgefundenen Ueberreste beweisen, zerrissen. Es ist schon Jagd auf ihn gemacht worden, aber ohne Erfolg. Vor nicht gar langer Zeit wurde ebenfalls in jener Gegend, im Villnößthale, ein Wolf erlegt.“

Wolfsmeldungen und Wolfsjagden in Kärnten

Im Zeitraum zwischen 1885 und 1888 und danach noch im Jahr 1895 häuften sich in Kärnten die Meldungen über „schädliche“ Wölfe, die in den drei genannten Jahren nicht weniger als 235 Schafe zerrissen haben. Die damals betroffenen Jagdreviere sind Feldkirchen, Steuerberg, Sirnitz, Ferlach, Singerberg und die Sulzbacher Alpen. Die Behörden reagierten auf diese Entwicklung mit Wolfsjagden, die aber nicht gerade von Erfolg gekrönt waren.

135 Schafe als Opfer reißender Wölfe

Zunächst finden sich in der Zeitung „Freie Stimmen. Deutsch-nationales Blatt für Kärnten“ (6. Jg., Nr. 20, Klagenfurt, S. 5–6) am Samstag, 24. April 1886 unter „Wölfe in Kärnten“ diese aufschlussreichen Zeilen:

„Wir haben, schreibt ‚Waidmanns-Heil‘ in der letzten Nummer, voriges Jahr unseren Lesern Mittheilung gemacht von dem verheerenden Treiben eines oder mehrerer Wölfe, die an Wild und Vieh im nördlichen Kärnten ganz bedeutenden Schaden anrichteten und sogar den die Schule besuchenden Kindern gefährlich wurden. Trotz vieler Jagden und Nachstellungen konnte man selbst im Winter dieser unheimlichen Gäste nicht habhaft werden, und mit großer Besorgnis sah man allgemein der möglichen Vermehrung dieser Bestien im Lande entgegen. Nun sendet uns Herr Wilhelm Hladniz in Feldkirchen, dessen Revier, sowie das des Herrn Rauter besonders gefährdet war, die willkommene Nachricht, dass seit ungefähr fünf Wochen keine Spur eines Wolfes in dieser Gegend mehr zu finden sei. Derselbe hat aller Wahrscheinlichkeit nach dem vergifteten Köder an einem von ihm gerissenen Rehe angenommen und ist eingegangen, bisher aber in diesen ausgedehnten Revieren nicht gefunden worden. Es liegt uns ein richtig aufgenommener Ausweis vor, nach welchem im Vorjahre 40 Rinder, 135 Schafe, 1 Fohlen und 10 Ziegen diesen raubgierigen Wölfen zum Opfer fielen. Nach diesem Ausweis haben ganz besonders die Reviere Steuerberg und Sirnitz gelitten."

Die Ortschaft Sirnitz der Gemeinde Albeck im Bezirk Feldkirchen in Kärnten, 1950er-Jahre (Foto: Aufnahme und Verlag Rhomberg, Dornbirn; Bildarchiv Georg Jäger).

300 Männer aus dem Rosental auf Wolfsjagd

Wiederum ist es die Zeitung „Freie Stimmen. Deutsch-nationales Blatt für Kärnten" (7. Jg., Nr. 40, Klagenfurt, S. 5), die am Samstag, 21. Mai 1887 unter „Wölfe in Kärnten" diese Informationen liefert: „Wie uns aus Ferlach berichtet wird, treiben sich auf dem Singerberg Wölfe herum, zu deren Erlegung am Donnerstag (19. Mai, Anm. G. J.) ein aus beinahe 300 Mann bestehendes Aufgebot aus dem Rosenthale auszog. Leider verlief die Streifung erfolglos. Gleichzeitig meldet man aus Eisenkappel, dass aus dem Sulzbachthale Wölfe nach Kärnten eingebrochen sind. Eine Treibjagd, welche von der Forstverwaltung in Hagenegg am 17. des Monats veranstaltet wurde, blieb ebenfalls ohne Erfolg. Mehrere Bauern klagen über Verlust an Schafen."

Verlust von über 100 Schafen und Ziegen

Im Kältewinter 1887/88 traten wiederum mehrere Wölfe in Kärnten auf, wobei diesmal die Gegend der Sulzbacher Alpen betroffen war. Die Zeitung „Freie Stimmen. Deutsch-nationales Blatt für Kärnten" (8. Jg., Nr. 16, Klagenfurt, S. 5) hält am Samstag, 25. Februar 1888 unter „Wölfe in Kärnten" fest:

„Wie ‚Waidmanns Heil' schon früher berichtete, trieben sich schon seit längerer Zeit Wölfe im Gebiete der Sulzbacher Alpen in Kärnten herum. Man hoffte mit Eintritt des Winters diesen unliebsamen Gästen mit Erfolg auf den Leib rücken zu können und so Wiedervergeltung zu üben für die vielen Unthaten, welche schon am Kerbholze angekreidet sind. Nach einer Mittheilung des Herrn Forstverwalters Franz Kassier an ‚Waidmanns Heil' soll Meister Isegrim im Verlaufe des Sommers und Herbstes über 100 Schafe und Ziegen geraubt haben. Dass dem Räuber auch eine erkleckliche Anzahl von Rehen zum Opfer fiel, ging schon aus der im verflossenen Herbste eingesendeten Losung und den Fressstücken hervor. Nach neuerlichen Berichten treibt sich gegenwärtig noch ein Wolf am Grintouz (= höchster Gipfel der Steiner Alpen, Anm. G. J.) umher, von wo Herr Forstverwalter Kassier frische Losung nebst Schädelstücken von einer zerissenen Gemse einsendete. Wie diese Losung zeigt, ernährt sich der Wolf fast ausschließlich von Rehwild und Gemsen und richtet selbstverständlich in den dortigen Revieren einen ganz enormen Schaden an." (S. 5)

„Der Wolf wurde auch schon öfters dort gesehen, taucht heute da, morgen dort auf und macht von einem Tag auf den anderen oft ganz erstaunliche Touren. Trotz der großartigen Anstrengungen von Seite der dortigen Jäger war es bisher nicht möglich, den ungebetenen Gast zu erlegen, was übrigens im Hinblicke auf die dortigen territorialen Verhältnisse und ganz enormen Schwierigkeiten nicht zum wundern ist." (S. 5)

Eine behördliche angeordnete Wolfsjagd

Unter „Achtung auf Wölfe!" meldet sich die „Klagenfurter Zeitung" (112. Jg., Nr. 51, S. 4) am Mittwoch, 2. März 1895 ganz kurz zu Wort: „In der Nacht vom 26. auf den 27. Februar wurden in der Gegend von Maria Saal drei Stück Wölfe gespürt und deren Fährten von Jägern durch sieben Gehstunden in der Richtung gegen Radsberg verfolgt. Die sämtlichen Gemeinden des Klagenfurter Landbezirkes wurden sofort von dem Vorhandensein dieser schlimmen Gäste verständigt, und muss namentlich Vorsicht für die Schulkinder, wenn deren Weg durch einsame und abgelegene Waldtheile führt, angerathen werden." (S. 4)

Die „Klagenfurter Zeitung" (112. Jg., Nr. 60) schreibt unter „Wölfe in Kärnten" dazu am Mittwoch, 13. März 1895 ganz ausführlich: „Sie meldeten schon, dass im Maria Saaler Revier drei Wölfe durch sieben Stunden von Jägern verfolgt wurden, des hohen Schnees wegen jedoch nicht zur Strecke gebracht werden konnten. Es sollen nun auch einige Wölfe sich in der Nähe des Ulrichsberges herumtreiben, in der Ortschaft Karnburg einige Hunde zerrissen und gestern sogar bei Maria Saal einen Knaben und einen Bettler zerrissen haben. Wenn sich dies wirklich so verhält, ist es staunenswert, dass die Behörden nicht die umliegenden Gemeinden sofort verständigt und Treibjagden veranstaltet haben. Freilich, wir leben nun einmal im Lande, wo der Grundsatz gilt: ‚Lei lassen'." (S. 4)

„Wir bemerken dazu Folgendes: Seit der ersten Nachricht darüber, dass bei Maria Saal Wölfe verspürt worden seien, welche in der ‚Klagenfurter Zeitung' vom

2. März (Nr. 51) erschien, ist die Legendenbildung hierüber ungemein thätig gewesen, fast jeder Tag brachte eine neue Nachricht, die meisten mehr oder weniger unglaublich von vorneweg, obgleich allerdings die Möglichkeit, dass Wölfe heuer bis in unsere Gegenden gekommen seien, nicht ausgeschlossen war und ist. Es ist aber weiters zu bemerken, dass gerade schon die erwähnte allererste, hier anfänglich viel bespöttelte Nachricht uns von der k. k. Bezirkshauptmannschaft zugekommen war, dass diese Behörde alsbald alle Gemeinden des Bezirkes verständigt und jene Wolfsjagd angeordnet hat, welche am Samstag in der Gutschen bei Eberstein abgehalten wurde. Bei einem ‚Lei lassen' der Behörden kann wohl keine Rede sein.“ (S. 4)

Auf den Spuren der Wölfe in Oberösterreich

Dem „Linzer Volksblatt“ (41. Jg., Nr. 45, S. 3–4: Wölfe in Oberösterreich) können am Donnerstag, 25. Februar 1909 mehrere Informationen über plötzlich nach Oberösterreich eingewanderte Wölfe entnommen werden, was für die damals sehr kalten Wintermonate kein Zufall gewesen ist. Lassen wir nun darüber die entsprechenden Zeitungsmeldungen berichten.

Wolfsspuren zwischen Stadtau und Enns

„Im heurigen strengen und langen Winter hörte man schon aus verschiedenen Gegenden daß ganz unerwartet Wölfe aufgetaucht seien und zwar in Gegenden, wo man dieses gefährliche Raubtier nur dem Namen nach kennt. Nun ist auch Oberösterreich von Wölfen heimgesucht worden, eine Tatsache, die durch einen erlegten Wolf der im Kunstatelier für Tierpräparate bei Herrn Franz Xaver Lehrer (Linz, Schubertstraße 12) sich zur Präparierung befindet, erhärtet ist.“ (S. 3)

„Der Förster des Rittmeisters Prinzen Krafft-Hohenlohe in Enns, Herr Poslaw in Enghagen, bemerkte schon seit Samstag vergangener Woche (20. Februar, Anm. G.J.) Spuren, die ihm sofort auffielen. Da auch Arbeiter behauptet hatten, Wölfe gesehen zu haben und auch ein Arzt, dessen Pferd vor einem vorbeistreichenden Wolfe scheu geworden war, diese Absicht bestätigte, war kein Zweifel mehr darüber, daß sich in der sogenannten Stadtau zwischen Mauthausen und Enns Wölfe aufhielten.“ (S. 3–4)

„Herr Poslaw sah dieser Tage aus einem Gebüsch die Lichter (Augen) eines Tieres funkeln. In der Annahme, einen der gesuchten Wölfe vor sich zu haben, schoß er ins Dickicht. Im selben Augenblicke stürzte ein Wolf heraus, hart am Jäger vorüber und verschwand. Der Schütze hatte dem Tiere eine Afterzehe abgeschossen.“ (S. 4)

Tochter des Försters als Wolfsjägerin

„Am Montag, 22. des Monats, nachmittags, sah nun eine Tochter des Försters vom Forsthause aus einen Wolf heranschleichen. Sie nahm sofort ein Gewehr, trat ins Freie und legte auf das Tier an, das keine Miene machte, zu entweichen. Durch einen wohlgezielten Blattschuß streckte sie den Wolf mit einer Kugel nieder. Er überschlug sich noch einigemale im Sprunge und war dann sofort tot. Die Kugel war beim Blatte eingetreten und hatte quer den Körper durchschlagen." (S. 4)

„Daß der Wolf die Nähe der Menschen nicht scheute, ist durch die Aussagen von Arbeitern erwiesen, die mitteilten, daß sie einen Wolf mit Prügeln vertrieben. Da dem von der Försterstochter erlegten Tiere keine Afterzehe fehlt, so muß angenommen werden, daß der vom Förster angeschossene sich noch in den Auen herumtreibt." (S. 4)

„Der erlegte Wolf ist eine Rüde (männliches Tier), 20 Kilo schwer, ein ausgewachsenes, etwa zweijähriges Exemplar. Fell ist rötlichgrau mit dunkler Zeichnung. Das Tier hat die Größe eines mittleren Vorstehhundes. Allem Anscheine nach dürften die Wölfe aus Steiermark vertrieben worden sein, wo sie in letzter Zeit aufgetaucht sind. Durch das Ennstal herauf dürften sie in unsere Gegend gelangt sein." (S. 4)

Weitere Zwischenfälle im Winter 1908/09

Solche Begegnungen mit Wölfen häuften sich im Winter 1909 in der zweiten Februarhälfte. So berichtet die „Tages-Post" (43. Jg., Nr. 31, Linz, S. 6: Wölfe in Oberösterreich) am Donnerstag, 4. März 1909 im Bezirk Linz-Land über einen derartigen Vorfall aus dem Einzugsgebiet der Stadt Enns:

„Infolge der bekannten Zeitungsnachricht, daß kürzlich in der Nähe von Enns ein Wolf erlegt wurde, wurde es erst jetzt bekannt, daß der Mechaniker Wenzel Lehrer in Steyr anfangs Februar auf den nächst der Stadt gelegenen Schlüsselhoffeldern, wo sich die Rennbahn und die Jägerkaserne befinden, gegen abends auf einem Spaziergange plötzlich in einer Entfernung von nur wenigen Schritten einem Wolfe gegenüberstand, welcher gegen ihn die Zähne fletschte, sich aber von dem sich von seinem Schrecken rasch erholenden Herrn, welcher nicht einmal einen Stock bei sich hatte, sofort verscheuchen ließ. Der Wolf soll sich ziemlich bedächtig zurückgezogen haben. – Am nächsten Tage begab sich Herr Lehrer mit zwei Begleitern nochmals auf die Schlüsselhoffelder und sie wollen den Wolf wieder gesehen haben, kamen ihm aber diesmal nicht so nahe. Zu bemerken ist, daß vorgenannter Herr Lehrer in Steyr ein Bruder des gleichnamigen Präparators in Linz ist, welchem der in Enns erlegte Wolf zum Ausstopfen übergeben wurde, und daß er versichert, sich nicht getäuscht zu haben." (s. 6)

„Wie weiter bekannt wird, soll erst kürzlich der Bäckermeister Aigner von Wolfern nächst Steyr, als er frühmorgens mit seinem Brotwagen nach Dietach fuhr, von mehreren Wölfen angefallen worden sein. Er besaß die Geistesgegenwart, seine Fracht mit Schnee zu bedecken und die Tiere zu verscheuchen. Die Wölfe dürften aus den Gebirgen Steiermarks längs des Ennstales nach Oberösterreich gekommen sein." (S. 6)

Die „Jaga-Fritzl" als Wolfsjägerin bei Enns

Unter „Showdown in Enns: Als die ‚Jaga-Fritzl' von ihrem Fenster aus einen Wolf erlegte" (https://www.nachrichten.at/oberoesterreich/showdown-in-enns, eigener Zugriff am 27. Juli 2022) berichtet der Journalist Alfons Krieglsteiner am 22. Februar 2019 über folgenden spektakulären Vorfall aus Enns, bei dem eine 20 jährige Försterstochter in Enns-Enghagen einen der letzten Wölfe Oberösterreichs zur Strecke brachte und zur damaligen Zeit zu einem Pin-up-Girl der Jagd wurde.

Der Wolf! – Der Wolf!

„Ein Wolf bei Enns erlegt" – So titelte die damalige Linzer „Tages-Post", die Vorgänger-Zeitung der heutigen „Oberösterreichischen Nachrichten", am Donnerstag, 25. Februar 1909. „Im Mittelpunkt des Berichts stand eine junge Frau: die Försterstochter Friederike Bohuslav. Heute vor 110 Jahren, am 22. Februar 1909, hatte ‚d'Jaga-Fritzl', wie sie von ihren Freunden genannt wurde, in Enns-Enghagen einen Wolf ‚ins Blatt' getroffen – genau ins Herz."

Schauplatz der Wolfserlegung war die Brücke an der Kuhwampe, einem Nebengerinne der Donau. „Wo sich heute der Ennser Donauhafen befindet, stand 1909 das Forsthaus, in dem später das Salzamt eingerichtet wurde. Es wurde bei der Hochwassersanierung 2018 abgerissen."

„Die 20-jährige Förstertochter hatte die Nacht auf einem Ball durchgetanzt. Gerade saß sie beim Frühstück, als ihr die Mutter von der Straße herauf aufgeregt zurief: ‚Der Wolf! Der Wolf!' Sofort war ‚Fritzl' hellwach." „Lass ihn net ins Lorcher Revier wechseln!", rief sie ihrer Mutter zu. „Dann griff sie kurz entschlossen nach dem Gewehr an der Wand – dem neuen Kugelstutzen ihres Vaters, Kaliber 7,8 Millimeter, aus dem noch kein Schuss abgefeuert worden war."

Ein tödlicher Schuss

„Durch das offene Fenster legte sie auf den 50 Meter entfernten Wolf an, dem sich ihre Mutter in den Weg gestellt hatte. Erst beim dritten Versuch löste sich der tödliche Schuss. Der Wolf machte noch einige Sätze, blieb liegen und verendete." Diese Nachricht blieb wochenlang Tagesgespräch im ganzen Land.

„Auf Weisung des Jagdherrn Graf Hohenlohe wurde ‚Fritzls' Wolf dem Linzer Tierpräparator Franz Lehrer übergeben. Das ausgestopfte Präparat überließ Hohenlohe dem Museumsverein Lauriacum. 1965 wurde es zur Restaurierung ins Linzer Landesmuseum gebracht." Seit dem Jahr 1980 wird das Präparat im Depot des früheren Franziskanerklosters, einer Zweigestelle des Ennser Museums, aufbewahrt. „Nach Fertigstellung des für nichtrömische Funde bestimmten Museums in Schloss Ennsegg wird es dort der Öffentlichkeit präsentiert."

„Fritzl" auf der Postkarte

„Die Jaga-Fritzl erhielt vom Museumsverein eine Ehrengabe von zehn Kronen. Viel Geld, wenn man bedenkt, dass das Jahresgehalt ihres Vaters 32 Kronen betrug. Von ihren männlichen Kollegen wurde sie mit neidischen Augen angesehen. Sie habe nur einen Hund erlegt, hieß es. Und drei Schüsse habe sie auch gebraucht. Doch davon ließ sie sich nicht beirren."

„Im Foto-Atelier Kaldoni in Linz posierte sie für ein Postkartenmotiv: ein Pin-up-Girl, das Gewehr in der Hand, den toten Wolf zu ihren Füßen. Ihr Leben endete tragisch: Zwei Jahre später hatte sie im Revier zwei Rehböcke erlegt. Erhitzt von der Jagd, nahm sie ein paar Schluck vom Donauwasser. Eine Woche später starb sie an Typhus." – Und jetzt der Zeitungsbericht.

Bericht der „Tages-Post"

Die „Tages-Post" (45. Jg., Nr. 45, Linz, S. 4–5) bringt am Donnerstag, 25. Februar 1909 diese Meldung über einen erlegten Wolf aus Enns, was damals für besonders großes Aufsehen sorgte:

„Es dürfte wohl seit Menschengedenken nicht mehr der Fall gewesen sein, daß in Oberösterreich und noch dazu in unmittelbarster Nähe einer Stadt das Auftreten von Wölfen beobachtet wurde. In der Umgebung von Enns bemerkte der Förster des Prinzen Hohenlohe Herr Bohuslav seit einigen Tagen eigenartige Fährten im Schnee, ohne herausfinden zu können, von welchem Tiere sie herrührten. Vorgestern (richtig: schon am Montag, 22. Februar; Anm. G. J.) erfolgte des Rätsels Lösung. In den Abendstunden tauchte in der sogenannten Stadtau bei Enns ein Wolf auf, den die Tochter des genannten Försters, die ‚Jaga-Fritzl', mit einem wohlgezielten Kugelschusse zur Strecke brachte. Der erlegte Wolf ist 65 Zentimeter hoch, samt der Lunte 1 Meter 30 Zentimeter lang und über 20 Kilo schwer. Ein zweiter Wolf, der sich gleichfalls in den dortigen Auen herumtrieb, war bereits am Vortage von einem Jäger des Prinzen Hohenlohe beobachtet und angeschossen worden. Das Tier entkam jedoch und konnte bisher noch nicht erlegt werden." (S. 4–5)

„In beiden Fällen handelte es sich um Rohrwölfe, die im Gegensatze zu den bedeutend stärkeren Waldwölfen nur die Größe eines ausgewachsenen Vorstehhundes erreichen. Die Tiere sind in letzter Zeit in der Steiermark in größerer Zahl aufgetreten und werden dort von den Jüngern der grünen Gilde energisch verfolgt. Zweifellos haben sich die beiden Wölfe aus den steierischen Gebirgen hieher verirrt und sind, vom Hunger geplagt, in die Nähe der genannten Stadt gekommen. Trotzdem die Rohrwölfe im allgemeinen nicht zu den mutigen Tieren gehören, überfallen sie bei quälendem Hunger einsame Gehöfte und werden, namentlich wenn sie in Rudeln vereint sind, auch für den Menschen höchst gefährlich." (S. 5)

„Der bei Enns erlegte Wolf wurde nach Linz gebracht und hier Herrn Franz Lehrer, Schubertstraße 12, behufs Präparation übergeben; er dürfte dann wahrscheinlich der Jagdtrophäensammlung des Prinzen Hohenlohe einverleibt werden. Die Kunde von dem seltenen Weidmannsheil der ‚Jaga-Fritzl' hatte sich in Enns rasch verbreitet, doch glaubte man dort, daß das erlegte Tier ein verwilderter Wolfshund sei; indes stellte der genannte Präparator sofort fest, daß man es mit einem echten Wolf zu tun habe. – Die zwei letzten Wölfe, die in Oberösterreich geschossen wurden, dürften jene zwei sein, die heute ausgestopft sich im Linzer Museum befinden. Davon wurde der eine im Jahre 1827 bei Micheldorf, der andere 1813 (richtig: 1854, Anm. G. J.) im Orte Königswiesen erlegt.“ (S. 5)

Die begeisterte Jägerin Friedrike Bohuslav, vulgo „Jaga-Fritzl“, eine Försterstochter aus Oberösterreich, hat am 22. Februar 1909 in Enns-Enghagen einen der letzten über die Steiermark herüber gewechselten Wanderwölfe erlegt (Bildarchiv Georg Jäger).

Die „Luchsjagd“ auf der steirischen Stubalpe

Ganz unerwartet häufen sich im Frühsommer 1913 die Nachrichten, dass in der westlichen Steiermark im Gebiete der Stubalpe seit Wochen ein Luchs (richtig: ein Wolf, Anm. G. J.) sein Unwesen treibe, ohne von den aufgebotenen hunderten von Jägern, die ihm nachstellten, zur Strecke gebracht zu werden. Unzählig sind die Schafe, die dem Räuber, der mit unglaublicher Schnelligkeit den Ort wechselt, zum Opfer fielen. Viele erwachsene Kalben, die einen großen Wert repräsentieren, Rehe, aber auch alte Tiere, fand man morgens zerfleischt auf.

Das „Grazer Volksblatt“ (46. Jg., Nr. 289, Abend-Ausgabe, S. 3: Das geheimnisvolle Raubtier lebt noch) lässt am Donnerstag, 26. Juni 1913 zu den jüngsten Vorfällen als glaubwürdigen Augenzeugen einen Hirtenbuben, der den Luchs in einer Felsenenge sichtete, und andere Beobachter, zu Wort kommen:

„Ein Hirtenknabe sah am vorigen Donnerstag (19. Juni) den Luchs im Höllgraben. Der Hirt konnte das Tier genau beschreiben und seine Angaben lassen keinen Zweifel darüber, daß der Knabe den Luchs tatsächlich als solches erkannt hat. Der Junge erkannte dann auch das Tier nach dem Bilde in einem Naturgeschichtsbuch. Es wurden sofort Jäger von der Sichtung des Luchses verständigt und eine Treibjagd nach dem Tiere unternommen. Leider blieb die Suche nach dem Räuber erfolglos. Am nächsten Tage vormittags kam das Almvieh aus dem Amering, einer Berggruppe neben dem Grössing, plötzlich zu Tal gestürmt; alle Tiere waren erregt und geängstigt. Jedenfalls waren die Tiere durch den Luchs beunruhigt worden. Als man sie nachmittags wieder auf die Alm zurücktreiben wollte, wurden sie störrisch. Aus Voitsberg wird berichtet, daß in der Nacht vom 21. auf den 22. Juni auf der Alpe in der Gemeinde Hirschegg-Piber eine einjährige, dem Besitzer Franz Lenz vulgo Hörmer in St. Martin gehörige Kalbin im Werte von 170 Kronen gänzlich zerrissen wurde. Auch aus Gröbming wird uns gemeldet, daß der gefürchtete Luchs am 25. Juni auf der Kastneralm sechs Schafe tötete, die dem Besitzer vulgo Hiasbauer in Kleinlobming gehörten. An diesem Tage wurde abermals eine große Treibjagd veranstaltet, um das wilde Tier zu erlegen.“

Das „Salzburger Volksblatt, 43. Jg., Nr. 148, S. 6: Luchsjagd in Steiermark) meldet am Mittwoch, 2. Juli 1913 zu dieser Luchsjagd bei der Stubalpe noch: „Der letzte Luchs wurde in Steiermark vor 90 Jahren (1823), und zwar von einem St. Lambrechtschen Stiftsjäger, in Obersteier erlegt. Seitdem hielt man dieses Raubtier in Steiermark für ausgerottet.“

In der Ausgabe der „Reichspost“ (20. Jg., Nr. 433, Montag, 15. September 1913, Mittagsblatt, Wien, S. 5: Das Raubtier auf der Stubalpe. Der „Bauernschreck“ – ein Wolf“) war ein Kurzbericht aus St. Stefan ob Stainz zu finden, demzufolge das Raubtier als Wolf erkannt wurde. Diese „Drahtmeldung“, wie man damals Telefonate genannt hat, lautete: „St. Stefan ob Stainz, 14. September. Nicht kühne Jäger waren es, welche diesmal den Kampf mit dem ‚Bauernschreck‘ versuchten, sondern einige Ochsen auf der Aiblhalde. Holzknechte, welche gestern in der Nähe der Aiblhalde arbeiteten, hörten plötzlich ein lautes Gebrüll der weidenden Ochsen und Kälber. Sie eilten aus dem Walde nach der Lichtung, wo die Tiere weideten und sahen wie die Ochsen einen kräftigen Wolf mit ihren Hörnern bearbeiteten und von der Gruppe der Kälber abzuhalten suchten. Die mutige Abwehr durch die Ochsen und das Erscheinen der Holzknechte, die ihre Aexte schwangen, hießen das Raubtier eiligst das Weite zu suchen. Nach der Beschreibung der Holzknechte unterliegt es keinem Zweifel, daß das Raubtier ein Wolf ist."

Die Stubalpe mit dem Rappoldkogel, 1928. Dort fand im Juni 1913 eine „Luchsjagd" statt (Foto: Helff-Lichtbild; Bildarchiv Georg Jäger).

Das alte Almhaus auf der Stubalpe mit Brandkogel, 1950er-Jahre (Foto: Postkartenverlag Walter Kramer, Graz; Bildarchiv Georg Jäger).

„Schießt`s net, sonst sein wir alle hin!"

Der bekannte böhmische Jäger und Schriftsteller Ernst Ritter von Dombrowski (1862–1917) hat am Sonntag, 5. Oktober 1913 in der Zeitung „Neues Wiener Tagblatt" (47. Jg., Nr. 273, S. 37–38) einen interessanten Beitrag zum Thema „Ist der Wolf dem Menschen gefährlich?" geschrieben, der hier in Verbindung mit dem rätselhaften „Bauernschreck" größtenteils wiedergegeben wird.

Exotisches Raubtier?

„Der ‚Bauernschreck' treibt unbegreiflicherweise im Gebiet der Koralpe und Stubalpe noch immer sein Unwesen, und noch unbegreiflicher erscheint es, daß bisher nicht einmal die Feststellung gelang, welcher Art der freche Räuber angehört. In letzter Zeit hat man von einer Löwin, einem Tiger, einer Hyäne, einem Leopard gesprochen, ja es soll sogar wirklich ein riesiges katzenähnliches Tier mit langem Quastenschweif gesehen worden sein, welches einen Schützen bis auf zwanzig Schritte anlief, worauf dieser seinen vier Genossen zuschrie: ‚Um Gottes-Willen schießt's net, sonst sein wir alle hin!'"... Der richtige Bauernschreck! Es erweckt tatsächlich den Anschein, daß es in dem ganzen in Frage kommenden Gebiet wohl Schützen, aber keinen Jäger gibt." (S. 37)

„Trotz aller gegenteiligen Behauptungen halte ich es für gänzlich ausgeschlossen, daß ein exotisches Raubtier in den steirischen Bergwäldern und Almen monatelang hausen kann, ohne bestimmt gesehen worden zu sein, denn hinsichtlich des Untieres, welches jene fünf Helden in die Flucht schlug, liegt das Geständnis eines Spaßvogels vor, der einem gelben Bauernhund einen Kuhschwanz anhing." (S. 37)

„Es ist bisher kein Fall nachgewiesen, daß exotische, einer Menagerie entsprungene Tiere sich jemals irgendwo so häuslich eingerichtet und sich mit so raffinierter Schlauheit allen Nachstellungen entzogen hätten, wie dies hier der Fall ist, vielmehr wurde man ihrer stets innerhalb kürzester Frist habhaft. Es erscheint ja auch ganz undenkbar, daß sich ein der Wüste, den indischen Dschungeln oder dem tropischen Urwald entstammendes, noch dazu längere Zeit gefangen gehaltenes Tier in unserm Alpengebiet so leicht zurechtfinden würde." (S. 37)

„Meine ursprüngliche, auch an dieser Stelle ausgesprochene Ansicht, der Bauernschreck sei aller Wahrscheinlichkeit nach ein Luchs, hat inzwischen durch die Art der Risse, von welchen eine Reihe photographischer Aufnahmen vorliegt, eine Korrektur erfahren; nach diesen zu urteilen, kann es sich nur um einen oder um mehrere Wölfe, eventuell – und das ist wohl das wahrscheinlichste – um einen oder mehrere Hunde handeln. In dem einen wie in dem andern Falle wäre die Anlage einer Anzahl mit einem lebenden Lamm beköderter Fanggruben der einzige aussichtsreiche Weg, des Unholdes habhaft zu werden." (S. 37)

Ungefährliche Wölfe

„Neuerdings ist die Klage laut geworden, daß sich die in isoliert gelegenen Höfen lebenden Bauern nicht trauen würden, ihre Kinder zur Schule zu senden, und daß bei der Wildarmut der Reviere nach Abtrieb des Weideviehes der ganzen Bewohnerschaft Gefahren drohen. Diese Besorgnis ist gänzlich unnötig, denn zum mindesten in Europa ist der Wolf dem Menschen absolut ungefährlich. Alle die schönen Bilder von Wierusz-Kowalski und alle die zahllosen, alljährlich durch die Presse laufenden Nachrichten über Ueberfälle von Menschen durch Wölfe gehören in den Bereich der Fabel. Diese Ueberzeugung hege ich schon seit fünfundzwanzig Jahren, ich habe sie schon im Jahre 1895 in der ‚Deutschen Jägerzeitung', dem verbreitetsten jagdlichen Fachorgan, ausgesprochen und begründet, und sie ist weder damals noch bis heute auch nur durch einen einzigen sicher untersuchten Fall widerlegt." (S. 37)

„Mit einer langen Reihe von hervorragenden Jägern Skandinaviens und aller Teile des europäischen Rußlands trat ich in bezügliche Korrespondenz, kein einziger konnte mir einen Wolfsangriff auf Menschen verbürgen; die ganzen Karpathen, Südslawonien, Rumänien nebst der Dobrudscha und Serbien habe ich auf zahlreichen Jagd- und Forschungsreisen, Bosnien und die Herzegowina in fünfjährigem dauerndem Aufenthalt persönlich kennen gelernt und keine Gelegenheit zu Informationen verabsäumt, aber auch hiebei wurden mir nur hin und wieder von Nicht- und Sonntagsjägern Schauergeschichten aufgetischt, einen wissenschaftlich nachgewiesenen Fall vermochte ich nicht festzustellen. Dagegen bot sich mir häufig Gelegenheit zu beobachten, wie jene Gerüchte entstehen, falls sie nicht lediglich der Phantasie eines Berichterstatters entsprungen sind." (S. 37)

Kältetod durch Erfrieren

„Am 19. Februar ritt ich bei grimmiger Kälte von Brezoi durch das Lotrutal über Malaia nach Voinesca in den rumänischen Karpathen. Zwischen den beiden letztgenannten Orten stieß ich auf eine große Menge von Leuten; man hatte eben eine alte Frau gefunden, die am Abend vorher von Voinesca nach Malaia gegangen, aber unterwegs ‚von Wölfen zerrissen worden war'. Ich stieg ab und besichtigte die Leiche; der Unglücklichen war die Kleidung vom Körper gerissen und die ganze Bauchhöhle ausgefressen. Ich umschlug nun die Stelle in weitem Bogen, aber nirgends wies der Schnee eine Wolfsspur auf, nur mehrere Fuchsspuren ließen sich nachweisen." (S. 37–38)

„Der Sachverhalt lag klar: Die Frau war erfroren und nachher von den Füchsen angegangen worden. Erfrorene oder in andrer Weise verunglückte Menschen werden gewiß auch von Wölfen gefressen, lebende sind vor ihnen sicher. Der Wolf kann ohne Schaden tagelang, ja wochenlang hungern, zudem ist es ihm bei seiner Ausdauer im Traben ein Leichtes, in einer Nacht ungeheure Strecken zurückzulegen, es liegt also niemals ein Zwang für ihn vor, sich an einem Menschen zu vergreifen, und ohne zwingende Notwendigkeit tut er dies bei seiner Menschenscheu und Feigheit gewiß nicht." (S. 38)

„In dem genannten Jahre legte ich es eigens darauf an, in den walachischen Steppen ein Wierusz-Kowalskisches Bild zu erleben. Entsprechend ausgerüstet, fuhr ich im Vereine mit einem vorzüglichen, seit langen Jahren in Rumänien ansässiges deutschen Jäger, Herrn Karl Schröder, vier helle Mondnächte hindurch bei hohem Schnee und härtester Kälte in den berüchtigsten Wolfsgegenden umher. Rückwärts an den Kufen war ein großer Sack mit Kalbsgekröse und Rindsblut eingeschleift, im Schlitten selbst führten wir ein quiekendes Ferkel mit. Das wäre doch Lockung genug gewesen, aber allmorgendlich waren unsre Läufe so blank wie bei der Ausfahrt; kein einziger Wolf kam uns in Schußnähe!“ (S. 38)

Verwilderte Wolfshunde

„Im Gegensatze hiezu konnte ich mehrere Fälle konstatieren, in welchen sich verwilderte Hunde, die viel weniger scheu sind, an lebenden Menschen vergriffen. So wurde am 15. Februar 1890 bei Curtea de Argesu in Rumänien ein vierzehnjähriges Mädchen von vier verwilderten Wolfshunden zerrissen, von welchen ich am nächsten Morgen mit Hilfe der Hasenquäke drei schoß und den vierten anschweißte; sie hatten auch mich im vollsten Sinne des Wortes angefallen. Daraufhin erschien in den rumänischen Blättern ein Bericht, in welchem es hieß, ein Mädchen sei bei Curtea de Argesu einer großen Wolfsrotte zum Opfer gefallen; am nächsten Tage habe sich ein zufällig anwesender deutscher Jäger an die Verfolgung der Bestien gemacht, sei aber nach heldenmütigem Kampfe gleichfalls von ihnen zerrissen worden.“ (S. 38)

„Die Bewohner des Kor- und Stubalpengebietes können hinsichtlich ihrer persönlichen Sicherheit jedenfalls ganz unbesorgt sein, und es erscheint unrecht, daß eine Reihe politischer Blätter die bezügliche Angst noch erhöht, statt sie zu zerstreuen. Handelt es sich um Wölfe, so haben Menschen, wie gesagt, nichts zu befürchten, sind aber – und diese Annahme gewinnt immer mehr an Wahrscheinlichkeit – Hunde die Uebeltäter, so ist eine Besorgnis ebenfalls grundlos, denn verwilderte Hunde solcher Art, wie man sie im Orient findet, gibt es ja in jenen Gegenden gewiß nicht.“ (S. 38)

„Kürzlich wurden in der ‚Grazer Montagszeitung‘ mehrere Fälle aus Steiermark aufgezählt, in welchen Bauernhunde, die sich untertags ganz normal verhielten und sich niemals an Vieh vergriffen, längere Zeit hindurch allnächtlich zu Raubtieren wurden und unter dem Weidevieh arge Verheerungen anrichten, bis endlich durch Zufälle ihre Entlarvung gelang; solche Fälle sind ja auch aus andern Gegenden bekannt. Aber von Hunden dieser Art haben Menschen nichts zu fürchten.“ (S. 38)

„Ob wirklich Hunde zum Bauernschreck wurden, ließe sich leicht feststellen; die Behörden brauchten nur die strenge Verfügung zu treffen, daß in weitem Umkreis des fraglichen Gebietes alle größeren Hunde bis auf weiteres nachts in sicherem Gewahrsam zu halten sind. Es sollte mich gar nicht wundern, wenn das Inkrafttreten einer solchen Verfügung allem Unheil ein Ende bereiten würde.“ (S. 38)

Der „Bauernschreck" auf einer zeitgenössischen Zeichnung (Kunstverlag L. Kölz, Graz-Luegg; Bildarchiv Georg Jäger).

Eine Postkarte mit dem achtzeiligen „Bauernschreck"-Gedicht auf der Rückseite (Bildarchiv Georg Jäger). Das Wiederauftauchen von einem Wolf führte in den Jahren 1913 und 1914 zu sehr wilden Spekulationen. Zunächst wurde sogar daran gedacht, dass es sich um einen entlaufenen Zirkuslöwen handeln könnte:
„Der Löw ist los, der Löw ist los, / Er scheut nicht Jäger, noch Polizei, / Es fürcht sich nicht das fremde Vieh / Vor Militär, vor Gendarmerie, / Es lässt sich nicht einmal beschämien / Durch staatliche Ergreifer-Prämien. / Kaum sind sie da, ist es schon weg / Und hinterlässt den – Bauernschreck." (A. M. Vallas)

Der „Bauernschreck" auf einer Postkarte (Druck und Verlag der Lithographischen Kunstanstalt von Oscar Rohr, Graz; Bildarchiv Georg Jäger).

Der Wolf als „Bauernschreck" auf der Koralpe

Die Wolfsjagden waren oft Medienereignisse, zu denen neben Jägern auch zahlreiche Schaulustige aus ganz Österreich anreisten, was den Tourismus einzelner Regionen durch Ausbuchung der dort vorhandenen Gasthäuser vorübergehend ankurbelte. In einem für unsere Thematik besonders wichtigen Eintrag im Internetnachschlagewerk „Wikipedia" (https://de.wikipedia.org/wiki/Bauernschreck_Raubtier; eigener Zugriff am 10. Juni 2022) und nach den fachlich einwandfreien Ausführungen von Hans Sammereyer können wir diese aufschlussreichen Zeilen über einen wütenden Wolf in der Koralpe nachlesen:

Namengebung und Angriffe

„Bauernschreck ist die Bezeichnung für (mindestens) ein Raubtier, das 1913/14 im Grenzgebiet zwischen der Steiermark uns Kärnten (damals Österreich-Ungarn) in wenigen Monaten Hunderte von Weidetieren und zahlreiche Wildtiere riss. Nachdem die Angriffe ab Dezember 1913 weitestgehend aufgehört hatten, wurde am 5. März 1914 beim Wildbachsattel an der Handalm ein Wolf als ‚Bauernschreck' erlegt. Ein Gedenkstein an dieser Stelle erinnert an die damaligen Ereignisse."

„Die Angriffe des ‚Bauernschrecks' begannen auf der nördlich der Koralpe gelegenen Stubalpe und erstreckten sich später auch auf die Koralpe über erste Angriffe, und zwar auf der Stubalpe wurde im Juni 1913 berichtet; angegriffen wurden Jung- und Alttiere von Schafen und Rindern sowie Rehe und Fohlen. Bis zum 4. September 1913 wurden 94 Rinder und 380 Schafe gerissen, zudem waren in der betroffenen Region ‚weite Flächen völlig wildleer'. Manche Tiere wurden am Hals attackiert, andere am Oberschenkel."

„Die Verletzungen einiger Tiere ließen vermuten, ‚daß das Raubtier seine Opfer von einem erhöhten Punkte aus anfalle'. Da am Ort des Angriffs auf ein Kalb praktisch kein Blut gefunden wurde, nahm man an, das Raubtier habe das Blut aufgeleckt. Ein dort entdeckter fast kreisrunder Tatzenabdruck hatte einen Durchmesser von 9,5 Zentimetern; anderenorts wurden an Angriffsorten Trittsiegel mit Durchmessern von 12,5 bis 13,5 Zentimetern vermessen. Ein getötetes Reh wies ebenso wie zahlreiche andere angegriffene Tiere Risswunden durch Krallen auf; einem Reh fehlte der Kopf."

Maßnahmen und Bekämpfung

„Die Schäden, die einem oder mehreren Raubtieren (meist als großer Wolf geschildert) zugeschrieben wurden, waren so groß, dass man vermutete, ein Menagerieunternehmer habe zahlreiche Raubtiere freigelassen, südlich der Handalm wollte man (auf einem steilen Berghang, der ‚Hühnerstütze') sogar einen Löwen und bei Bad Gams einen Tiger gesehen haben."

„170 Gendarmen sollen im Gebiet stationiert worden sein, eine große Zahl von Jägern versuchte das Tier zu erlegen. Ein Musikstück namens ‚Die Jagd auf den Bauernschreck' wurde aufgeführt und sogar der Kaiser soll sich für die Entwicklung der Jagd interessiert haben. Das tote Tier wurde ausgestopft, in einem Pavillon der Grazer Industriehalle und später auch in Wien ausgestellt, es war im Kärntner Landesmuseum aufbewahrt und befand sich 2018 im Museum Lavanthaus in Wolfsberg."

Krisenstäbe und Kommissionen

„Krisenstäbe und Sonderkommissionen wurden eingesetzt, sicherheitspolizeiliche Maßnahmen beschlossen und Kopfgelder ausgesetzt. Man sah Parallelen zum Fall der Bestie von Gévaudan, die 1764 bis 1767 in Südfrankreich wegen ihrer Angriffe auf Menschen berüchtigt war. Da man Kinder für gefährdet hielt, wurde der Schulunterricht tageweise ausgesetzt; Kinder, die in abgelegenen Regionen wohnten, wurden vom Unterricht befreit. Mit hohem Aufwand an Personal wurde versucht, den oder die Angreifer zu erlegen; sogar das Militär wurde einbezogen. Am 31. Juli 1913 beteiligten sich 500 Jäger, Bauern und Soldaten an einer Treibjagd."

„Im Grazer Tagblatt wurde am 1. August 1913 unter dem Titel ‚Die Raubtiere im Gebiete der Stubalpe' ein Aufruf des steirischen Jagdschutzvereins veröffentlicht, ‚sich an der Unschädlichmachung dieser Raubtiere zu beteiligen, mit Hilfe guter Fährtenhunde eine seltene Trophäe zu erbeuten und die bäuerliche Bevölkerung von diesen Räubern zu befreien'. Es wurden 40 verschiedene Postkarten mit (meist scherzhaften) Motiven des ‚Bauernschrecks' herausgegeben, ein Bauernschreck-Likör verkauft und in Wien ein ‚Gasthaus zum Bauernschreck' eröffnet. – Ähnliche Ereignisse spielten sich 1921 im Burgerwald bei Kindberg ab, wo sich am 23. April 1921 eine 40-köpfige-Treibjagd-Gesellschaft zur Jagd auf ein Raubtier machte, das kurz darauf erlegt wurde."

„Spätestens ab Dezember 1913 wurden nur noch gelegentlich, im Abstand mehrerer Wochen, einzelne gerissene Rehe und Hasen gefunden. Am 5. März 1914 wurde auf der Koralpe eine am Vortag angeschossene, 38 Kilogramm schwere Wölfin erlegt und ohne Belege dafür, dass er mit den Angriffen zu tun gehabt hatte, als ‚Bauernschreck' präsentiert. Das Tier war vom Jäger des Reviers der Grafschaft Henckel-Donnersmarck Paul Steinbauer angeschossen worden, es wurde am Tag darauf durch den Frantschacher Fabriksdirektor Max Diamant getötet. Das Datum ‚4. März 1914' auf dem Gedenkstein bezieht sich auf den ersten Schuss durch den Jäger, nicht auf die Erlegung. Der präparierte Wolf war 2018 im Museum im Lavanthaus in Wolfsberg (Kärnten) ausgestellt."

Verluste an Wild und Almvieh

In der „Alpenländischen Rundschau" (7. Jg., Folge 283, Samstag, 16. März 1929, S. 2: Werden die Wölfe den Menschen gefährlich?") äußert sich unser damaliger Jagdexperte und Zeitzeuge Hans Sammereyer über den „Bauernschreck" zutreffend folgendermaßen, wenn es um die angerichteten Tierschäden (Wild und Vieh) geht:

„Und was selbst ein einzelner Wolf an Verlusten an Wild und insbesonders an Almvieh bedeutet, das hat der selige Bauernschreck von der Koralpe bewiesen. Wer diese Tatsache selbst miterlebt hat, wer gesehen hat, wie dieser Balkanwolf in einer Nacht 80 bis 100 Kilometer weit getrabt ist, so daß man an die Anwesenheit mehrerer großer Raubtiere glauben mußte, wer die Serien von gerissenen Schafen auf den Almen gesehen hat, der wird mir Recht geben, wenn ich diese Bedeutung der Wolfsnachrichten besonders unterstreiche." (S. 2)

„Man möge daher die Schauermärchen vom bösen Wolf ins Fabelbuch legen, dafür aber in allen Bevölkerungskreisen ernsteste Aufmerksamkeit dem wirklichen Auftreten von Wölfen schenken und insbesondere die Jägerei möge in ihrem Interesse und im Interesse der Viehzucht auch dem leisesten Anzeichen des Auftretens von Wölfen sofortiges und ungeteiltes Interesse entgegenbringen, sonst kehrt er wieder, der gefürchtete wild- und viehmordende Bauernschreck." (S. 2)

Die im „Taubenschlag" beim Prackensattel erlegte „kapitale" Wölfin war „vom Fang bis zur Luntenspitze 163 cm lang, hatte eine Schulterhöhe von 80 cm, eine Luntenlänge von 48 cm und ein Gewicht von 37½ kg", um die damals von Roland Puschnig (in: „Carinthia II", 105./25. Jg., Klagenfurt: Naturwissenschaftlicher Verein für Kärnten, S. 32–33: Nachklänge zum „Bauernschreck", hier: S. 33) angeführten Maße anzugeben.

Quellen:
https://de.wikipedia.org/wiki/Bauernschreck_Raubtier (eigener Zugriff am 10. Juni 2022).
Alpenländische Rundschau, 7. Jg., Folge 283, Samstag, 16. März 1929, Klagenfurt, S. 2: Werden die Wölfe den Menschen gefährlich?

Wolfsteingedenkstätte am Wildbachsattel, Frantschach-St. Gertraud. Das Datum bezieht sich auf den ersten Schuss, bei dem das Tier aber nur verletzt worden war. Erlegt wurde es am folgenden Tag durch den Frantschacher Fabriksdirektor Max Diamant (Foto: Josef Moser, 2013)

Der „Lavanttaler Bauernschreck", eine sechsjährige Balkanwölfin, angeschossen bei Waldenstein in Kärnten am 4. März 1914 durch den gräflichen Henckel-Donnersmarckschen Jäger Paul Steinbauer (Foto: American Photo-Gänsemarsch, Graz; Bildarchiv Georg Jäger).

Der Kärntner Jäger Paul Steinbauer auf einer Ansichtskarte mit dem sogenannten „Lavanttaler Bauernschreck", aufgenommen im März 1914. Er gab am 4. März 1914 den entscheidenden Schuss auf die gefürchtete sechsjährige Balkanwölfin ab. (Bildarchiv Georg Jäger).

Der als „Bauernschreck" erlegte Wolf am Wagen beim Einzug in die Stadt Wolfsberg. Daneben steht der erfolgreiche Schütze Paul Steinbauer vom 4. März 1914 (Bildarchiv Josef Moser; Foto unbekannter Entstehung).

Berichte über den erlegten „Bauernschreck"

Von großem Interesse sorgte das erstmalige Auftreten des sogenannten Bauernschrecks auf der Stubalpe bzw. Koralpe im Mai bzw. Juni des Jahres 1913, wobei die anschließend gemeldeten Jagden mit Erlegung des Wolfs am 5. März 1914 für die Region von großer medialer Bedeutung waren. Aus der Berichterstattung konnte sogar für die betroffenen Personen ein wirtschaftlicher Gewinn erzielt werden, wie die Illustration zahlreicher Postkarten mit diesem damals begehrten Tiermotiv zeigt. Selbst auf der Grazer Frühjahrsmesse wurde der „Bauernschreck" zu einer Besucherattraktion.

Werner M. Thelian hat im Jahr 2013 ein eigenes Buch mit dem Titel „Der Bauernschreck. Die wahre Geschichte einer Zeitungssensation." (Bad St. Leonhard, Wolfsberg: WMT-Books, 255 S.) geschrieben, dem genaue Recherchen zugrunde liegen. Das ausgesetzte Kopfgeld für den Wolf zog vor Ort neben den Jägern, Abenteurern und Geschäftemacher auch zahlreiche interessierte Journalisten an. Und nun lassen wir die entsprechenden lokalen Pressemeldungen über den erlegten Wolf zu Wort kommen, den man ursprünglich sogar für einen Puma oder Löwen gehalten hat.

Der Bauernschreck ist nun erlegt

So berichten die „Unterkärntner Nachrichten“ (28. Jg., Nr. 14, Wolfsberg, S. 5: Der Bauernschreck erlegt) am Samstag, 7. März 1914 ausführlich über dieses Ereignis: „Am 4. des Monats um halb 7 Uhr früh spürte der gräfliche Henckel von Donnersmarcksche Jäger Markus Thonhauser in Rassing den Bauernschreck am Touristenweg der sogenannten Wegscheide. Thonhauser verfolgte die Spur über den Schoberkogel, Wiedelbauer und Großdraxl bis zum Prössinggrabenbach und von dort nach Gösel in die Pracken.“

„Am 4. des Monats stieß auch der gräfliche Jäger Paul Steinbauer auf die Raubtierspur, welche er ebenfalls verfolgte. In derselben Zeit hatten auch der gräfliche Jagdgehilfe Blasius Smuk und der gräfliche Förster Josef Thonhauser die Spur des Raubtieres auf der Pracken aufgenommen, dasselbe eingekreist und veranstalteten ein kleines Treiben, das den Erfolg hatte, daß das Raubtier sichtbar wurde. Smuk gab auf beiläufig 200 Schritte einen Schuß auf dasselbe ab, fehlte aber auf die große Entfernung; das Raubtier wechselte aber gegen die obere Pracken und um 4 Uhr nachmittags stießen die vier Jäger zusammen und veranstalteten gleich ein gemeinsames Treiben, wobei sie vorerst auf der Straße gegen die steirische Grenze Jagdlappen spannten, um das Ueberwechseln des in nächster Nähe verspürten Tieres zu verhindern.“

„Um halb 5 Uhr sprang das Raubtier tatsächlich den Förster Thonhauser an, der es leider mit zwei Kugeln fehlte. Hingegen brachte der Nachbarschütze Steinbauer dem Raubtiere eine schwere Schußverletzung mit der Kugel bei, da es aber bereits zu dämmern begann, mußte die Verfolgung unterbrochen werden. Die gräfliche Jagdverwaltung Wolfsberg wurde von der Straßerhalt aus von der Sichtung des Raubtieres telephonisch verständigt, worauf sich Herr Oberförster Prokop noch am 4. des abends mit einer Anzahl Schützen auf die Straßerhalt begab.“

„Am 5. des Monats wurde die Jagd mit vereinten Kräften aufgenommen und führte die Spur des angeschweißten Raubtieres über den Bärofen nach dem Waldensteiner Revier. Dort wurde der Bauernschreck eingekreist und ein scharfes Treiben veranstaltet. Herr Fabriksdirektor Max Diamant in Frantschach hatte das Waidmannsheil um halb 12 Uhr mittags im sogenannten Taubenschlag (Waldensteiner Revier, Bärofen) das Raubtier, einen ausgewachsenen, starken Wolf, mit drei wohlgezielten Schüssen zur Strecke zu bringen. Nachdem der aber auf ca. 80 Schritte abgegebene Schuß Steinbauers am Vortage den Wolf zweifellos schwer verletzte, wurde derselbe nach den Jagdregeln diesem zugesprochen und der Bruch gegeben.“

„Hochbeglückt begab sich die heitere Jagdgesellschaft dann mit der kostbaren Jagdbeute über Kamp nach Wolfsberg, wo sie um 8 Uhr abends beim Wienertor von der Stadtkapelle Höfner und einer vielhundertköpfigen Menschenmenge mit Musik und Heilrufen empfangen wurde.“

„Auf dem ersten mit Fackeln umsäumten Jagdwagen saßen eine Anzahl Schützen, an der Spitze Steinbauer mit dem erlegten Wolf. Derselbe mißt vom Haupte bis zum Luntenende 163 cm, ist 80 cm hoch und wiegt 38 kg. Der Rüde ist 5–6 Jahre alt und hat 27 mm lange Fangzähne.“

„In drei Wägen folgten dann die übrigen Jagdteilnehmer, welche bei klingendem Spiele durch die Stadt ein neukomponiertes Lied ‚Der Bauernschreck‘ ist weg, ‚Halloh‘ wiederholt sangen.“

„Im Hotel Schellander, wohin sich der Jagdzug bewegte, wurde dann eine feuchte Siegesfeier abgehalten, die frühmorgens erst im Café ihren würdigen Abschluß fand."

„Paul Steinbauer, der glückliche Erleger des Bauernschreck, der im Jahre 1874 in Prössinggraben geboren und 16 Jahre Sr. Excellenz dem Herrn Reichsgrafen Arthur Henckel von Donnersmarck dient, hatte am 8. Jänner des Jahres das Unglück, sich den linken Arm zu brechen."

„Wenn vom Bauernschreck die Rede war, sagte Steinbauer allen Ernstes: Der muß so lange warten bis mein Arm gut ist, denn schießen werde ich ihn, und richtig traf es zu. Vergangenen Sonntag trat Steinbauer aus der ärztlichen Behandlung und sein erster Dienstgang und Schuß wurde auf den Bauernschreck gemacht."

„Der tüchtigen Leitung des Herrn Oberförsters Prokop, sowie der strammen disziplinierten Haltung des Forst- und Jagdpersonales ist es zu verdanken, daß der Bauernschreck, welcher fast ein Jahr in unserer Gegend wütete, endlich erlegt wurde."

„Zugleich sei bemerkt, daß seit dem Jahre 1860 in unserer Gegend kein derartiges Raubtier erlegt wurde."

„Jäger und Beute müssen sich nun in allen Stellungen dem Photographen präsentieren."

Der Bauernschreck auf der Koralpe

Der damalige Leitartikel in den „Unterkärntner Nachrichten" (28. Jg., Nr. 13, Mittwoch, 11. März 1914, Wolfsberg, S. 1–2: Der Bauernschreck / A–r M–r) geht nochmals rückblickend auf diese spektakuläre Verfolgungsjagd ein:

„Na also! Jetzt haben wir ihn leibhaftig gesehen, den bösen Störenfried, den oft geleugneten, immer wieder gesehenen, irrlichterierenden Unhold. Da lag er nun vor uns maustot auf einem Holzschragen im Vorhause der gräflichen Forstdirektion, angestaunt und angetastet bis in die geheimsten Falten seines zottigen, lichtgelben Leibes. Die Waffen haben sie ihm bis auf den Millimeter gemessen, die Risthöhe und Luntenlänge nach Zentimetern, sein Gewicht in Kilogrammen bestimmt, um ihn den rasch zugereisten Reportern genau zu beschreiben, damit sie es hinaus in die Welt posaunen, telegraphieren und telephonieren können, um es ihr glaubhaft zu machen, daß er wirklich und wahrhaftig existierte, der so oft bezweifelte, belächelte Bauernschreck!" (S. 1)

„Schon der Name war brillant gewählt, wie zu einem Theaterstück. Kurz und bündig, allgemein verständlich. Denn was den einschichtigen Bauern noch schrecken kann, der sein ganzes Leben lang die Schrecken und Schreckensmöglichkeiten der Einsamkeit durchkostet, das muß etwas wirklich Schreckbares, Urplötzliches, Unentweichbares bedeuten." (S. 1)

„Das Wort ist wohl nun bald 300 Jahre alt. Ein gutes, altes, leider deutsches Wort. Denn es verknüpfen sich mit ihm die Schrecknisse einer wilden, grausamen, fremdländischen Soldateska, mit Wallonen, Spaniern, Kroaten und all den abenteuernden Gesellen der Söldlinge im 30jährigen Kriege, die unser deutsches Vaterland überzogen. Da kamen sie wie von der Erde ausgespien in die Dörfer und Weiler. Das Haus auf! Die Spinde auf! Die Ställe auf! Sie nahmen dem Bauern, was er noch hatte. Geld, Holz, Vieh und die Weiber, und wenn er muckste, gar oft das Leben. Und so blitzschnell wie sie kamen, so waren sie auch wieder weg, und die überlebenden Zugrundegerichteten standen da, wie vom Blitz getroffen, wie von Furien und Teufeln geschreckt. Das war der Bauernschreck. Nun aber zu dem Unsrigen, denn er verdient es, von uns in Erinnerung gehalten zu werden; er, der unser Tal in den Mund halb Europas brachte, unseren Männern der grünen Gilde Gelegenheit gab zu zeigen, daß Pflichtgefühl, Mut und Geduld, Ueberwindung elementarer Gefahren und Hindernisse, ihnen nichts Unerschwingliches bedeutet. Heil ihnen, Waidmannsheil und Dank!" (S. 1)

„Neun Monate sind es her, daß bei uns und drüben im Steirischen ein unbekannter Würger auf den Almen erschien. Man sprach von wilden aus der Gefangenschaft geheimnisvoll entwichenen Tieren, ein Bauer sah ihn aus seinem Stalle als Löwe eilen, der andere wieder meinte es sei eine Löwin in seine Viehherde eingebrochen, phantastisch erregte Leute wieder sagten sogar, es sei eine ganze Gruppe wilder Tiere, die ein zur Dezimierung unseres Viehstandes vereinigtes Konsortium von Wildlingen darstellen. Dann wollten wieder Praktiker nur von wildernden Hunden wissen, und schließlich sprach man von einem Puma, dem amerikanischen Silberlöwen, so sicher, so fortgesetzt. So suggestiv vorwirkend, daß ein Berufsjäger noch am Todestage des Räubers, allen Ernstes von einem solchen von ihm gesichteten Exoten seiner Behörde zu telephonieren wußte." (S. 1)

„Und alle diese widersprechenden, sich erneuernden, nie verstummenden Nachrichten, diese fortgesetzten, resultatlosen Bemühungen den Bauernschreck zu strecken, lockten auch noch den Spott hervor, vielleicht war's auch ein bischen gutgemeinter Neid, und schließlich bis in die letzte Zeit wurde der Bauernschreck ein beliebtes Gruppenstück der Wiener und anderer Narrenabende, das seine Wirkung nicht verfehlte." (S. 1)

„Die staatlichen Behörden zweier Kronländer hielt das Beest in Athem, ja höher hinauf, ganz zuhöchst, wo unser alter Kaiser, unser erster edler Waidmann sein Interesse für den Lauf der Dinge nicht verhehlte, überall war man gespannt auf des Rätsels endliche erwünschte Lösung." (S. 1)

„Da aber eines schönen Tages schritt ein rüstiger Waidmann aus seiner Hütte, voll Vertrauen wie man hört nach langer Krankheit, daß ihm es bestimmt sei, die Tagesfrage in den Alpenländern zu lösen. Und wahrlich es trog ihn nicht. Auf seinem Kontrollgang, im Dienste seines Herrn, schritt er dahin, und dachte vielleicht gar nicht daran, daß er's im Dienste eines ganzen Landes, im Dienste seiner Mitbürger tat. Was schnürt dort gegen ihn heran? Silbergraugelb blitzt es durch verschneite Büsche. Den Stutzen rasch herab, es knackt der Hahn, jetzt fährt die Büchse ihm an die Backe, ein Schuß ... und roten Schweiß sieht er aus Nacken und Flanken brechen – hurrah – die Zeichen sind dem Glücklichen günstig. In wilden Flüchten geht's bergab – ein gutes Zeichen fürwahr, denn nur das gut getroffene Wild flüchtet nach unten. Und der Jäger läßt sein Opfer waidgerecht zum Wundbett setzen, denn morgen ist auch ein Tag, und wohl sein letzter. Und wie's geschrieben steht im ‚Lehrprinz', dem klassischen Buche der Jägerei, so kam's." (S. 1–2)

„Tief verschneit sind Wald und Wege. Da ziehen in aller Gottes Früh die Jäger bergwärts nach dem festgesetzten mutmaßlichen Ziele: Stramme Jäger im Berufe, geleitet von ihren erfahrenen Vorgesetzten und Liebhaber der Jagd voll Eifer und Lust, jeder im Stillen denkend und hoffend, mein Rohr gibt ihm heut' den Rest. So geht es still bergwärts, durch Dick und Dünn, durch Gräben und über Bühel, bis zur Brust oft im Schnee, strengste Disziplin ist da von Nöten, kein lautes Wort darf den Forst durchhallen. Immer enger und enger legt sich der Kreis um eine ideale Mitte. Da plötzlich, hervor aus einem Felshang, stürzt der hochgewordene wunde Räuber, aber schon kracht es aus dem Rohr eines der freiwillige Verfolger, hart und scharf als Waidmann wie sein Name, drei kleine stählerne Kugeln jagen über den Platz des Ausschusses, und – der Bauernschreck ist gewesen. Viribus unitis (= vereinte Kräfte, Anm. G. J.), das kann man wohl sagen, ist der böse Feind gefällt, wer möchte den glücklichen Schützen die Freude nicht gönnen ihre große, oft wiederholte Mühe so gelohnt zu sehen. Ich meine, da kann es keinen Neid, keine Rivalität geben, die Ehre ist für das Tal gerettet, der Bauer mag den Schrecken in die Ecken stellen, aus ist‘s mit dem Bauernschreck.“ (S. 2)

„Nun wird er ausgestopft hier im Tale an richtiger Stelle prangen, und noch nach Geschlechtern wird man singen und sagen von dem Wehrwolf und seinen beiden glücklichen Schützen. Ihnen ein spezielles Waidmannsheil!“ (S. 2)

Nachruf auf den Bauernschreck

1.
Du lieber, armer Bauernschreck,
Nun bist du – leider! – wirklich weg,
Bist in die Brust geschossen!
Es tut mir in der Seele weh,
Wenn ich auf jene Stelle seh,
Wo – ach! – dein Blut geflossen.

2.
Der Menschheit undankbar Geschlecht
Hat dich verurteilt ungerecht,
Hat Böses nur gesprochen.
Vergaß die Freud' der Sensation,
Die Spannung, die Alteration
Durch all die vielen Wochen.

3.
Du hast das Tal berühmt gemacht,
Hast tausend Witze uns gebracht,
Manch` drollige Geschichten!
Voll Interesse – beim Kaffee
Sucht' in der Zeitung man – herrjeh!
Nach Bauernschreckberichten.

4.
Wie Märchen – schaurig klangen sie.
Doch nun ist alle Poesie
Mit Eins in nichts zerflossen,
Seit nicht mehr in dem Bergrevier
Dahinjagt das gespenst'ge Tier.
Man hat es totgeschossen!!

5.
O! könnt zum Leben ich erwecken
Den lieben, armen Bauernschrecken
Durch starke Zaubermacht
Als „Puma“ in die Redaktion
Nach Graz müßt' „auf“ er und „davon“
Gleich in der ersten Nacht.

6.
Fahr wohl denn, Meister Isegrimm,
Was du verbrochen, war nicht schlimm,
Uns tatest du nichts zuleide.
Nun bist du tot. Doch Erinnerung wacht
Und sieht, was in schweigender Sommernacht
Huscht über die Alpenweide.

Quelle:
Lilli Pichler: Unterkärntner Nachrichten, 28. Jg., Nr. 13, Mittwoch, 11. März 1914, Wolfsberg, S. 3: Nachruf an den Bauernschreck.

Großmütiges Geschenk für Wolfsberg

Die „Unterkärntner Nachrichten“ (28. Jg., Nr. 14, Wolfsberg, S. 1: Der Bauernschreck. Großmütiges Geschenk) gehen am Samstag, 14. März 1914 u. a. auf die erlegte Balkanwölfin als regionalen Wirtschaftsfaktor (Tourismusmagnet) ein: „Seine Exzellenz, der hochgeborene Herr Reichsgraf Arthur Henckel von Donnersmarck, hat über Bitte des Herrn Bürgermeisters Paul Hackhofer den am 5. März des Jahres in seinem Revier erlegten Balkanwolf, der seit neun Monaten als ‚Bauernschreck‘ im Gebiete der Koralpe usw. hauste, der Stadt Wolfsberg in hochherziger Weise zum Geschenke gemacht.“

„Die Wolfsberger, die über dieses großmütige Geschenk in freudigste Stimmung versetzt sind, haben in der kostbaren Jagdbeute ein historisches und wertvolles Denkmal, das für Tausende einen Anziehungspunkt für die Stadt bilden wird, erhalten.“

„Mit dankbaren Herzen blickt die Bevölkerung Wolfsbergs deshalb zu ihrem Ehrenbürger und hohen Schutzherrn, Seiner Exzellenz dem Reichsgrafen Arthur Henckel von Donnersmarck, der der Stadt nach 1000jährigen Bestande zur Erfrischung seines Stadtwappens, den Rüden spendete, auf, und zur Erinnerung an die große Tat, die die kühnen Alpenjäger Seiner Excellenz vollbrachten, wird der prächtige Wolf im Rathause zu Wolfsberg seinen Ehrenplatz finden.“

Der „Bauernschreck“ auf einer Nahaufnahme (Foto: Verlag Fritz Schüssler, Wolfsberg; Bildarchiv Georg Jäger).

Der am 5. März 1914 im Jagdrevier „Taubenschlag" von Max Diamant geschossene und dort im Schnee liegende „Bauernschreck" (in: Mitteilungen des Nieder-Österreichischen Jagdschutz-Vereines, 36. Band, Wien 1914: Verlag des Vereines. Die Erlegung des Bauernschreck / von Direktor Max Diamant in Frantschach, S. 68).

Die Gegend um Waldenstein im oberen Lavanttal als Schauplatz der Wolfserlegung. Eine noch vor dem Ausbruch des Ersten Weltkriegs um 1910 gemachte Aufnahme (Bildarchiv Georg Jäger).

Der präparierte Wolf im Lavanthaus in Wolfsberg. Leihgabe des Kärntner Landesmuseums (Internetbildquelle: Eigenes Werk, Urheber: Naturpur, eigener Zugriff 31. Juli 2022, 11:36:13. Link: https://creativecommons.org/licenses/by-sa/4.0/deed.de).

Der „Dobratsch-Wolf" auf der Villacher Alpe

Die „Alpenländische Rundschau" (9. Jg., Folge 396, S. 2) notiert am Samstag, 16. Mai 1931 unter der „Chronik" folgende Meldung von der kärnterisch-slowenischen Grenze: „Aus dem Jauerburger Gereuth in den Südkarawanken kommt die Nachricht, daß in der vergangenen Woche im Golica- und Petelin-(Hahnkogel-)Gebiet sechs Schafe von Wölfen gerissen wurden. Nach Wahrnehmungen der dortigen Jäger handelt es sich um drei bis fünf aus dem Balkan herübergewechselte Wölfe, die wahrscheinlich infolge der großen Schneemassen des vergangenen Winters in diese Gegend gekommen waren. Es ist nicht ausgeschlossen, daß die Wölfe auch noch nach Kärnten herüberwechseln." Gerade solche Wanderwölfe machten diese Gegend immer wieder unsicher, wie die folgenden Ausführungen zeigen.

Angeschossener Wolf

Am Freitag, 26. März 1937 geben uns die „Innsbrucker Nachrichten" (84. Jg., Nr. 70, S. 2) unter „Die Wolfsjagd in Kärnten" u. a. einen Einblick in die äußerst schwierigen 16 Jagden auf den „Dobratsch-Wolf", der aus dem damaligen Jugoslawien nach Kärnten zugewandert war: „Nachdem die letzte große Treibjagd auf den Wolf im Gebiete der Villacher Alpe, zu der eine große Zahl Jäger und Militär aufgeboten worden war, ergebnislos verlief, unternahm nunmehr eine Anzahl Nötscher Jäger eine neuerliche Treibjagd. Tags zuvor wurden im Neuschnee durch die Jäger des Schlosses Wasserleonburg frische Spuren entdeckt. Daraufhin patrouillierten die ganze Nacht einige Jäger in einem abgesteckten Bezirk zwischen Schloßberg und Arnoldsteiner Katastralgrenze, um zu verhindern, daß der Wolf dieses Gebiet verläßt." (S. 2)

„Am folgenden Morgen begann nun die Treibjagd. Tatsächlich war dieses Unternehmen so weit von Erfolg, als der Wolf aufgestöbert wurde und die Schützenlinie passieren mußte. Hiebei wurde er auf wilder Flucht angeschossen. Trotz des Anschusses gelang es dem Wolf, die Schützenkette zu durchbrechen und zu entkommen. Und zwar war dies ausgerechnet an der Stelle, wo man aus Mangel an einem Schützen einen brennenden Lampion aufgehängt hatte. Dis schweißige Spur wurde verfolgt, soweit Schnee lag. Der Wolf erhielt einen starken Schrotschuß in Oberschenkel und Weichteile. Nach der Spur konnte festgestellt werden, daß der Wolf stark verletzt wurde und sein Gang dadurch unsicher geworden war. Es ist anzunehmen, daß er sich ins Unterholz verkrochen hat und an den Folgen dieses Schusses vielleicht eingeht. Bemerkenswert ist auch, daß Hunde die Fährte des Wolfes überhaupt nicht aufnehmen." (S. 2)

Treibjagd-Schützenkette

Der Zoologe Roman Puschnig geht im Jahr 1938 in seinem Beitrag „Der Dobratsch-Wolf" (in: „Carinthia II", 128./48. Jg., Klagenfurt: Naturwissenschaftlicher Verein für Kärntnen, S. 116–117) auf die Erlegung des Raubtiers ein, welches am 28. Jänner 1938 vom Oberförstersohn Robert Oberherzog aus Mittewald bei Villach am Südabhang des Dobratschgebietes nach einer großen Treibjagd geschossen wurde. Darüber hatte die Presse im Bundesland Kärnten („Freie Stimmen" und „Kärntner Volkszeitung") ausführlich berichtet. Doch nun zur Chronologie der Ereignisse.

Wir schreiben das Jahr 1933: Auf dem Gebiet der Villacher Alpe wurde gerissenes Wild gefunden. Die Fährten im Neuschnee deuteten auf einen starken Wolf hin. In dem darauffolgenden halben Jahrzehnt (1934–1938) fielen dem Wolf nicht nur Wildtiere (darunter hauptsächlich Rehe und Gämsen) zum Opfer, sondern er riss auch Schafe, Kälber und sogar Fohlen auf der Weide.

„Allen Nachstellungen und Bemühungen der betroffenen Bauernschaft, der Jagdbesitzer (insbesondere der Bleiberger Bergwerks-Union und der Graf Münsterschen Gutsverwaltung Wasserleonburg), des Jagdschutzvereines und der Behörden zum Trotz konnte in dem ausgedehnten, terrainschwierigen und wildreichen Revier (von dem z. B. ein Gemsbestand von 900 Stück aufgewiesen wurde) der Wolf der Treibjagd-Schützenkette immer wieder entkommen, obwohl er dabei wiederholt angeschossen wurde, am 17. März 1937 einen starken Schrotschuß in Oberschenkel und Weichteile erhielt und auch am 6. Juni 1937 bei einer Treibjagd angeschossen wurde, aber wieder entkam." (S. 116)

64 Jäger und 54 Treiber

„Im Winter 1937/38 war der Wolf plötzlich verschwunden und konnte monatelang im Dobratschgebiet nicht gefährtet werden. Vielleicht war er in andere Bergreviere abgewandert. (Dazu ist zu verzeichnen, daß Anfang Dezember 1937 in Wolligen und in Lassach im Gebiete der Laserer Höhe, nordwestlich von Obervellach, zirka 1200 m, bei zwei Besitzern zusammen 21 Schafe mit durchgebissener Kehle aufgefunden wurden – aber im Stalle, so daß hiefür der scheue und schlaue Dobratsch-Wolf nicht in Frage kommt, sondern ein verwilderter Hund.)" (S. 116)
„Am 28. Jänner 1938 wurden nun wieder ein gerissenes Reh und Wolfsfährten in dem vom Schloßberg hinter Wasserleonburg gegen die Dobratschspitze anziehenden Revier festgestellt, die Jägerschaft von Nötsch, Villach und vom Rosental alarmiert und mit 64 Jägern und 54 Treibern eine geschlossene Sperrkette gebildet. Der Wolf flüchtete zu den steilen Dobratschwänden, wurde von Robert Oberherzog gesichtet und mit einem Kugelblattschuß zur Strecke gebracht." (S. 117)

Danach war der gefürchtete „Dobratsch-Wolf" in Villach und einige Tage später in Klagenfurt zu sehen – ein breitköpfiger, starker, wohlgenährter und in gutem Fellzustand befindlicher Rüde: „Er hatte eine Schulterhöhe von 87 cm, eine Länge von 150 cm, der Kopf ist 30 cm lang und 21 cm breite, das kräftig ausgeprägte Gebiß wies Fänge von 4 cm Länge auf, die Rute ist 45 cm lang und hat einen Umfang von 35 cm. Die Farbe der Decke ist gelb bis rötlichbraun, am Kopf grau, die Behaarung sehr gut. Trotz der Größe hatte das Tier nur ein Gewicht von 38,6 kg." (S. 117) Mit diesen Maßen stimmte der Wolf von der Villacher Alpe im Wesentlichen mit dem Koralpenwolf („Bauernschreck") überein.

Attraktion für die Schuljugend

Die Kärntner Landeszeitung „Freie Stimmen" (58. Jg., Folge 28, Klagenfurt, S. 4) berichtet am Freitag, 4. Februar 1938 unter „Der erlegte Dobratschwolf in Klagenfurt" über den geschossenen Wolf, der vor allem auf die damalige Schuljugend eine besondere Anziehungskraft ausgeübt hat:

„Seit vorgestern (Mittwoch) mittags ist der bei der Treibjagd unter den Dobratschwänden erlegte Wolf in der Gastwirtschaft Jaritz (Roth) zur Besichtigung ausgestellt. Der starke Besuch, besonders von seiten der Jugend, zeugt von großem naturkundlichem Interesse, aber auch von dem tiefen Eindruck, den die verheerende Räuberei unter dem Wild und den Almtieren des Dobratschgebietes bei der Bevölkerung gemacht hatte. Bald nach Eröffnung der Schaustellung trafen Landesstatthalter Ing. Ehrlich, Bürgermeister Kommerzialrat Wolf, Oberschützenmeister Graf Goetz, Baudirektor Ing. Rothmüller, Oberforstmeister Reiner vom Jagdschutzverein, Oberstleutnant Gerstmann vom Divisionskommando, Major Hutter vom Landes-Stallmeisteramt und viele andere Persönlichkeiten ein, die die seltene Jagdbeute mit großem Interesse besichtigten." (S. 4)

„Das Raubtier, ein prächtiger Wolf, dessen glänzendem Fell man es ansieht, wie gut es ihm bei uns gegangen ist, bleibt bis Donnerstag abends zur Besichtigung zugänglich. Die Forstverwaltung der Bleiberger Bergwerks-Union hat für den Besuch einen niedrigen Eintrittspreis angesetzt. Besonders die Schuljugend wird sich auch am zweiten Tag die Gelegenheit nicht entgehen lassen, dieses seltene Schaustück zu besichtigen. – Wir konnten auch mit dem jugendlichen Erleger des Wolfes einige Worte wechseln. Er spricht über die ganze Sache in sympathischer Bescheidenheit von einem günstigen Zufall; wie man hört, soll ihm der Schußpreis, den die Bauernkammer, die Landeshauptmannschaft und der Jagdschutzverein ausgesetzt haben, zukommen." (S. 4)

Der „Dobratsch-Wolf" hauste über vier Jahre lang am Südabhang des Dobratsch und vertilgte mehr als 200 Stück Rehe und Gämsen, 50 bis 60 Schafe, riss 30 Kälber und auch zwei Fohlen. Die Begeisterung über den Abschuss kann aus den Gesichtern der erfolgreichen Jäger aus Kärnten abgelesen werden (Bildquelle: Jaroslav Vogeltanz und Paolo Molinari, Wölfe – Jäger der Nacht. Wien 2013: Österreichischer Jagd- und Fischerei-Verlag, 127 S., hier: S. 17 – oben).

Der „Dobratsch-Wolf" wurde am 28. Jänner 1938 durch den Volontär Robert Oberherzog aus Mittewald bei Villach bei einer großen Treibjagd erlegt, an der sich 64 Jäger und 54 Treiber beteiligten. Die Wolfsjäger kamen u. a. aus Villach, Klagenfurt, Rosental und Vorderberg. Das Raubtier wog 38,6 kg und hatte 3,2 cm lange Reißzähne (Bildquelle: Jaroslav Vogeltanz und Paolo Molinari, Wölfe – Jäger der Nacht. Wien 2013: Österreichischer Jagd- und Fischerei-Verlag, 127 S., hier: S. 17 – unten).

Erlegter Recke – Wackere Jäger

Die Kärntner Landeszeitung „Freie Stimmen" (58. Jg., Folge 30, Klagenfurt, S. 7) kommentiert im „Kärntner Tagebuch" am Sonntag, 6. Februar 1938 dieses lokalhistorisch einmalige Wolfsereignis folgendermaßen: „Kaum hatten wir uns über das große Nordlicht beruhigt, da traf die Nachricht ein, daß der böse Wolf auf dem Dobratsch das Zeitliche gesegnet habe. Endlich hatten ihn die Jäger in der Klemme, sein Feldzugsplan wies ein Loch auf und durch dieses wurde ihm eine Kugel in seine räuberische Seele geblasen. So haben wir gedacht, als wir die Nachricht von der glücklichen Jagd hörten." (S. 7)

„Als wir aber dann vor dem erlegten Recken standen, da schlich uns ein leises Bedauern an, daß dieses urtümliche Leben, diese wilde Kraft so plötzlich durch einen Fingerdruck ausgepustet wurde wie ein Kerzenlicht um die Schlafenszeit. Freilich, an die armen Schafe und Rehe darf man dabei nicht denken, die das Untier grausam vernichtet hat." (S. 7)

„Wir haben das wunderbare Fell gesehen, das an das eines gepflegten Schäferhundes aus ganz vornehmer Familie erinnerte, das mächtige Haupt mit dem furchterregenden Gebiß, die einst scharfen, nun gebrochenen Lichter und haben so ganz still im Innern den Hut abgenommen vor diesem Recken, der so lange mächtigen feindlichen Gewalten getrotzt hat. Zu loben aber ist unsere wackere Jägerei, die nach hartnäckigem Kampfe der Landplage, die das schlimme Tier nun einmal war, Herr geworden ist. Weidmannsheil!" (S. 7)

Am Dobratsch mit Blick auf die Julischen Alpen, 1930er-Jahre (Foto: Kunstverlag Franz Schilcher, Klagenfurt; Bildarchiv Georg Jäger).

Villach mit dem 2.187 Meter hohen Dobratsch im Jahr 1938 (Foto: Kunstverlag Franz Schilcher, Klagenfurt; Bildarchiv Georg Jäger).

Nötsch am Dobratsch. Eine Aufnahme aus dem Jahr 1939 (Foto: Kunstverlag Franz Schilcher, Klagenfurt; Bildarchiv Georg Jäger).

Zwei „Ungarn-Wölfe" im Wolfstal an der Donau

Nicht nur in den Ostalpen, sondern auch in Donauösterreich (z.B. im Wolfstal in Niederösterreich) hielten sich zugewanderte Wechselwölfe auf, wie folgendes Beispiel aus Mitte der 1870er-Jahre anschaulich zeigt. So veröffentlichte die „Illustrierte Kronen Zeitung" (27. Jg., Nr. 9.333, S. 11: Die letzten Wölfe in Niederösterreich) am 17. Jänner 1926 den Leserbrief des damals knapp 57-jährigen Zeitzeugen Karl Scheda, der als Schauspieler in Judenburg (Obersteiermark) beschäftigt war: „Die in Ihrem Blatte am 10. des Monats erschienene Notiz veranlasst mich, an Sie zu schreiben. Mich leitet ein Gefühl der Pietät für meinen hinverstorbenen Vater hierzu."

„Mein Vater, welcher anfangs der Siebzigerjahre Schloßgärtner der Herrschaft Walterskirchen im Wolfstal an der Donau und nebstbei ein leidenschaftlicher Jäger war, erschoß zu jener Zeit auf einer Treibjagd einen Wolf. Es trieben sich damals in den Wolfstal umgebenden Wäldern zwei aus Ungarn gekommene Wölfe herum und gefährdeten einmal eine mit Grieß handelnde alte Frau, die ‚Grießmahm' von uns geheißen, die sich aber der Wölfe noch rechtzeitig erwehren konnte."

„Ich war damals ein kleiner Junge (1869 geboren), so dürfte es beiläufig im Jahre 1874 oder 1875 gewesen sein, und ich erinnere mich noch lebhaft, wie ich mit anderen Buben unseres Dorfes das tote Wundertier anstaunen ging, welches in der Scheune des Forsthauses zur Besichtigung lag und etwa wie ein nicht allzu großer Hund aussah. Ueber dieses ‚Ereignis' ist mehr als ein halbes Jahrhundert hinübergegangen, allein vielleicht lebt in dieser Gegend noch ein alter Jäger, welcher sich dieser Tatsache erinnern und dieselbe bestätigen kann. Es ist also immerhin nicht ganz ausgeschlossen, daß dies der letzte, in einem stillen Winkel Niederösterreichs vom Gärtner Anton Scheda erlegte Wolf gewesen ist."

Der Wolf auf einer Postkarte. Dieses kolorierte Bildmotiv stammt aus der Zeit um 1900 (Verlag Raphael Tucks & Sons, London; Bildarchiv Georg Jäger).

Wildernde Hunde oder Wölfe in Österreich?

Während der Zwischenkriegszeit, vor allem im kalten Winter von 1928/29, lässt sich erwartungsgemäß in ganz Mitteleuropa eine starke Zunahme der Wolfspopulationen beobachten. Nicht umsonst schreibt Hans Sammereyer in der „Alpenländischen Rundschau“ (7. Jg., Folge 283, S. 2: Werden die Wölfe den Menschen gefährlich?) am Samstag, 16. März 1929 darüber folgende, unten angeführte, Zeilen.

Der Wolfswinter von 1928/29

„Wie nach dem Dreißigjährigen Kriege, so hat sich der Wolf auch nach dem Weltkriege ganz bedeutend vermehrt. In Rußland spricht man öffentlich in zahlreichen Auslassungen von einer förmlichen Wolfskatastrophe, gegen die stellenweise das Militär mit Maschinengewehren aufgeboten worden sein soll. Tatsächlich wird das Auftreten von Wölfen in Ostpreußen in ganz vermehrtem Ausmaße gemeldet. Am Balkan scheint ebenfalls eine bedeutende Vermehrung der Wölfe vor sich gegangen zu sein und das Weitere für deren Verbreitung besorgt der heurige strenge Winter.“ (S. 2)

„Schon vor einigen Jahren beklagte sich ein bekannter Gutsbesitzer aus der Lika bei mir, daß die Wölfe seinen ganzen Rehstand vernichtet haben. Seither und besonders im heurigen Winter hat sich die Wolfsplage in Jugoslawien verstärkt und wir müssen auf Grund des richtigen Teiles der letzten Zeitungsnachrichten tatsächlich befürchten, daß, wir schon den einen oder anderen Wolf auf dem Gebiete des heutigen Oesterreich haben, was zwar kein Anlaß sein soll, für Menschenleben zu fürchten, wohl aber eine ungemeine Schädigung unserer Wild- und Viehbestände bedeutet. Denn wir stehen ja vor der Schneeschmelze und bei schneelosem Boden ist ein einzelner Wolf kaum zu erlegen, wenn nicht ein günstiger Zufall es will.“ (S. 2)

Gerade im besonders kalten Winter des Jahres 1929 häufen sich die Nachrichten in Kärnten, in der Steiermark und in Niederösterreich über das grenzüberschreitende Auftreten von Wölfen. Hans Sammereyer notiert diesbezüglich in der „Alpenländischen Rundschau“ (7. Jg., Folge 282, S. 2: Werden die Wölfe den Menschen gefährlich?) erstmals am Samstag, 9. März 1929:

„Aus mehreren Teilen Oesterreichs, insbesondere aus den Grenzgebieten, wird das Auftreten von Wölfen gemeldet, zumindest ist es erwiesen, daß im untersteirischen Drautale, im Bachergebirge, Wölfe vorhanden sind und daß deren Ueberwechseln über die gefrorene Drau nach Steiermark oder entlang der Karawanken nach Kärnten und aus dem Gebiete der Murinsel nach Steiermark und ins Burgenland durchaus im Bereiche hoher Möglichkeit steht. Auch aus den Kleinen Karpathen ist ein Einwechseln von Wölfen in die niederösterreichischen Auen oder über den Eisstoß der Donau ins Burgenland nicht unwahrscheinlich und ist die Blättermeldung vom Auftreten von Wölfen bei Marchegg nicht unbedingt von der Hand zu weisen.“ (S. 2)

Kältewinter mit Wolfsinvasion

Die „Reichspost. Unabhängiges Tagblatt für das christliche Volk“ (36. Jg., Nr. 56, Wien, S. 4: Wölfe in den Alpen / W. S.) befasst sich am Montag, 25. Februar 1929 im Kältewinter 1928/29 mit den damals in den Ostalpenraum (Süd- und Ostösterreich) zugewanderten Wölfen, die erwartungsgemäß auf ein besonders großes Medienecho gestoßen sind.

„Zeitungsnachrichten der letzten Wochen meldeten nun namentlich aus den östlichen Alpenteilen wiederholtes Erscheinen von Wölfen, Angriffe auf Gehöfte, Dörfer und Menschen. Und es taucht die Frage auf, die auch bei gelegentlichem Erscheinen sogenannter ‚Bauernschrecken‘, die sich meist als wilde Hunde entpuppten, aufgeworfen wurde, ob in unseren Bergen, in den Ostalpen, noch Wölfe vorkommen.“

„Alljährlich kehren zu Zeiten großer Kälteeinbrüche solche Nachrichten wieder: 1923 wurde auf einem Bahnhof in den Abruzzen eine Milchverkäuferin von fünf Wölfen zerrissen, 1926 erschienen Wölfe vor den Toren von Triest, und auch die Tragödie des vergangenen Jahres, wo in den siebenbürgischen Karpathen bei Marmaros-Sziget 20 Mädchen von Wölfen überfallen wurden, von denen elf durch die ausgehungerten Tiere zerrissen wurden, ist vielleicht noch in Erinnerung. Heuer nun tauchten auch in den steirischen Alpen Wölfe auf, die aus dem Karst und aus den serbischen Berg- und Waldgebieten herübergewechselt sein dürften, und fielen die Menschen an.“

„So wurde in Gutenstein in Untersteiermark ein Bauer in seinem Stall von Wölfen zerfleischt, Treibjagden ergaben dort die Anwesenheit von zehn Tieren; sogar im obersteirischen Mürztal, und zwar im Pretulgraben, wurden sieben Wölfe gesichtet, bei Leoben tauchten sie auf, aus dem Burgenland werden Wolfseinfälle gemeldet, und nun kommen sogar aus Oberösterreich Nachrichten, wo bei Lorch und Hiesendorf Wölfe gesichtet wurden.“

Balkanwölfe im Ostalpenraum

„In all diesen Fällen handelt es sich nicht um Standwild, sondern um Tiere, die die ungeheure Kälte aus den Karstgebieten und dem Balkan nach Westen treibt. Im Balkan sind Wölfe zur Winterszeit eine gewohnte Erscheinung. So wurde z. B. Anfang Februar auch der vor Konstantinopel eine Woche lang eingeschneite Orientexpreß von Wolfsrudeln überfallen, in Albanien sprangen Wölfe eine Rekrutenabteilung an und zerrissen elf Soldaten, in der bosnischen Stadt Bihac wurden Wölfe am Marktplatz erschlagen und auch aus den Abruzzen stießen die blutgierigen Tiere bis in die römische Campagna vor.“

„Gewöhnlich ziehen sich die Tiere mit dem Nachlassen der Kälte wieder nach Osten zurück, so daß kaum anzunehmen ist, daß die Raubtiere in unseren Berggebieten zurückbleiben. Die Skiläufer können also unbesorgt nach wie vor ihre Spuren über die Höhen ziehen.“

„Wenn sie aber die ‚letzten‘ Wölfe sehen wollen, dann müssen sie nach Innsbruck kommen, wo im dortigen Museum der berühmte ‚letzte‘ Ostalpenwolf, der im Jahre 1896 im Südtiroler Villnößtal erlegt worden ist, in ausgestopftem Zustand betrachtet werden kann. Dieser historische Dolomitenwolf war aber zweifellos ein versprengtes Tier, denn seine landansässigen Tiroler Ahnen sind ums Jahr 1850 ausgerottet worden. Und den letzten bayrischen Wolf, der als Standwild angesprochen wird, kann man ebenfalls gefahrlos bewundern. Er steht ausgestopft in der Zoologischen Staatssammlung in München in der Alten Akademie. Im Jahre 1837 wurde er im Kreuther Revier bei Tegernsee geschossen."

Wildernde Hunde oder Wölfe?

Unter der Frage „Wölfe im Bundesgebiet? – Die Meinung der Naturforscher" finden sich in der am Samstag, 23. Februar 1929 erschienenen „Tages-Post" (65. Jg., Nr. 46, Linz, S. 4) und im „Tagblatt" (39. Jg., Nr. 95, Morgen-Ausgabe, Graz, S. 3) folgende interessante Hinweise über die damals in Fachkreisen unterschiedlich beurteilten möglichen Wolfsvorkommen in den drei Bundesländern Steiermark, Nieder- und Oberösterreich.
„Wien, 22. Februar. In der letzten Zeit wurden wiederholt Meldungen verbreitet, wonach in Niederösterreich, in Steiermark und auch bei Enns (Oberösterreich) Wölfe gesehen worden sein sollen. Wie die Korrespondenz Herwei mitteilt, äußern sich nun die Naturforscher dahin, daß es wohl in Bosnien noch viele Wölfe gibt, die namentlich bei so strenger Kälte, wie sie im heurigen Winter herrscht, in Rudeln bis zu den menschlichen Behausungen herankommen, so daß die Bewohner daher ohne Gewehr nicht ins Freie gehen können. Auf österreichischem Gebiet könnten aber höchstens aus den Karawanken Wölfe nach Südsteiermark herüberwechseln. Als sehr unwahrscheinlich gilt es, daß Wölfe in Obersteiermark oder gar in Niederösterreich und Oberösterreich auftauchen. Wenn dennoch behauptet wurde, daß Wölfe in diesen Gebieten gesehen wurden, so dürfte es sich hier um wildernde Hunde handeln, die erschreckte Bewohner als Wölfe angesehen haben."

Abschussprämien in der Steiermark

Das Grazer Tagblatt" (39. Jg., Nr. 149, S. 3: Abschußprämien für Wölfe) und die Zeitung „Arbeiterwille" (40. Jg., Nr. 89, S. 5: Wölfe in Steiermark) bringen am Samstag, 30. März 1929 gleichlautend die nachfolgende Meldung über angeblich in der Steiermark auftauchende Wölfe, was zeigt, dass die verantwortlichen Stellen sofort auf eine mögliche Wolfsplage reagiert haben:
„Nach Mitteilungen aus Jägerkreisen treiben in den Fischbacher Alpen (Pfaffen und Stuhleck) sechs Wölfe ihr Unwesen, schädigen den durch den strengen Winter ohnedies stark verringerten Wildbestand und gefahrden das Vieh, insbesondere die Schafe der Gebirgsbauern. Die steiermärkische Landesregierung hat daher für die Erlegung dieser Wölfe sechs Abschußprämien zu je 100 Schilling für je einen im Lande Steiermark zur Strecke gebrachten Wolf ausgesetzt. Die Auszahlung der Prämien erfolgt an die Schützen, die die Wölfe in Steiermark erlegt haben, gegen Überlassung der Tiere, über welche die Landesregierung sich das Verfügungsrecht vorbehält. Die Ansprüche auf Zuerkennung der Abschußprämien sind bei der Be-

zirkshauptmannschaft, in deren Bezirk die Wölfe erlegt wurden, anzumelden. Die Ablieferung der Wölfe hat nach den Weisungen der Bezirkshauptmannschaft zu erfolgen."

Harter Winter für die Wildbestände

Die „Wiener Allgemeine Forst- und Jagd-Zeitung" (447. Jg., Nr. 10, S. 58) befasst sich am Freitag, 8. März 1929 zunächst unter dem Artikel „Das Wild und der heurige harte Winter" mit der damals herrschenden Kälte und den negativen Folgen für das Wild im Burgenland und Oberösterreich:
„Von allen Seiten kommen für jeden Weidmann deprimierende Nachrichten über massenhaften elenden Eingang des Wildes. Besonders hart scheinen das Burgenland, Steiermark und Oberösterreich betroffen zu sein. So wird aus dem Burgenland geschrieben, daß dort massenhaft Wildgänse und Wildenten zugrunde gingen bzw. ein Opfer der wilden Jägerei seitens der Bevölkerung wurden. Das ‚Meer der Wiener', der Neusiedlersee, war bis auf den Grund gefroren, wodurch das genannte Wild seine Heimstätte verlor und Zuflucht in den Ortschaften suchte, wo es von jung und alt abgefangen wurde. Oft sollen Wildgänse halbtot vor Hunger ermattet aus der Luft zu Boden gefallen sein. Aus Oberösterreich wird von jagdlich sehr erfahrener Seite der dem Wildstande durch Schnee und Kälte zugefügte Schaden auf 60–70% geschätzt, und der Schaden erreichte diese Höhe, trotzdem daß die Jagdbesitzer und Jagdpächter in vorbildlicher Weise für die Wildfütterung sorgten, wodurch wenigstens noch die stärksten Wildstücke vor dem Tode bewahrt wurden. Rudelweise kamen dort Hirsche und Rehe in die Ortschaften, wo sie vielfach von mitleidigen Bewohnern gefüttert wurden."

Wolfssichtungen in Niederösterreich

Doch nicht genug mit den schlechten Meldungen! Die „Wiener Allgemeine Forst- und Jagd-Zeitung" (47. Jg., Nr. 10, S. 58) geht schließlich noch am Freitag, 8. März 1929 im Beitrag „Das Wild und der heurige harte Winter" auf das heftig diskutierte Thema der Wölfe ein und führt dazu einen passenden Vorfall an:
„Zu verschiedenen Malen kamen auch Nachrichten in die Oeffentlichkeit, daß an der Ost- und Südostgrenze von Niederösterreich Wölfe gesichtet worden seien; ob es sich wirklich um Wölfe handelte, oder ob es wildernde Hunde waren, wird ja vielleicht noch festgestellt werden. So wird berichtet, daß am 17. vorigen Monats von einem Hilfsarbeiter im Gemeindegebiet von Biedermannsdorf zwei Wölfe gesehen wurden, die aus der Richtung Achau kamen und gegen Bösendorf zogen; Revierjäger Wagner, der nachträglich die Fährte prüfte, soll bestätigt haben, daß es sich in diesem Falle tatsächlich um Wölfe handelte. So unwahrscheinlich diese Nachrichten auch sind, so ersucht das Niederösterreichische Landesmuseum doch, ihm von dem eventuellen Auftauchen von Wölfen Kenntnis zu geben und für den Fall, als ein solches Tier auch wirklich auf niederösterreichischem Boden erlegt werden sollte, ihm das Fell oder auch nur das Skelett zur Präparation für Musealzwecke zur Verfügung zu stellen."

Wolfshunde oder Wölfe im Burgenland

Der Zeitung „Neues Wiener Journal“ (37. Jg., Nr. 12.667, S. 4: Wölfe im Burgenland) wird am Dienstag, 26. Februar 1929 aus Wiener Neustadt folgende interessante Nachricht telegraphiert: „In der Umgebung von Jennersdorf im Burgenland wurden in den letzten Tagen während der großen Kälte wiederholt Wölfe gesichtet, die vermutlich über die zugefrorne Mur aus Jugoslawien gekommen sein dürften. In der Nähe von Kalch bei Jennersdorf wurde ein erschöpfter Wolf von Holzknechten durch Stockschläge erlegt. Der Kadaver wird dem Landesmuseum übermittelt werden.“ Die „Kleine Volks-Zeitung“ (75. Jg., Nr. 68, Wien, S. 7: Wölfe im Burgenland) bekommt am Samstag, 9. März 1929 diese Informationen über gesichtete Wolfshunde oder Wölfe im Burgenland:

„Das Amt der burgenländischen Landesregierung meldet aus Zurndorf: Vor einiger Zeit drang angeblich ein Wolf in den Hofraum eines alleinstehenden Hauses ein, lief jedoch wieder weg, als er des Besitzers ansichtig wurde. Man nahm deshalb an, es habe sich nur um einen Wolfshund gehandelt. Nun glaubt Oberamtmann Partisch, der Gelegenheit hatte, an Wolfsjagden teilzunehmen, am 18. Februar Spuren von zwei Wölfen in der Nähe der Ortschaft gesehen zu haben. Am 22. Februar wurde festgestellt, daß ein wolfähnliches Tier den Wald verlassen hat. Die Bevölkerung befürchtet, daß die Tiere, wenn ihnen nach Eintritt des Tauwetters der Rückzug über die Donau abgeschnitten wäre, längere Zeit in der Gegend verbleiben. – Verschiedene Blätter brachten die Nachricht, daß in einzelnen Gegenden des Burgenlandes Wölfe gesichtet oder erlegt worden seien. Das Burgenländische Landesmuseum in Eisenstadt ersucht, ihm für seine naturwissenschaftliche Abteilung entweder das Fell oder aber auch das Skelett erlegter Wölfe entgeltlich oder unentgeltlich überlassen zu wollen.“

Wölfe als jugoslawische „Irrgäste“ in Osttirol

Das vereinzelte Auftreten von Wölfen war in Österreich ständig mit einem grossen Medieninteresse verbunden, weil die äußerst wanderfreudigen Wölfe bei ihren sporadischen Auftritten als „Bauernschreck“ überall für gehöriges Aufsehen sorgten, so etwa Mitte der 1950er-Jahre in Osttirol, wo sie völlig überraschend für die dort wohnenden Menschen auftauchten. Der Biologe Alois Kofler behandelt in seinem Fachaufsatz „Über ausgestorbene Säugetiere Osttirols“ (in: „Osttiroler Heimatblätter“, 42. Jg., Nr. 5, Donnerstag, 30. Mai 1974, Lienz, S. 1–3) unter „Der Wolf“ (S. 1–2) auch kurz die damals ins Hochtal Villgraten vorgedrungenen Wechselwölfe, die im Jahr 1954 diese Gegend unsicher machten:

„Als Irrgast (wohl sicher aus dem jugoslawischen Raum) wurden mehrere Alt- und Jungwölfe im Raum Innervillgraten, Außervillgraten, Sillianberg und Südtirol gesichtet und zum Teil erlegt. Nach den Mitteilungen des Jagdpächters Schett waren am 9. Mai 1954 die ersten Spuren durch einen Hirten bemerkt worden. Die erste Sichtung durch die Jäger Schaller und Steidl geschah in der Nähe der Steinwandalm in 2500 m (zwei Stück) am 24. Juni. Schett wurde am 25. Juni von mehreren Tieren umstellt, er konnte gezielte Schüsse anbringen und einen Jungwolf erlegen. Wochen danach wurden noch zwei weidwund geschossene und verendete Jungtiere gefunden. Weitere Beobachtungen folgten später; dann waren die Wölfe auf einmal verschwunden, wahrscheinlich über die Jöcher nach Südtirol abgewandert. – Mit einer fallweisen Zuwanderung aus dem Karawankenraum ist ähnlich wie beim Bären zu rechnen." (S. 2)

Zusammenfassende Schlussbemerkungen

Nachdem der letzte Standwolf im Jahr 1852 in Südtirol (Vinschgau, Eyrs) zur Strecke gebracht wurde, machten in der Folgezeit immer wieder grenzüberschreitende Wechselwölfe das „Land an Etsch, Eisack und Rienz" unsicher. So ging 1864 ein versprengter, zugewanderter Wolf im Raum Sterzing-Passeier Peter Braunhofer aus Mareit beim Bergwerk am Schneeberg in die Prügelfalle.

Für sehr großes Medienecho sorgte die Wolfsjagd Ende November 1896 im Villnösser Tal. Drei aus Kärnten über das Drautal ins Puster- und Eisacktal gekommene Wölfe wurden von der achtköpfigen Jägerschaft verfolgt. Ein Prachtexemplar mit 80 Pfund Gewicht konnte erlegt werden – die zwei anderen Tiere entkamen Richtung St. Kassian. Bereits im ausgehenden 19. Jahrhundert klingt eine solche Wolfsjagd in dieser Gegend mehr als eine Erzählung aus alten Zeiten, denn zuletzt gab es vor Ort in den 1820er-Jahren solche Wolfsjagden durchgeführt von mehreren Bergbauern und Bauernsöhnen. Zu Beginn des 20. Jahrhunderts herrschte im Frühsommer 1900 erneut Wolfsalarm, diesmal im Eisack- und Sarntal.

Nicht nur der südliche Teil von Tirol, sondern auch Kärnten und Oberösterreich wurden von zugewanderten Wölfen in langen und kalten Winter heimgesucht. Allein zwischen 1885 und 1888 wurden durch Wolfsübergriffe in Kärnten über 235 Schafe getötet. Als Reaktion organisierten die Bezirksbehörden Wolfsjagden („Streifungen"), die jedoch erfolglos blieben.

Im ebenfalls von Wölfen während des Kältewinters 1908/09 betroffenen Oberösterreich streckte am 22. Februar 1909 die erst 20-jährige Försterstochter Friederike Bohuslav, vulgo „Jaga-Fritzl", den zwischen Stadtau und Enns auftauchenden Wolf nieder, der aus der Steiermark durch das Ennstal gekommen war. Noch glimpflich ging jener Zwischenfall aus, als Anfang März 1909 gemeldet wird, dass mehrere Wölfe frühmorgens den Bäckermeister Aigner in Wolfern (Traunviertel) angefallen hatten. Sie waren „aus dem Gebirge" gekommen und er konnte sie verjagen.

Wie sah es sonst mit den Wanderwölfen im Ostalpenraum aus? Ein wahrer „Hotspot" für Wolfsjagden war vor dem Ersten Weltkrieg und in der Zwischenkriegszeit das Bundesland Kärnten aufgrund seiner Nähe zum damaligen Staatsgebiet von Jugoslawien. Zwischen Juni 1913 und März 1914 hauste im kärntnerisch-steirischen Grenzgebirge der berüchtigte „Bauernschreck", welcher auf der Koralpe am 4. März 1914 vom Jäger Paul Steinbauer angeschossen und einen Tag darauf vom Frantschacher Fabriksdirektor Max Diamant erlegt wurde. Diese kapitale Wölfin wog rund 38 Kilogramm und gehörte zu den merkwürdigsten Erscheinungen der dortigen lokalen Fauna. Das waidmännisch-zoologische Interesse an diesem im Henckel-Donnersmarck'schen Jagdrevier geschossenen Wolfes war im Vergleich zum journalistischen Auflauf viel geringer.

Diese „Koralpen-Wölfin“ fand ihr Gegenstück im männlichen „Dobratsch-Wolf“, der von 1934 bis 1938 das Gebiet der Villacher Alpe unsicher machte, bevor er schließlich am 28. Jänner 1938 vom Oberförstersohn Robert Oberherzog geschossen wurde. Die Erlegung dieses vom Balkan eingewanderten Wolfsrüden war äußerst schwierig. Erst die sechzehnte Treibjagd führte zum Erfolg. Das Raubtier wurde zwei Mal angeschossen und überlebte trotzdem. Die Jäger und Bauern waren verzweifelt. Im Jänner 1938 wurden deshalb 64 Waidmänner und 54 Treiber alarmiert. Durch eine geschlossene Sperrkette konnte der berühmt-berüchtigte „Dobratsch-Wolf“ jedoch zu den steilen Dobratschwänden gedrängt und getötet werden.

Vor allem im Kältejahr 1928/29 erreichten zugewanderte Wechselwölfe über die Karawanken und Kleinen Karpaten das österreichische Territorium und sorgten dort für Unruhe. Nicht umsonst gab es Wolfsalarm in den drei Bundesländern Kärnten, Steiermark und Niederösterreich. In lokaler Hinsicht war davon u. a. das Drau- und Murtal betroffen. Nach dem Zweiten Weltkrieg sorgte 1954 ein im Villgratental in Osttirol vorkommendes Wolfsrudel österreichweit für Aufsehen.

Der Wolf. Farbdruck, 1958 (Kronen-Verlag Erich Cramer, Hamburg; Bildarchiv Georg Jäger).

Historischer Rückblick und aktuelle Lage

Der Wolf als Tiermotiv auf einer aus Kanada geschriebenen Ansichtskarte (Foto: Photo T. Parker; Bildarchiv Georg Jäger).

Wolfsjagden und Wolfsangriffe im Zeitraffer

Es gibt unzählige Redewendungen und Sprichwörter, in denen der Wolf vorkommt. Jeder von uns hat bereits einen Wolfshunger verspürt. Die Angst vor den Wölfen war so groß, dass man sich sogar scheute, ihren Namen auszusprechen, weshalb es noch heute das gängige Sprichwort gibt: „Wenn man den Wolf nennt, so kommt er gerennt.“ Ganz einleuchtend und nachvollziehbar ist auch diese Formulierung: „Ein Wolf denkt bis zuletzt an die Schafe.“

Der österreichische Dramatiker und Nationaldichter Franz Grillparzer schreibt in seiner am 16. November 1805 entstandenen Fabel „Der Räuber und der Wolf“ diese vier Anfangszeilen: „Ein Wolf, ein grauses Scheusal der Natur, / Das Schrecken aller Schäfer auf der Flur, / Hielt, hingestreckt auf grüne Matte, / Ein Lamm, das er zerrissen hatte.“

Dass die Wölfe bis ins 19. Jahrhundert ihr Unwesen trieben, beweisen mehrere Sagen. Dabei findet sich als regional wiederkehrendes Motiv neben den von zu Hause von Wölfen verschleppten Kindern vor allem die Wolfsgrube mit dem auf der Bassgeige spielenden Musikanten. Dieser hat beim nächtlichen Heimweg in der Dunkelheit die Orientierung verloren und ist in eine Fanggrube zu dem sich dort aufhaltenden hungrigen Wolf gefallen.

Wolfsbekämpfung und Abschussgelder

Seit dem Spätmittelalter sind überall in Österreich die Beschwerden und Klagen über die Wölfe sehr laut geworden. Nicht umsonst gaben die Landesfürsten den betroffenen Bauern zu Beginn des 16. Jahrhunderts vorübergehend die Erlaubnis, Raubtiere selbst zu erlegen, wie es im „Land im Gebirge“ bereits in der Tiroler Landesordnung von 1525 gefordert wurde. Bald danach gab es aber schon einen Widerruf, wie die entsprechende Verordnung aus dem Jahr 1532 zeigt. Die Möglichkeit, Wölfe auf eigenem Grund und Boden mit Fallen fangen zu dürfen, zeigte aber nur mäßige Erfolge, weshalb in den betroffenen Gegenden schon bald sogenannte Abschussgelder für die Erlegung von Wölfen ausbezahlt wurden.

Während des 16. und 17. Jahrhunderts, zur Zeit der „Kleinen Eiszeit“, gab es in den langen und strengen Winternächten viele Wölfe. Ein Grund für die starke Zunahme der Wolfspopulationen lag neben den Kriegen auch darin, dass damals das Jagdrecht auf den Adel beschränkt blieb. Den Dorfbewohnern in den von Wölfen heimgesuchten Gemeinden wurden einfach die Schusswaffen abgenommen, obwohl es nach den Landesordnungen erlaubt gewesen wäre, schädliche Raubtiere vor Ort zu erlegen.

Erst im 18. Jahrhundert und beginnenden 19. Jahrhundert wurde der bäuerlichen Jagdleidenschaft wieder freien Lauf gelassen und in besonderem Maße durch finanzielle Anreize nachgeholfen. Vor allem aufgrund der hohen Prämien (Taglien) ging ein Ruck durch die unter den Wolfsplagen leidende Bevölkerung, welche sich nun auf der Alm und in Hofnähe den schauerlichen Anblick heulender

Abschussgelder für Wölfe in Österreich bzw. im Ostalpenraum, 1517–1862

Jahr	Region, Ortschaft	Wölfin	Wolf	Jungwolf
1517	Rodeneck	1 fl.	-	-
1523	Ennstal	1 Pfund Pfennig	-	2 Schilling
1530	Kufstein	2 fl.	-	-
1577	Bludenz	5 fl.	-	-
1584	Bregenzerwald	2 fl.	-	-
1584	Fleimstal	4 Lire	2 Lire	6 Grossi
1586	Saldenhofen	1 fl.	-	-
1625	Bludenz	3 fl.	-	-
1639	Schlägl	45 kr.	-	-
1652	Schönau, Prandegg	1 fl.	-	-
1667	Pfunds	4 fl.	-	-
1670	Kaltern	3 fl.	-	-
1679	Schlägl	1 fl.	-	-
1688	Mittenwald	4 fl.	-	-
1692	Wasserburg	1 fl.	-	-
1693	Schlägl	1 fl.	-	-
1700	Salzburg	1 fl. 30 kr.	-	-
1700	Hollenburg	1 fl. 30 kr.	-	-
1709	Kastelruth	10 fl.	5 fl.	-
1717	Kleinwalsertal	12 fl.	10 fl.	-
1753	Osttirol, Lienz	1 fl.	-	-
1781	Glurns	38 kr.	-	-
1781	Stilfs, Trafoi	1 fl. 18 kr.	-	-
1788	Ennstal	1 Dukaten	-	-
1796	Kastelruth	2 Kronen Taler	-	-
1797	Graubünden	8 fl.	-	-
1802	Lind bei Neumarkt	40 fl.	30 fl.	15 fl.
1802	Unterzeiring	15 fl.	10 fl.	5 fl.
1818	Tirol	25 fl.	20 fl.	10 fl.
1822	Kärnten	25 fl.	20 fl.	10 fl.
1825	Burgenland	5 fl.	5 fl.	2,5 fl.
1834	Wiener Neustadt	20 fl.	-	
1823	Bruck an der Mur	25 fl.	20 fl.	10 fl.
1836	Tirol	30 fl.	25 fl.	-
1862	Ampflwang	21 fl.	-	-

Quelle:
Zusammenstellung auf Grundlage der Fachliteratur (fl. = Gulden, kr. = Kreuzer).

Wölfe mit fletschenden Zähnen ersparen konnte. Für jedes erlegte Raubtier bekam der bei Wolfsjagden erfolgreiche Jäger bzw. Schütze ein schönes Kopfgeld. Bei den Wölfinnen ist dieser Geldbetrag im Vergleich zu den Wölfen durchwegs um fünf bis zehn Gulden höher gewesen. Eine vereinheitlichte Prämienzahlung hat es nie gegeben.

Historische Abschussstatistiken

Die Zahl der abgeschossenen Wölfe lässt sich überall in den Ostalpen quellenmäßig belegen. Im westlichen Bundesland Vorarlberg gibt es eigene Abschusslisten für die Herrschaften Bludenz und Sonnenberg (einschließlich Montafon). Daraus geht hervor, dass im Vorarlberger Oberland zwischen 1518 und 1690 nicht weniger als 43 Wölfe zur Strecke gebracht wurden.

Bestens unterrichtet sind wir über die Zahl der erlegten Wölfe in Tirol während der 1830er-Jahre, da aus allen Landesteilen (Nord-, Süd- und Welschtirol) Statistiken vorliegen. So wurden von 1831 bis 1837 zwischen Kufstein und Ala insgesamt 47 Wölfe geschossen, wobei alle getöteten Raubtiere in Süd- und Welschtiroler Revieren anzutreffen waren: 1831 – 7 Stück, 1832 – 1 Stück, 1833 – 6 Stück, 1834 – 5 Stück, 1835 – 10 Stück, 1836 – 12 Stück und 1837 – 6 Stück. Im Vergleich dazu wurden im Zeitraum von 1837 bis 1852 im „Land im Gebirge“ nur mehr 18 Wölfe geschossen. Zwischen 1852 und 1863 scheint lediglich ein einziger erlegter Wolf in ganz Tirol (Südtirol) auf. Seit 1831 waren in Nordtirol überhaupt keine Standwölfe mehr vorhanden.

Auf Gemeinde- und Talebene ergibt sich für Südtirol ein interessantes Bild, welches eine Häufung der Wölfe im westlichen Landesteil zeigt, der an den Schweizer Kanton Graubünden grenzt: Allein im Obervinschgau wurden zwischen 1833 und 1852 in 20 Jahren 30 Wölfe erlegt. Im Gemeindegebiet von Taufers im Münstertal waren es von 1668 bis 1783 genau 23 erlegte Wölfe.

Zahl der von Wölfen gerissenen Tiere

Das ausgewertete und durchgesehene historische Schrifttum bringt einige nachdenklich stimmenden Zahlenangaben zutage, was die von Wölfen getöteten Haustiere und auch das gerissene Wild anbelangt. Allein in der Gemeinde Neumarkt an der Etsch wurden im Jahr 1319 37 Schafe von Wölfengefressen. Vor allem in den Kältejahren der „Kleinen Eiszeit“ schlugen die hungerleidenden Wölfe immer wieder zu. Ein Wolfsrudel riss 1599 im äußeren Stubaital (Kreith) insgesamt 15 Rinder und Pferde.

1692 wurden im Vinschgau in den Gerichten Schlanders und Kastelbell 30 Stück Rotwild von Wölfen gerissen. 1721 fielen den Wölfen im Pustertal in den Gerichten Rasen und Antholz 18 bis 20 Stück Rotwild zum Opfer. Im Frühjahr 1813 waren zwei Wölfe im Karwendel- und Rofangebirge unterwegs. In den drei Monaten März, April und Mai wurden von diesen Schadtieren 42 Schafe, zwei Ziegen, 20 Rehe und sieben Hirsche getötet.

Ein flüchtiger Blick nach Wien und ins Salzburger Land kommt einem Wolfsalarm gleich: Aus einem Schreiben vom 20. Februar 1608 an Erzherzog Maximilian von Österreich geht nämlich hervor, dass in den vergangenen sieben Wochen bei großer Kälte die hungrigen Wölfe im Wiener Tiergarten „50 Stück junges Wildbret" zerrissen hatten. Und allein im Herbst 1620 wurden in Henndorf am Wallersee 200 Stück Haustiere von Wölfen getötet.

Nach Auskunft der Pflegsverwalter des Stadt- und Landgerichts Sterzing von 1651 wurden in der Sterzinger Gegend, vor allem im Jaufental, nicht weniger als 50 Stück Kleinvieh („klain Vich"), darunter vor allem Schafe, von herumstreifenden Wölfen zerrissen. Die vom Hunger getriebenen Raubtiere hätten angeblich vor Ort auch Kraxenträger und Taglöhner bedroht. Bei letzteren handelte es sich hauptsächlich um Kleinhäusler und Bauernknechte, die am Rücken schwere Lasten auf hölzernen Tragegestellen trugen.

Wenn Nutztiere wie Schafe oder Ziegen leicht erreichbar waren, wurden diese vermehrt von den Wölfen gejagt und mühelos erlegt. Die Wölfe konnten auch ohne Probleme ausgewachsene Rinder reißen, wovon sie auch immer wieder Gebrauch machten und diesbezüglich beträchtliche Viehschäden anrichteten. So wurden im Winter 1716/17 neun Lungauer Bauern 86 Nutztiere von hungrigen Wölfen gerissen, nämlich 25 Ziegen, 28 Schweine, 10 Kälber, 17 Schafe und sechs Rinder.

Ein einziger Wolf in Oberbayern, der sich neun Jahre lang zwischen 1806 und 1815 in der Gegend um den Schliersee und Tegernsee herumtrieb, hat in dieser Zeit neben vielen anderen Tieren 1.000 Schafe zerrissen.

Seit Beginn des 19. Jahrhunderts drangen die Wölfe im Burgenland oft in die Schafställe der esterhäzyschen Domäne ein. So wurden 1803 in der Schäferei Szentläszlö 42 Schafe gerissen; und in der Herrschaft Ipolypäsztö/ Ipolypásztó waren es 1825 nicht weniger als 52 Schafe. Die letzten Wölfe wurden im nord- und burgenländischen Raum in den Jahren 1828 und 1839 erlegt.

Nach einem überlieferten amtlichen Bericht zerrissen mehrere Wölfe in einer leider namentlich nicht näher angegebenen Pfarrei in Oberkärnten vom 1. November 1809 bis zum 1. April 1810 in fünf Monaten 31 Schafe, zwei Schweine, einen Hirsch und vier Rehe. 1885 fielen in den beiden Kärntner Jagdrevieren Sirnitz und Steuerberg 40 Rinder, 135 Schafe, zehn Ziegen und ein Fohlen raubgierigen Wölfen zum Opfer. In der Steiermark wurden 1672 in Großsölk innerhalb von sechs Monaten durch die Wölfe nicht weniger als 200 Stück Ziegen, Schafe und Schweine gerissen und aufgefressen.

Der sogenannte „Bauernschreck" sprengte alle bisher vorhandenen Zahlenangaben bei den tödlich für das Nutzvieh endenden Wolfsangriffen: So wurden von dieser Balkanwölfin zwischen Anfang Juni und Ende August 1913 in drei Monaten auf der nördlich der Koralpe gelegenen Stubalpe 94 Rinder und 380 Schafe gerissen. Selbst Kaiser Franz Joseph I. (1830–1916) verfolgte aufmerksam das damalige Jagdgeschehen.

Fast so schlimm wie diese oben angeführte Wölfin im Gebiet um die Koralpe, welche damals das Lavanttal unsicher machte und für ein großes Medieninteresse sorgte, wütete der „Dobratsch-Wolf" zwischen 1934 und 1938 in Kärnten, der innerhalb von vier Jahren reiche Beute gemacht hatte. Dabei wurde in einem Bericht festgestellt, dass dem Räuber im Wolfspelz mehr als 200 Rehe und Gämsen, über 60 Schafe, gegen 30 Kälber und zwei Fohlen zum Opfer gefallen waren.

Vom Wolfshunger und den Wolltieren

Der Wildtierfotograf Jaroslav Vogeltanz und der Wildbiologe Paolo Molinari gehen in ihrer beeindruckenden Bild-Text-Dokumentation „Wölfe–Jäger der Nacht" (Wien 2013: Österreichischer Jagd- und Fischerei-Verlag, 127 S.) auf den „Wolfshunger" ein, den sie zutreffend so beschreiben:

„Nicht gerade selten vergreifen sich Wölfe an Haustieren: Sie sind leicht verfügbar, und als professioneller Jäger wird natürlich jede Chance genützt. Der Nahrungsbedarf bei Wölfen liegt bei 2 bis 3 Kilogramm Fleisch pro Tag. Natürlich wird nicht jeden Tag gefressen, und so kann es sein, dass nach einer längeren Pause an einem frischen Riss auch über 8 Kilogramm in einem Rutsch vertilgt werden. Von der Beute bleibt nur wenig übrig, Wölfe nützen ihren Fang sehr gut. Sie fressen alle Innereien, das gesamte Fleisch und können bei Bedarf auch erhebliche Teile der Knochen verdrücken. Wölfe sind Verfolgungsjäger, die meist unerfahrene Jungtiere oder alte, schwache und kranke Tiere erbeuten. Bei wirklich gesundem Wild haben Wölfe viel geringere Chancen auf Jagderfolg: Bis zu 50 Prozent der Attacken gehen da ins Leere." (S. 81)

Unter „Der Wolf, das Lamm, der Hirte ..." finden sich u. a. diese Hinweise: „Wölfe sind Opportunisten und schlagen überall zu, wo es leichte Beute gibt. Schafe, die unbehirtet auf Almen stehen, kann man wortwörtlich als ‚gefundenes Fressen' für den Wolf bezeichnen." (S. 113)

Wolfsangriffe auf Menschen im Schrifttum

Laut den Ausführungen von Robert Delort in seinem 1987 aus dem Französischen von Josef Winiger ins Deutsche übersetzten Buch „Der Elefant, die Biene und der heilige Wolf. Die wahre Geschichte der Tiere" (München: Carl Hanser Verlag, 400 S.) steht fest: „Gewiß fällt der Wolf auch den Menschen an." Dies ist aber erst seit dem Mittelalter der Fall, und „dazu noch sehr selten". Wichtig ist vor allem Folgendes bei der Speisekarte dieser gefräßigen Raubtiere: „Der Wolf zieht dem Menschen bei weitem die kleineren, wenig wehrhaften Beutetiere oder vereinzelte, schlecht geschützte Haustiere vor." (S. 259)

„Begegnungen, bei denen sich ein einzelner Mensch plötzlich einem Wolf gegenüberstand, waren ziemlich häufig. Der Wolf reagierte dabei gewöhnlich als erster, und je nach Appetit, Laune und Einschätzung der Situation nahm er den Kampf auf oder floh. Gegen ein Kind, eine Frau, einen Alten hatte er leichtes Spiel. Der wirkliche Zweikampf entspann sich zwischen dem Wolf und dem erwachsenen Mann." Diese wichtigen Zeilen können wiederum bei Robert Delort (S. 264) nachgelesen werden.

Der Bündner Heimatforscher Walter Jäger äußert sich in seinem Artikel „Der Wolf in Graubünden" (in: „Bündner Jahrbuch. Zeitschrift für Kunst, Kultur und Geschichte Graubündens", Band 4, Chur 1962, S. 55–66) zu den Wolfsangriffen so: „Alle Berichte, wonach Menschen von Wölfen angefallen oder gar zerrissen worden seien, sind mit Vorsicht zu übernehmen. Es ist aber zu bedenken, daß unsere Täler bis weit in den Frühling hinein vollständig eingeschneit sind. Da fiel recht wenig für den Wolf ab. So darf man wohl annehmen, daß die Chroniken nicht so arg übertreiben." (S. 60) Wenn also in strengen Wintern der Hunger den Wölfen jede Vorsicht nahm, dann konnten sie in Ausnahmefällen für zufällig vorbeikommende Personen zur Gefahr werden.

Karl Meusburger hat sich in seinem Südtirolbeitrag „Die Wölfe in unserem Heimatland" (in: „Der Schlern", 11. Jg., Heft 10, Bozen 1930, S. 399–409) ebenfalls mit dieser Thematik beschäftigt und kommt zu folgenden Schlüssen:

„Wirklich gefährlich wird der Wolf, wenn er in ganzen Rudeln jagt, was gewöhnlich nur im Winter der Fall ist; ferner dann, wenn ihn quälender Hunger treibt, denn dann schloss er ganz auf seine sonstige Vorsicht und seine List, er wird geradezu tollkühn und fürchtet sich vor nichts mehr. Beides erscheint bei uns nicht vorgekommen zu sein, denn zur Rudelbildung waren die Wölfe vielleicht doch zu wenig zahlreich; außerdem mag sich auch unser Gebirgsland hiezu weniger eignen als die weiten russischen und ungarischen Ebenen. Auch dürften die Wölfe beim früheren Wildreichtum unseres Landes trotz ihrer geradezu sprichwörtlichen Gefräßigkeit nie eigentlich quälenden Hunger gelitten haben." (S. 400)

„Europäische Wölfe" im Winter. In der kalten Jahreszeit leben die Wölfe in einem Rudel, das sich aus den Eltern sowie ihren Jungen und den einjährigen Nachkommen zusammensetzt (Foto: Harenberg Kalender – Heimische Tiere, 2015, Getty Images, Winfried Wisniewski; Bildarchiv Georg Jäger).

Wölfe, Schulkinder und Kirchgänger

Aus Südtirol (Vinschgau, Pustertal) sind uns Hinweise bekannt, die besagen, dass Wölfe den Schulkindern gefährlich werden konnten. Vom 16. bis ins 19. Jahrhundert war es in den entlegenen Hochtälern keine besonders gute Idee, allein und ohne Begleitperson durch den dichten Wald zur Schule oder Kirche zu gehen. So wurden in Tanas im Vinschgau oberhalb von Schlanders die Schulkinder der Wölfe wegen von Erwachsenen zum Schulhaus begleitet.

Wenn sich die Stilfser um Weihnachten zur Mitternachtsmesse in ihre alte Pfarrkirche nach Schluderns begaben, warteten sie beim Hofe Wartamstein, um vor den Wolfsübergriffen sicher zu sein, bevor es dann gemeinsam hinunter zu den heulenden Wölfen in der Talebene ging. Von den weltabgeschiedenen Hofstellen im Antholzer Tal riskierten die Eltern im Monat Dezember nicht, ihre Kinder ohne Erwachsenenbegleitung in die Schule zu schicken.

Die heißhungrigen Wölfe

Bunt wimmelt's auf den weiten Feldern;
Es bricht hervor aus Bergeswäldern
Heißhungriger Wölfe Schar zum Mahl,
Viel grause Gäste ohne Zahl.
Durch sieben Tage schmausen sie,
So wohl ward ihnen ja noch nie.

Quelle:
Christian Schneller (1893): Der Einsiedler von Fleims. Innsbruck: Verlag der mar. Vereins-Buchhandlung, 107 S., hier: S. 7.

Dokumentierte Wolfsattacken in Österreich

Wie sah es nun mit den quellenmäßig tatsächlich nachweisbaren Wolfsangriffen auf Menschen im Ostalpenraum aus? Im Herbst 1663 wurde in Vorarlberg bei Lauterach in der Nähe des Dorfes „ein Knabe, als er das Vieh auf die Weide trieb, von einem Wolfe zerrissen", wie es in der überlieferten Textstelle heißt. Begeben wir uns anschließend in das „Land im Gebirge" zwischen Kufstein und Salurn, wo bisher im einschlägigen Schrifttum lediglich drei derartige Fälle bekannt sind. Nach einem leider mit keiner genauen Jahreszahl belegbaren Hinweis aus dem oberen Vinschgau (Südtirol) wurde dort noch gegen Mitte des 19. Jahrhunderts „eine Magd des Polsterhofes" oberhalb von Schleis im Obervinschgau von einem oder mehreren Wölfen „zerrissen", als sie „in der Dunkelheit zum Brunnen" gegangen war, um dort am Winterabend Wasser zu holen. Im Jahr 1824 begaben sich die Lanzuner Leute von ihrer entlegenen Hofstelle am Grumenberg nach Jenesien zur Christmette. Dabei vergaß die Lanzuner Dirn den Rosenkranz und rannte wieder zum Hof zurück. Als die Kirchengeher am Morgen (25. Dezember) auf dem Rückweg waren, entdeckten sie die erfrorene Magd, deren Körper von einem Wolf in mehrere Teile zerrissen wurde.

Und noch ein drittes Beispiel aus Südtirol: Im Tanzbachtal zwischen dem Sarntal und Ritten in der Windlahn wurde „auf dem Gang zur Christnachtfeier die junge Nerderdirn Maria Maier, die sich den Weg zu gehen allein zugemutet hatte, von den Wölfen überfallen und gefressen", wie es in einer Inschrift auf einem heute nicht mehr vorhandenen Marterl hieß. Dieser mit drei grimmigen Wölfen dargestellte tödliche Zwischenfall ereignete sich im Winter 1700, einer extremen Kälteperiode der „Kleinen Eiszeit", als die junge Bauernmagd vom schattseitig gelegenen Nerderhof unterwegs zur alljährlichen Christnachtfeier war. Höchstwahrscheinlich lag die junge Frau schon erfroren am Kirchweg, bevor ihr toter Körper von drei grimmigen Wölfen zerfleischt wurde. Trotz allem hielt der schon vorhin genannte Karl Meusburger fest: „Nie aber habe ich gehört, daß ein Mensch von einem Wolfe getötet worden wäre. Auch kein Marterl ist mir bekannt, das von einer Begegnung mit dem Wolfe spricht." (S. 405)

Schauplatzwechsel: Wir erreichen nun bei unserer frühneuzeitlichen Zeitreise die Gegend um Aflenz in der Obersteiermark, wo am 12. Februar 1719 insgesamt zwölf Kirchgänger beim Heimweg vom Gotteshausbesuch von einem hungrigen Wolf angegriffen wurden, der ihnen u. a. die Haut über die Köpfe und Gesichter abgerissen hatte. Drei Personen erlitten solche schweren Verletzungen, dass sie sofort starben. Dazu kam noch eine vierte Person, welche die Wolfsattacke ebenfalls nicht überlebte. Gleichzeitig wurden am selben Tag noch drei Schweine und ein Pferd vom wütenden Wolf totgebissen. Erst der junge starke Bauernknecht Peter Grebisch konnte das „bestialische Thier" mit einer Holzhacke erschlagen.

Im äußerst strengen Winter von 1708 auf 1709 lassen sich Wolfsattacken in Ostösterreich nachweisen, wenn die „Wiener Chronik" von einer entsetzlichen Kälte spricht, bei der wütend gewordene Wölfe Menschen in Döbling und Brigittenau überfielen. Als Draufgabe meldet das „Wienerische Diarium" am 19. Jänner 1729 zwei tödlich endende Wolfsangriffe aus dem Bezirk Korneuburg (Stockerau) in Niederösterreich: „Es kommen verschiedene Nachrichten ein, daß durch die Wölfe hin und wieder die Menschen angegriffen und verzehret werden; gleich dann dieser Tagen in der Au auf Stockerau zu in denen Stiefeln noch die Füße von einem Mann und von einem andern die Beiner und Schuh gefunden worden seynd." Sogar der Historiker Georges Deutsch erwähnt noch in einem 1892 veröffentlichten Fachaufsatz diesen vorhin angeführten Vorfall mit reißenden Wölfen, der sich 1729 unter dem damaligen Kaiser Karl VI. ereignete: „In der Au hinter Korneuburg wurden von einem durch sie zerrissenen Manne noch die Füße in den Stickeln und häufig Beine und Schuhe anderer Unglücklicher gefunden."

Außerhalb des alpinen Raums war vor allem das Granit- und Gneishochland (Mühlviertel), ein Gebiet mit über einem Dutzend solcher tödlich endender Wolfsangriffe, welche der Heimatforscher Wolfgang Schachenhofer durch genaue Auswertung der Sterbebücher von Pfarreien in Freistadt und Umgebung belegen konnte. So wurde am 30. Juli 1664 in Nadelbach (Gemeinde Weitersfelden,

Bezirk Freistadt) ein Bäckerkind von einem Wolf „zerbissen". Am 20. Juni 1643 kam die 36-jährige Magdalena Plaimer bei Pierbach nach einer Wolfsattacke ums Leben („von einem Wolf zerrissen"). 1621 wurde in Schönau „eine Viehdirn zerrissen". 1655 „zerbiss" ein tollwütiger Wolf in Unterweißenbach „Jakob, des Mölzers Sohn". 1666 wurde ein „heimgehendes Weib" in Diersbach von einem Wolf angegriffen und tödlich verletzt. Unter den weiblichen Todesopfern waren durchwegs Mädchen und junge Frauen anzutreffen. So mancher unerfahrene Hirtenbube dürfte die Wolfsgefahr beim Übernachten im Freien unterschätzt haben.

Eigentlich gehört der Mensch nicht zum natürlichen Beuteschema des Wolfs. Dennoch gibt es Hinweise aus der Vergangenheit, dass Menschen von gesunden und tollwütigen Wölfen angegriffen und sogar getötet wurden. Die Attacken tollwütiger Wölfe waren am häufigsten. Gesunde Wölfe griffen vor allem Kinder unter zehn Jahren an, die beim Viehhüten als Schafhirten ihr hartes Brot verdienen mussten. Wenn Wölfe auf Erwachsene losgingen, dann handelte es sich meist um Frauen. Nach diesem Muster wählten also die Wölfe immer die leichteste und schwächste Beute aus.

Drei Hunde und ein Reiter sind nötig, um diesen Wolf zu besiegen. Darstellung im ausgehenden 19. Jahrhundert (Bildquelle: Getty Images).

Drei Opfer eines wütenden Wolfs. Illustration aus den 1870er-Jahren. In vielen Gegenden Europas waren Angriffe von Wölfen auf Nutztiere und Menschen traurige Realität (Quelle: De Agostini Editore, Veneranda Biblioteca Ambrosiana, Journal Universel, Nr. 1657, Band LXIV, 28. November 1874, Mailand; Bildarchiv Georg Jäger).

„Le Berger fuyant Le Loup" oder „Der Schäfer auf der Flucht vor dem Wolf" von Pieter Bruegel dem Älteren (Pierre Breughel I, le Vieux, 1525-1569), (Bildquelle: Méry-sur-Seine, Collection G. Beague, Art Ancien, Photo L'Epi-Devolder; Bildarchiv Georg Jäger).

Belegbare Wolfsangriffe in der Oberpfalz

Der Historiker, Geograph und Germanist Rainer G. Schöller ist in seinem umfassenden Werk „Eine Kulturgeschichte des Wolfs. Tierisches Beuteverhalten und menschliche Strategien sowie Methoden der Abwehr“ (Freiburg im Breisgau, Berlin und Wien 2017: Rombach Verlag, 683 S.) den Wolfsangriffen auf Personen am Beispiel des Rentamts Amberg in der Oberpfalz im nordöstlichen Bayern nachgegangen und ist zu folgenden auch in Tabellenform (S. 82–83: Tabelle 1) festgehaltenen Forschungsergebnissen gekommen:

„Der Verfasser vermutet, dass die Attacken 1677–1680 auf das Konto von einem Wolf oder zwei Tieren ein- und desselben Rudels gehen dürften. Die Angriffe führten sie jedoch wohl als Einzeltiere aus. Der jeweils tätige und oft gesichtete Problemwolf trabte unverfroren bei Tageslicht durch die keineswegs menschenleeren Fluren und griff sogar inmitten zuhauf auf den Feldern arbeitender Menschen seine Opfer an. Er wählte schwache und minderwertige Menschen als Opfer aus, also Kinder und Heranwachsende, die er im Bedarfsfall auch verschleppen konnte. Es ist hinzuweisen, dass die Menschen damals kleiner als heute waren und – zum Teil auch unterernährt – von geringerem Gewicht. So konnten sie gut ins Beuteschema eines Wolfes passen. Da die Übergriffe auf Menschen in der Oberpälzer Region allein in den Sommermonaten stattfanden, ist zu vermuten, dass dieselben von Alphatieren ein- und desselben Rudels zur Nahrungsbeschaffung für die Welpen durchgeführt wurden. Der erhöhte Nahrungsbedarf veranlasste die Tiere eher, diejenigen Menschen anzugreifen, die ihnen als leichte Beute erschienen.“ (S. 80)

„Es ist auffällig, dass die Überfälle auf Menschen häufig an ein und demselben Tag oder an einander folgenden Tagen stattfanden. Annähernd sechs Monate nach der Geburt der Welpen hören im Untersuchungszeitraum 1677–1680 jedenfalls Jahr für Jahr die Attacken auf Menschen jeweils auf. Nur in diesen Sommermonaten sind in der Oberpfalz jeweils die Angriffe auf Menschen geschehen, nicht davor oder danach. Im Zeitraum 1677–1680 ließen sich für die Oberpfalz auf relativ engem Raum insgesamt 39 Wolfsattacken auf Menschen nachweisen, die im Wesentlichen in die Zeit der Welpenaufzucht fallen. Opfer waren fast ausschließlich Kinder und Heranwachsende (33 Fälle). Getötet wurden 19, verletzt 14 und unversehrt blieben durch Schreien und Abwehr mittels Hütstecken, Hunden u. a. 6 Personen.“ (S. 80–81) Die Frage, um welche aggressiv gewordene Tiere es sich dabei gehandelt hat, beantwortet Rainer G. Schöller so: „Ob es reinrassige Wölfe, Bastarde oder verwilderte Hunde waren, die in Zeiten der Aufzucht ihrer Welpen einen erhöhten Beutebedarf hatten, muss offen bleiben. Jedenfalls hatte das Raubzeug keine Scheu, am helllichten Tag Menschen in den Fluren zu attackieren, sogar in allernächster Nähe von anderen Menschen.“ (S. 81)

Wolfsattacken in Bayreuth und Coburg

In seiner Monographie „Gnadenbild und Legende. Kultwandel in Dimbach“ (Würzburg 1978: Echter Verlag, 111 S.) schildert der deutsche Volkskundler Wolfgang Brückner den realistischen Hintergrund von Wolfsgeschichten unter „Wölfe reißen Kinder“ (S. 24–25), wenn er zunächst folgende überlieferten Meldungen des 17. Jahrhunderts aus dem Umkreis von Bayreuth im Fichtelgebirge zusammenträgt:

„1642 wurden drei Kinder von Vordorf, die im Walde Beeren suchten, von einem Wolf angefallen. Während zwei der Kleinen sich retten konnten, wurde das dritte Kind, ein achtjähriger Knabe, von einem Raubtier fortgeschleppt. Die auf das Geschrei der Kinder herbeigeeilten Verfolger konnten nur noch den Kopf, einen Arm und die beiden Beine des Unglücklichen finden. – 1645 schleppten die Wölfe bei Wunsiedel zwei Bauernkinder von den Häusern weg und zerrissen sie. Sogar bis an die Häuser der Stadt Hof kamen die Unersättlichen, wobei sie die Frechheit besaßen, den Esel des Kappellmüllers ‚bis auf die Knochen' aufzufressen." (S. 24)

Votivtafel aus der Wallfahrtskirche Dettelbach im unterfränkischen Landkreis Kitzingen von 1660 mit Darstellung eines Wolfmirakels aus dem Jahr 1506. Das auf dem Feld geraubte Kleinkind wird durch Fürbitte Mariens befreit (Bildquelle: Wolfgang Brückner, Gnadenbild und Legende. Kultwandel in Dimbach. Würzburg 1978: Echter Verlag, 111 S., hier: S. 15).

Ähnliches hören wir aus dem Coburger Land oder Coburgischen, wenn es heißt: „Anno 1657, den 17. Juli, hat der Wolff Clausen Schneiders Wellnersdorf Söhnlein von 11 Jahren bei dem Stadel, darinnen die Eltern geriffelt, weggedragen, das Hemdlein ist etliche Dag hernach auf einer Wiese, wie auch das Köpflein in der Grummernd von anderen daselbst gefunden worden." (S. 24) In der Neustadter Schulchronik heißt es weiter: „In Rothenhof wurden einem Jungen von 7 Jahren durch einen Wolf 62 Wunden beigebracht, an denen das Kind verstarb, während ein Mädchen aus Kleingarnstadt zwar wundgebissen, aber gerettet werden konnte." (S. 24)

Religiöse Bewältigung der Wolfsplagen

Besonders unbeliebt waren die Wölfe im ländlichen Raum, weil sie dem Nutzvieh (darunter vor allem den Schafherden) der ohnehin armen Bauern nachstellten und sich als adelige Jagdkonkurrenten an dem Wildbestand in den leer geräumten Wäldern vergriffen. Auch das Geheul von diesen in der Wildnis lebenden Raubtieren erschreckte die Menschen. Dazu kam noch, dass die Wölfe mancherorts im kalten Winter einzelne Kirchenbesucher nach dem Besuch der Messe attackierten oder die Gefallenen auf den Schlachtfeldern der jeweiligen Kriegsschauplätze zerbissen. Sofort denkt man an den seit 1700 überlieferten Marterlspruch aus Südtirol: „O lieber Gott behüte und bewahre uns in allen Nöten, besonders von den Wölfen, welche Seelen töten!“

Die Angst vor dem Wolf war allgegenwärtig. So versammelten sich früher im Mühlviertel die Kirchgänger mehrerer Ortschaften bei den sogenannten „Warten“, um dann gemeinsam den Weg zum Gotteshaus fortzusetzen und sich so im Kollektiv gemeinsam besser gegen die Wölfe schützen zu können. Im Obervinschgau gibt es sogar einen Hof namens „Wartamstein“ bei Agums, wo die Messebesucher aus Trafoi, Sulden und Stilfs zum Kirchgang nach Schluderns aufeinander warteten, um gegen die Überfälle der Wölfe sicher zu sein. Die Schlossherren von Lichtenberg schickten sogar einen eigenen Burgknecht als Begleitschutz zu den gefährdeten Messebesuchern. Häufig glaubten die tiefreligiösen Südtiroler Viehhirten an das Lärmbrauchtum. Dabei konnten sie angeblich durch das Zusammenschlagen ihrer Holzschuhe die Wölfe auf den Hochweiden vertreiben. Zur Abhaltung bzw. Vertreibung von Wölfen zündeten etwa die betroffenen Bewohner im Hochtal Enneberg zur Nachtzeit die Lichter an, weil die von Hunger und Kälte getriebenen Wölfe sogar in die Ställe einbrachen.

Während der Napoleonischen Kriege nahmen die Wölfe in Südtirol stark überhand. Nicht umsonst schrieb die damalige königliche bayerische Regierung bezeichnenderweise am Stefanitag des Jahres 1811 im Gerichtsbezirk Lana eine Wolfstreibjagd aus. Einzelne Wölfe hatten nämlich Menschen und Tiere angefallen. Zur Treibjagd musste jede Gemeinde mindestens sechs Scharfschützen und mehrere Treiber aufbieten.

Bleiben wir im „Land im Gebirge“ und begeben wir uns nach Laurein am Deutschnonsberg. Diese Südtiroler Gemeinde gehörte einst zur Pfarrei Cloz. Da die Pfarrkirche anderthalb Stunden von Laurein entfernt war, gingen stets mehrere Männer miteinander zur Messe, um sich leichter gegen die Wölfe verteidigen zu können. Die Kirchgänger aus Vals bei Mühlbach in Südtirol zogen im Winter „lange Ketten“ hinter sich her, um durch den Lärm die Wölfe abzuhalten. Der Olanger Geistliche im Pustertal, der „in St. Veit fünf Mal im Jahre die Messe zu lesen hatte“, musste aufgrund der zahlreichen Wölfe „von Jägern über den Brunstriedl nach Olang begleitet“ werden. Und bekanntlich war der Wolf früher auch vor den Toren Wiens zu Hause. Schon im Jahr 1604 wollten die Bewohner von Neustift am Walde ein eigenes Gotteshaus, weil ihnen der Weg zur Kirche in Sievering wegen der Wölfe zu unsicher und zu gefährlich war.

Bereits aus der zweiten Hälfte des 16. Jahrhunderts ist ein Wolfssegen aus Leopoldsdorf im Marchfeld in Niederösterreich überliefert, um die Nutztiere vor dem Schaden der großen Beutegreifer zu schützen. In einer im Schloß Wolfsthurn bei Sterzing aufbewahrten spätmittelalterlichen Handschrift, welche auf die zweite Hälfte des 15. Jahrhunderts zurückgeht, sind zwei Wolfssegen aus Sicht der damaligen Viehbesitzer und Viehhirten zum Schutz ihrer Viehherden enthalten. Der Wolfssegen zur Abwehr der Wölfe wird im östlichen Südtirol (Pustertal: Toblach, Ahrntal: Luttach) noch in den Jahren 1823 und 1875 erteilt, wobei es diese Segnung dort noch bis 1900 vor der Weihnachtsmette gab. Noch in das Jahr 1722 zurück reicht der „bewährte“ Wolfssegen in Matrei in Osttirol, der vom Pfarrer bei der Mette am 24. Dezember („Heiliger Abend“) in lateinischer Sprache gelesen wurde. Derselbe Segen war auch in der heiligen Christnacht in Wien nach dem Hochamt bis zum Jahr 1785 üblich.

Von der Landbevölkerung wurden gerne die drei Heiligen Martin, Peter und Wolfgang angerufen, um den Wölfen und Wölfinnen die Rüssel zu versperren und so das Vieh vor allen „Holzhunden“ (Holzhund = Wolf) zu behüten, wie es in einem bayerischen Wolfssegen aus dem 15. Jahrhundert heißt. Ähnliches galt noch im Jahr 1651 für Lassnitz in der Steiermark. Wie sah es diesbezüglich in Kärnten am Anfang der 1830er-Jahre aus? In der durch die Wölfe verursachten Notlage gab es für die abergläubischen bzw. gläubigen Landbewohner oft keinen anderen Ausweg mehr, als den heiligen Wolfgang anzurufen, dessen Schutz als Viehpatron in „heißen Gebethen“ besonders gefragt war.

Der Wolf war für die katholische Kirche ein altes heidnisches Sinnbild bzw. Symbol des Bösen, weshalb er verteufelt und auch verfolgt wurde. Es wurden von der geistlichen Obrigkeit besondere Gebete und Messen angeordnet, um sich der Hilfe Gottes zu versichern. Die Priester riefen in Predigten von der Kanzel aus zu Wolfsjagden auf. In der Umgebung von Meran, vor allem bei Lana und Tisens, hatten in der zweiten Hälfte des 18. Jahrhunderts die Wölfe solche Schäden angerichtet, dass der Pfarrer von Tisens zur Abwendung der Wolfsgefahr sogar im Jahr 1770 einen Kreuzgang nach St. Gertraud im Ultental festgelegt hatte.

Seit dem 17. Jahrhundert wird von dem in der Vergangenheit immer wieder von Wölfen heimgesuchten Rauris urkundlich nachweisbar eine Wallfahrt über den Tauern nach Heiligenblut unternommen. Diesen 1729 im Pfarrarchiv Taxenbach äußerst mühsam beschriebenen Kreuzgang gibt es noch heute. Die Gefährlichkeit einer solchen Bittprozession während der „Kleinen Eiszeit“ findet ihren Niederschlag im Sterbebuch von Fusch, das im Frühsommer 1683 die Namen von neun Personen aus dem Pinzgau anführt, die am Rückweg im sogenannten Beindlkar erfroren waren. Unter Kaiser Joseph II. wurde zwischen 1780 und 1790 das „Wolfsjagen“ zur Abwehr der Wolfsplage in Form von Prozessionen um die Friedhöfe verboten.

Landeskundlich-geographische Informationen

Unsere historisch-geographische Wolfsexkursion führt uns zunächst ins „Land an Etsch, Eisack und Rienz“ und gleich danach weiter Richtung Süden zum Gardasee. Zu Beginn des 17. Jahrhunderts hat darüber der Adelige und Chronist Marx Sittich von Wolkenstein eine „Landesbeschreibung von Südtirol“ verfasst, die um 1600 als Handschrift entstanden ist. Dabei wird ausdrücklich festgehalten, dass sich die Wölfe nicht nur in den „hohen Gebirgen“ aufhalten, sondern „in kalten Jahren“ auch bis zur Talniederung vorstoßen und dort in den Einzelhofsiedlungen oder Dörfern gerne mit den Hunden zusammentreffen.

Als bevorzugte Verbreitungsgebiete der Wölfe, wobei es sogar „in guter Menge“ oder „vil“ heißt, werden in Welschtirol (Trentino) das Fleimstal, Val Tobel, Rovereto und Primör genannt. In Südtirol gibt es den Wolf als Schafdieb u. a. am Nonsberg, in Tiers, im Eggental, in Tisens, im Passeier, im Sarntal, am Ritten, in Völs am Schlern, in Kastelruth und Wolkenstein.

Der geistliche Gelehrte und Landeskundler Beda Weber schildert im Jahr 1838 in seinem dreibändigen Werk „Das Land Tirol. Ein Handbuch für Reisende“ den Wolfsreichtum im Matscher Tal in Südtirol (Vinschgau) so: „Häufiger als die

Lämmergeier richten die Wölfe Unheil an. Bei strengem Winter besuchen sie zur Nachtszeit sogar das Dorf und schonen das einsame Menschenleben kaum. Daher das Sprüchwort: Matsch der Wölfe Heimath."

Noch zur selben Zeit schreibt im Jahr 1839 der Topograph und Statistiker Johann Jakob Staffler über die Wolfsvorkommen in Tirol, dass diese Raubtiere „noch schädlicher und grausamer als der Bär" sind. Ihre bevorzugten Aufenthaltsorte befinden sich in den nördlichen und südlichen Schluchten, wobei ausdrücklich das „Thale Matsch" in Südtirol (Vinschgau) als „Heimath der Wölfe" genannt wird. Außerdem stößt man auf Wölfe am Nonsberg und in der Valsugana: „In strengen Wintern kommen diese heißhungrigen Thiere nicht selten auf einen überraschenden Besuch bis an die Wohnungen der Menschen und – würgen den Haushund oder ein anderes unverwahrtes Stück Vieh. Doch zum Glück erscheinen sie in Tirol fast nie in größerer Gesellschaft." Der schon genannte Beda Weber hält noch 1852 fest, dass Wölfe „nur in kalten Wintern" den Häusern im Passeier „näher rücken" und dort auch „dem Vieh gefährlich werden" können.

Hinweise aus alpinen Reiseberichten

Bei den zwischen 1794 und 1808 durchgeführten „Reisen durch Oberösterreich" schreibt der österreichische Mediziner, Botaniker, Naturforscher und Reiseschriftsteller Joseph August Schultes während seiner Gletscherbergtour am Dachstein am 6. September 1794 über die besonders unerfreulichen Folgen für die Berglandwirtschaft aufgrund vieler aus der Steiermark kommenden Wölfe: „Sie verheerten in diesem Jahre vorzüglich die Steyerischen Alpen, und als wir vor einigen Tagen über die Neuburger Alpen von der Radmer nach Admont zogen, musste ihrentwegen das Vieh abgetrieben werden."

Aus der ersten Hälfte des 19. Jahrhunderts liegen mehrere Reiseberichte vor, welche über die damalige Wolfsproblematik im Ostalpenraum informieren. Nicht umsonst bemerkt der Pädagoge und Journalist Franz Michael Vierthaler in seinem 1816 erschienenen Werk „Meine Wanderungen durch Salzburg, Berchtesgaden und Österreich" über den Lungau, dass dort mehrere Wölfe die Schafherden angriffen und bei ihren jährlichen Streifzügen in den Almgebieten oder Wäldern überall „Spuren der Grausamkeit" zurückließen.

Wir schreiben das Jahr 1822: Der deutsche Mediziner und Naturwissenschaftler Gotthilf Heinrich Schubert begibt sich auf eine Reise von Süddeutschland nach Salzburg, Kärnten und Tirol. Laut dem von ihm 1823 veröffentlichten „Wanderbüchlein eines reisenden Gelehrten" beobachtete unser Zeitzeuge, dass auf den waldreichen Almen im Mölltal das Hirtenpersonal jede Nacht gewaltige Feuer entfachte, um die damals in Oberkärnten noch relativ häufig vorkommenden Wölfe von den Viehherden fernzuhalten.

Im Sommer 1825 brach der junge Wiener Hofkammerbeamte Joseph Kyselak als Fußreisender mit seinem weißen Wolfshund Duna zu einer bemerkenswerten Österreichwanderung auf, die ihn u. a. auch nach Tirol in das hintere Zillertal (Gerlos) führte. Dort wurde ihm von zwei schluchzenden Sennerinnen erzählt, dass soeben der „unersättliche" Wolf die schönste Kalbin der Bergbäuerin auf dem Joch gerissen hatte.

Auch der Reiseschriftsteller Carl Julius Weber befasst sich im zweiten Band seines 1827 erschienenen Werks „Deutschland, oder Briefe eines in Deutschland reisenden Deutschen“ mit den Wölfen, als er Kärnten bereist und dazu festhält: „Wölfe sollen in Kärnthen sogar häufig seyn. Im Sommer leben sie meist vom Aase, im Winter aber fallen sie in die Heerden, und die Hunde fürchten sich mehr vor ihnen, als die Hirten, die der Wolf auch eher angreift. Ein tüchtiger Wolfsjäger ist in diesen Alpen ein wahrer Wohlthäter, und wenn er auch die Haut der Herrschaft abgeben muß, so trägt er doch den Kopf in der Gegend umher, und erhält willig kleine Geschenke.“

Der deutsche Schriftsteller und Volkskundler Julius Max Schottky geht in seinem 1834 gedruckten Buch „Bilder aus der süddeutschen Alpenwelt“ ebenfalls auf die damaligen Wolfsvorkommen ein. Aus Sicht der betroffenen Bevölkerung wird die Erlegung von Wölfen in Kärnten als „große Wohlthat“ empfunden, weil sich vor Ort die Wölfe aufgrund nicht durchgeführter Treibjagden noch „in großen Rotten“ vermehren konnten.

Der k. k. Pfleger Ignaz von Kürsinger wundert sich in seiner 1853 veröffentlichten Monographie „Lungau. Historisch, ethnographisch und statistisch aus bisher unbenützten urkundlichen Quellen“ nicht über die vom Kärntner Grenzgebiet in den Murwinkel nach St. Michael im Lungau vorgedrungenen Wanderwölfe. Auf alle Fälle würden die sehr mutigen Lungauer Wolfsschützen dank ihrer „wohlgezielten Büchsen“ solchen „ungebetenen“ Gästen im felsig-schluchtartigen Gelände sofort das „Räuberhandwerk“ legen.

Auf nach Wien zu den Wölfen

Über Jahrhunderte hausten in der Wildnis rund um Wien heulende Wölfe, die den Bewohnern große Angst einjagten und den Nutztieren gefährlich werden konnten. Das Spätmittelalter stand daher in Wien und Umgebung ganz im Zeichen der Bekämpfung und Vertilgung dieser Raubtiere. Neben den Bären waren es vor allem die Wölfe, welche Mensch und Vieh großen Schaden anrichteten. Die Landbevölkerung erhielt von obrigkeitlicher Seite sogar das Recht, Bären in Netze zu treiben oder diese mit Knüppeln und Spießen zu töten. Da die Wölfe im Unterschied zu den Bären scheuer waren, konnten sie viel schwerer aufgespürt und erlegt werden. Vor allem im Winter durchstreiften die Wölfe in Rudeln die stadtnahen Siedlungen und konnten sogar zu einer Bedrohung für die Menschen werden.

Seit dem ausgehenden 15. Jahrhundert wurden im Wiener Raum sogenannte Wolfsgärten angelegt, die das Fangen der Wölfe besser und schneller ermöglichten. Dabei handelte es sich um ausgeklügelte Fangvorrichtungen mit Einsprüngen, wo die Wölfe zwar ohne Probleme hineingelangten und hineinsprangen, aber nicht mehr zurück ins Freie kommen konnten. Um die Wölfe zum Springen in die Wolfsgärten zu bewegen, wo sie dann gejagt oder sofort getötet wurden, hatten die Bewohner stadtnaher Gebiete ihr verendetes Kleinvieh und andere Kadaver in den Wolfsgarten zu bringen. Durch den Aasgeruch wurden die Wölfe angelockt.

In der Nähe von Wien gab es im 16. und 17. Jahrhundert zwei große Wolfsgärten. Der eine befand sich am Rand der Donauauen bei Gut Ebersdorf östlich der Stadt. Und der zweite Wolfsgarten lag im Westen unweit von Hütteldorf am Rand des

Wienerwaldes und der Auen beim Wienfluss. Dieser 1495 angelegte Hütteldorfer Wolfsgarten, der dem heutigen Wolfersberg den Namen gab, hielt sich aufgrund der hohen Erhaltungskosten nur bis 1614, bevor er nach 220 Jahren aufgelassen wurde. Der Wolf war also damals sogar vor den Stadtmauern Wiens beheimatet. Nicht umsonst nahm Kaiser Karl VI. im Jänner 1723 an einer Wolfsjagd teil. Und im Februar 1734 wurden von kaiserlichen Jägern in Ottakring sechs Wölfe erlegt. In den Wintermonaten Februar 1784 und Jänner 1789 gab es wiederum unüberhörbaren Wolfsalarm.

Den Wolfsjägern auf der Spur

Immer wieder haben einzelne herausragende Wolfsjäger und sogar einmal eine unerschrockene Wolfsjägerin ihre Spuren bei der Erlegung großer Beutegreifer hinterlassen, worüber in der Vergangenheit neben den Geschichtsquellen die Zeitungsnachrichten ausführlich berichteten. So war während der zweiten Hälfte des 16. Jahrhunderts in Südtirol der von der Gerichtsgemeinde Sarnthein im Jahr 1560 als Wolfsjäger bestimmte Martin Öbrist im Kampf gegen die Wölfe äußerst erfolgreich. Er konnte im Sarntal den schädlichen Raubtieren ihr „blutgieriges Handwerk" legen, indem er ihre Wechsel ausspähte und mehrere Fallgruben anlegte. Ohne einen einzigen Bissen zu sich zu nehmen, war er oft mit diesen Arbeiten ganze Nächte und halbe Tage lang beschäftigt. Für seine Mühe bekam der äußerst tüchtige „Wolfsgrueber" von der Gemeinde zehn Pfund Berner (zwei Gulden).

Zwischen 1820 und 1836 erscheinen in den Niederen Tauern folgende Wolfsjäger, die „Holzhunde" gefangen oder getötet hatten: Franz Goller (1820 – Triebental), Joseph Hartl (1826 – Pusterwald, Schneebergeralm), Melchior Steiner (1826 – Bretstein), Michael Hofer (1827 – Stift Admont), Lorenz Guster (1829 – Pusterwald, Moosbachwald), Andreas Sprung und Gabriel Koini (1836 – Pusterwald). Anfang Februar 1873 erlegte in der Untersteiermark der Müller Eititsch einen Wolf im Gemeindegebiet von Gonobitz (Slovenske Konjice).

Der letzte Wolf im Mittelburgenland wurde am 2. November 1839 vom Rabnitzer Förster Maximilian Schelly erlegt. Erzherzog Franz Karl brachte am 21. Dezember 1846 den letzten Wolf im Wienerwald zur Strecke, der über die schneeverwehte Mauer in den Lainzer Tiergarten eingedrungen war. Und am 20. November 1866 wurde auf der Mandling durch den erzherzoglichen Forstadjunkten Michael Wagner aus Steinhof einer der letzten Wölfe in Niederösterreich geschossen.

Während der 1850er- und 1860er-Jahre sind zahlreiche Wolfsjagden mit den Namen der damaligen Jäger überliefert. Bekannt geworden sind auf Südtiroler Boden bei der 1852 erfolgten letzten Jagd auf einen Standwolf die drei „Klasenbuben" aus Eyrs im Vinschgau als aufgebotene Wolfsjäger – nämlich die Brüder Sepp, Peter und Lois, die „untere Steck'n" genannt. Der „Mareiter" Wolf in der Sterzinger Gegend wurde 1864 vom Bauern Peter Braunhofer aus Mareit beim Bergwerk Schneeberg in einer Prügelfalle gefangen und erschlagen.

Zu Beginn des 20. Jahrhunderts rückte eine Wolfsjägerin aus Oberösterreich ins Scheinwerferlicht der damaligen Tagespresse. Die erst 20-jährige Försterstochter Friederike Bohuslav, liebevoll „Jaga-Fritzl" genannt, traf am 22. Februar 1909 in Enns-Enghagen vom Fensterbalken aus einen 50 Meter entfernten Wolf „ins

Blatt", also genau ins Herz. Beim Gewehr der treffsicheren Schützin handelte es sich um den neuen Kugelstutzen (Kaliber 7,8 Millimeter) ihres Vaters, aus dem bisher noch kein einziger Schuss abgefeuert worden war.

Knapp vor Ausbruch des Ersten Weltkriegs wütete der sogenannte „Lavanttaler Bauernschreck" im Gebiet der Koralpe in Kärnten. Bei der Bejagung dieser Wölfin erlangte vor allem der gräflich Henckel-Donnersmarcksche Jäger Paul Steinbauer großen Bekanntheitsgrad, der am 4. März 1914 das Raubtier anschoss, bevor es am darauffolgenden Tag (5. März) der Frantschacher Fabriksdirektor Max Diamant erlegen konnte. Wir bleiben im Bundesland Kärnten: Nach einer erfolgreich durchgeführten großen Treibjagd gelang es am 28. Jänner 1938 dem Oberförstersohn Robert Oberherzog aus Mittewald bei Villach den „Dobratsch-Wolf" zu schießen, der fast eine halbes Jahrzehnt die Gegend der Villacher Alpe unsicher machte. Der äußerst bescheidene Schütze bekam den von der Landwirtschaftskammer, der Landeshauptmannschaft und dem Jagdschutzverein ausbezahlten Schusspreis.

Wolfsgrube als Orts- und Flurname

Zu Beginn des 17. Jahrhunderts hatten die Wölfe bei Wild und Vieh im „Land im Gebirge" großen Schaden angerichtet. Der damalige Obristjägermeister in Tirol, Fortunat Freiherr zu Wolkenstein und Rodenegg, reagierte als Krisenmanager auf diese Fehlentwicklung. So wurde den Obrigkeiten aller Gerichtsbezirke des ganzen Landes aufgetragen, auch jenen im Wipptal, wo die fürstlichen Forstknechte zuständig waren, an geeigneten Plätzen Wolfsgruben von Untertanen errichten zu lassen. Die dazu benötigten Materialien wurden von der jeweiligen Herrschaft zur Verfügung gestellt. Diese Verordnung ging als „Wolfsgrubenmandat" (21. November 1621) in die Tiroler Geschichte ein. Manche der heutzutage noch bekannten und so benannten Wolfsgruben stammen aus dieser Zeit.

Zahlreiche Orts- und Flurnamen in den österreichischen Bundesländern oder überhaupt im Ostalpenraum erinnern an diese während der Neuzeit errichteten Wolfsgruben, die in besonderem Maße die Namenlandschaft prägen. Was versteht man darunter? Um sich früher die Wölfe vom Leibe zu halten, hoben die betroffenen Gemeinden und Bauern eigene Gruben aus, welche mitunter von einem hohen Zaun umgeben waren. Diese rund drei Meter tiefen und oft sogar ausgemauerten Fangvorrichtungen hatten einen Durchmesser von drei bis fünf Meter. An der Oberfläche waren die Gruben mit dünnen Ästen, Reisig und Waldstreu leicht zugedeckt und mit Aas als Köder versehen.Wenn dann der hungrige Wolf dieses von ihm so begehrte Aas witterte und annahm, brach er nach dem Sprung über einen Zaun durch die dünne Erd- und Reisigschicht durch, stürzte sofort in die Grube und war dort unten rettungslos gefangen. Auf diese Weise konnte das Raubtier mit leichter Mühe erschlagen oder erschossen werden. Mancherorts sind noch heute Überreste davon zu sehen und die Einheimischen wissen meist recht gut, was für einen Zweck diese durch den Verfall inzwischen trichterförmig aussehenden Löcher einst hatten. Gerade die alten Wolfsgruben sind die wichtigsten Hinweise auf das früher so häufige Vorkommen von Wölfen. Und damit sind wir endgültig in der Gegenwart angelangt: Der Wolf ist nämlich wieder in Österreich eingetroffen.

Gegenwart: Der Wolf ist wieder in Österreich

Unter „Bär und Wolf – Segen oder Fluch für unsere Bevölkerung? Eine Recherche aus dem unteren Mühlviertel und dem westlichen Waldviertel“ schreibt Wolfgang Schachenhofer im Informationsblatt des oberösterreichischen Landesjagdverbandes „Der OÖ Jäger“ (40. Jg., Nr. 138, März 2013, St. Florian, S. 24–25) am Ende seines Kurzbeitrags diese nachdenklich stimmenden Zeilen: „Der Wolf ist zwar ein scheues Tier und meidet die Menschen. Namhafte Forscher bestätigen, dass gelegentlich schon etwas passieren kann, sie verweisen aber dann auf Tollwutfälle oder zu geringe Wilddichten. Letztere könnten aber bald wieder gegeben sein. Denn der Nahrungsbedarf eines Wolfes beträgt jährlich etwa 130 Rehe oder 35 Stück Rotwild. – Wie ändern sich doch die Zeiten. Vor ca. 150 Jahren liest man in den diversen Ortschroniken von Jubelmeldungen über die Ausrottung des Wolfes, in der heutigen Zeit von der Jubelmeldung ‚endlich wieder Wölfe in Österreich‘, Die nächsten Jahrzehnte werden es zeigen: ‚Fluch oder Segen‘.“ (S. 25)

„Wenn Schafe jagen könnten ...“ Illustration von Bruno Haberzettl (in: „Kronen Zeitung“, Samstag, 14. Oktober 2018, Nr. 21.008, Wien, S. 62: Krone Bunt / Bruno am Sonntag).

Die gegenwärtig angespannte Wolfssituation

Allein im Zeitraum zwischen 2009 und 2015 wurden jährlich wieder zwei bis sieben Wölfe in Österreich nachgewiesen, wovon jedes Jahr drei Tiere durch Kärnten zogen. Die Wölfe auf österreichischem Staatsgebiet waren aus den vier Nachbarländern Schweiz, Italien, Slowenien und Slowakei eingewandert. Diese Wander- oder Wechselwölfe können sich bei ihren Streifzügen sehr schnell mit 45 bis 50 km/h fortbewegen und so während einer einzigen Nacht bis zu 60 Kilometer (oft sogar acht bis neun Kilometer in der Stunde) zurücklegen. Sie suchen wieder genau jene von ihnen bereits aus früheren Jahrhunderten bekannten Gebiete auf.

Der schon zitierte renommierte Wiener Verhaltensforscher Kurt Kotrschal geht in seinem im Jahr 2022 veröffentlichten Werk „Der Wolf und wir. Wie aus ihm unser erstes Haustier wurde – und warum seine Rückkehr Chancen bietet“ (Wien: Brandstätter Verlag, 239 S.) unter den Kapiteln „Wie viele Wölfe gibt es wo in Europa?“ (S. 49–50), „Wölfe sind Weitwanderer“ (S. 51–58) und „Wölfe in Österreich und Südtirol“ (S. 65–69) auf die gegenwärtige Wolfssituation in Österreich ein: So gibt es derzeit (Stand: 2022) schätzungsweise mindestens 20.000 Wölfe in ganz Europa (Deutschland 2021: 2.000 Wölfe), die zu den am weitesten wandernden Landtieren („Weitwanderer“) gehören. „Und jene bis zu 50 Wölfe, die im Moment pro Jahr nach Österreich einwandern, kommen aus der deutsch-polnischen Population aus dem Norden, aus den Karpaten, über die Schweiz aus der italienischen Population und gelegentlich kommen auch Balkanwölfe über Slowenien.“ (S. 51)

Wie sieht es momentan mit den Wölfen in Österreich aus? „Aufgrund gelegentlicher Zuwanderer war der Wolf auch in Österreich nie ganz weg. Während des vergangenen Jahrzehnts wurde die Zuwanderung intensiver, die meisten dieser Wolfspioniere wurden abgeschossen, wie etwa jener große Wolfsrüde, der 2002 nahe Bad Ischl getötet wurde. Am niederösterreichischen Truppenübungsplatz Allentsteig schafften es 2016 schließlich zwei nicht verwandte Wölfe aus der Lausitz, mit ihrer ersten Reproduktion ein Rudel zu gründen.“ (S. 65)

Jedes Jahr lässt sich aus angrenzenden Populationen eine Einwanderung von Wölfen nach Österreich feststellen. „Etwa 50 konnten 2021 genetisch nachgewiesen werden, 2020 waren es 40. In demselben Jahr töteten sie 293 Nutztiere, 257 davon in Tirol, fast alle der Opfer waren ungeschützt. Mehr als 400 Weidetiere wurden 2021 von Wölfen getötet. Durch Herdenschutz könnte man – wie das Beispiel der Schweiz zeigt – die Zahl der Wolfsopfer auf etwa zehn Prozent verglichen mit dem ungeschützten Zustand drücken. Dass es trotz gut geeigneter Wolfshabitate in Österreich dennoch zu keinen weiteren Rudelgründungen kam, ist vor allem dem illegalen Abschuss geschuldet.“ (S. 66)

Und wie sieht es mit dem Wolf in Südtirol aus? „Von 2017 bis 2020 gab es nach einer langen Zeit, in der Südtirol nur von einzelnen Wölfen besucht wurde, ein reproduzierendes Rudel im Bereich Nonsberg/Ultental. Im Jahr 2018 wurden 13 Wölfe genetisch in Südtirol nachgewiesen, 2019 gab es etwa 40 Wölfe und vier Rudel, wobei das im Lüsental lebende als einziges ausschließlich innerhalb Südtirols aktiv ist.“ (S. 67–68)

Zwischen 2010 und 2022 hatten die in Südtirol vorkommenden Wölfe 1.100 Schafe gerissen, wobei genau 504 Risse auf das Jahr 2022 entfielen (2021 – 256 Schafe, 2020 – 96 Schafe, 2019 – 92 Schafe).

Almwirtschaftliche Argumente gegen den Wolf

In der oberbayerischen Zeitschrift „Der Almbauer" (70. Jg., Heft 6, Juni 2018, München, S. 10–11 / AVO) ist ein bemerkenswerter Fachartikel zur „Argumentationshilfe Wolf. Behauptungen und Antworten" erschienen, der sich kritisch mit der Wolfsproblematik auf den Almen im Ostalpenraum auseinandersetzt. Und hier sind die wichtigsten Textauszüge, die mit folgendem Einstieg beginnen, der auch für Österreich ganz zutreffend ist: „Die überwiegend städtische Bevölkerung ist nach wie vor für die Rückkehr des Wolfes und sieht darin das positive Zeichen einer intakten Natur. Dass die Wiederkehr dieses Raubtieres jedoch sehr weitreichende Konsequenzen speziell für die Alm- und Weidewirtschaft hat, ist oftmals nicht bekannt." (S. 10)

1. Passen Weidewirtschaft und Wolf zusammen? „Der Wolf jagt auf einfachstem Weg, Nutztiere sind eine leichtere Beute als Wildtiere. Bei der Jagd gerät die gesamte Herde in Panik, Versprengung im Gelände und Abstürze sind neben den eigentlichen Rissen die Folge. Schnell kommt es zur Aufgabe von schwer schützbaren Flächen und längerfristig zur Aufgabe ganzer Almen." (S. 10)
2. Sind wolfssichere Einzäunungen auf Almen möglich? Es ist nur bei bestimmten Reliefgegebenheiten möglich: „In bergigem Gelände sind Bau und Unterhalt wolfsabweisender Zäune nicht umsetzbar. Wölfe sind sehr intelligent und lernen schnell. Nach geraumer Zeit überwinden sie fast jeden Zaun, so dass der Begriff wolfssicherer Zaun nicht mehr angewandt wird. In gezäunten Arealen oder Pferchen können die Nutztiere nicht fliehen, der Jagdtrieb des Wolfes wird immer wieder aufs Neue entflammt, es kommt zum sogenannten Blutrausch, und es wird alles gerissen, gehetzt und verletzt. Unendliches Tierleid ist die Folge solcher Übergriffe auf Nutztiere." (S. 10)
3. Können Wölfe ausgewachsene Rinder reißen? „Einzeln durchziehende Wölfe reißen in der Regel keine ausgewachsenen Rinder, verängstigen diese aber und versetzen sie in Panik. Kälber hingegen sind auch vor dem Einzelwolf nicht sicher. Zum Beutespektrum von Wolfsrudeln gehören auch ausgewachsene Rinder, einzelne Rudel haben sich mittlerweile sogar darauf spezialisiert. Die Aufgabe der Weidewirtschaft zu Gunsten der von Stallhaltung ist eine langfristige Konsequenz; schwer zu bewirtschaftende Flächen werden ganz aufgegeben." (S. 10)
4. Kann der Wolf schnell mit einem Kehlbiss töten? „Schön wär's, denn dann bliebe den Opfern viel Leid erspart – allein, es stimmt nicht. Je größer die Opfer, umso schwieriger ist der Kehlbiss zu setzen. Das Tier muss erst einmal an der Flucht gehindert werden und liegt es dann, wird oftmals einfach angefangen zu fressen. Bilder hierzu gibt es leider genug, die aber der Tagespresse zu grausam für eine Veröffentlichung erscheinen." (S. 10)
5. Sind Herdenschutzhunde eine geeignete Lösung? „Herdenschutzhunde sind keine Haushunde, wie man sie sich gewöhnlich vorstellt. Herdenschutzhunde sind zum Schutz der Herde und verteidigen diese gegen jede mögliche Gefahr – auch gegen Wanderer, Radler und andere Hunde. ‚Bezugsperson' ist das zu schützende Tier und nicht der Mensch. In touristisch geprägten Gebieten sind Konflikte vorprogrammiert. Um eine Herde zu schützen, braucht es übrigens

mehrere Hunde. Was passiert mit den Hunden nach Beendigung der Weidezeit? Eine Haltung am Betrieb ist schwierig, laut und teuer. Außerdem entsprechen die Haltungsbedingungen für Herdenschutzhunde nicht der deutschen Tierschutz-Hundeverordnung." (S. 10–11)

6. Ist der Wolf Ausdruck oder Zeichen für eine intakte Natur? „Wölfe sind keine Zeiger für intakte Naturlandschaften. Sie sind sehr anpassungsfähig und können sich sogar auf Müllhalden oder von Ratten aus der Kanalisation ernähren. Die Almweidegebiete sind durch Menschenhand entstandene Kulturlandschaften. Durch die extensive Beweidung der exponierten Lagen bieten die Flächen zahlreichen Tier- und Pflanzenarten Lebensraum, der ohne Beweidung verloren ginge – ebenso in Folge dann auch die Arten selbst." (S. 11)
7. Ist der Wolf vom Aussterben bedroht? „Das ist einfach nur falsch. Die europaweite Wolfsdichte ist sehr hoch, Wölfe sind nicht vom Aussterben bedroht. In Deutschland leben mittlerweile mehr Wölfe als in ganz Skandinavien. Der jährliche Populationszuwachs beträgt 30%." (S. 11)
8. Warum argumentiert der Naturschutz immer pro-Wolf? „Das ist falsch. Hier gibt es sehr unterschiedliche Meinungen. Einige Organisationen sehen im Wolf ein ‚Hilfsmittel' zur Wiederherstellung von Wildnisgebieten. Der fachlich fundierte Naturschutz spricht sich jedoch geschlossen für den Erhalt der alpinen Weidewirtschaft aus, denn hierdurch werden deutlich mehr streng geschützte Arten erhalten, die diesen Schutz auch wirklich zum Überleben brauchen." (S. 11)
9. Warum funktioniert es woanders auch mit dem Wolf? „Fragt man die betroffenen Schäfer und Landwirte in diesen Regionen und Ländern, so hört sich das ganz anders an. Für eine Behirtung rund um die Uhr steht bei uns zum einen gar nicht ausreichend Personal zur Verfügung, und nur mit dem bisherigen Almpersonal wäre eine ganztägige Behirtung mit deutschem Arbeitsrecht gar nicht vereinbar. Weiters ist eine Ausrüstung der Hirten mit Schusswaffen – wie in anderen Ländern erlaubt und üblich – in Deutschland ebenfalls verboten und in touristisch stark genutzten Gebieten undenkbar. Außerdem dürfen in Deutschland, anders als in anderen Ländern, Wölfe nur mit spezieller Ausnahmegenehmigung geschossen werden. Ein Hirte könnte bei einem Wolfsangriff also gar nichts ausrichten. Weidewirtschaft betreiben in Bayern meist kleinere familiäre Höfe, die auf mehrere Standbeine angewiesen sind. Auch wenn Herdenschutz gesetzlich möglich ist, ist es für diese Betriebe logistisch, organisatorisch und finanziell kaum zu stemmen. In der Regel bleiben die Bauern auf den Mehraufwendungen und den Schäden sitzen und allein gelassen mit all den Problemen." (S. 11)
10. Kann man das Almvieh nachts in den Stall sperren? „Auf den Almen stehen nicht genügend Stallkapazitäten zur Verfügung. Wenn die Tiere die halbe Weidezeit im Stall stehen, müssten Stallungen, große Güllegruben und Wirtschaftswege in sensiblen Regionen gebaut werden. Außerdem ist das tägliche Einstallen der Schafe und Rinder mit großem Aufwand verbunden und führt zu erhöhten Trittschäden auf den empfindlichen Almflächen. Abgelegene Weideflächen werden nicht mehr abgeweidet. Zudem passen sich die Wölfe schnell an. In Frankreich erfolgt mittlerweile die Hälfte der Risse tagsüber." (S. 11)

„Kommt der Wolf, geht der Bauer, wächst der Wald ..."

Das Auftreten der Wölfe in der Hochweidestufe stellt die Rentabilität der schon jetzt stark geförderten und unter Druck geratenen Almwirtschaft noch mehr in Frage. Nicht umsonst bringt es der Wildbiologe Klaus Hackländer in seinem 2020 veröffentlichten Werk „Er ist da. Der Wolf kehrt zurück" (Salzburg: Ecowin Verlag) auf den springenden Punkt, wenn er zutreffend schreibt: „Kommt der Wolf, geht der Bauer, wächst der Wald." (S. 106)

Vor diesem Hintergrund erscheint das Szenario einer alpinen Kulturlandschaft ohne Almen realistisch. Nach rund 130 Jahren Absenz ist also der Wolf nach Österreich zurückgekehrt, wenn man das letzte österreichische Wolfsvorkommen im Hausruck- und Wechselgebiet (1882) als Grundlage heranzieht. Auch in der gegenwärtigen Statistik gerissener Nutztiere (darunter vor allem Schafe) schlägt sich diese neuartige Situation nieder.

Unter einem Riss versteht man ein totes Tier, bei dem der entsprechende Gutachter als Amtssachverständiger den Angriff eines großen Beutegreifers als Todesursache festgestellt hat. Die statistisch ausgewiesenen Nutztierverluste durch den Wolf basieren bis zum Jahr 2016 auf Monitoringdaten, bevor seit dem Jahr 2017 die Mitteilungen der betroffenen sieben Bundesländer an das Österreichzentrum gemeldet wurden.

In den ersten Erhebungsjahren von 2011 bis 2017 gibt es starke Zahlenschwankungen. Die mit Abstand häufigsten Opfer von Wolfsangriffen auf Nutztiere sind die Schafe, gefolgt von den ähnlich stark gefährdeten Ziegen, die jedoch viel seltener auf den Almen bzw. Weideflächen vorkommen. Größeres wehrhafteres Weidevieh wie Rinder und Pferde wird kaum von Wölfen angegriffen, wobei Jungtiere eher gefährdet sind.

In räumlicher Hinsicht zeigen sich große Unterschiede bei der Verteilung der von Wölfen gerissenen Nutztiere. Zahlenmäßig am stärksten betroffen waren bisher die drei Bundesländer Tirol, Kärnten und Salzburg. Dahinter folgten Niederösterreich und die Steiermark. Oberösterreich und Vorarlberg hatten im Vergleich dazu wenig Verluste. Jedes ausgewiesene Bundesland verzeichnete Jahre mit oder ohne Risse.

Nutztierverluste in Österreich durch den Wolf nach Bundesland und Jahr

Jahr	NÖ	OÖ	Sbg	Stmk	Ktn	Tirol	Vbg	gesamt
2009	-	-	1	36	40	6	-	**83**
2010	13	-	-	-	69	35	-	**117**
2011	15	-	-	-	-	-	-	**15**
2012		-	-	-	45	-	-	**45**
2013	-	-	-	1	22	-	-	**23**
2014	1	-	4	7	10	-	6	**28**
2015	-	-	118	13	-	-	27	**158**
2016	4	24	13	-	-	-	-	**41**
2017	7	6	-	1	-	8	-	**22**

2018	76	7	27	19	1	21	3	**154**
2019	5	-	75	5	42	58	1	**186**
2020	2	10	-	24	3	281	10	**330**
2021	-	2	126	10	220	314	-	**672**
2022	15	2	23	2	867	863	8	**1780**
2009–2022	**138**	**51**	**387**	**118**	**1319**	**1586**	**55**	**3654**

Quelle:
https://baer-wolf-fuchs.at/monitoring/risszahlen (eigener Zugriff am 4. März 2023).

Nutztierverluste in Österreich durch den Wolf nach einzelnen Tierarten

Jahr	Schaf	Rind	Pferd	Gatter-wild	gesamt
2009	82	-	1	-	**83**
2010	115	2	-	-	**117**
2011	14	1	-	-	**15**
2012	45	-	-	-	**45**
2013	21	2	-	-	**23**
2014	24	4	-	-	**28**
2015	155	3	-	-	**158**
2016	13	-	-	28	**41**
2017	21	1	-	-	**22**
2018	133	1	2	18	**154**
2019	176	8	-	2	**186**
2020	321	8	-	1	**330**
2021	658	11	-	3	**672**
2022	1769	11	-	-	**1780**
2009–2022	**3547**	**52**	**3**	**52**	**3654**

Quelle:
https://baer-wolf-fuchs.at/monitoring/risszahlen (eigener Zugriff am 4. März 2023).

Zukunftsszenarien – Wolfsperspektiven

Unter „Immer mehr Wolfsrisse in Österreich“ skizziert Johann Jenewein (in: „Der Alm- und Bergbauer“, 70. Jg., Folge 8/9, August/September 2020, Innsbruck, S. 10) ganz zutreffend dieses realistische Zukunftsszenario, von dem wir heutzutage leider nicht mehr weit entfernt sind:

„Die Medien in Österreich berichten – mehr oder weniger wolfsfreundlich – über gerissene Nutztiere und über Wolfssichtungen mitten in Dörfern und in unmittelbarer Nähe zu Bauernhöfen. Sogenannte ‚Wolfsexperten' der NGOs werden zitiert. Demnach ist derzeit die Politik daran schuld, dass unsere Nutztiere von Wölfen gerissen werden, weil sie die Bauern beim Herdenschutz nicht bzw. ungenügend unterstützt. Aus Brüssel, so lesen und hören wir, können 100 Prozent der notwendigen Finanzmittel abgeholt werden. ‚Der Alm- und Bergbauer' zeigt schon seit Jahren auf, was ohne Regulierung der Wolfspopulation auf Österreich zukommen wird. Die Öffentlichkeit wird eine gewisse Zeit die finanziellen Kosten übernehmen. Nicht jedoch den zusätzlichen Arbeitsaufwand der Tierhalter und vor allem nicht den emotionalen Schaden. Die Zahl der gerissenen Tiere steigt aber weiter. Die NGOs ändern dann sofort ihre Diktion: ‚Die Öffentlichkeit stellt so viel Geld zur Verfügung, die unfähigen Landwirte sind aber nicht in der Lage, ihre Tiere zu schützen.' Es wird sogar Prozesse geben, bei denen Tierhalter von Tierschutzorganisationen verklagt werden, weil sie nicht fähig seien, ihre Nutztiere zu schützen. Es werden noch viele, derzeit nicht vorstellbare Auswüchse auf uns zukommen." (S. 10)

Der Jurist Rudolf Gürtler zeichnet in seinem Fachaufsatz „Der Wolf in Europa. Utopie und Wirklichkeit" (in: „Der Alm- und Bergbauer", 69. Jg., Folge 6/7, Juni/Juli 2019, Innsbruck, S. 14–17) für unsere geographischen Breiten u. a. diese zukünftige Entwicklung auf: „Trotz der mittlerweile geschaffenen engen Kulturlandschaft nutzen Tier- und Naturschutzorganisationen ohne Rücksicht auf die Viehwirtschaft der ländlichen Bevölkerung ihre Chance, die Rückkehr des Wolfes als taugliches Spendentier zu verwenden. Damit entsteht, durch die Sehnsucht einer naturfremden städtischen Bevölkerung (mit weit weg vom Wolf sicheren Wohnsitz) ein Konflikt mit der – durch Wolfsrisse an Nutzviehbeständen – unmittelbar geschädigten ländliche Bevölkerung. Beim Wolf wird ‚Willkommen' gerufen, bei jedem Dackel nach dem Beißkorb." (S. 17)

„Bauern produzieren heute optimale Bioware, ohne Interesse auch lebendes, angefressenes Vieh zu töten oder Knochen- und Fleischreste zu entsorgen, um dann um dürftige Entschädigungen kämpfen zu müssen. Der, vor allem im Rudel, gefährlich jagende Wolf reißt oft im Blutrausch deutlich mehr Wild- oder Nutztiere, als er zum Überleben braucht." (S. 16)

Die von Rudolf Gürtler durch die rasante Zunahme der Wölfe beschriebene „Gefährdung der Almwirtschaft" in Österreich sieht in Zukunft folgendermaßen aus:

„Seit dem Zweiten Weltkrieg ist die Waldfläche Österreichs bereits um mehr als die Fläche des Bundeslandes Vorarlberg gewachsen. Wenn der Wolf kommt, geht der Bauer und Vieh wird nicht mehr aufgetrieben! Weit über Almen verteilte Herden lassen sich nicht in Nachtpferche eintreiben. Hunderttausende Kilometer Zäune können im hochalpinen, felsigen Gelände nicht eingegraben werden. Strom braucht Anschlüsse und scheint zunehmend tierschutzwidrig. Der Wolf wird lernen, Elektrozäune zu durchspringen, da Strom ohne Erdung nicht gefährlich ist, und Überstiege für Touristen zu nutzen. Wild würde von Äsungsflächen auf Almen und Weiden in den Wald gezwungen und dort zu Schaden gehen." (S. 17)

Der Wolf und die zurückgelassenen Schafe (Bildquelle: Der Alm- und Bergbauer, 72. Jg., Folge 1/2, Jänner/Feber 2022, Innsbruck, S. 14–15: Die Wolfsliebhaber und das Märchen vom guten Wolf, hier: S. 14).

Der Wolf als Opportunist und Konkurrent

Der Verein zum Schutz und Erhalt der Land- und Forstwirtschaft in Tirol äußert sich auf seiner Website https//www.almohnewolf.at/argumentation (eigener Zugriff am 19. Oktober 2002) zum Themenbereich Einzäunung und Herdenschutzhunde zutreffend: „Auf den Tiroler Almen wird bereits Herdenschutz durch Behirtung sowie Weidelenkungsmaßnahmen mittels Zäunen betrieben. Wolfsabweisender Herdenschutz ist allerdings im Vergleich zum herkömmlichen Herdenschutz viel aufwändiger und lässt sich auf vielen Tiroler Almen gar nicht umsetzen. Wo Herdenschutz theoretisch möglich wäre, ist er praktisch für die Almbauern nicht finanzierbar. Auch auf den Weiden bei den Heimbetrieben führt diese Art von Herdenschutz zu deutlich größeren Herausforderungen als in anderen Ländern.“

Weiters heißt es: „Aufgrund der Steilheit des Geländes und der schweren Erreichbarkeit ist sowohl eine wolfsabweisende Einzäunung sowie der Einsatz von Herdenschutzhunden schwierig. Vor allem bei den oftmals felsdurchsetzten Schafalmen können Zäune nicht so montiert werden, dass Wölfe sie nicht immer noch überspringen oder untergraben könnten. Außerdem ist das Aufstellen und Warten der Zäune in diesem Gelände wesentlich arbeits- und kostenintensiver als im Flachland. Herdenschutzzäune werden auch zahlreiche Wanderwege kreuzen bzw. abschneiden, da sich eine wolfsabweisende Umzäunung in vielen Fällen nicht mit einem (praktikablen) Durchgang für WandererInnen oder gar MountainbikerInnen kombinieren lassen wird. Vor allem aber sind Herdenschutzhunde nicht mit der touristischen und freizeitwirtschaftlichen Nutzung vereinbar.“

Auf alle Fälle erkennt der Wolf als Opportunist sehr schnell, wo er am leichtesten seine Beute bzw. Nahrung findet und welche Vorteile für ihn ein Leben in der über Jahrhunderte bergbäuerlich geprägten Kulturlandschaft auf den Almen oder in der Nähe menschlicher Dauersiedlungen hat. Während der Wolf in den Wäldern das ein oder andere Reh mühsam jagen muss, kann er im Bereich der Hochweidestufe wesentlich leichter und ohne große Anstrengungen Schafe als frisches Lebendfutter reißen und fressen. Genauso wie der Fuchs in den Hühnerstall eindringt, würde der unter Schutz stehende Wolf wieder um die Häuser schleichen und dort zu einer großen Gefahr für unsere Nutztiere werden, die ebenfalls art- und tierschutzgerecht gehalten werden müssen.

Der Wildtierfotograf Jaroslav Vogeltanz und der Wildbiologe Paolo Molinari halten in ihrem Bildband „Wölfe – Jäger der Nacht" (Wien 2013: Österreichischer Jagd- und Fischerei-Verlag, 127 S.) noch Folgendes fest: „Oft versinnbildlicht der Wolf die kulturelle Kluft zwischen Stadt- und Landbevölkerung. Die einen möchten eine ‚wilde' Natur, die anderen eine Natur ohne ‚Störfaktoren', die sie nach den eigenen Bedürfnissen modellieren können. Und bei den Jägern? Da finden sich beide Seiten: Die einen sehen im Wolf einen Konkurrenten; andere – und das sind gerade solche, die viel im Feld unterwegs sind und die Gefüge der Natur gut kennen – erkennen den Stellenwert des Wolfes und stehen ihm gelassen gegenüber. Feststeht: Pauschal gegen den Wolf zu sein, ist mit Sicherheit der falsche Ansatz. Aber Sorgen zu äußern, ist mehr als legitim. Wo Probleme auftreten, müssen Lösungen gefunden werden, und die Leidtragenden dürfen bei Schäden von der Gesellschaft nicht alleine gelassen werden." (S. 113)

Die Almwirtschaft ist österreichweit durch eine Wiederansiedlung des Wolfes gefährdet. Die ungehinderte Ausbreitung von Wölfen würde in dem von dieser äußerst dynamischen Entwicklung am stärksten betroffenen Bundesland Tirol dazu führen, dass zahlreiche Bäuerinnen und Bauern ihre meist im Nebenerwerb geführten Agrarbetriebe mit Ziegen- oder Schafhaltung aufgeben müssten. Gerade die kleinen Wiederkäuer gehören innerhalb der Haustiere zur wichtigsten Beute für Wölfe. Wenn der Wolf für Mensch und Tier eine ernsthafte Bedrohung wird, dann muss auch seine Bestandsgröße durch gezielte Hege reguliert werden. Nach einer 2019 gemachten Prognose könnten in Österreich Anfang der 2030er-Jahre rund 500 Wölfe vorhanden sein.

Wölfe im Wald, 2014 (Foto: Harenberg Verlag, Dortmund; Bildarchiv Georg Jäger).

Vom selben Autor im KRAL-Verlag:

Während der ersten Hälfte des 20. Jahrhunderts gab es noch überall im ländlichen Raum – so etwa auch in Tirol – die an den Rand gedrängten Unterschichten mit Berufen, die heutzutage (fast) gänzlich von der Bildfläche verschwunden sind und daher zu den vergessenen Zeugen des Alpenraums zählen.
Zu den hier näher vorgestellten männlichen Arbeitskräften gehören die Kleinhäusler (= Söllhäusler, Söllleute oder Keuschler), Maulwurf- und Schermausfänger sowie die Ziegenhirten. Das gemeinsame bzw. verbindende Merkmal dieser namentlich angeführten Bevölkerungsgruppen war ihr Leben am Existenzminimum.

Vergessene Zeugen des Alpenraums
Band 1:
Männer und Buben bei der Arbeit

Format: 16 x 24 cm
192 Seiten, durchgehend illustriert
ISBN: 978-3-99024-827-0

Zu den hier näher vorgestellten weiblichen Arbeitskräften gehören die Kraxenträgerinnen und Bötinnen im „Land im Gebirge“, weiters die Stadtwäscherinnen aus dem Sellraintal, die Strickerinnen und Strohhutflechterinnen am Bergmahd, die Bergheuerinnen auf den steilen Mähdern, die Grasrupferinnen auf Futtersuche mit Fußeisen, die Wurzengraberinnen auf den enzianreichen Hochweideböden, die Jätergitschen aus dem Pustertal und Osttirol sowie die Ährenleserinnen aus Westtirol und dem Montafon, wobei die beiden zuletzt angeführten Mädchen und Frauen im Dienste von Großbauern in Salzburg bzw. im Schwabenland standen.

Vergessene Zeugen des Alpenraums
Band 2:
Frauen und Mädchen bei der Arbeit

Format: 16 x 24 cm
336 Seiten, durchgehend illustriert
ISBN: 978-3-99024-888-1

Vom selben Autor im KRAL-Verlag:

Während der ersten Hälfte des 20. Jahrhunderts gab es noch überall im ländlichen Raum – so etwa auch in Tirol – die an den Rand gedrängten Unterschichten mit Berufen, die heutzutage gänzlich von der Bildfläche verschwunden sind und daher zu den (fast) vergessenen Zeugen des Alpenraums zählen.
Der Autor geht in diesem Buch auf Basis historisch-volkskundlicher Quellenhinweise dem kargen Leben auf dem Land nach, wo früher die deutlich ausgeprägten rechtlich-sozialen Gegensätze zwischen dem Bauerntum und den unterbäuerlichen Schichten das Alltagsleben nachhaltig bestimmt haben.

Vergessene Zeugen des Alpenraums
Band 3:
Auf der Alm und im Gamsgebirge

Format: 16 x 24 cm
456 Seiten, durchgehend illustriert
ISBN: 978-3-99024-958-1

Über den Autor:

Georg Jäger, geboren 1963 in Innsbruck, entstammt einer kleinbäuerlichen Familie aus dem Sellraintal und interessierte sich schon immer für die Arbeit der Bergbauern und Kleinhäusler sowie für das Leben der ländlichen Unterschichten. Er besuchte nach Abschluss der Hauptschule Kematen das Bundesoberstufenrealgymnasium Innsbruck, wo er im Jahr 1981 maturierte. Danach studierte Georg Jäger Geografie und Geschichte an der Universität Innsbruck (1985 Sponsion, 1989 Promotion, 2004 Habilitation). Seit 1994 arbeitet er hauptberuflich als Bibliothekar an der Universität Innsbruck.
Zwischen 2007 und 2017 war er Schriftleiter der „Tiroler Heimatblätter". Georg Jäger lebt in Arzl bei Innsbruck und verbringt seine Wochenenden in Sellrain.